U0167169

国家出版基金项目

“十三五”国家重点图书出版规划项目

中国水电关键技术丛书

深厚覆盖层筑坝地基处理关键技术

余挺　叶发明　陈卫东　等 著

中国水利水电出版社
www.waterpub.com.cn
·北京·

内　容　提　要

本书系国家出版基金项目《中国水电关键技术丛书》之一，系统总结了国内在深厚覆盖层筑坝地基处理方面的勘察、设计和施工技术研究与应用成果，论述了关键技术问题的解决措施及其发展水平。主要内容包括工程勘察、地基防渗、地基加固、砂土液化评价与处理、地基处理施工及深基坑处理、地基安全监测和工程实例等。

本书可供从事水利水电工程勘察、设计、施工、科研的技术人员参考，也可供相关专业的大专院校师生参阅。

图书在版编目（CIP）数据

深厚覆盖层筑坝地基处理关键技术 / 余挺等著. -- 北京 : 中国水利水电出版社, 2020.2
（中国水电关键技术丛书）
ISBN 978-7-5170-8531-7

Ⅰ. ①深… Ⅱ. ①余… Ⅲ. ①覆盖层技术—地基处理—研究 Ⅳ. ①TV223

中国版本图书馆CIP数据核字(2020)第069086号

书　　名	中国水电关键技术丛书 **深厚覆盖层筑坝地基处理关键技术** SHENHOU FUGAICENG ZHUBA DIJI CHULI GUANJIAN JISHU
作　　者	余　挺　叶发明　陈卫东　等　著
出版发行	中国水利水电出版社 （北京市海淀区玉渊潭南路1号D座　100038） 网址：www.waterpub.com.cn E-mail：sales@waterpub.com.cn 电话：（010）68367658（营销中心）
经　　售	北京科水图书销售中心（零售） 电话：（010）88383994、63202643、68545874 全国各地新华书店和相关出版物销售网点
排　　版	中国水利水电出版社微机排版中心
印　　刷	北京印匠彩色印刷有限公司
规　　格	184mm×260mm　16开本　17.75印张　432千字
版　　次	2020年2月第1版　2020年2月第1次印刷
定　　价	**150.00元**

《中国水电关键技术丛书》编撰委员会

编委会办公室

《中国水电关键技术丛书》组织单位

中国大坝工程学会
中国水力发电工程学会
水电水利规划设计总院
中国水利水电出版社

丛书序

历经70年发展，特别是改革开放40年，中国水电建设取得了举世瞩目的伟大成就，一批世界级的高坝大库在中国建成投产，水电工程技术取得新的突破和进展。在推动世界水电工程技术发展的历程中，世界各国都作出了自己的贡献，而中国，成为继欧美发达国家之后，21世纪世界水电工程技术的主要推动者和引领者。

截至2018年年底，中国水库大坝总数达9.8万座，水库总库容约9000亿m^3，水电装机容量达350GW。中国是世界上大坝数量最多、也是高坝数量最多的国家：60m以上的高坝近1000座，100m以上的高坝223座，200m以上的特高坝23座；千万千瓦级的特大型水电站4座，其中，三峡水电站装机容量22500MW，为世界第一大水电站。中国水电开发始终以促进国民经济发展和满足社会需求为动力，以战略规划和科技创新为引领，以科技成果工程化促进工程建设，突破了工程建设与管理中的一系列难题，实现了安全发展和绿色发展。中国水电工程在大江大河治理、防洪减灾、兴利惠民、促进国家经济社会发展方面发挥了不可替代的重要作用。

总结中国水电发展的成功经验，我认为，最为重要也是特别值得借鉴的有以下几个方面：一是需求导向与目标导向相结合，始终服务国家和区域经济社会的发展；二是科学规划河流梯级格局，合理利用水资源和水能资源；三是建立健全水电投资开发和建设管理体制，加快水电开发进程；四是依托重大工程，持续开展科学技术攻关，破解工程建设难题，降低工程风险；五是在妥善安置移民和保护生态的前提下，统筹兼顾各方利益，实现共商共建共享。

在水利部原任领导汪恕诚、张基尧的关心支持下，2016年，中国大坝工程学会、中国水力发电工程学会、水电水利规划设计总院、中国水利水电出版社联合发起编撰出版《中国水电关键技术丛书》，得到水电行业的积极响应，数百位工程实践经验丰富的学科带头人和专业技术负责人等水电科技工作者，基于自身专业研究成果和工程实践经验，精心选题，着手编撰水电工程技术成果总结。为高质量地完成编撰任务，参加丛书编撰的作者，投入极大热情，倾注大量心血，反复推敲打磨，精益求精，终使丛书各卷得以陆续出版，实属不易，难能可贵。

21世纪初叶，中国的水电开发成为推动世界水电快速发展的重要力量，形成了中国特色的水电工程技术，这是编撰丛书的缘由。丛书回顾了中国水电工程建设近30年所取得的成就，总结了大量科学研究成果和工程实践经验，基本概括了当前水电工程建设的最新技术发展。丛书具有以下特点：一是技术总结系统，既有历史视角的比较，又有国际视野的检视，体现了科学知识体系化的特征；二是内容丰富、翔实、实用，涉及专业多，原理、方法、技术路径和工程措施一应俱全；三是富于创新引导，对同一重大关键技术难题，存在多种可能的解决方案，并非唯一，要依据具体工程情况和面临的条件进行技术路径选择，深入论证，择优取舍；四是工程案例丰富，结合中国大型水电工程设计建设，给出了详细的技术参数，具有很强的参考价值；五是中国特色突出，贯彻科学发展观和新发展理念，总结了中国水电工程技术的最新理论和工程实践成果。

与世界上大多数发展中国家一样，中国面临着人口持续增长、经济社会发展不平衡和人民追求美好生活的迫切要求，而受全球气候变化和极端天气的影响，水资源短缺、自然灾害频发和能源电力供需的矛盾还将加剧。面对这一严峻形势，无论是从中国的发展来看，还是从全球的发展来看，修坝筑库、开发水电都将不可或缺，这是实现经济社会可持续发展的必然选择。

中国水电工程技术既是中国的，也是世界的。我相信，丛书的出版，为中国水电工作者，也为世界上的专家同仁，开启了一扇深入了解中国水电工程技术发展的窗口；通过分享工程技术与管理的先进成果，后发国家借鉴和吸取先行国家的经验与教训，可避免少走弯路，加快水电开发进程，降低开发成本，实现战略赶超。从这个意义上讲，丛书的出版不仅能为当前和未来中国水电工程建设提供非常有价值的参考，也将为世界上发展中国家的河流开发建设提供重要启示和借鉴。

作为中国水电事业的建设者、奋斗者，见证了中国水电事业的蓬勃发展，我为中国水电工程的技术进步而骄傲，也为丛书的出版而高兴。希望丛书的出版还能够为加强工程技术国际交流与合作，推动“一带一路”沿线国家基础设施建设，促进水电工程技术取得新进展发挥积极作用。衷心感谢为此作出贡献的中国水电科技工作者，以及丛书的撰稿、审稿和编辑人员。

中国工程院院士 马洪琪

2019年10月

丛书前言

水电是全球公认并为世界大多数国家大力开发利用的清洁能源。水库大坝和水电开发在防范洪涝干旱灾害、开发利用水资源和水能资源、保护生态环境、促进人类文明进步和经济社会发展等方面起到了无可替代的重要作用。在中国，发展水电是调整能源结构、优化资源配置、发展低碳经济、节能减排和保护生态的关键措施。新中国成立后，特别是改革开放以来，中国水电建设迅猛发展，技术日新月异，已从水电小国、弱国，发展成为世界水电大国和强国，中国水电已经完成从“融入”到“引领”的历史性转变。

迄今，中国水电事业走过了70年的艰辛和辉煌历程，水电工程建设从“独立自主、自力更生”到“改革开放、引进吸收”，从“计划经济、国家投资”到“市场经济、企业投资”，从“水电安置性移民”到“水电开发性移民”，一系列改革开放政策和科学技术创新，极大地促进了中国水电事业的发展。不仅在高坝大库建设、大型水电站开发，而且在水电站运行管理、流域梯级联合调度等方面都取得了突破性进展，这些进步使中国水电工程建设和运行管理技术水平达到了一个新的高度。有鉴于此，中国大坝工程学会、中国水力发电工程学会、水电水利规划设计总院和中国水利水电出版社联合组织策划出版了《中国水电关键技术丛书》，力图总结提炼中国水电建设的先进技术、原创成果，打造立足水电科技前沿、传播水电高端知识、反映水电科技实力的精品力作，为开发建设和谐水电、助力推进中国水电“走出去”提供支撑和保障。

为切实做好丛书的编撰工作，2015年9月，四家组织策划单位成立了“丛书编撰工作启动筹备组”，经反复讨论与修改，征求行业各方面意见，草拟了丛书编撰工作大纲。2016年2月，《中国水电关键技术丛书》编撰委员会成立，水利部原部长、时任中国大坝协会（现为中国大坝工程学会）理事长汪恕诚，国务院南水北调工程建设委员会办公室原主任、时任中国水力发电工程学会理事长张基尧担任编委会主任，中国电力建设集团有限公司总工程师周建平、水电水利规划设计总院院长郑声安担任丛书主编。各分册编撰工作实行分册主编负责制。来自水电行业100余家企业、科研院所及高等院校等单位的500多位专家学者参与了丛书的编撰和审阅工作，丛书作者队伍和校审专家聚集了国内水电及相关专业最强撰稿阵容。这是当今新时代赋予水电工作者的一项重要历史使命，功在当代、利惠千秋。

丛书紧扣大坝建设和水电开发实际，以全新角度总结了中国水电工程技术及其管理创新的最新研究和实践成果。工程技术方面的内容涵盖河流开发规划，水库泥沙治理，工程地质勘测，高心墙土石坝、高面板堆石坝、混凝土重力坝、碾压混凝土坝建设，高坝水力学及泄洪消能，滑坡及高边坡治理，地质灾害防治，水工隧洞及大型地下洞室施工，深厚覆盖层地基处理，水电工程安全高效绿色施工，大型水轮发电机组制造安装，岩土工程数值分析等内容；管理创新方面的内容涵盖水电发展战略、生态环境保护、水库移民安置、水电建设管理、水电站运行管理、水电站群联合优化调度、国际河流开发、大坝安全管理、流域梯级安全管理和风险防控等内容。

丛书遵循的编撰原则为：一是科学性原则，即系统、科学地总结中国水电关键技术和管理创新成果，体现中国当前水电工程技术水平；二是权威性原则，即结构严谨，数据翔实，发挥各编写单位技术优势，遵照国家和行业标准，内容反映中国水电建设领域最具先进性和代表性的新技术、新工艺、新理念和新方法等，做到理论与实践相结合。

丛书分别入选“十三五”国家重点图书出版规划项目和国家出版基金项目，首批包括50余种。丛书是个开放性平台，随着中国水电工程技术的进步，一些成熟的关键技术专著也将陆续纳入丛书的出版范围。丛书的出版必将为中国水电工程技术及其管理创新的继续发展和长足进步提供理论与技术借鉴，也将为进一步攻克水电工程建设技术难题、开发绿色和谐水电提供技术支撑和保障。同时，在“一带一路”倡议下，丛书也必将切实为提升中国水电的国际影响力和竞争力，加快中国水电技术、标准、装备的国际化发挥重要作用。

在丛书编写过程中，得到了水利水电行业规划、设计、施工、科研、教学及业主等有关单位的大力支持和帮助，各分册编写人员反复讨论书稿内容，仔细核对相关数据，字斟句酌，殚精竭虑，付出了极大的心血，克服了诸多困难。在此，谨向所有关心、支持和参与编撰工作的领导、专家、科研人员和编辑出版人员表示诚挚的感谢，并诚恳欢迎广大读者给予批评指正。

《中国水电关键技术丛书》编撰委员会

2019年10月

前言

我国水力资源十分丰富，自20世纪末以来，水电工程建设得到迅速发展。经过长期的经验积累和不断的技术创新，我国目前的水电工程建设技术水平总体上已经处于世界领先地位。在水电工程建设过程中，建设者们遇到了大量具有挑战性的复杂工程问题，深厚覆盖层上筑坝即是其中之一。我国各河流流域普遍分布河床覆盖层，尤其是在西南地区，河谷深厚覆盖层现象更为显著，给水电工程筑坝带来重大技术经济问题，大坝安全问题也较突出，深厚覆盖层筑坝地基处理成为水电工程建设中的关键技术问题之一。

大量工程勘察成果表明，我国西南地区河流覆盖层多具有成因类型多样、分布范围广泛、产出厚度多变、组成结构复杂和工程特性差异大等特征。对于水电工程建设而言，主要存在地基渗漏与渗透稳定、地基沉降与不均匀沉陷、抗滑稳定、地基砂层地震液化及抗冲刷等问题。利用覆盖层建坝，有时是为了节省投资和工期的需要，有时是环保的需要，有时因为覆盖层太深，想完全挖除覆盖层几乎是不可能的。而直接在覆盖层上筑坝，由于覆盖层允许承载能力较弱、变形模量较小、抗冲刷能力较低、与混凝土间摩擦系数不大、渗透系数较大等原因，如果选择的坝址、坝轴线、坝型、枢纽布置以及泄洪单宽流量等不适应覆盖层特点，则可能导致坝基渗流破坏、水工建筑物结构失稳、结构不均匀变形及断裂、下游冲刷破坏等风险发生。因此，在工程建设中，通过一定的工程技术措施对深覆盖层地基进行必要的处理，改善其地基承载能力、变形性能和抗渗能力是十分必要的，也是水电工程建设中一个重大的技术难题。

20世纪80年代以来，随着水电建设高潮的兴起，通过不断地创新与发展，我国在深厚覆盖层筑坝地基处理技术方面也取得了长足的进步，在地基防渗、地基加固处理设计与施工技术等领域已达到国际先进水平。

中国电建集团成都勘测设计研究院有限公司（以下简称成都院）早在20世纪70年代就承担了国家“六五”科技攻关项目“深厚覆盖层建坝研究”，从那时开始，成都院就不间断地开展了深厚覆盖层勘察技术和建坝地基处理技术的研究工作，先后承担并完成了数十项国家级、省部级针对覆盖层筑坝勘察设计的科研课题，如深厚砂卵石覆盖层金刚石钻进与取样技术研究、覆盖层地基工程地质勘察与评价研究、强震区深厚覆盖层上250m级土心墙堆石坝防渗系统设计关键技术研究、深厚覆盖层上300m级心墙堆石坝设计关键技术研究等。这些科研成果在成都院勘察设计的大量工程中得到了应用，如以太平驿、小天都为代表的闸坝工程，以冶勒、瀑布沟、长河坝、猴子岩为代表的高土石坝工程等。

本书以成都院承担并完成的科研成果、工程勘察设计成果以及代表性工程为支撑，兼顾其他单位完成的典型工程，全面介绍了国内在深厚覆盖层筑坝地基处理勘察、设计和施工中遇到的主要问题，系统归纳和总结了地基处理方面的关键技术。全书共分为8章，第1章介绍了国内外覆盖层上筑坝的概况，论述了地基处理关键技术及其发展水平；第2章论述了深厚覆盖层基本特性、物理力学特性、主要工程地质问题与评价；第3章论述了地基防渗系统布置、混凝土防渗墙技术、帷幕灌浆技术、水平防渗技术、防渗结构的连接型式等；第4章论述了振冲碎石桩、地下连续墙、固结灌浆、大孔径灌注桩、高压喷射注浆等技术；第5章论述了砂土液化判别方法与抗液化处理措施；第6章论述了混凝土防渗墙施工、帷幕灌浆施工、振冲碎石桩施工和深基坑处理；第7章论述了地基安全监测的项目与布置、监测新技术、施工方法、成果分析与评价；第8章介绍了瀑布沟、冶勒、多诺和小天都等各种坝型的典型工程地基处理技术应用案例。

全书由余挺、叶发明、陈卫东负责组织策划与审定稿；第1章由余挺、叶发明、陈卫东、张琦、邵磊、曲海珠撰写；第2章由陈卫东、彭仕雄、谷江波、曲海珠、李小泉、谢北成、徐键、辜杰为撰写；第3章由张丹、王党在、王锋、王晓东、王观琪、王平、伍小玉撰写；第4章由王晓东、王晓安、王锋、余学明、王小波、孔科、付峥、彭文明撰写；第5章由窦向贤、卢羽平、杨星、曲海珠撰写；第6章由付峥、王小波、张有山、辜育新、雷运华撰写；第7章由彭巨为、龚静、陈绪高撰写；第8章由何兰、王晓东、张丹、王晓安、王锋、彭文明、邵磊撰写。中国电力建设集团有限公司总工程师周建平、中国电建集团中南勘测设计研究院有限公司副总经理兼总工程师潘江洋对全书进行了审核。

在国内深厚覆盖层筑坝地基处理关键技术研究和工程设计过程中，除本书的编撰人员以外，还有许多成都院的工程技术人员和合作单位的专家付出了辛勤的劳动，本书还引用了其他单位完成的一些典型工程的设计研究成果，在此，谨向他们表示衷心的感谢！

受作者水平所限，书中存在的不足和疏漏，敬请批评指正！

作者

2019年11月于成都

目录

第 1 章

深厚覆盖层筑坝地基处理概述

1.1 深厚覆盖层筑坝概况

众所周知，我国水力资源十分丰富，20世纪末以来，水电工程建设得到迅速发展，经过多年的技术创新与经验积累，我国目前的水电工程建设技术水平总体上已经处于世界领先地位。在水电工程建设过程中，建设者们遇到了大量具有挑战性的复杂工程问题，深厚覆盖层上筑坝即是其中之一。由于我国各流域河流普遍分布河床覆盖层，一些地方河床覆盖层厚度还较大，给水电工程筑坝带来重大技术经济问题，大坝安全问题也较突出，深厚覆盖层筑坝地基处理成为水电工程建设中的关键技术问题之一。

1.1.1 深厚覆盖层特点

覆盖层是指经过各种地质作用而覆盖在基岩之上的松散堆积、沉积物的总称，而河床深厚覆盖层，一般指堆积于河谷底部，厚度大于40m的松散沉积物。根据其厚度的不同，结合水电建设的需要，又可进一步细分为厚覆盖层（厚度40～100m）、超厚覆盖层（厚度100～300m）以及特厚覆盖层（厚度大于300m）。

根据勘察资料统计，我国各主要河流河床覆盖层厚度一般为数十米至百余米，局部地段可达数百米，见表1.1-1。尤其是在西南地区，河谷深切和深厚覆盖层现象更为显著。

表1.1-1　　中国部分河流河床覆盖层厚度特征表

河流	最大厚度/m（对应位置）	覆盖层厚度特征
长江	90（江阴）	三峡河段，覆盖层厚35～40m。在长江下游，镇江河段和江阴河段厚度为80～90m，南通河段为70～80m
黄河	110（王家滩）	在下游河段，其沉积物厚度达到20～60m，甚至达到80m，如小浪底水电站坝址区覆盖层厚度一般为40～50m，最厚达70～80m
金沙江	250（虎跳峡）	梨园至观音岩河段，覆盖层厚度小于30m；其他河段厚度以40～80m为主，上游（龙蟠盆地）局部厚达100～250m
雅砻江	60（楞古）	上游两河口、牙根河段覆盖层厚度小于20m，其他河段覆盖层厚度以35～60m为主
大渡河	大于420（冶勒）	深厚覆盖层普遍分布，厚度以50～130m为主，支流南桠河冶勒水电站坝址揭示厚度大于420m
岷江	96（十里铺）	深厚覆盖层普遍分布，厚度以30～80m为主
乌江	25（索风营）	覆盖层厚度以数米至十余米为多

续表

河流	最大厚度/m（对应位置）	覆盖层厚度特征
澜沧江	50（托巴）	覆盖层厚度多为 20～30m
怒江	44（赛格）	覆盖层厚度多为 20～40m
南盘江	26（天生桥）	覆盖层厚度多为 15～25m
雅鲁藏布江	约 600（米林）	雅鲁藏布江在泽当曲水大桥附近，河床覆盖层厚度大于 50m；至拉萨一带，河床覆盖层厚达 123m，而邻近古河床电测砂砾石层最大厚度达 600m

我国水力资源极为丰富的西南地区，除极少部分河流外，大部分江河都普遍存在河床深厚覆盖层。从表 1.1-2 可以看出，在我国西南地区的岷江、大渡河、金沙江、雅砻江等河流中普遍发育深厚覆盖层，例如在大渡河流域，全流域 36 个水电站中，多数河谷覆盖层厚度达到或超过 40m，深厚覆盖层所占比例大于 90%，且超厚覆盖层、特厚覆盖层均有发育。

表 1.1-2　　西南地区典型河流坝址河床覆盖层厚度情况表

河流名称	坝址	覆盖层厚度/m	河流名称	坝址	覆盖层厚度/m
金沙江	拉哇	55	大渡河	下尔呷	13
	奔子栏	42		达维	30
	龙盘	40		卜寺沟	20
	虎跳峡	250		双江口	68
	其宗	120		金川	80
	两家人	63		巴底	130
	梨园	16		丹巴	80
	阿海	17		猴子岩	85.5
	金安桥	8		长河坝	79
	观音岩	24		黄金坪	134
	龙开口	43		泸定	148.6
	乌东德	73		硬梁包	116
	白鹤滩	54		大岗山	21
	溪洛渡	40		龙头石	70
	向家坝	80		老鹰岩	70
雅砻江	两河口	12		安顺场	73
	牙根	15		冶勒	>420
	楞古	60		瀑布沟	76
	锦屏一级	47		深溪沟	55
	锦屏二级	51		枕头坝	48
	官地	36		沙坪	50
	二滩	38		龚嘴	70
	桐子林	37		铜街子	70
岷江	十里铺	96	岷江	映秀	62
	福堂	93		紫坪铺	32
	太平驿	80		鱼嘴	24

河床深厚覆盖层并不仅分布于我国，在全球范围的河流中都有分布，如巴基斯坦印度河上的 Tarbela（塔贝拉）斜心墙土石坝，坝基砂卵石覆盖层厚度达 230m；埃及的 Aswan（阿斯旺）黏土心墙堆石坝，坝基覆盖层厚 225～250m；法国迪朗斯河上的 Serre - poncon（谢尔蓬松）心墙堆石坝，坝基覆盖层厚 120m；意大利瓦尔苏拉河上的 Zoccolo（佐科罗）沥青斜墙土石坝，坝址区覆盖层厚 100m；瑞士萨斯菲斯普河上的 Mattmark（马特马克）心墙堆石坝，坝基最大覆盖层厚 100m；加拿大 Manic - Ⅲ（马尼克 3 号）黏土心墙堆石坝，坝址区砂卵石覆盖层最大厚度 126m，并有较大范围的砂层和细粒土层。

河床深厚覆盖层地质条件十分复杂，在堆积成因上，可分为冰水堆积、冲积堆积、洪积堆积、残积堆积、风积堆积、坡积及崩积堆积等类型；在母岩来源上，有岩浆岩、沉积岩、变质岩等来源的坚硬岩、中硬岩、软质岩；在物质组成颗粒粒组上，可分为巨粒（漂石、卵石）、粗粒（砾石、砂）、细粒（粉粒、黏粒）等，并由此组成不同的级配；在分布和产出状态上，有连续、不连续分布，层状、透镜状产出等；在密实程度可分为密实、较密实、松散、架空等；在胶结程度上可分为胶结、半胶结、未胶结等；不同地区、不同河流、不同河段的覆盖层均具有不同的物理力学特性。

我国西南地区河流深厚覆盖层，经大量勘察成果表明，其多具成因类型多样、分布范围广泛、产出厚度多变、组成结构复杂、工程特性差异大等特点。表 1.1 - 3 为钻孔资料揭示的四川省部分水电站河床覆盖层物质组成统计表，由表可见，该区域主要河流河床覆盖层的物质组成极为复杂，既有颗粒粗大、磨圆度较好的漂石、卵砾石类和磨圆度差的块、碎石类，也有出露颗粒细小的中粗、中细砂类及粉土、黏土类等。

表 1.1 - 3　　四川省部分水电站河床覆盖层物质组成统计表

水电站名称	河床覆盖层主要物质组成
锦屏二级	块碎石夹砾、中细砂透镜体、含漂石卵砾石
桐子林	含漂砂卵砾石、砂质黏土
双江口	漂卵砾石、砂卵砾石
金川	含漂砂卵砾石、中细砂透镜体
猴子岩	漂卵砾石、中粗砂、粉质黏土
长河坝	漂卵砾石、含砾细砂
黄金坪	漂（块）砂卵砾石、砂层
福堂	漂卵石、含砂粉质土、含卵砾石中细砂
太平驿	砂砾石、块碎石、砂卵石、砂层
冶勒	泥块碎石、细砾卵石、粗粒卵石、砾卵石夹粉砂、砾卵石
铜街子	漂卵砾石夹砂、砂卵砾石土、砂层
映秀湾	漂卵石夹砂、漂卵石、粉细砂
龚嘴	砂卵石层、角砾块石
阴坪	粉砂质壤土、砂卵砾石、砂层、块碎石土、含漂砂卵砾石

由于深厚覆盖层具有如前简述的特性，对于水电工程建设而言，它是一种地质条件十分复

杂的地基，特别是在西南地区，由于其分布广、厚度大，给水电工程设计（如坝址坝型选择、大坝结构与坝基处理等）带来困难，影响甚至制约了相关流域水电资源的开发利用。

1.1.2　主要工程地质问题

作为挡水建筑物地基，同基岩相比，覆盖层物质结构松散，物理力学性状相对较差，当其厚度不大时，其勘察方法手段简单、实践经验较为丰富，即使存在较为不利的工程特性时，采取挖除或工程处理等措施，无论在经济上还是技术难度上，都很少影响和制约工程总体建设。而对于深厚覆盖层，由于其空间上埋深大、组成结构复杂、物理力学性质不均等特点，存在突出的工程地质问题。

（1）地基承载力问题。对于覆盖层土体而言，其承载能力总体有限，即使是密实的粗粒土，其允许承载力也很少能够大于1MPa，当覆盖层深厚，若考虑全部挖除或大范围处理，必然影响工程的经济性，故在工程实践中，当深厚覆盖层上需建设高坝时，多采用对地基承载力要求低的土石坝；当坝高小于40m时，也可采用混凝土闸坝；而较高的混凝土重力坝或拱坝，由于其对地基承载力要求高很少采用。

（2）变形及不均匀变形问题。深厚覆盖层土体抗变形能力相对较差，在较大外荷载作用下，附加应力影响范围相对较深，压缩变形量相对较大。同时，由于深厚覆盖层在形成历史上经历了不同的内外力地质作用，可形成复杂的空间分布，竖向（厚度）上分布变化大，平面上分布不均，使得地基各部位土体压缩性能不同，导致竖向变形存在差异，产生不均匀变形问题。

（3）抗滑稳定问题。深厚覆盖层土体，特别是内部夹有砂层、细粒土层时，抗剪能力差，影响甚至控制了地基抗滑稳定性，而在一些不利工况，如下游存在临空面（古堰塞陡坎、冲刷坑等），深埋低强度土体将可能引起地基土体的深层滑动问题。

（4）渗漏及渗透稳定问题。深厚覆盖层不同土体其渗透性不同，对于其中的粗颗粒土，在河床覆盖层中广泛分布，其渗透性强，库水会透过坝基土体孔隙而发生流动，当坝基部位流量过大，将明显降低工程效益，甚至难以达到工程建设目的。同时覆盖层土体在水压力作用下，可产生管涌、流土、接触冲刷等渗透变形破坏，是上部水工建筑物安全的主要威胁之一。

（5）振动液化问题。饱和砂土、粉土及低密度砂砾石等土体在循环荷载作用下，孔隙水压力上升后将导致土体强度完全丧失，从而造成地基土体和上部建筑物失稳破坏。汶川地震后中国地震局曹振中等人进行的震害调查发现，深埋土体存在液化现象，而目前常用的判别方法（如利用标贯试验进行判别适用范围为埋深20m以内）不完全适用于深埋土体的液化判别。

1.1.3　深厚覆盖层筑坝

由于不同地区、不同河流、不同河段覆盖层其厚度、组成、结构、力学特性等存在差异，受地基承载能力及变形特性等制约，覆盖层上很少建设较高的混凝土重力坝及拱坝，而是建造适应能力较强的土石坝和混凝土闸坝；同时坝址多选择在覆盖层结构较为稳定、承载能力较高的河段上，坝址尽量避开古堰塞湖、古滑坡体、可液化地层及覆盖层厚度差异较大的河段，从根本上提高坝体坝基的抗滑、变形与抗渗稳定能力。

欧洲和美洲在深厚覆盖层上建坝较集中的时期是20世纪的60年代到70年代，如法国的谢尔蓬松心墙堆石坝、加拿大的马尼克3号黏土心墙堆石坝、意大利的佐科罗沥青斜墙堆石坝等。20世纪80年代后，随着我国深厚覆盖层上建坝技术水平的不断提高，在深厚覆盖层上筑坝成就斐然。

1.1.3.1 国外覆盖层上筑坝

20世纪，国外有许多在覆盖层上修建大坝的工程实例。苏联在覆盖层修建的重力式溢流坝或闸坝工程实例较多，其中建于黏土上的普利亚文电站厂顶溢流混凝土坝，最高达58m，这些工程坝基防渗多采用金属板桩，最大深度达20余米，苏联覆盖层上的混凝土坝工程见表1.1-4。

表1.1-4 苏联覆盖层上的混凝土坝工程

序号	工程名称	建成年份	坝型，最大坝高	坝基土层性质	覆盖层最大厚度/m	坝基防渗型式
1	齐姆良	1952	重力式溢流坝，41m	砂含卵砾石	约20	混凝土铺盖＋两道钢板桩
2	卡霍夫	1955	重力式溢流坝，37m	细砂层	＞60	混凝土铺盖＋钢板桩，铺盖长50m，板桩深20m
3	凯拉库姆	1956	厂顶溢流坝，43.7m	黏土、砂土	—	金属板桩
4	古比雪夫	1958	重力式溢流坝，40.15m	细砂	＞20	混凝土铺盖＋两道钢板桩，铺盖长45m，板桩深20m
5	伏尔加格勒	1960	重力式溢流坝，44m	砂，细砂	12	40cm厚混凝土铺盖＋金属板桩
6	沃特金	1961	重力式溢流坝，44.5m	粉细砂黏土	—	混凝土铺盖
7	普利亚文	1965	重力式厂顶溢流坝，58m	黏土、黏壤土	—	—

其他国家在深厚覆盖层上修建高土石坝方面有较多的工程实例，见表1.1-5。其中高147m的巴基斯坦塔贝拉斜心墙土石坝，建基于最厚达230m的覆盖层上，该坝坝前采用了长1432m、厚1.5～12m的黏土铺盖防渗，同时下游坝趾设置井距15m、井深45m的减压井，每8个井中有一个加深到75m。蓄水后，坝基渗透量大，曾发生100多个塌坑，经抛土处理，1978年后趋于稳定。

埃及的阿斯旺土心墙坝，最大坝高122m，覆盖层厚225～250m，采用悬挂式灌浆帷幕、上游设铺盖、下游设减压井等综合渗控措施。帷幕灌浆最大深度170m，帷幕厚20～40m。加拿大的马尼克3号黏土心墙坝，砂卵石覆盖层最大深度126m，并有较大范围的细砂层，采用两道净距为2.4m、厚0.61m的混凝土防渗墙，墙顶伸入冰渍土心墙12m，墙深105m，其上支承高3.1m的观测灌浆廊道和钢板隔水层。建成后，槽孔段观测结果表明，两道墙削减的水头约为90%。

表 1.1-5　国外覆盖层上的土石坝工程

序号	工程名称	所在国家	建成年份	坝型，最大坝高	坝基土层性质	覆盖层最大厚度/m	坝基防渗型式	防渗厚度/m
1	威尔南哥	意大利	1956	堆石坝，67m	砂砾石	50	防渗墙深 26m 下接灌浆帷幕	防渗墙厚 2.5
2	马特马克	瑞士	1959	土斜墙堆石坝，115m	砂砾石	100	10 排防渗帷幕	15～35
3	塞斯奎勒	哥伦比亚	1964	心墙堆石坝，52m	砂砾石	100	混凝土防渗墙深 76m	0.55
4	摩尔罗斯	墨西哥	1964	心墙堆石坝，60m	砂砾石	80	混凝土防渗墙深 88m	0.60
5	阿勒格尼	美国	1964	堆石坝，51m	砂砾石	55	混凝土防渗墙深 56m	0.76
6	聂赫拉奈思	捷克	1964	斜墙砂砾坝，48m	砂砾石	>50	混凝土防渗墙深 31.2m	0.65
7	佐科罗	意大利	1965	沥青斜墙土石坝，117m	砂砾石	100	混凝土防渗墙深 50m	0.60
8	弗莱斯特列兹	奥地利	1965	沥青面板堆石坝，22m	砂砾石	>100	混凝土防渗墙深 47m	0.50
9	谢尔蓬松	法国	1966	心墙堆石坝，122m	砂砾石	120	19 排防渗帷幕	15～35
10	阿斯旺	埃及	1967	黏土心墙堆石坝，122m	砂砾石	250	悬挂式帷幕深 170m	20～40
11	埃贝尔拉斯特	奥地利	1967	沥青面板堆石坝，26m	砂砾石	>124	混凝土防渗墙深 47m	0.50
12	马尼克 3 号	加拿大	1968	黏土心墙堆石坝，107m	砂砾石	126	两道防渗墙深 131m	每道厚 0.61
13	第一瀑布	加拿大	1969	斜心墙土石坝，38m	砂砾石	60	混凝土防渗墙深 60m	0.75
14	下峡口	加拿大	1971	心墙堆石坝，123.5m	砂砾石	82	挖除覆盖层	—
15	大角	加拿大	1972	心墙土石坝，91m	砂砾石	65	混凝土防渗墙深 73m	0.61
16	塔贝拉	巴基斯坦	1975	斜心墙土石坝，147m	砂砾石	230	黏土铺盖	1.5～12
17	圣塔扬娜	智利	1995	面板砂砾石坝，113m	砂砾石	30	混凝土防渗墙深 35m	—
18	塔里干	伊朗	2006	黏土心墙堆石坝，110m	砂砾石	65	混凝土防渗墙	1
19	普卡罗	智利	—	面板堆石坝，83m	砂砾石	113	悬挂式防渗墙深 60m	—
20	洛斯卡拉科莱	阿根廷	在建	面板堆石坝，130m	砂砾石	25	混凝土防渗墙深 25	—

坝高 113m 的智利圣塔扬娜面板砂砾石坝，建基于 30m 深的覆盖层上，是较早在覆盖层上修建的 100m 以上的混凝土面板坝。

1.1.3.2　我国覆盖层上筑坝

我国在覆盖层上建成了大量的土石坝，坝型包括土质心墙堆石坝，混凝土面板堆石坝，沥青混凝土心墙堆石坝等。160m 高的小浪底斜心墙堆石坝已运行多年，瀑布沟砾石土心墙堆石坝坝高 186m，长河坝工程最大坝高已达 240m。我国建基于覆盖层上的主要土质心墙坝工程见表 1.1-6，我国建基于覆盖层上的主要混凝土面板堆石坝工程见表 1.1-7，我国建基于覆盖层上的主要沥青混凝土心墙堆石坝工程见表 1.1-8。

表 1.1-6　　我国建基于覆盖层上的主要土质心墙坝工程

序号	工程名称	建成年份	坝型，最大坝高	坝基土层性质	覆盖层最大厚度/m	坝基防渗型式	防渗墙厚度/m
1	密云	1960	黏土斜墙土石坝，102m	砂砾石	44	混凝土防渗墙深 47m	0.8
2	毛家村	1962	黏土心墙土石坝，80.5m	砂砾石	32	混凝土防渗墙深 32.5m	0.8～0.9
3	十三陵	1970	黏土斜墙土坝，29m	砂砾石	60	混凝土防渗墙深 60m	—
4	斋堂	1974	黏土斜墙土坝，58.5m	砂砾石	55	混凝土防渗墙深 56m	0.8
5	碧口	1977	心墙土石坝，102m	砂砾石	40	两道防渗墙分别深 41m，68.5m	1.3，0.8
6	小浪底	2001	斜心墙堆石坝，160m	砂砾石	80	混凝土防渗墙深 82m	1.2
7	满拉	2001	心墙堆石坝，76.3m	砂砾石	28	混凝土防渗墙深 33m	0.8
8	务坪	2001	黏土心墙堆石坝，52m	湖积软土	33	混凝土防渗墙深 30m	
9	硗碛	2006	土质心墙堆石坝，125.5m	砂砾石	72	混凝土防渗墙深 70.5m	1.2
10	水牛家	2006	土质心墙堆石坝，108m	砂砾石	30	混凝土防渗墙深 32m	1.2
11	直孔	2006	土质心墙堆石坝，47.6m	砂砾石	—	混凝土防渗墙深 79m	—
12	狮泉河	2006	黏土心墙土石坝，32m	砂砾石	—	混凝土防渗墙深 67m	0.8
13	瀑布沟	2009	砾石土心墙堆石坝，186m	砂砾石	75	两道全封闭混凝土防渗墙，最深 70m	均为 1.2
14	狮子坪	2010	砾石土心墙堆石坝，136m	砂砾石	110	混凝土防渗墙深 90m	1.3
15	泸定	2011	黏土心墙堆石坝，79.5m	砂砾石	148	110m 深防渗墙下接灌浆帷幕	1.0
16	王圪堵	2014	均质土坝，44m	砂砾石	—	混凝土防渗墙深 20m	0.8
17	长河坝	2016	砾石土心墙堆石坝，240m	砂砾石	70	两道全封闭混凝土防渗墙，最深 50m	1.4，1.2

表 1.1-7　　我国建基于覆盖层上的主要混凝土面板堆石坝工程

序号	工程名称	建成年份	最大坝高/m	坝基土层性质	覆盖层最大厚度/m	坝基防渗型式	防渗墙厚度/m
1	柯柯亚	1982	41.5	砂卵砾石	37.5	混凝土防渗墙平均深 37.5m	0.8
2	铜街子	1992	48	砂卵砾石	70	两道混凝土防渗墙最大深 70m	1
3	梅溪	1997	41	砂卵砾石	30	混凝土防渗墙平均深 20m	0.8
4	梁辉	1997	36.5	砂卵砾石	39	混凝土防渗墙	0.8
5	楚松	1998	40	砂卵砾石	35	混凝土防渗墙深 35m	1.5
6	岑港	1998	27.6	—	39.5	混凝土防渗墙深 35.3m	0.8
7	塔斯特	1999	43	砂卵砾石	28	混凝土防渗墙	—
8	汉坪嘴	2005	38	砂卵砾石	45	混凝土防渗墙平均深 56m	0.8
9	那兰	2006	109	砂卵砾石	24	混凝土防渗墙平均深 18m	0.8
10	九甸峡	2008	136.5	砂卵砾石	65	两道混凝土防渗墙深约 30m	均为 0.8
11	察汗乌苏	2008	110	砂卵砾石	40	混凝土防渗墙平均深 41.8m	1.2

续表

序号	工程名称	建成年份	最大坝高/m	坝基土层性质	覆盖层最大厚度/m	坝基防渗型式	防渗墙厚度/m
12	双溪口	2008	55	砂卵砾石	18	混凝土防渗墙	0.8
13	多诺	2014	112.5	砂卵砾石	41.7	混凝土防渗墙平均深30m	1.2
14	斜卡	2014	108.2	粉细砂及砂卵砾石	100	混凝土防渗墙	1.2

表1.1-8　　我国建基于覆盖层上的主要沥青混凝土心墙堆石坝工程

序号	工程名称	建成年份	最大坝高/m	坝基土层性质	覆盖层最大厚度/m	坝基防渗型式	防渗墙厚度/m
1	坎尔其	2001	51.3	砂砾石	40	混凝土防渗墙深40m	—
2	洞塘坝	2001	46	砂砾石	—	混凝土防渗墙深16m	—
3	尼尔基	2006	41.5	砂砾石	40	混凝土防渗墙深38.5m	0.8
4	冶勒	2007	125.5	冰水堆积覆盖层	400	混凝土防渗墙及帷幕联合防渗。防渗墙最大深度：左岸53m，河床74m，右岸140m	1～1.2
5	茅坪溪	2007	104	砂砾石及全强风化岩层	—	混凝土防渗墙左岸最深34m，右岸48m	0.8
6	龙头石	2008	72.5	砂砾石	70	混凝土防渗墙深71.8m	1.2
7	下坂地	2009	78	砂砾石	148	85m混凝土防渗墙下接4排161m深灌浆帷幕	1
8	黄金坪	2016	85.5	砂砾石	130	混凝土防渗墙深101m	1

我国在覆盖层上修建拱坝、重力坝不多，且一般为中低坝，由于不均匀沉降、渗漏等问题处理较困难，现在已不多见。覆盖层上的闸坝受地基条件限制，一般小于35m。我国覆盖层上的混凝土坝及闸坝工程见表1.1-9。

表1.1-9　　我国覆盖层上的混凝土坝及闸坝工程

序号	工程名称	建成年份	最大坝高/m	坝基土层性质	覆盖层最大厚度/m	坝基防渗型式	防渗墙厚度/m
1	映秀湾	1971	19.5	砂卵砾石	62	水平铺盖+30m深悬挂式混凝土防渗墙	1.0
2	渔子溪一级	1972	27.8	砂卵砾石	34	悬挂式混凝土防渗墙深30m	0.8
3	渔子溪二级	1987	31.5	砂卵砾石	30	悬挂式混凝土防渗墙深30m	0.8
4	太平驿	1991	29.1	砂卵砾石	86	坝前111.5m长水平铺盖加坝基浅齿槽	—
5	冷竹关	2000	24.0	砂卵砾石	73	混凝土防渗墙深38m	0.8
6	小关子	2000	20.3	砂卵砾石	＞40	混凝土防渗墙深41.5m	0.8
7	铜钟	2001	26.7	砂卵砾石	＞40	混凝土防渗墙深30m	—
8	红叶二级	2003	11.5	砂卵砾石	80	水平铺盖+50m深悬挂式混凝土防渗墙	0.8

续表

序号	工程名称	建成年份	最大坝高/m	坝基土层性质	覆盖层最大厚度/m	坝基防渗型式	防渗墙厚度/m
9	福堂	2004	31	砂卵砾石	93	悬挂式混凝土防渗墙深34.5m，加水平铺盖	1
10	金康	2006	20	砂卵砾石	28	混凝土防渗墙深28m	0.8
11	宝兴	2009	28	砂卵砾石	50	封闭式混凝土防渗墙	0.8
12	沙湾	2009	23.5	砂卵砾石	>60	混凝土铺盖+混凝土防渗墙深约50m	1.0
13	锦屏二级	2012	34	砂卵砾石	48	封闭式混凝土防渗墙深40m	0.8
14	江边	2011	32	砂卵砾石	100	悬挂式混凝土防渗墙深28.5m	0.8
15	吉牛	2014	23	砂卵砾石	80	悬挂式混凝土防渗墙深50m	—
16	下马岭	1960	33.2	砂砾石	38	3排水泥灌浆帷幕深40m	帷幕厚11.2
17	猫跳河四级	1961	54.77	砂砾石	30	两道混凝土防渗墙最大墙深30.4m	均为1.0
18	老虎嘴	2011	约24	砂砾石	206	80m深的悬挂式混凝土防渗墙	1

注 1～15均为建在覆盖层上的闸坝。

1.2 地基处理关键技术问题

利用覆盖层建坝，有时是为了节省投资和工期的需要，有时是环保的需要，甚至有时因为覆盖层太厚，想完全挖除覆盖层几乎是不可能的。而直接在覆盖层上筑坝，由于覆盖层允许承载能力较低、变形模量较小、抗冲刷能力较弱、与混凝土间摩擦系数不大、渗透系数较大等原因，如果选择的坝址、坝轴线、坝型、枢纽布置以及泄洪单宽流量等不适应覆盖层特点，则可能导致坝基渗流破坏、水工建筑物结构失稳、结构不均匀变形及断裂、下游冲刷破坏等风险发生。因此，在工程实践中，通过一定的工程技术措施对深覆盖层地基进行必要的处理，改善其地基承载能力、变形性能和抗渗能力是十分必要的，也是水利水电工程建设中一个重要的技术难题。

深厚覆盖层筑坝地基处理主要有以下几方面关键技术问题。

1.2.1 地基渗漏与渗透稳定

覆盖层是易冲蚀材料，在水压力作用下，易产生管涌、流土等渗流破坏，覆盖层的渗流变形和渗流破坏是上部水工建筑物安全的主要威胁之一。如黄羊河水库，壤土心墙砂砾石坝坝高52m，坝长126m，坝基河床覆盖层厚2～14m。原计划挖除心墙下部覆盖层，在基岩上浇筑混凝土齿槽后填筑心墙及坝体，但施工中，坝体中部及右岸长约61m河床中，覆盖层并未挖除，有平均厚约10m厚含孤石的砂砾石覆盖层，同时右岸岸坡陡立，未予清坡，直接把坝体填筑于风化岩体和覆盖层上。蓄水后，下游坡脚出现浑水，最大渗水量达150L/s，渗水淘刷坝基，使下游坝坡出现深约20m、直径约2m塌陷漏斗，危及大坝安全，为此沿坝轴线从坝顶嵌入基岩修筑72m长、0.8m厚的混凝土防渗墙，最大墙深64m。因此，覆盖层上筑坝必须严格控制覆盖层水平渗流段和垂直逸出段渗流比降，既关注逸出点的管涌和流土，也要关注覆盖层的层间渗流破坏。

根据沉积形成的河床覆盖层的渗透特性，垂直的混凝土防渗墙防渗有效性更好，通常是设计的首选方案。随着施工设备和施工方法的改进，混凝土防渗墙的成墙深度在不断加大，在覆盖层厚度适宜的条件下，采用防渗墙截断覆盖层渗透通道，或者适当开挖河床，以增加防渗墙的防渗深度，或者采用上部防渗墙、下部帷幕（即上墙下幕方案）是最为常见的防渗方案，但在面临超厚甚至特厚覆盖层时，难以采取工程措施彻底的截断覆盖层渗流通道，地基渗漏与渗透稳定问题成为地基处理要解决的至关重要的技术问题。

1.2.2 地基沉降、不均匀变形及抗滑稳定

由于覆盖层土体抗变形能力相对较差，其在河床竖向（厚度）及平面上分布又时常存在不均匀的情况，在坝体自重及水压力等外荷载作用下，坝基往往会产生明显沉降或不均匀变形，对于土石坝可能引起坝体裂缝，恶化大坝防渗结构与地基防渗结构及两者连接结构的受力条件；对于泄水闸或溢流坝，过大的不均匀变形，会影响泄洪建筑物和闸门的正常使用，并影响到结构的稳定性。不均匀变形也集中于岸坡附近覆盖厚度急剧变化区，也常发生于一些特殊结构及荷载变化较大的区域。例如在河谷两岸边，覆盖层与基岩变形很不协调，土石坝坝基刚性的基础廊道很难适应这种差异性变形，处理不当会出现断裂或接缝破坏等现象。

由于坝基深厚覆盖层的结构复杂，抗剪强度不一，有的还存在黏土、粉土、细砂层等低强度土层，深厚覆盖层地基还会影响到大坝的抗滑稳定，应在查清软土分布及力学性质的前提下，通过稳定分析计算，有针对性地采取处理措施。

1.2.3 地基砂土地震液化

深覆盖层地基组成成分复杂、层次不均匀，大都夹有砂层。浅埋砂层在地震作用下，会使孔隙水压力急剧增长，来不及消散，使土中的有效应力削弱或丧失，形成液化地基，对坝基稳定及坝体变形不利。特别是我国西南地区，中强地震活跃频繁，地震作用可能会引起地基的液化，其可液化性判别、对工程的影响程度分析及抗液化处理措施，也是深覆盖层上筑坝的关键问题之一。

1.2.4 覆盖层抗冲刷

覆盖层是易冲蚀材料，抗冲流速较低，泄水建筑物下游常会出现不同程度的冲刷破坏。大坝建成后阻断了原河道自然水沙运行状态，通常会在上游形成回淤，下游形成冲刷。当电站在正常发电时由于尾水流速低，其对下游河床冲刷影响小，但在汛期通过泄水建筑物泄洪时，下泄水流流速高，极易对下游河床覆盖层造成冲刷，如果处理不好可能危及泄水建筑物甚至大坝安全。因此，在覆盖层上建坝，需结合水库运行方式、泄水建筑物布置与消能、坝脚保护措施等，采用数值或者物理模型研究下游河床覆盖层冲刷问题。如何从覆盖层抗冲保护目的出发，协调大坝设计、泄水建筑物布置与消能设计也是深覆盖层上建坝应关注的关键问题之一。

1.3 地基处理技术发展水平

从20世纪30年代开始，水电工程地基处理技术在美国开始发展。在深厚覆盖层地基处理方面，以地基防渗处理为例，在透水地基上修建土石坝，常在坝基打设钢板桩防渗，如Marshal Greek（1937）、John Martin（1941）、Fort Peck（1941）、Garrison（1947）等，这些坝通常为中低坝（坝高27～57m），地基处理深度10～50m。坝高最高的是Swift（1958），达到156m，坝基处理深度也达到60m，具体方案是地基上部30m开挖回填黏土，下部打设30m深钢板桩。但该工法造价较为昂贵，且容易出现漏水，效果不是很理想。

从20世纪60年代开始，国外在覆盖层上陆续修建的土石坝工程，多采用泥浆槽技术和帷幕灌浆技术。如美国的Wanapum（1962）采用造价低且施工速度快的泥浆护壁索铲挖槽，拌和砂砾壤土回填等手段，处理了深度约30m的透水地基。法国的Serre－Poncon（1966）坝高122m，在厚度为120m的砂卵石覆盖层中采用水泥黏土帷幕灌浆，采用预埋穿孔管双塞高压灌浆法施灌，取得了良好的效果。目前，最深的砂卵石灌浆帷幕是埃及的High Aswan（1967），达到200m级。

1954年，意大利首先在30m高的马里亚拉戈坝的砂砾石覆盖层中建成40m深的柱列式混凝土防渗墙，用泥浆护壁冲击钻造孔，用溜管法在泥浆下浇筑混凝土，混凝土防渗墙延伸进入基岩，截断透水覆盖层，防渗效果显著。随着防渗墙坝基防渗技术的不断成熟，20世纪60—70年代，国外一批受技术条件约束的深厚覆盖层上的高坝相继开工建设，目前，国外坝基处理深度最大的混凝土防渗墙为加拿大的马尼克工程，防渗墙最大深度131m。

20世纪80年代以来，随着水电建设高潮的兴起，经过30多年的工程实践积累，我国在深厚覆盖层筑坝地基处理技术方面取得长足的进步，在地基防渗、地基加固处理设计与施工技术等领域已达到国际先进水平。

1.3.1 地基防渗

深厚覆盖层上筑坝坝基渗透稳定和渗漏损失是防渗控制的主要问题。深厚覆盖层的渗流控制主要采取上游水平铺盖防渗和垂直防渗两种方法，或者是将两者相结合。其中坝基垂直防渗处理措施主要有3种：混凝土防渗墙、帷幕灌浆、防渗墙与帷幕灌浆相结合。一般认为对于沉积形成的河床覆盖层，竖向防渗效果优于水平防渗。我国在深厚覆盖层上修建大坝有很多成功的经验，如四川冶勒水电站，建造于强震区、厚度超过400m的深厚不均匀覆盖层上，采用混凝土防渗墙接帷幕灌浆联合防渗，防渗深度超过200m，居世界前列。

随着防渗墙技术的不断发展，目前力求对覆盖层形成全封闭，按国内防渗墙施工专业队伍能力，防渗墙施工深度已达到180m左右。对于覆盖层深度超过施工能力采用防渗墙不能形成全封闭的工程，一般采用开挖部分覆盖层降低防渗墙造墙难度，或采取墙下接帷幕的组合型式，帷幕深度最深可达250m。为了适应高坝高水压作用下的防渗要求，还发展了两道防渗墙技术，国内的代表工程为186m高的瀑布沟土石坝（2009年建成）和

240m高的长河坝土石坝（2016年建成）。在超厚甚至特厚覆盖层上建高坝，由于防渗墙施工技术的限制，仍需结合其他防渗手段如防渗墙下部帷幕灌浆、水平铺盖、坝基垫层与反滤、下游排水井等综合措施解决坝基防渗问题。

目前，国内外基础防渗墙与土质防渗体的连接型式主要有两种：一种是防渗墙直接插入土质防渗体的型式，即插入式连接型式；另一种是防渗墙墙顶设廊道的型式，即廊道式连接型式。插入式连接采取防渗墙顶部插入防渗土体中一定高度进行连接，插入土心墙内的墙体采用人工浇筑混凝土，该连接型式的防渗墙墙体受力状态相对简单，国内已有较成熟的设计、建造及运行经验，如坝高160m的小浪底土石坝、坝高108m的水牛家土石坝和坝高101m的碧口土石坝。在防渗墙顶设置廊道，可使防渗墙下基岩帷幕灌浆不占直线工期，便于坝基防渗结构检修维护和运行管理，应用前景广阔。国外最早采用防渗墙与土心墙廊道式连接的是加拿大马克尼3号坝，坝高107m，覆盖层深126m，坝基覆盖层采用两道厚0.61m的混凝土防渗墙防渗，廊道设于两道防渗墙之上与土心墙连接，虽然廊道的受力条件好，但两道防渗墙距离近，在漂卵砾石地层中，两道墙需要错开施工，施工工期长，这种方式不适合我国普遍存在的漂卵砾石地层。

成都院从20世纪80年代开始研究防渗墙与土心墙廊道式连接型式，随着工程技术难度的不断加深，研究持续了30多年。在研究成果的基础上，于2006年建成国内第一座采用防渗墙与土心墙廊道式连接的大坝——硗碛水电站砾石土心墙堆石坝，坝高125.5m，坝基覆盖层厚约72m，采用一道1.2m厚防渗墙防渗，已建成运行10余年，运行期间经历过汶川、芦山和康定3次地震的考验，运行正常。此后，又陆续建成了采用廊道连接型式的泸定、狮子坪、毛尔盖、瀑布沟、长河坝等多座土心墙堆石坝，其中最高的是长河坝心墙堆石坝，坝高240m。瀑布沟心墙堆石坝坝高186m，坝基覆盖层最大厚度78m，2009年开始蓄水后运行正常，大坝心墙变形及土压力变化趋于平稳、坝基廊道和防渗墙变形、廊道结构缝的变形等监测值均在一般经验值范围内。

廊道结构在土心墙堆石坝上成功应用后，已推广应用至沥青混凝土心墙堆石坝，金平沥青混凝土心墙坝高90.5m，黄金坪沥青混凝土心墙坝高85.5m，其沥青心墙和坝基防渗墙均采用了廊道连接。由近年来廊道式连接的应用和发展情况可以看出，因廊道式连接与插入式连接相比有显著的节约工期、方便补强和运行监测等优势，已得到越来越广泛应用，且逐渐从土心墙堆石坝推广应用至沥青心墙堆石坝等其他坝型。防渗墙与心墙的廊道式连接是今后防渗墙与土心墙连接的发展方向。

1.3.2　地基加固

深厚覆盖层地基加固技术主要分为两大类，一类是采用人工地基基础，如沉井、桩、地下连续墙框格等，即基础类；另一类是对地基进行处理，如高压喷射注浆、振冲、强夯、深层搅拌、土工合成材料、强夯置换等，即处理加固类。由于采用人工基础，质量可靠，加固效果显著，采用人工地基基础往往是优先选择。在适当地质条件下，地基处理类也是常用的选择。

加固处理方法多样，其选择主要取决于地基土类型和处理要达到的目的。对于砂土，振冲置换碎石桩通常最为常用且有效，振冲深度与效果主要取决于振冲器的功率，现在振冲器的功率最大已经用到 220kW，成桩半径可达到 1.3m，成桩深度可达到 30m，对于上部覆盖有粗粒的地层，也发展了采用钻孔引孔的施工工艺。通过旋挖钻机、变频式电动振冲器配合伸缩导杆等设备研制试验，振冲置换碎石桩的处理深度已经可以拓展到 70～90m。

其他方法如换土垫层、固结灌浆、预压、挤密桩、深层搅拌、沉井主要作用深度相对较浅（大多小于 30m），而振冲置换碎石桩、高压喷射注浆、地连墙可超过 30m。对于强地震区域，为解决深层抗滑稳定与地基液化等问题，通常采用振冲置换碎石桩结合地连墙或高压喷射注浆法综合加固。

1.3.3 地基抗液化

在含可液化土层的深厚覆盖层上修建水工建筑物，地基基础采取的抗液化措施主要分为两大类：一类是对地基进行加固，如加大可液化土层的密实度、增大有效应力、限制地震时土体孔隙水压力的产生和发展等；另一类是对地基结构进行针对性设计，如封闭可液化地基、将荷载通过桩传到液化土体下部的持力层等。对埋深较浅的可液化的土层，应尽可能采用开挖换填。当挖除比较困难或很不经济时，对深层土可以采取振冲碎石桩法、混凝土连续墙围封法、压重法和注浆法等。

振冲碎石桩对砂类土地基的抗液化处理效果较好。典型案例如阴坪水电站，河床覆盖层深厚，最深约 107m，存在以砂、砂壤土为主的软弱下卧层，埋深 3～11m，最大厚度约 20m。采用 1m 桩径、23～26m 桩长的振冲碎石桩处理，经“5·12”汶川地震考验，地基没有发现液化现象。近年来随着大功率振冲机具的发展，振冲碎石桩桩径已超过 1m，施工深度达 30m，并且结合钻孔机械的应用，振冲碎石桩适应地层也更加广泛，如四川省康定金汤河上金康水电站，采用的大功率振冲器进行施工，平均桩径 1.2m，最大振冲深度达 28m。

自 1964 年日本新潟地震中发现地连墙基础良好的抗地震液化性能后，地连墙技术得到了飞速的发展，目前最大开挖深度已超过百米（140m）。地连墙技术适合于包括砂土在内的各类可液化场地，与碎石桩、振冲加密、强夯处理等相比，地连墙可同时用作承重、防渗、挡土和围护以及抗液化的结构。例如桐子林水电站，其导流明渠混凝土左导墙末端覆盖层基础含青灰色粉砂质黏土层，厚 10～25m。地连墙采用 C30 混凝土，墙厚 1.2m，间距 10～17.5m，最大墙深 40.85m。运行后的监测表明，地连墙应力与变形均正常。

压重通过改变土体的埋藏条件，增加基础可液化土层的有效应力，从而提高基础砂土抗液化能力。在瀑布沟、双江口等高土心墙堆石坝设计施工中，利用工程中的弃渣、弃土，对上、下游堆石体坝脚附近砂层透镜体部位设置压重。相关计算分析表明，压重对提高大坝的抗震稳定性效果明显，同时也能增加砂层透镜体抗液化能力。

1.3.4 地基处理施工

近年来，我国在深厚覆盖层筑坝地基处理技术上的长足进步，与施工技术的发展和突破密不可分。在地基防渗处理方面，研发了 150m 级防渗墙施工成套设备、材料和新工艺，同时突破了深厚覆盖层帷幕灌浆的关键技术；在地基加固处理方面，研发了 90m 级的振冲加固设备，改进了相关造孔、置桩工艺和设备，同时通过对框格式地下连续墙施工设备和工艺的改进，满足了快速施工和结构的需求。

150m级防渗墙施工关键技术主要体现在施工机具、固壁泥浆、施工工艺等方面的改进和创新上：

（1）研发了系列重型冲击钻机和特种重锤钻头，钻头重量由原来的2.5t左右提高到8t；改进了重型液压抓斗，将传统液压抓斗施工深度由原来的60m提高到了110m以上。

（2）研发了新型防渗墙固壁泥浆材料，采用在传统分散型膨润土泥浆中掺加正电胶（MMH）等处理剂的新型固壁泥浆，与呈负电的水和土颗粒可形成"MMH-水-黏土稳定复合体"，大幅提高浆液固壁性能和携带石渣能力。

（3）采用改进后的新型组合型工法技术，广泛采用"钻抓法"，灵活选用"钻铣法""铣砸爆法""铣抓钻法"等新型组合工法技术，同时普遍采用钻孔预爆、槽内钻孔爆破、槽内聚能爆破等控制爆破技术，大幅度提高了含孤、漂（块）石地层和硬岩地层的造孔效率，并有在大于70°硬岩陡坡内的嵌岩和在堰塞体上施工实例。

（4）混凝土墙段连接普遍采用新研发的"限压拔管法"施工工法，采用大口径液压拔管机，拔管直径可达2.0m，拔管深度可达200m，结合使用"气举正反循环法"槽孔清孔换浆技术，清孔效率大大提高，深度达100m。

深厚覆盖层帷幕灌浆施工关键技术主要在钻孔机具选取、纠偏、护壁泥浆技术和孔内循环、分段灌浆工艺等方面有了新的发展。近年来国内对地层松散或有架空层的覆盖层，主要采取跟管钻进工艺，设备选用全液压潜孔钻机和地质钻机搭配使用。冶勒水电站大坝帷幕还采用了全断面牙轮钻头钻孔，钻进效率相比常规钻头提高1～2倍，并且可以在每一段钻孔完毕后带钻具立即灌浆，明显提高了工效。在钻进过程中每钻进5m就及时测量孔斜并及时纠偏，可有效保证钻孔垂度。目前国内深厚覆盖层帷幕灌浆的施工深度，冶勒电站最大深度达122m，桐子林电站坝肩帷幕深度90m，均在复杂地质条件情况下成功实施，具有较强的代表性。

90m级地基振冲加固的施工关键技术主要体现在施工机具、施工工艺等方面的改进和创新上：

（1）研发了可伸缩式振冲设备，振冲深度从30m左右提升至90m且无需大吨位吊车配合施工，同时普遍应用新型大功率振冲器，目前振冲器的最大功率达到220kW。

（2）造孔、成桩工艺的组合应用，为克服在砂卵砾石层中传统振冲法实施难度大的问题，将振冲器成孔成桩的传统工艺进行改良，发展了"引孔振冲"新技术，不仅增大碎石振冲桩径范围，还能提升碎石桩加固处理深度，目前引孔振冲试验深度已经达到90m，平均桩径约1.3m。

第 2 章

工程勘察

2.1 勘察内容与方法

河谷覆盖层通常具有成因类型多样、分布范围广泛、产出厚度多变、组成结构复杂和工程特性差异大等特点。从成因类型上看，主要有水流、冰川、重力、风力等；从分布范围看，几乎遍布河床与阶地；从厚度上看，一般从数米至数百米；从组成结构看，母岩岩性和粒径差异大，密实和胶结程度差异大，结构多松散，层次结构多不连续等；从工程特性看，其物理力学特性与成因类型、堆积时代、组成结构分布埋深等有关，工程特性和工程适宜性不同。

随着水电开发在四川、西藏、云南等西部地区快速推进，深厚覆盖层建坝问题越来越突出，主要存在渗漏与渗透稳定、不均匀沉降及承载、抗滑稳定、砂土液化、冲刷等问题，因此，查明覆盖层的工程地质特性并对其充分利用是建坝关键。工程勘察中需要合理运用勘察方法与手段查明其工程地质条件，进而开展工程地质评价，为选择合理的地基处理方案提供依据。

2.1.1 地质测绘

1. *准备工作*

为了解工作区研究深度，工程地质测绘开始前，要全面收集工作区有关的资料，进行分类和综合分析，研究其可利用程度和存在问题，编制有关图表和说明。

资料收集的内容一般包括：地形资料（各类比例尺地形图，各类卫片、航片及陆摄照片等），区域地质、地震地质及地质灾害治理的相关成果，工程区前期勘察成果，工作区水文气象资料，工作区交通、行政区划、民风民俗等资料。

在开展中、大比例尺工程地质测绘前，要进行现场踏勘并编制工程地质测绘计划。

2. *地质测绘*

覆盖层地质测绘根据有关要求，在不同勘察阶段采用不同精度比例尺进行平面和剖面地质测绘，利用阶地、漫滩的自然露头和勘探（孔、井、坑）揭示条件，确定填图单元、进行地貌类型划分、圈定覆盖层的范围、平面分区、剖面分层；根据土体不同成因类型及其堆积条件，查明各层土体分布范围、成因类型、厚度、层次结构，上下层接触特征；并注意研究不同地貌单元上土的分布、分层、厚度、物质组成、结构特征及其差异、天然稳定坡角等。

3. *覆盖层成因分析*

在地质调查基础上，结合勘探试验成果，研究河谷演化历史和流域特征，分析覆盖层成因。

覆盖层主要的成因类型特征见表 2.1－1。其中以残积、崩坡积、洪积、冲积、冰积、风积等较为常见。

表 2.1-1 覆盖层主要成因类型特征

成因类型	堆积方式及条件	堆积物特征
残积	岩石经风化作用而残留在原地的碎屑堆积物	碎屑物自表部向深处逐渐由细变粗，其成分与母岩有关，一般不具层理，碎块多呈棱角状，土质不均，具有较大孔隙，厚度在山丘顶部较薄，低洼处较厚，厚度变化较大
崩坡积	风化碎屑物由雨水或融雪水沿斜坡搬运，或由本身的重力作用堆积在斜坡上或坡脚处而成	碎屑物岩性成分复杂，与高处的岩性组成有直接关系，从坡上往下逐渐变细，分选性差，层理不明显，厚度变化较大，厚度在斜坡较陡处较薄，坡脚地段较厚
洪积	由暂时性洪流将山区或高地的大量风化碎屑物携带至沟口或平缓地堆积而成	颗粒具有一定的分选性，但往往大小混杂，碎屑多呈亚棱角状，洪积扇顶部颗粒较粗，层理紊乱呈交错状，透镜体及夹层较多，边缘处颗粒细，层理清楚，其厚度一般高山区或高地处较大，远处较小
冲积	由长期的地表水流搬运，在河流阶地、冲积平原和三角洲地带堆积而成	颗粒在河流上游较粗，向下游逐渐变细，分选性及磨圆度均好，层理清楚，除牛轭湖及某些河床相沉积外，厚度较稳定
冰积	由冰川融化携带的碎屑物堆积或沉积而成	粒度相差较大，无分选性，一般不具层理，因冰川形态和规模的差异，厚度变化大
风积	在干旱气候条件下，碎屑物被风吹扬，降落堆积而成	颗粒主要由粉粒或砂粒组成，土质均匀，质纯，孔隙大，结构松散

4. 覆盖层的组成和分布

在地质测绘和勘探、物探基础上，查明深厚覆盖层平面分布范围、垂直深度及形态；重点查明软土层、粉细砂、湿陷性黄土、架空层、矿洞、漂孤石层等的分布情况和性状；查明基岩面起伏变化情况，河床深槽、古河道、埋藏谷的具体范围、深度及形态。

通过河漫滩与阶地的地质测绘，查明其分布、形态特征、堆积物特征，阶地的级数、级差，相对高度、绝对高度，阶地成因类型，各级阶地接触关系，形成时代、变形破坏特征或后期叠加与改造情况，并注意区分河流阶地与洪积台地、泥石流台地、滑坡台地、冰川冰水台地等非河流阶地。

5. 水文地质条件

通过水文地质测绘、勘探（孔、井、坑），查明覆盖层的地下水水位（水压）、水量、水质、水温及其动态变化，地下水类型、埋藏条件和运动特征；查明水文地质结构，划分透水层与隔水层；查明地下水的补给、径流、排泄条件；查明覆盖层的渗透性和抗渗特性。

6. 物理力学特性

通过取样室内试验和现场试验测试，查明覆盖层土体的颗粒级配、密度、天然含水率、塑限、液限以及砂性土的相对密度、黏性土的矿物、化学成分；查明土体的承载力、抗变形能力、抗剪强度等特性。

7. 工程地质岩组划分

覆盖层土体岩组划分是覆盖层工程地质性质研究的基础，是在平面和剖面上将其工程地质性质相类似的土层（连续分布、透镜体）划分为一个工程地质单元的过程。

覆盖层工程地质岩组的划分一般按以下原则进行：

（1）研究区域大地构造背景，河流流域、河段、工程区段的河谷演化历史，了解工程区河谷堆积侵蚀特性。

（2）在研究各地质测绘点和勘探点覆盖层堆积特征的基础上，根据覆盖层分布、厚度、埋深、颜色、颗粒级配、颗粒形态、颗粒排列、颗粒岩性、密实（胶结）程度、架空现象、上下层接触特性等进行单层划分。

（3）应重视软土层、粉细砂层、膨胀土层、黄土层、冻土层、架空层等特殊土和工程特性较差土层的细化研究。

（4）对比分析上游工程覆盖层各单层在河谷纵向和横向空间展布的变化特征。

（5）在综合地质测绘、勘探、物探、试验测试成果的基础上，根据覆盖层各小层堆积时代、堆积特性、物理力学特性、分布规模、工程特性等进行工程地质岩组划分。

2.1.2 钻探

钻探是目前大量使用且有效的覆盖层勘探方法，它不仅能够探明覆盖层的厚度，而且还可以取心鉴定地质组成结构，划分地层界线；同时为水文地质试验、工程地质测试等作业提供必要的条件，以测试地层的渗透特性、力学特性等地质特征。钻探的主要目的是形成钻孔直接获取岩心，查明各类地层的地下深度和厚度，物质组成及结构等，为确定覆盖层的组成及分布提供第一手资料；形成钻孔，在钻孔选定孔段进行现场的抽水、注水试验，为分析判断水文地质条件提供依据；开展孔内地层原位物理力学试验与测试，以查明覆盖层物理力学特性。

不同于基岩，覆盖层有其特殊性，一直是水电工程勘察的重点，也是钻探的难点。在数十年的不断探索与创新的过程中，成都院先后研发了一系列效率高、取心质量好且兼顾孔内试验、测试的覆盖层钻探新技术。

2.1.2.1 深厚覆盖层钻探及取样技术

1. 跟管钻进技术

20 世纪 50 年代，我国水电水利勘探中大量使用钢粒、合金钻进技术，为实现覆盖层连续钻进、保持钻孔孔壁稳定，普遍采用套管固壁。套管跟进深度和速度决定了钻孔深度和钻探台月效率，缘于此因，钻探工作者不断探索，总结出了一套成熟的“覆盖层跟管钻进技术”：选用地质勘探系列和石油勘探系列中的匹配套管作为护壁材料、边钻进边跟进护壁套管。跟管钻进中遭遇阻碍套管难以顺利跟进的地层时，通过孔内爆破方式促进跟管，或采用张敛式扩孔钻头扩孔后跟进套管；为回收孔内套管，研制出了适宜的拔管机及附属器具。

孔内爆破是在覆盖层钻进过程中遭遇漂（块）卵（砾）石难于跟管护壁时，在漂（块）卵（砾）石孔段置放爆破器材炸碎漂（块）卵（砾）石、松动地层，减小跟管阻力，实现跟管。覆盖层大多富水，孔内爆破的药量估算、药包制作、药包至管脚安全距离、药包防水措施是成功实现孔内水下爆破的关键。

覆盖层跟管钻进的目标不仅是为了护壁需要将套管跟进到预定孔段，而且为了孔内试验、降低成本还得顺利起拔回收孔内套管。实现跟进与起拔套管多用吊锤起降提供的冲击力，由于吊锤提供的冲击力基本固定，传导至管脚的冲击力随孔深增加逐渐减弱，至一定孔深后吊锤提供的冲击力难以满足起拔所需，为顺利起拔孔内套管，研制出了适宜于水电水利勘探条件的拔管机及附属器具。

西藏某电站勘探中，利用跟管钻进技术，实现套管跟入深度320m，并全部起拔回收下入孔内套管。

2. 金刚石钻进与取样技术

深厚覆盖层金刚石钻进与取样技术主要包括：与金刚石小口径钻进技术配套的设备和机具、与覆盖层钻进相适宜的取心钻具、适宜的冲洗液、钻探工艺技术之间的有机组合。

（1）优选并研发了与覆盖层金刚石钻进技术相适宜的钻探设备及工具体系，采用回转速度高于800r/min以上的XY—2型钻机、可实现变化泵量的泥浆泵、高速立式搅拌机等设备，实现高转数、可控泵量、快速优质制浆。

（2）研发了SD及SDB双级双单动双管系列钻具，有ϕ108、ϕ94、ϕ77三种规格系列，实现了外管高速回转带动钻头克取地层实现钻进，内管几乎不回转套取岩心，很好地保证了采取岩样的取心质量，岩心采取率达90%以上。它既适用于覆盖层钻进取心，也适用于基岩软弱夹层及破碎带的钻进取心，可配普通内管、普通磨光内管和半合管内管。

（3）研发了植物胶无固相冲洗液系列，引进了MY植物胶和研发的SM植物胶及KL植物胶无固相冲洗液的配方，利用植物胶的优质润滑性、较强黏聚力形成的减振性以及极低的滤失水性，实现金刚石的高转速钻进，既保护孔壁，又保护岩心。

（4）适宜的钻探工艺技术与现场操作是覆盖层金刚石钻进与取样技术得到满意效果的重要因素之一，钻探工艺主要包括钻进压力大小、冲洗液种类与注入量、钻进转速、回次进尺、钻进速度等，现场操作包括人员的素质与责任心、岩心的地面采取及实时调整工艺。

采用植物胶金刚石钻进，可随钻取出反映砂卵石地层真实结构圆柱状岩样（包括夹泥、砂层、卵石间的细小充填物及含泥结构面）；岩心采取率平均达90%左右，可较准确地判断砂层顶底板；较密实的地层中，可取出近似原柱状岩样；采取的砂层样品与活塞式静力压入法获得的砂层样品通过试验得到的物性参数数据相近，从根本上改变了常规钻进工艺钻孔质量低的面貌。

使用植物胶金刚石钻进技术，深厚覆盖层跟管钻进的平均台月效率从50m左右提高到145m，钻进效率成倍提高；提高了金刚石钻头的使用寿命，金刚石钻头的使用寿命平均在20m以上，可达40m以上。

3. 空气潜孔锤跟管取心钻进技术

空气潜孔锤跟管取心钻进技术是在原覆盖层钻进技术的基础上，借鉴岩土工程施工中潜孔锤跟管钻进技术，将“钻进、跟管与取心”三道工序有机地结合，通过钻机适度回转、潜孔锤冲击碎岩，实现了钻进、取心、跟管同步进行。

钻杆回转时，通过潜孔锤直接带动中心钻具（包括中心取样钻头）回转，通过传扭机构（传扭花键付）将回转扭矩传给套管钻头，中心取样钻头和套管钻头同时进行冲击回转钻进。中心钻头进行冲击回转钻进的同时，岩心随之进入岩心管；套管钻头进行冲击回转钻进扩孔，并带动套管随钻向孔底延伸，此时在分动机构的作用下，套管并不回转。钻进回次结束后，中心取样钻具被提到地面，而套管靴总成连同套管则滞留在孔内；采集岩心后，再将钻具下到孔底，通过人工伺服，使中心钻具到位，再次进行冲击回转跟管取心钻进，如此周而复始实现了空气潜孔锤跟管取心钻进。

实践证明，空气潜孔锤跟管取心钻进取心率高达95%以上，所取岩心层次清晰，无串层混杂现象；钻进效率高，平均台月效率和机械钻速是常规跟管钻进的4～5倍；空气潜孔锤跟管取心钻进技术规程实用性好，可操作性强。

2.1.2.2 特厚复杂覆盖层钻探技术

特厚复杂覆盖层钻探技术是针对覆盖层厚度超过300m、地层成因复杂、结构松散、水文地质条件复杂而研发的水电水利钻探技术，主要包括钻探设备与机具的优选、成孔与取心工艺、护壁与堵漏、孔斜控制等。

（1）选择扭矩大、立轴行程大的适宜钻机，改进机架成梯形，提高了稳定性；在钻机原有动力机上增加涡轮增压系统，功率在原有基础上提高了38%。采用两种水泵的选择满足了钻进取心和冲洗钻孔排粉等不同孔深条件下对冲洗液量和泵压的要求。钻塔高13m，操作空间大；增设副滑车，操作更方便。加长半合管钻具的使用，延长了回次进尺，提高了钻探效率。

（2）通过控制冲洗液动（静）压力，保持孔壁内外压力平衡，成功处理了砂卵砾石层中大流量、高压力涌水的承压水钻孔涌水；在遇有相对隔水地层的覆盖层中，采用套管隔离承压水，保持了孔壁稳定与完整，钻孔顺利达到预定孔深，实现了下部孔段的钻进与全孔段取心。

（3）研发了新型GXS-1高效复合型冲洗液体系，其优质性能保持了孔壁稳定，实现了松散细颗粒覆盖层中裸孔钻进，取心回次增加20%、最大增加50%，钻孔进尺平均增加25%，取心回次最大增加58%；取心率达到95%以上。

（4）采用控制钻具加工质量、严格控制孔口管安装一系列孔斜预防措施，严格控制了地层造斜；研发了小顶角方位仪、双滑块造斜器、取心造斜钻头等测斜设备与机具及固化松散地层等工艺方法，实现覆盖层孔底造（纠）斜，研发覆盖层孔斜控制技术。

特厚复杂覆盖层钻探技术应用于高寒地区某水电站孔深300m以上复杂地层9个钻孔，总进尺约4000m；钻孔达到了设计孔深，成孔率100%，首次成功实现了松散复杂细颗粒覆盖层中567.6m钻孔取心；全孔岩心采取率在93%以上，在570m孔深取出了原状砂卵石土样。

2.1.3 物探

前期勘察阶段需要较大范围内初步了解覆盖层厚度和特性时，常采用物探方法。物探是利用覆盖层组成不同土体及结构，电磁和波等物理特性的传播差异，采用适当的地表检测设备收集相应信息，再通过可辅助解译、判断覆盖层的厚度、组成、结构特性。常用有地震波勘探及电法勘探，在一定条件下也可应用探地雷达、水声勘探及综合测井等方法。

2.1.3.1 深厚覆盖层地震勘探

1. 反射波法

对于深厚覆盖层基覆界线、覆盖层分层、下伏隐伏构造以及覆盖层下隐伏断层活动性等工程中常见的地质问题，地震反射法具有很好的探测能力。

2. 折射波法

对于确定覆盖层厚度和速度、探测覆界面起伏情况、测定土体声波速度，地震折射法具有很好的探测能力。

3. 瑞雷波法

对地层分层、求取各地层纵、横波波速及相关参数等，瑞雷面波法可以取得较好的探测效果。

覆盖层地震波勘探中，近年来研发了“地震勘探炸药爆破震源装置”，提高炸药爆破能量利用率，降低爆破产物危害，有效采集地震波；总结了高分辨率折射波法各种观测系统的优缺点；研究了折射层析成像法的应用效果，提出了针对具体地质问题时优先选用的方法和参数；将面波联合勘探引入水电工程勘察中，提出了采用人工源面波法和天然源面波法相结合的联合勘探手段，兼顾分辨率和探测深度。

2.1.3.2 深厚覆盖层电法勘探

1. 大地电磁测深法

大地电磁测深法可用于探测覆盖层厚度、透镜体分布等。

2. 直流电阻率法

通过大量的数学模拟和实例总结，对直流电阻率法在深厚覆盖层勘探中的应用效果进行分析论证，特别是对覆盖层勘探中的分辨率、覆盖层深度和隐伏构造带进行了数学模拟和对比分析，并总结了近年来的勘探实例，对应用效果进行了总结，形成了在深厚覆盖层中应用直流电阻率法勘探的一整套成熟体系。

深厚覆盖层电法勘探中，近年来总结了不同地形影响对大地电磁测深数据的影响规律；首次采用浅地表地层电阻率使曲线归位，并进行大地电磁测深成果小尺度空间滤波法静态校正，提高测试精度；针对西南地区水电工程中常见的几种模型进行反演，对比分析了反演方法的优缺点以及分辨率，提出了以 Occam 一维反演形成拟二维地电剖面，用 NLCG 对此初始模型做联合反演的方法；研究了电阻率勘探各种方法及装置的应用条件和适用范围以及数据处理中各种数字模拟技术的优缺点，针对不同勘探目的进行装置选取和参数设置研究，总结了影响分层效果的各项因素；总结了密度测井、自然伽玛测井用于覆盖层勘测的适用条件；研究出不同条件深厚覆盖层测井的适宜方法；分析了各种成孔条件下原位全景图像。

2.1.4 试验与测试

2.1.4.1 常用的土工试验方法

现场土工试验主要有密度试验、渗透试验、渗透变形试验、直接剪切试验、载荷试验等。

孔内试验与测试主要有十字板剪切试验、标准贯入试验、静力触探试验、动力触探试验、旁压试验、波速试验、抽（注）水试验、地下水观测与测试等。

室内试验主要有颗粒分析试验、比重试验、密度试验、含水率试验、界限含水率试验、相对密度试验、击实试验、毛细管水上升高度试验、渗透试验、渗透变形试验、固结试验、黄土湿陷性试验、直接剪切试验、三轴剪切试验、应力应变参数试验、孔隙压力消散试验、无侧限抗压强度试验、静止侧压力系数试验、膨胀试验、抗拉强度试验、动力特性试验等。

2.1.4.2 试验数据整理原则与方法

（1）根据土体单元，按试验方法、控制工况，详列试验成果，土体单元的具体划分应与地质人员商定。

（2）对于试验成果中明显不合理数据，应查明原因（试样代表性、异常试验过程等），并予以备注，及时同地质人员沟通，以确定是否补充试验验证，或对其统计舍弃。

（3）对于各单元试验数据进行数理统计，常用方法包括算术平均法、概率统计法、最小二乘法、图解法等。

（4）对于某一单元土体，要重视统计其变化规律，一般沿深度或水平向等开展。

2.1.4.3 深厚覆盖层试验研究成果

在深厚覆盖层上建高土石坝，国内外已有诸多工程实例，结合深基坑开挖并搜集汇总几大流域覆盖层已有现场与室内资料进行系统总结统计分析，获得如下成果：

（1）根据砂卵石物理力学性质的相关性，探索了深部砂卵石密度获取的旁压试验与压缩试验两种间接方法，运用试验手段探索了采用上覆压力法获取深部砂卵石密度方法，解决了砂卵石力学制样控制干密度的难题。

（2）系统总结对比了同一层次深、浅部砂卵石的物理力学参数，得出了以下结论：

1）统计多个工程沿深度实测密度数据，干密度 $\rho_d = a \times \ln h + \rho_{d0}$（$h$ 为深度，ρ_{d0} 某高程的密度，ρ_d 为待求密度，a 为系数）。

2）浅部和深部砂砾石层渗透系数平均值基本都处在同一数量级（10^{-2}cm/s），差别不大；从临界比降看，深部成果约为浅部的 2 倍。

（3）提出了深部覆盖层三轴试验的力学与变形参数成果范围值。

（4）提出了砂卵石、砂土、黏性土的常规力学性质试验统计值，且提出了深部覆盖层三轴试验的力学与变形参数建议值。而岷江、大渡河等西南地区第四纪砂卵石及砂层的物理力学特性，因其具有相似的地质成因，具有可比性及推广性。

（5）对比分析了中粗砂、粉细砂的物理力学参数，总结了粉细砂的动强度参数成果：覆盖层埋深超过 10m 的砂土层相对密度 $D_r = 0.33 \sim 0.91$，平均 0.75，基本处于中密—密实状态；其压缩系数 $a_{v0.1\sim0.2} = 0.068 \sim 0.427\text{MPa}^{-1}$，平均 0.106MPa^{-1}，相应的压缩模量 $E_S = 3.7 \sim 21.5$MPa，具有低到中压缩性；其黏聚力 $C = 2 \sim 23$kPa，平均 12kPa，内摩擦角 $\phi = 20.8° \sim 28.9°$，平均 26.4°，具有中到中高抗剪强度；其渗透系数 $K_{20} = 4.09 \times 10^{-2} \sim 1.13 \times 10^{-5}$cm/s，平均 4.38×10^{-3}cm/s，具有强到较弱透水性。

（6）深部黏性土物理性质间的相关性及物理性质与力学性质间的相关性：深部黏性土的干密度为 1.38～1.71g/cm^3，平均值为 1.55g/cm^3；干密度值 1.50～1.60g/cm^3 占统计组数的近 60%。液限 21.0%～51.0%，平均值为 33.2%，塑限 10.5%～30.0%平均值为 19.1%，塑性指数 8.0～24.0，平均值为 14.1。黏粒含量 6.0%～56.5%，平均 24.7%；黏粒含量 15%～30%占统计组数的近一半。干密度、孔隙比、比重指标的变异性均很小，液塑限有良好的线性关系。深部黏性土大部分具中—低压缩性、弱—极微透水与一定抗剪强度的工程性质。

（7）结合深部载荷试验、旁压试验和室内压缩试验，提出了设计所需的变形计算参数：浅部砂卵石承载力基本值平均为741kPa，深部为916kPa，深部比浅部提高23.6%。浅部旁压模量平均为29.7MPa，深部为37.0MPa，深部比浅部提高24.6%。浅部变形模量平均值为108.1MPa，深部为134.8MPa，深部比浅部提高24.7%。

（8）通过开展现场孔内抽（注）水试验、振荡式渗透试验、水位观测及示踪试验等，结合室内渗透试验，对深厚覆盖层各类土体的水文地质条件可予以查明。其中利用示踪剂对地下水流速、流向的测试，可在单孔和多孔内进行。

2.1.4.4　深厚覆盖层试验研究关键技术成果

（1）创新性地采用上覆压力试验方法获取深部砂卵石密度，解决了无法准确获得深部砂卵石力学制样控制干密度的难题。

（2）首次进行了深部覆盖层的物理力学参数对比研究，提出了深部砂卵石干密度推求公式，建立了其深部与浅部、基坑原状样与钻孔样间的经验关系，能用浅部扰动样推求深部原状样的物理力学参数，并得到工程应用。

2.2　深厚覆盖层基本特性

覆盖层基本特性主要包括空间展布特征与基本地质性状特征。空间展布特征体现在顺河方向覆盖层厚度往往呈现渐变的特征而横河方向覆盖层厚度差异明显，在平面上分布于阶地、漫滩、河床与深切河槽等处。基本地质性状特征体现在堆积时代、堆积（成因）类型多样和堆积组成、结构、层次复杂且变化大等。

2.2.1　成因类型

由第四系地层所组成的覆盖层按堆积形成的时期一般分为早更新世（Q_1）、中更新世（Q_2）、晚更新世（Q_3）和全新世（Q_4）。覆盖层一般以全新世（Q_4）、晚更新世（Q_3）堆积物为主，中更新世（Q_2）堆积物少见，早更新世（Q_1）以昔格达地层为代表。

覆盖层的成因类型是指由一种地质作用所形成的，沉积于一定地形环境内并造成一定地形形态的，在岩性、岩相以及所含生物残骸等方面具有一定特点的多种堆积物。地质作用具某些共性的几个成因类型的堆积物构成一个成因类型组。覆盖层主要成因类型有七类，即风化残积、重力堆积、大陆流水堆积、海水堆积、地下水堆积、冰川堆积、风化堆积。

河床覆盖层在大多数情况下，各层之间呈连续堆积或间断堆积，且由于第四系时间短暂，在大多数场合下，第四系堆积物所经受的剥蚀破坏及构造变形比较轻微，物质来源多样，空间上呈分层展布或接触部位相互交错。

2.2.2　空间展布特征

覆盖层岩组空间展布，应在深入研究各岩组厚度及埋藏深度特征分析研究的基础上，沿河流纵、横向各绘制覆盖层剖面图，分析各岩组纵、横向展布特征，获得河床覆盖层岩组的空间展布特征。

2.2.2.1 平面展布特征

河流的侵蚀与堆积作用，在时间与空间上是紧密结合的，并以某一种形式相互伴随，同时发生。因此，在河谷的任何一个发展阶段中都可形成冲积物，其在河床中的分布有特定的规律性。

(1) 浅滩。河床浅滩或边滩是冲积物的初始阶段，冲积物以砂、砾石为主。

对于顺直河床，在长度等于10倍河床宽度的河段范围内，即使其弯曲率 P（河道长度与该河道二点间直线距离之比）小到可以忽略不计，其主流线也总是弯曲的，河床总是力图向侧方移动，在那些不完全为枯水期河床所占据的谷底两侧，即交替出现砾石浅滩或边滩。

弯曲型河床是常见的河型，一般以 $P>1.3$ 作为曲流河道的标志。由于河道弯曲，横向环流作用和似螺旋状水流作用强烈，冲刷凹岸，并在凸岸形成典型的边滩，沉积砂砾石。

分汊型河床的特点是，河身宽窄相同，河床迁移快，河道不断分汊而汇合，汊河间沉积砾石滩或沙滩，滩地的位置与高度均不固定，常常向下游及一侧移动，河岸也经常受到侵蚀后退。

(2) 河漫滩。随着侧向侵蚀的发展，河谷不断展宽，边滩、浅滩不断扩展、加宽、加高和增长，面积越来越大，变为雏形河漫滩。洪水期洪水淹没雏形河漫滩，并由于水流浅、流速低引起泥沙的沉积，使雏形河漫滩堆覆一层粉砂黏土而发展成为河漫滩。对于山区河流，特别是高山峡谷，河床的横向移动困难，谷底狭窄，洪水在漫滩上的流速仍然很大，泥沙不能沉积，则形成砂砾石的河漫滩。

(3) 阶地。在河流的某一发展阶段内，如果发生地壳上升运动或气候变化，引起河流下切，侵蚀基准面不断下降，使原来的河床或漫滩相应抬升，直至不被洪水淹没的高度时，便形成了阶地。如此反复便出现多级河谷阶地。当地壳沉降时，早起形成的河流阶地被新的冲积物所掩埋，阶地形态和结构与前述阶地完全不同，称为掩埋阶地。在地壳长期连续下降地区，各种堆积物连续迭覆，并不形成阶地。

根据阶地的形态和结构，可划分出侵蚀、基座和堆积阶地。对于堆积阶地，又可依其冲积层厚度与下切深度的关系，分为嵌入、内叠、上叠和掩埋阶地。

2.2.2.2 剖面厚度特征

河床深厚覆盖层展布与原河床地形有关，总体是上游高、下游低，如图2.2-1所示；厚度横向变化较大，纵向变化较小；河床中心附近覆盖层底板高程最低，两侧相对较高；总体上河床覆盖层底板形态均呈U形或者V形，局部有不规则的串珠状“凹”槽分布；纵向上有一定起伏的“鞍”状地形。

阶地、漫滩、河床与深切河槽等处，因地形平坦或低下，常是覆盖层堆积的场所。

1. 横河向

按照河谷横剖面的形态，河谷可划分出V形谷、U形谷和宽谷3类。河谷形态不同，河流地质作用也不相同。

V形谷是山地中河谷的主要形态（图2.2-2）。其谷底狭窄，岸坡高峻，水流湍急，河谷形态较平直。河流以垂直侵蚀作用为主，堆积物多分布在河床中。按其切割程度，又

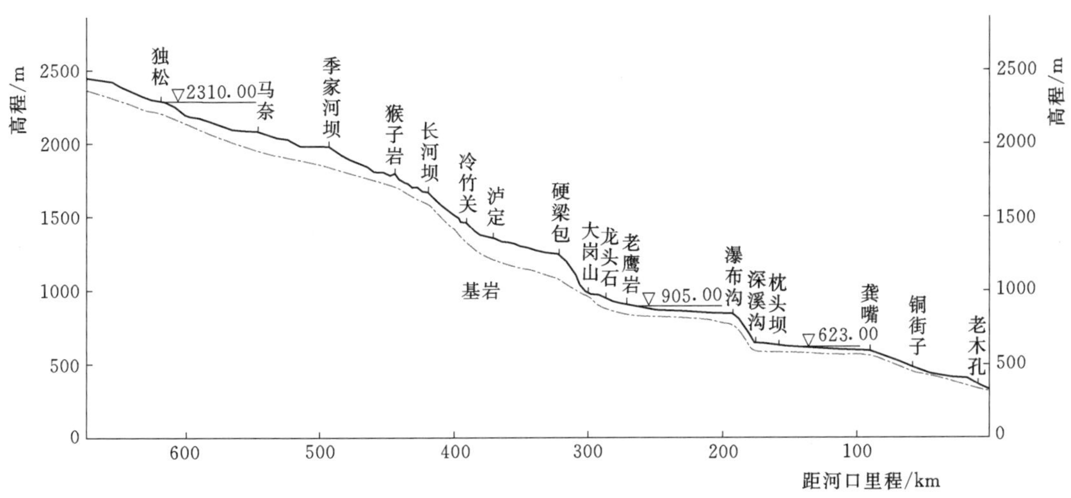

图 2.2-1 大渡河干流河床纵剖面图

将岸壁陡峭或近于直立，谷缘与谷底宽度几乎一致，谷底全部被河床占据或有局部浅滩的V形谷，为障谷；岸坡陡峭，谷底存在岩滩或雏形河漫滩的V形谷，为峡谷。

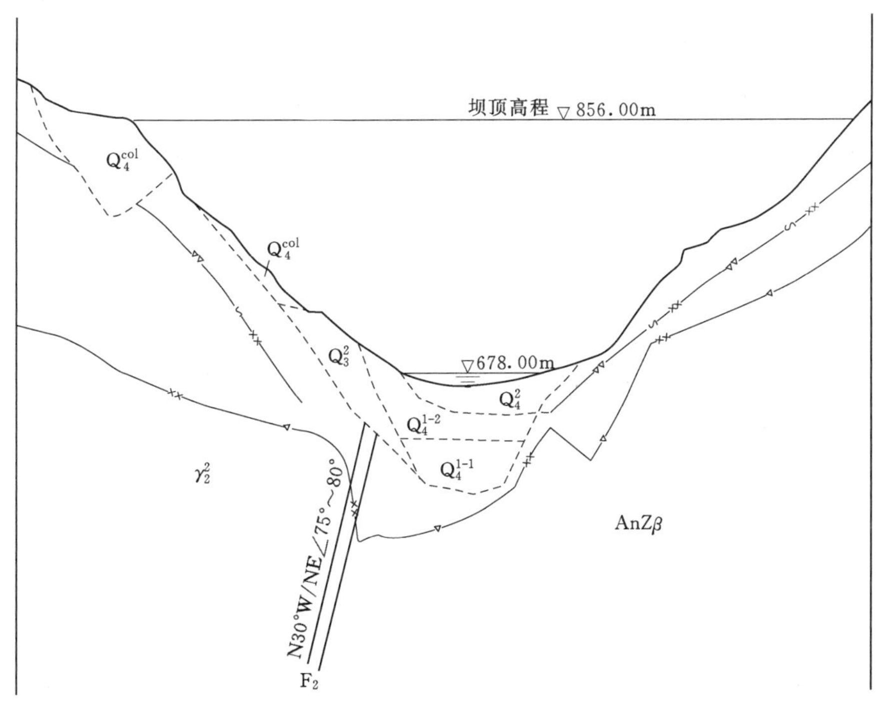

图 2.2-2 瀑布沟水电站坝址区典型剖面图

U形谷也是河谷的主要形态之一，它是以侧向侵蚀为主，谷底较宽，河床约占其中的一半，河漫滩宽大，阶地不发育为其特征。

2. 顺河向

山区河谷冲积层以下的基岩谷底，是不均匀不平整的，从横剖面上看，经常在一侧或中间深切下凹，呈正反坡折状的深切槽谷形态。

深切河槽多数是水流下蚀作用所形成。而另有一些深槽的成因复杂，其中部分与冰川刨蚀、冰下水流的冲蚀有关。有的深槽本系断陷谷长期下沉所形成，还有个别的为岩溶区地下河，漏斗塌陷造成。不同成因的深槽有着不同的形态、分布和规模。

水流下蚀作用所形成的深槽分布在河床的一侧或两侧，在平面上呈狭窄的长槽，宽深比有时可达 1∶3。深槽一侧或两侧壁陡峭，甚至出现斜坡与凹崖腔。大渡河新华村段深槽自山谷出口分为两支，右深槽即现河床，槽底比一般基岩谷底低 30m，内部充塞砂砾石层。左岸岸边的埋藏深槽，宽 30～40m，深 70m，横剖面呈“坛子”形，纵剖面在不足 1km 的长度内起伏约 40m，左右两个深槽在下游复又汇合，使深槽之间形成一个岛状基岩滩地。

对河床覆盖层的厚度，应以钻孔勘探方法的结果为主，参考物探方法的结果确定。有钻孔勘探资料的部位或附近位置应根据钻孔勘探资料确定河床覆盖层厚度，在缺乏河床钻孔资料的情况下应根据河床覆盖层厚度变化特征，将钻孔与物探地震勘探资料结合起来综合分析河床覆盖层厚度，对河床覆盖层厚度进行研究取值。

在河段地壳稳定前提下，河床覆盖层有一定厚度范围。尽管各条河流或同条河流上不同河段冲积物厚度不尽相同，但它不同于构造下沉或气候变迁所引起的堆积。因此，把地壳稳定状态下覆盖层厚度称正常厚度。正常厚度相当于洪水位与深水区河床底部的高差，一般为 10～30m。造成这种厚度以及在这个厚度内岩相差异的原因，是由于河床侧蚀移动和周期性洪水共同作用的结果，而不是构造运动。

不同地区河床覆盖层厚度是不同的，造成厚度变化的原因有构造升降、气候变化、崩滑流、堰塞作用等。我国东部丘陵、平原地区属新构造活动稳定或下降区，河床覆盖层厚度较为稳定。而新构造持续上升强烈的西南高原、高山峡谷区河床覆盖层变化较大。例如，在大渡河流域，干流大岗山河段覆盖层最薄，仅 20.9m，最厚的地段为支流南桠河冶勒电站，覆盖层厚度达到了 420m，两个河段覆盖层厚度相差约 20 倍。这个特点在西部其他河流内也比较突出，岷江流域漩口河段覆盖层厚度为 33m，中坝河段覆盖层厚度为 104m；金沙江新庄街河段覆盖层厚度为 37.7m，虎跳峡宽谷河段覆盖层厚度为 250m。

2.2.2.3 各层埋深

河床覆盖层往往上覆一定厚度的岸坡堆积物或一定深度的河水。具有不同性状的覆盖层分层也具有一定空间埋深，埋深对其物理力学特性也有一定的影响。如砂层透镜体埋深大于一定的深度，在水电工程中往往不考虑作为液化土层。

2.2.3 岩组物质组成、结构及层次特征

由于第四征气候波动频繁，环境多变；陆相及河湖相第四系岩性复杂，成因多样，岩性、岩相变化快，厚度变化大。覆盖层岩组物质组成、结构及层次特征是划分工程岩组的依据。对覆盖层岩组及其特征的归纳应对钻孔、坑井编录，根据颗粒组成结构等条件，尽量细化单层，特别是对工程地质敏感土层，如砂土和细粒土，架空层等；进行纵横地质剖面的分析，空间展布分析；结合流域河段覆盖层成因、各小层工程特性划分岩组，将工程地质条件和水文地质条件相近、相似的小层进行合并，形成岩土组；岩土组划分可参考上

下游工程；覆盖层岩组的划分应具有工程地质意义，应保证同一岩组具有相同或相近的工程地质特性，特别是对工程特性较差的软土、砂土等应根据其连续性，选择单独或以透镜体的形式划分。

2.2.3.1　组成

物质成分随着搬运介质、距离以及堆积方式不同，差异很大。一般地说，短距离搬运的近源堆积，物质成分与侵蚀点原岩一致，堆积物成分单一，颗粒粗大，棱角鲜明，颜色单调；而远距离搬运的远源堆积，物质成分复杂，颗粒坚硬，粒径较小，磨圆度好，颜色混杂。

覆盖层颗粒组成主要有：①颗粒粗大、磨圆度较好的漂石、卵砾石类；②块、碎石类；③颗粒细小的中粗—中细砂类；④粉土、壤土、淤泥等。各种颗粒组成界线往往不明显，漂石、卵砾石类中常夹有砂类，块石、碎石与壤土类相互充填等。

2.2.3.2　结构特征

由于覆盖层物质成分的复杂性、沉积作用的多期次性、不连续性，覆盖层显示出岩相复杂，分选、磨圆变化大，具架空现象、密实度等结构特征。

（1）岩相变化大，层间变化大。靠近河床部位主要为河流冲积相，层次较平缓，砂层呈夹层或透镜状分部。两岸覆盖层层次起伏变化大，多有交互沉积、尖灭等现象，可能出现崩坡积、泥石流堆积、滑坡堆积、残积等多种成因的堆积。

（2）分选磨圆不均一。覆盖层的层、层面和层里是表征结构的主要内容，层是在搬运动力基本稳定的条件下形成的一个沉积单位。同一个层中沉积物都属于同一个相。不同的层既可以是不同岩相条件的产物，也可以是同一岩相条件下由于动力条件变化引起。沉积作用动力条件强弱决定覆盖层建造优劣，如重力作用为主形成的崩坡积，组成物质大小混杂，粗颗粒呈棱角、次棱角状；而动力条件弱的，分选、磨圆好，如在静水环境形成的堰塞湖湘沉积基本上为均一的粉黏粒。

（3）架空结构多见。由于沉积时间短，特别是全新世沉积的表层冲积层、崩积层等，结构疏松，常有架空现象。架空结构的特征是组成物质以漂卵石、砾石为主，缺少砂粒等细颗粒，卵砾石间有空隙，级配曲线不连续。架空结构依其产状有：层状架空层、散管状架空层和星点状架空层。架空层在山区河流和山前河流的冲积砂砾石层中几乎普遍存在。架空层是强烈的透水层，渗透系数达500～1000m/d以上，常给地基处理与基坑排水造成很大困难。

（4）密实度一般分为松弛、稍密、中密、密实。第四纪沉积物一般形成不久或正在形成，成岩作用微弱，绝大部分岩性松散，少数半固结，绝少硬结成岩。颗粒粗细不均，密实度差异较大。

2.2.3.3　层次（构造）特征

覆盖层的一层面与上、下相邻层的界面称层面，层面是一种不连续面。层面是由于不同水力条件形成后保留的成层性或动力条件的变化，使沉积作用间断停息或沉积物质突变所造成。层理是单层间的界面，它是同一沉积环境下，由于搬运物质的脉动变化造成的覆盖层一单层厚度变化大。层理的形态很多，在冲积砂砾石与河漫滩内分别以斜层理和水平层理为主。

沉积作用间断是指在同一岩相条件下，动力作用发生短暂间隔，形成沉积物的不同层位，如河床周期性洪水，即可以形成不同层的冲积物。

沉积物质突变是在沉积作用连续的情况下，由于搬运介质能量变化所形成。

河床覆盖层在大多数场合下，都与下伏前第四系地层或基岩呈不整合或假整合关系；由于其堆积物直接置于河流水下，更易遭受外力地质作用，且由于其松散，使其不断被破坏和改造，或受水流的冲刷，具有明显的移动性。

2.3 深厚覆盖层物理力学特性

2.3.1 物理、水理特性

土体基本物理性质指标包括颗粒级配组成和土所处的基本物理状态指标，其中土体颗粒级配组成通过室内试验对土体中各粒组含量予以测定；土体基本物理状态指标包括土体密度、比重、含水率以及孔隙比、饱和度等，其中土体密度、比重、含水率可通过现场或室内试验予以直接测定，其他指标可根据上述指标予以计算。

无黏性土的密实度，即无黏性土在天然条件下的紧密程度，一般用其相对密度指标表示，可通过室内相对密度试验测定。同时，采用现场标准贯入试验或圆锥动力触探成果，也可用以评价无黏性土的密实度。

黏性土的水理性质主要指标为土体的界限含水率，即土体由一种状态转入另一种状态（固态、半固态、可塑、流动状态）时的分界含水率，以及通过界限含水率计算得到的指标，包括塑性指数、液性指数等。

土体物理、水理特性指标反映了土体中固体颗粒、水和空气三者之间的相互作用及他们之间的比例关系，在反映土体物理性质和物理状态的同时，也与土的力学性质有着密切的关系。如针对干密度指标，对于力学性状相对较好的砂卵砾石类土，根据成都院参与的不同工程中500余组试验资料统计，其范围值为1.89～2.45g/cm^3，对于力学性状一般的砂土，根据560余组试验资料统计，其范围值为1.35～2.10g/cm^3，平均1.68g/cm^3；对于力学性状差的细粒土，根据近150组试验资料统计，其范围值为1.38～1.71g/cm^3，平均1.55g/cm^3。

2.3.2 力学特性

1. 强度特性

土体的抗剪强度是指土体对于外荷载所产生的剪应力的抵抗能力，主要指标为土体的黏聚力和内摩擦角。对于粗粒土，测定其抗剪强度时可采用扰动样进行试验，对于细粒土，如黏性土，由于扰动对其强度影响很大，因而应采取原状的试样进行抗剪强度的测定。常用的试验方法为直接剪切试验、三轴压缩试验和十字板剪切试验。

直接剪切试验是测定预定剪破面上抗剪强度的最简便和最常用的方法，一般不能量测孔隙水压力，也不能控制排水，所以只能以总应力法来表示土的抗剪强度。为了考虑固结程度和排水条件对抗剪强度的影响，根据加荷速率的快慢将直剪试验划分为快剪、固结快剪、慢剪和反复剪四种试验类型。直剪试验设备简单、试样的制备和安装方便，且操作容易掌握，但存在以下缺点：①剪切面固定为水平面与实际情况不符，该面不一定是土样的最薄弱的面；②试验中试样的排水程度靠试验速度的快、慢来控制，难以做到严格的排水或不排水，这一点对透水性强的土体影响更为突出；③由于直剪仪在试验过程中上下盒的错动，试样的有效面积逐渐减小，使试样中的应力分布不均匀，主应力方向发生变化，当剪切变形较大时，这一缺陷表现得更为突出。

三轴压缩试验直接量测的是试样在不同恒定周围压力下的抗压强度，然后利用莫尔一库仑破坏理论间接推求土的抗剪强度。三轴压缩仪是目前测定土体抗剪强度较为完善的仪器。三轴试验根据试样的固结和排水条件不同，分为不固结不排水（UU）试验、固结不排水（CU）试验和固结排水（CD）试验，分别与直剪试验中的快剪、固结快剪和慢剪相对应。

十字板剪切试验适用于饱和软黏土，特别适用于难于取样或土样在自重作用下不能保持原有形状的软黏土，是目前国内广泛应用的抗剪强度原位测试方法，其优点是构造简单、操作方便，试验时对土的扰动性小。

土体抗剪强度不仅与土体的物质组成相关（虽一般而言，砾类土抗剪强度较高，砂类土一般，而细粒黏性土总体偏低），还与土体孔隙比、含水率等物理状态，以及土体的结构性、应力历史、加荷方式等存在密切的关系。

2. 压缩变形特性

地基土内各点承受土自重引起的自重应力，一般情况下，天然地基土在其自重应力下已经压缩稳定。但是，当建筑物通过其基础将荷载传给地基之后，将在地基中产生附加应力，这种附加应力会导致地基土体体积缩小或变形，从而引起建筑物基础的竖向位移，即沉降，如果地基土体各部分的竖向变形不相同，则在基础的不同部位将会产生沉降差，使建筑物基础发生不均匀沉降。基础的沉降量或沉降差过大，常常影响建筑物的正常使用，甚至危及建筑物的安全。这就要求在设计时，必须预估建筑物基础可能产生的最大沉降量和沉降差。

覆盖层的压缩变形特性就是土体在压力作用下体积发生变小或变形的性能，研究土体的压缩变形特性，就是研究土的压缩变形量和压缩过程，也就是研究土体孔隙比与压力的关系、孔隙比与时间的关系。表征覆盖层压缩特性的指标包括：压缩系数、压缩指数、回弹再压缩指数、压缩模量、变形模量和旁压模量等。各种土在不同条件下的压缩特性有很大差别，必须借助室内试验和现场原位测试方法进行研究。其中，室内压缩试验有固结试验和三轴压缩试验，现场原位测试有载荷试验、动力触探、标准贯入试验、旁压试验、静力触探试验等。

固结试验中的试样，在试验过程中被置于刚性的护环内，故试样只能在竖向产生压缩，而不可能产生侧向变形，故又称单向固结试验或侧限固结试验，可用于测定土体的压缩系数、压缩指数、回弹再压缩指数、压缩模量等参数，以及表征土体历史应力状态（超固结、正常固结、欠固结）的前期固结应力、超固结比等参数。

土的变形模量表示在无侧限条件下应力与应变之比，相当于理想弹性体的弹性模量（但由于土体不是理想弹性体，故称为变形模量），其大小是对土体抵抗弹塑性变形能力的反映，常用于地基瞬时沉降的估计。它可用室内三轴试验、现场载荷试验、旁压试验，以及动力触探的试验方法获取。其中，载荷试验包括浅层平板载荷试验、深层平板载荷试验以及螺旋板载荷试验，是在浅层地基土体承载力和变形模量测试中，较为常用和可靠的试验方法。而动力触探和旁压试验是覆盖层勘察中常用的原位测试方法，可根据试验成果（锤击数或压力变形关系），或根据公式计算，或依据经验表格，获得所需参数。

土体压缩特性的指标反映了土体的抗压缩变形的能力，采用压缩系数进行评价时，当 $a_{1-2}\geqslant 0.5\text{MPa}^{-1}$，为高压缩性土；当 $0.1\text{MPa}^{-1}\leqslant a_{1-2}<0.5\text{MPa}^{-1}$，为中压缩性土；当 $a_{1-2}<0.1\text{MPa}^{-1}$，为低压缩性土。采用压缩模量进行评价时，当 $E_S<4\text{MPa}$，为高压缩性土；$4\text{MPa}\leqslant E_S\leqslant 15\text{MPa}$ 时，为中压缩性土；当 $E_S>15\text{MPa}$ 时，为低压缩性土。

2.3.3 渗透特性

1. 渗透系数

土体本身具有连续的孔隙，如果存在水位差的作用时，水就会透过土体孔隙而发生孔隙内的流动，土体所具有的这种被水透过的性能称为土的渗透性。水在土体孔隙中的流动，由于土体孔隙的大小和性状十分不规则，因而是非常复杂的现象。因此，研究土体的渗透性，只能用平均的概念，用单位时间内通过土体单位面积的水量这种平均渗透速度来代替真实速度，通过确定渗透系数 K 来反映土体渗透性的强弱，一般通过试验进行研究。

对于测定渗透系数 K，目前常用的方法包括现场孔内抽水试验、注水试验，以及室内试验的方法。其中，注水试验及室内试验根据土体性状的不同，又分为常水头试验和变水头试验两种方法。

渗透系数不仅决定于土体性状，而且还与通过水的温度有关，同样结构的土体，同样的水力比降时，水温 24℃时会比水温 5℃求得的 K 值约大 65%，因此室内试验通常以 20℃时的水温测定的渗透系数作为标准的 K 值，通过相应公式进行换算。

根据土体渗透系数，可对土体的渗透性进行等级划分，当 $K\geqslant 10^{0}\text{cm/s}$，为极强透水土体；$10^{-2}\text{cm/s}\leqslant K<10^{0}\text{cm/s}$，为强透水土体；$10^{-4}\text{cm/s}\leqslant K<10^{-2}\text{cm/s}$，为中等透水土体；$10^{-5}\text{cm/s}\leqslant K<10^{-4}\text{cm/s}$，为弱透水土体；$10^{-6}\text{cm/s}\leqslant K<10^{-5}\text{cm/s}$，为微透水土体；$K<10^{-6}\text{cm/s}$，为极微透水土体。

2. 渗透变形特性

土体的渗透变形表现为土体颗粒在孔隙水渗流作用力下，可能产生的变形或移动现象。

渗流对土体作用的孔隙水压力可以分为两种，即静水压力或浮力和动水压力或渗透力。对于静水压力或浮力，在有渗流的土体内，只要孔隙彼此连通并全部被水充满，则由于各点孔隙水压力的存在，全部土体将受到浮力作用，且等于各土粒所受浮力的累计之和，显然，此时单位土体的有效重为土体的时有重量减去所受的浮力，即为浮容重 γ'。

对于动水压力或渗透力，是由于在饱和土体存在水头差时，水体在土体间空隙流动时，将沿渗流方向给予土体施以拖曳力，促使土体或土粒有前进的趋势，其单位体积沿渗流方向所受的渗透力为 $f=\gamma_w i$，i 为水力比降。

以上两个渗流作用力，关系到土体的渗透变形及渗透稳定性，虽然静水压力所产生的浮力不直接破坏土体，但能使土体的有效重量减轻，降低了抵抗破坏的能力，因而是一个消极的破坏力。至于动水压力所产生的渗透力，则是一个积极的破坏力，它与渗透破坏的程度呈直接的比例关系。土体抵抗渗透破坏的能力，称为抗渗强度，通常以土体濒临渗透破坏时的水力比降表示，一般称为临界水力比降，以 i_{cr} 表示。

2.3.4 动力特性

覆盖层动力特性是指覆盖层冲击荷载、波动荷载、振动荷载和不规则荷载这些动荷载作用下表现出的力学特性，包括动力变形特性和动力强度特性。覆盖层动力特性研究中，对水电工程而言，尤其需关注砂土液化特性及软土震陷特性。

覆盖层的动力性质试验包括有现场波速测试和室内试验。室内试验是将覆盖层试样按照要求的湿度、密度、结构和应力状态置于一定的试样容器中，然后施加不同形式和不同强度的动荷载，测出在动荷载作用下试样的应力和应变等参数，确定覆盖层的动模量、动阻尼比、动强度等动力性质指标。室内试验主要有动三轴试验、共振柱试验、动单剪试验、动扭剪试验、振动台试验五种，每种试验方法在动应变大小上都有相应的适用范围，在水电工程应用上常用的是动三轴试验、振动台试验。

现场波速测试应用广泛，为确定与波速有关的岩土参数，进行场地类别划分，为场地地震反应分析和动力机器基础进行动力分析提供地基土动力参数，检验地基处理效果等方面都普遍应用。主要有单孔法、跨孔法和表面波法三种测试方法，在水电工程应用上常用的是跨孔法。跨孔法是在两个以上垂直钻孔内，自上而下（或自下而上），按地层划分，在同一地层的水平方向上一孔激发，另外钻孔中接收，逐渐进行检测地层的直达波。

动三轴试验采用饱和固结不排水剪，适用于砂类土和细粒类土上。它是从静三轴试验发展而来的，利用与静三轴试验相似的轴向应力条件，通过对试样施加模拟的动主应力，同时测得试样在承受施加的动荷载作用下所表现的动态反应。这种反应是多方面的，最基本和最主要的是动应力（或动主应力比）与相应的动应变的关系，动应力与相应的孔隙压力的变化关系。根据这几方面的指标相对关系，推求出岩土的各项动弹性参数及黏弹性参数，以及试样在模拟某种实际振动的动应力作用下表现的性状。

振动台试验适用于饱和砂类土和细粒类土，它是专用于土的液化性状研究的室内大型动力试验。它具有下述优点：可以制备模拟现场饱和砂的大型均匀试样；在低频和平面应变的条件下，整个土样中将产生均匀的加速度，相当于现场剪切波的传播；可以量出液化时大体积饱和土中实际孔隙水压力的分布；在振动时能用肉眼观察试样。但制备大型试样费用很高，不同的制备方法对试验结果的影响很大。

1. 液化特性

饱水砂土在地震、动力荷载或其他外力作用下，受到强振动而失去抗剪强度，使砂粒处于悬浮状态，致使地基失效的作用或现象称为砂土液化。

砂土液化的危害性主要有地面下沉、地表塌陷、地基土承载力丧失和地面流滑等。

砂土液化的影响因素包括土体的形成年代、土性条件（颗粒组成、松密程度等）、土体埋藏条件（埋深、地下水等）和地震动荷载（地震烈度、地震历时等），见表2.3-1。

2. 软土震陷特性

软土是指天然孔隙比大于或等于1.0，且天然含水率大于液限的细粒土，包括淤泥、淤泥质土、泥炭、泥炭质土、软黏性土等。

表 2.3-1　　　　砂土液化影响因素表

<table>
<tr><th colspan="3">因　素</th><th>指　标</th><th>对 液 化 的 影 响</th></tr>
<tr><td>形成年代</td><td colspan="2">地质时代</td><td>—</td><td>形成年代越晚的砂层越易液化</td></tr>
<tr><td rowspan="11">土性条件</td><td rowspan="3">颗粒特征</td><td>粒径</td><td>平均粒径 d_{50}</td><td>细颗粒较容易液化，平均粒径在 0.1mm 左右的粉细砂抗液化能力最差</td></tr>
<tr><td>级配</td><td>不均匀系数 C_u</td><td>不均匀系数越小，抗液化越差，黏性土含量愈高，愈不容易液化</td></tr>
<tr><td>形状</td><td>—</td><td>圆粒形砂比棱角形砂容易液化</td></tr>
<tr><td colspan="2">密度</td><td>孔隙比 e
相对密度 D_r</td><td>密度愈高，液化可能性愈小</td></tr>
<tr><td colspan="2">渗透性</td><td>渗透系数 k</td><td>渗透性愈低的砂土容易液化</td></tr>
<tr><td>结构性</td><td>颗粒排列
胶结程度
均匀性</td><td>—</td><td>原状土比结构破坏土不易液化，老砂层比新砂层不易液化</td></tr>
<tr><td colspan="2">压密状态</td><td>超固结比 OCR</td><td>超压密砂土比正常压密砂土不易液化</td></tr>
<tr><td colspan="2">标贯击数</td><td>标贯击数 N</td><td>标贯击数越少，砂土越容易液化</td></tr>
<tr><td colspan="2">剪切波速</td><td>剪切波速 V_{st}</td><td>剪切波速越大，砂土越容易液化</td></tr>
<tr><td colspan="2" rowspan="2">水理性</td><td>相对含水率</td><td rowspan="2">饱和砂土的相对含水率和液性指数越大，砂土越容易液化</td></tr>
<tr><td>液性指数 I_L</td></tr>
<tr><td rowspan="6">土体埋藏条件</td><td colspan="2" rowspan="2">上覆土层</td><td>上覆土层有效压力 σ_u</td><td rowspan="2">上覆土层愈厚，土的上覆有效压力愈大，就愈不容易液化</td></tr>
<tr><td>静止土压力系数 K_0</td></tr>
<tr><td rowspan="2">排水条件</td><td>孔隙水向外排出的渗透路径长度</td><td rowspan="2">液化砂层的厚度</td><td rowspan="2">排水条件良好有利于孔隙水压力的消散，能减少液化的可能性</td></tr>
<tr><td>边界土层的渗透性</td></tr>
<tr><td colspan="2">地下水位</td><td>—</td><td>工程正常运行后，地下水位以上的非饱和土不会液化</td></tr>
<tr><td colspan="2">地震历史</td><td>—</td><td>遭遇过历史地震的砂土比未遭遇地震的砂土不易液化，但曾发生过液化又重新被压密的砂土，却容易重新液化</td></tr>
<tr><td rowspan="2">地震动荷载</td><td rowspan="2">地震烈度</td><td>振动强度</td><td>地面加速度 a_{max}</td><td>地震烈度愈高，地面加速度愈大，就愈容易液化</td></tr>
<tr><td>持续时间</td><td>等效循环次数</td><td>振动时间愈长，或振动次数愈多，就愈容易液化</td></tr>
</table>

软土震陷是软土在地震快速而频繁的加荷作用下，土体结构受到扰动，导致软土层塑性区的扩大或强度的降低，从而使建筑物产生附加沉降。产生软土震陷的外部因素是地震作用，而其产生的内因主要是由于软土所具体的特殊的物理力学特性所引起，主要包括：

(1) 含水率高，孔隙比大。因为软土的主要成分是黏粒，其矿物晶粒表面带有负电荷，它与周围介质的水分和阳离子相互作用并吸附形成水膜，在不同的地质环境中沉积形成各种絮状结构。所以这类土的含水率和孔隙比都比较高，一般含水率在 35%～80%，孔隙比为 1.2。软土的高含水率和大孔隙比不但反映了土中的矿物成分与介质相互作用的性质，同时反映软土的抗剪强度与压缩性的大小，含水率越大，土的抗剪强度越小，压缩性越大。

(2) 抗剪强度低。根据土工试验的结果，我国软土的天然不排水抗剪强度一般小于 20kPa，其变化范围在 5～25kPa，有效内摩擦角为 20°～35°，固结不排水剪内摩擦角为 12°～17°。正常固结的软土层的不排水抗剪强度往往是随埋深的增大而增加，每米的增长率为 1～2kPa。在荷载的作用下，如果地基能够排水固结，软土的强度将产生显著的变化，土层的固结速率越快，软土的强度增加越快，加速软土层的固结速率是改善软土强度特性的一项有效途径。

(3) 压缩性高。一般正常固结的软土层的压缩系数为 0.5～1.5MPa^{-1}，最大可以达到 4.5MPa^{-1}，压缩指数为 0.35～0.75。天然状态的软土层大多属于正常固结状态，但也有属于超固结状态和欠固结状态的。

(4) 渗透性小。软土的渗透系数一般为 10^{-8}～10^{-6}cm/s，所以固结速率很慢。当软土层的厚度超过 10m，要使土层达到较大的固结度往往需要 5～10 年或者更久。

(5) 结构性明显。软土一般为絮状结构，尤其以海相黏土更为明显。这种土一旦受到扰动，土的强度显著降低，甚至呈流动状态。

(6) 流变性明显。在荷载作用下，软土承受剪应力的作用产生缓慢的剪切变形，并可能导致抗剪强度的衰减，在主固结沉降完毕后还可能继续产生较大的次固结沉降。

2.3.5 土体物理力学参数

土体物理力学参数取值原则为：

(1) 土的物理力学参数选取应以试验成果为依据。当土体具有明显的各向异性或工程设计有特殊要求时，应以原位测试成果为依据。

(2) 收集土体试验样品的原始结构、天然含水率，以及试验时的加载方式和具体试验方法等控制质量的因素，分析成果的可信度。

(3) 试验成果可按土体类别、工程地质单元、区段或层位分类，并舍去不合理的离散值，分别用算数平均法、最小二乘法（点群中心法）等进行处理。

(4) 试验成果经过统计整理后确定土体物理力学参数标准值。根据水工建筑物地基的工程地质条件，在试验标准值基础上提出土体物理力学参数地质建议值；根据水工建筑物荷载、分析计算工况等特点确定土体物理力学参数设计采用值。

(5) 对于深埋土体地质建议值，应以试验成果为依据，合理考虑深埋土体埋深效应、钻孔样扰动及试验代表性等对土体特性的影响，通过加强深埋土体地质条件的全面分析后，对力学参数可适当提高。

深厚覆盖层典型工程土体物理力学参数地质建议值见表 2.3-2。

表 2.3-2　深厚覆盖层典型工程土体物理力学参数地质建议值表

工程名称（最大厚度）	分层及土名	干密度 ρ_d /(g/cm³)	允许承载力 R /MPa	变形模量 E_0 /MPa	抗剪强度		渗透及渗透变形指标	
					黏聚力 C /MPa	内摩擦角 φ /(°)	允许比降 i	渗透系数 K /(cm/s)
猴子岩水电站（85m）	④孤漂（块）砂卵（碎）砾石	2.02～2.04	0.45～0.55	35～45	0	26～28	0.10～0.12	$1.9\sim6.6\times10^{-2}$
	③含泥漂（块）卵（碎）砂砾石	2.10～2.15	0.40～0.50	30～40	0	24～26	0.15～0.18	$1.6\times10^{-2}\sim7.6\times10^{-3}$
	③-a含砾粉细砂	1.60～1.65	0.17～0.18	16～18	0	18～19		
	②黏质粉土	1.55～1.60	0.15～0.17	14～16	0	16～18	0.50～0.60	$2.3\times10^{-5}\sim1.4\times10^{-6}$
	①含漂（块）卵（碎）砂砾石	2.10～2.15	0.50～0.60	40～50	0	28～30	0.15～0.18	$3.7\times10^{-2}\sim2.7\times10^{-3}$
	①-a卵砾石中粗砂（透镜状）	1.66～1.68	0.18～0.20	16～18	0	18～20		
长河坝水电站（80m）	③漂（块）卵砾石	2.10～2.18	0.50～0.60	35～40	0	30～32	0.10～0.12	$5.0\times10^{-2}\sim2.0\times10^{-1}$
	②-C砂层	1.50～1.60	0.15～0.20	10～15	0	21～23	0.20～0.25	6.9×10^{-3}
	②含泥漂（块）卵（碎）砂砾石	2.10～2.20	0.45～0.50	35～40	0	28～30	0.12～0.15	$6.5\times10^{-2}\sim2.0\times10^{-2}$
	①漂（块）卵（碎）砾石	2.14～2.22	0.55～0.65	50～60	0	30～32	0.12～0.15	$2.0\times10^{-2}\sim8.0\times10^{-2}$
瀑布沟水电站（134m）	④漂（块）卵石	2.28	0.70～0.80	60～70	0	35～38	0.10～0.13	$7.0\times10^{-2}\sim1.0\times10^{-1}$
	③含漂卵石层	2.17	0.60～0.70	60	0	35～37		
	③上游砂层透镜体	1.69	0.20～0.25	20～25	0	29～31	0.30～0.40	
	③下游砂层透镜体	1.65	0.15	15～20	0	24～26	0.3～0.4	
	②卵砾石层	2.03	0.60	50～60	0	32～35	0.10～0.15	$4.6\times10^{-2}\sim8.1\times10^{-2}$
	①漂卵石层	2.14	0.70～0.80	60～65	0	36～38		$9.2\times10^{-2}\sim100$
小天都水电站（70m）	⑧块碎石		0.40		0	28～31		
	⑦块碎石土	2.03～2.07	0.30～0.35	20～30	0	24～26	0.12～0.17	1.5×10^{-2}
	⑥漂卵石夹砂	2.07～2.31	0.45～0.54	40～50	0	26～29	0.12～0.13	4.1×10^{-2}
	⑤漂（块）卵（碎）石夹砂	2.06～2.14	0.50～0.60	50～60	0	29～31	0.30～0.35	$3.8\times10^{-3}\sim4.2\times10^{-2}$
	④-2粉土质砂	1.56～1.78	0.10～0.15	7～14	0	18～19	0.30～0.40	$3.5\times10^{-4}\sim3.8\times10^{-4}$
	④-1粉土	1.49～1.70	0.10～0.12	5～7	0.010	11～14		$7.6\times10^{-4}\sim1.1\times10^{-6}$

续表

工程名称（最大厚度）	分层及土名	干密度 ρ_d /(g/cm³)	允许承载力 R /MPa	变形模量 E_0 /MPa	抗剪强度		渗透及渗透变形指标	
					黏聚力 C /MPa	内摩擦角 φ /(°)	允许比降 i	渗透系数 K /(cm/s)
冶勒水电站（420m）	第五组粉质壤土	1.67	0.60～0.80	45～50	0.06	32	4.00～5.00	1.5×10^{-5}～3.0×10^{-6}
	第四组卵砾石	2.11	1.00～1.20	120～130	0.06	37	1.00～1.10	5.8×10^{-3}～1.2×10^{-2}
	第三组卵砾石	2.20	1.30～1.50	130～140	0.07	38	1.10～1.60	3.5～9.2×10^{-3}
	第三组粉质壤土	1.78	0.80～1.00	65～70	0.12	34	6.10～7.10	1.2～6.9×10^{-6}
	第二组碎石土	2.24	1.00～1.20	90～100	0.06	36	3.80～4.80	2.3～3.5×10^{-5}
	第二组粉质壤土	1.88	0.70～0.90	55～65	0.12	33	10.40	15×10^{-6}～1.2×10^{-7}
	第一组卵砾石		1.30～1.50	130～140	0.07	38	1.10～1.60	1.15～5.75 $\times10^{-3}$
多诺水电站（42m）	③崩坡积块碎石土	2.05	250～300	15～20	0	25～27	0.1～0.12	5.16×10^{-3}
	②含漂砂卵砾石	2.1	300～350	30～40	0	27～29	0.07～0.1	1.0×10^{-1}
	①含漂（块）碎砾石土	2.15	500～550	50～60	0	25～27	0.15～0.2	4.27×10^{-3}

2.4　主要工程地质问题与评价

2.4.1　深厚覆盖层筑坝的地基适宜性

挡水建筑物对深厚覆盖层地基的总体利用标准为：地基土体（天然或经工程处理后）应满足变形、抗滑稳定、抗渗透和抗液化稳定等要求，同时不产生较大的震陷。不同的坝型和工程规模，对地基的要求是不同的，根据工程实践，以下经验可供参考：

（1）碾压式土石坝对深厚复杂覆盖层地基适应性最好，应用最为广泛。

（2）对于以较密实的粗粒土为主的天然地基，可基本满足小于40m的混凝土闸坝建基需求。

代表性工程——小天都水电站：混凝土闸坝最大闸高39m，河床覆盖层最大厚度96m，土体层次复杂，物质组成包括漂卵石夹砂、块碎石土、砂层透镜体等，工程对可能液化的砂层透镜体进行处理后，对表部土体进行固结灌浆后作为基础持力层。

（3）高面板堆石坝趾板一般应置于基岩上，经研究论证后，也可置于性状良好的深厚覆盖层上。

代表性工程——多诺水电站：面板堆石坝最大坝高112.5m，河床覆盖层厚度约

40m，物质组成以粗颗粒为主，上部含漂卵砂砾石层及块碎石土层，局部具架空结构，力学性能相对较差，中下部的含漂块碎砾石土层，力学性状相对较好。工程对上部性状相对较差的土体进行挖除，利用中下部土体，经振动碾压处理后，作为堆石区及趾板地基。

（4）高心墙堆石坝土心墙一般可置于性状良好的粗粒土上，对于300m级特高坝，其心墙宜置于基岩上。

（5）尽量避免覆盖层地基中存在厚的粉细砂层、淤泥、软土层、湿陷性黄土等特殊土层，无法避免时应进行针对性的处理以满足工程要求。

（6）对于深埋土体中的细粒土层，根据其渗透性能、空间展布特征等，在条件具备时，可作为防渗依托层。

（7）当天然的地基土体不能满足直接应用条件时，需考虑进行地基处理措施，其一般原则为：

1）坝基处理应满足渗流控制（包括渗透稳定和控制渗流量）、静力和动力稳定、容许沉降量和不均匀沉降等方面的要求。处理的标准和要求应根据工程情况在设计中具体明确。

2）地基中遇下列情况时，应慎重研究和处理：①深厚砂砾石层；②软黏土；③湿陷性黄土；④疏松砂土及黏粒（粒径小于0.005mm）含量（质量）大于3%不大于15%的少黏粒土；⑤含有大量可溶盐类的土；⑥透水坝基下游坝脚处有连续的透水性较差的覆盖层。

3）砂砾石坝基主要问题是进行流量控制，解决的办法是做好防渗和排水。对液化砂层，应尽可能挖除后换填非液化土，当挖除比较困难或很不经济时，可首先考虑采取人工加密措施。

4）软黏土一般不宜用作坝基，在经过技术论证、采取有效处理措施后，才可修建低均质坝和心墙坝。

5）有机质土不宜作为坝基。如坝基内存在厚度较小且不连续的夹层或透镜体，挖除困难时，应经过论证并采取有效措施处理。

6）湿陷性黄土可用于低坝坝基。但应论证其沉降、湿陷和溶滤对土石坝的危害，并应做好处理工作。

坝基土体利用工程实例见表2.4-1。

表2.4-1　坝基土体利用工程实例

工程名称	深覆盖层地基概况	坝型及规模	坝基土体利用情况
双江口水电站	河床覆盖层厚度48～57m，局部可达67.8m，物质组成以漂卵砾石及含漂卵砾石层为主，夹多层砂层透镜体	心墙堆石坝，最大坝高314m	堆石区部位，对浅部砂层透镜体进行挖除处理，针对深部砂层透镜体采取坝脚压重方式处理。心墙部位，挖除覆盖层
长河坝水电站	河床覆盖层厚度60～80m，物质组成以漂（块）卵砾石层为主，浅部分布有规模较大的砂层透镜体	心墙堆石坝，最大坝高240m	对浅部砂层透镜体予以挖除，坝体堆石区及心墙部位均建于粗粒土上，采用全封闭防渗墙进行覆盖层地基的防渗、抗渗处理
瀑布沟水电站	河床覆盖层厚度40～75m，物质组成以卵砾石层为主，夹多层砂层透镜体	心墙堆石坝，最大坝高186m	对浅部砂层透镜体予以挖除，对于深部砂层透镜体采用增设压重体方式进行处理。坝体堆石区及心墙部位均建于粗粒土上，采用全封闭防渗墙进行覆盖层地基的防渗、抗渗处理

续表

工程名称	深覆盖层地基概况	坝型及规模	坝基土体利用情况
泸定水电站	河床覆盖层厚度60～149m，坝基土体层次复杂，除主要的漂卵砾石外，还广泛分布砾石砂、粉细砂及粉土等不利土体	心墙堆石坝，最大坝高84m	对浅部砂层、粉土层予以挖除，对于深部不利土体采用坝体上、下游增设压重体方式进行处理。坝体堆石区及心墙部位均建于粗粒土上，采用悬挂式防渗墙加覆盖层帷幕灌浆进行覆盖层地基的防渗、抗渗处理
黄金坪水电站	河床覆盖层厚度56～134m，物质组成以粗颗粒的漂卵砾石为主，分布多个砂层透镜体，多埋藏较浅	心墙堆石坝，最大坝高95.5m	对浅部砂层透镜体予以挖除，对相对较深部位的砂层透镜体进行振冲处理。坝体堆石区及心墙部位均建于粗粒土上，采用全封闭式防渗墙进行覆盖层地基的防渗、抗渗处理
冶勒水电站	河床覆盖层厚度大于420m，土体层次复杂，以弱胶结卵砾石层为主、同时出露块碎石土、粉质壤土，以及粉质壤土夹炭化植物碎屑层	沥青混凝土心墙堆石坝，最大坝高125.5m	坝基置于形成时代早、力学性状好的层次上，利用土体内相对隔水层加防渗墙进行覆盖层地基的防渗、抗渗处理
猴子岩水电站	河床覆盖层厚度40～85m，局部可达85.5m，土体层次复杂，以粗颗粒的砂卵砾石层为主，局部夹杂砂层透镜体，同时河床中部出露一层连续的、厚度达30m的黏质粉土层，力学性状差	面板堆石坝，最大坝高223.5m	中部黏质粉土物理性状差，予以挖除后趾板置于基岩上，主堆石区下部分布砂层透镜体，经挖除后，亦置于基岩上，次堆石区部位置于下部砂卵砾石层上
多诺水电站	河床覆盖层厚度约40m，物质组成以粗颗粒为主，上部的含漂卵砂砾石层及块碎石土层，局部具架空结构，力学性能相对较差，中下部的含漂块碎砾石土层，力学性状相对较好	面板堆石坝，最大坝高112.5m	对上部性状相对较差的土体进行挖除，利用中下部土体，经振动碾压处理后，作为堆石区及趾板地基。采用防渗墙进行覆盖层地基的防渗、抗渗处理
九甸峡水利枢纽工程	河床覆盖层厚度54～56m，土体物质组成相对单一，均为粗粒土层，上部为崩坡积块石碎石土，力学性能相对较差，中下部的砂砾卵石层，力学性状相对较好	面板堆石坝最大坝高133m	对上部性状相对较差的块石碎石土进行挖除，利用中下部砂砾卵石层，作为堆石区及趾板地基。采用防渗墙进行覆盖层地基的防渗、抗渗处理
金康水电站	河床覆盖层厚度大于90m，上部出露含卵砾石砂土层和粉细砂及粉质壤土，深部为冰水堆积的粗粒土	混凝土闸坝，最大闸高20m	对上部力学性状差的土体进行振冲碎石桩进行处理后，作为持力层。采用混凝土防渗墙结合钢筋混凝土铺盖联合进行覆盖层地基的防渗、抗渗处理
小天都水电站	河床覆盖层最大厚度96m，土体层次复杂，物质组成包括漂卵石夹砂、块碎石土、砂层透镜体等	混凝土闸坝，最大闸高39m	对表部土体进行固结灌浆后作为基础持力层，对可能液化砂层透镜体采取固灌后置换灌浆进行处理。采用防渗墙进行覆盖层地基的防渗、抗渗处理

2.4.2 地基渗漏与渗透稳定问题

土体由于具有连续的孔隙，同时坝基上下游存在水位差，库水就会透过坝基土体孔隙发生流动，当坝基部位流量过大，产生地基渗漏问题，将明显降低工程效益，甚至难以达到工程建设目的，特别是对于深厚的粗粒土地层，由于其抗渗能力低，渗透范围广，其地基渗漏问题更为突出。

同时，由于孔隙水在渗流过程中对土体存在作用力，即静水压力（浮力）和动水压力（渗透力）。土体颗粒在以上作用力下，可能会产生变形或移动，甚至土体发生破坏，危及工程安全，由此而产生了渗透稳定问题。

针对深厚覆盖层地基中常见的地基渗漏与渗透稳定问题，在前期勘察阶段，需采取必要的勘察测试手段，对其工程地质特性予以研究，并应采用合适的评价方法，对此类工程地质问题予以分析、认识、评价，并根据评价结果，研究采用针对性的处理措施。

1. 地基渗漏评价

（1）单层透水坝基。坝基为单层透水层，其厚度等于或小于坝底宽度时，假设坝体是不透水的，则可按达西公式，将边界简化求得

$$q=K\frac{H}{2b+T}T \tag{2.4-1}$$

式中：q 为坝基单宽剖面渗漏量，$m^3/(d\cdot m)$；K 为透水层渗透系数，m/d；H 为坝上下游水位差，m；$2b$ 为坝底宽，m；T 为透水层厚度，m。

整个坝基渗漏量为 $Q=qB$，其中 B 为坝轴线方向整个渗漏带宽度，m。此式当 $T\leqslant 2b$ 时较准确，当 $T>2b$ 时则偏小。

（2）双层透水坝基。坝基为两层透水层，上层为黏性土，下层为砂砾石层，上层和下层的厚度分别为 T_1 和 T_2，则按下式计算单宽剖面渗漏量：

$$q=\frac{H}{\dfrac{2b}{K_2T_2}+2\sqrt{\dfrac{T_1}{K_1K_2T_2}}} \tag{2.4-2}$$

若上层为砂砾石层，下层为黏性土层，因黏性土层渗透性较小，则可按前述单层公式计算，计算时把黏性土层当隔水层处理。

（3）多层透水坝基。当坝基为多层土（水平产状），其渗透系数均不一样，但差值不太大（在 10 倍左右），仍可按前述单层或双层透水坝基计算公式，其中渗透系数可取加权平均值 $K_{平}$ 如下：

$$K_{平}=\frac{K_1T_1+K_2T_2+K_3T_3+\cdots+K_nT_n}{T_1+T_2+T_3+\cdots+T_n} \tag{2.4-3}$$

（4）绕坝渗流计算。首先在坝基土体内绘制流线，对于均质的土体可按圆滑线处理，然后在流线方向上取单位宽度，计算每个单宽剖面的渗漏量 q，最后将它们加起来，即得整个坝肩的渗漏量。

单宽剖面的渗漏量可按达西公式求得

$$q=K\frac{H}{L}\frac{h_1+h_2}{2} \tag{2.4-4}$$

式中：H 为坝上、下游水位差，m；L 为剖面长度，即渗径长度，m；h_1、h_2 为剖面上下游透水层厚度，m。

显然，每个剖面的渗漏量有差别，离坝肩越远，剖面越长，即渗径越长，则渗漏量会越小，到一定距离后的剖面渗漏量就可以忽略不计了，这就是坝肩岩土体的渗漏范围，将

此范围内的所有剖面的渗漏量加起来，则为此坝的绕坝渗漏总量。

(5) 渗漏量控制标准。地基渗透流量的控制标准，一般应根据地基渗透稳定计算要求、处理工程量、渗透流量对发电的影响等方面进行工程特性、技术经济比选确定。四川境内的一些已建闸坝工程，如太平驿、福堂、姜射坝、冷竹关、桑坪、小沟头等，基础渗透量一般按小于枯水期平均流量的1%控制。

2. 地基渗透稳定评价

(1) 渗透变形类型。渗透变形的类型主要为管涌、流土、接触冲刷和接触流失。

1) 管涌。管涌是指土体内的细颗粒或可溶成分由于渗流作用而在粗颗粒孔隙通道内移动或被带走的现象，一般又可称为潜蚀作用，可分为机械潜蚀和化学潜蚀。管涌可以发生在坝闸下游渗流逸出处，也可以在砂砾石地基中。此外，穴居动物（如各种田鼠、蚯蚓、蚂蚁等）有时也会破坏土体结构，若在堤内外构成通道，亦可形成管涌，称之“生物潜蚀”。

2) 流土。流土是指在上升的渗流作用下，局部黏性土和其他细粒土体表面隆起、顶穿或不均匀的砂土层中所有颗粒群同时浮动而流失的现象。一般发生于以黏性土为主地带。坝基若为河流沉积的二元结构土层组成，特别是上层为黏性土，下层为砂性土地带，下层渗透水流的动水压力如超过上覆黏性土体的自重，就可能产生流土现象。这种渗透变形常会导致下游坝脚处渗透水流出逸地带出现成片的土体破坏、冒水或翻砂现象。

3) 接触冲刷。接触冲刷是指渗透水流沿着两种渗透系数不同的土层接触面或建筑物与地基的接触流动时，沿接触面带走细颗粒的现象。

4) 接触流失。接触流失是指渗透水流垂直于渗透系数相差悬殊的土层流动时，将渗透系数小的土层中细颗粒带进渗透系数大的粗颗粒土孔隙的现象。

(2) 渗透变形类型的判别。《水力发电工程地质勘察规范》(GB 50287—2016) 中规定，无黏性土渗透变形型式的判别应符合下列要求：

对于不均匀系数小于和等于5的土，其渗透变形为流土。不均匀系数大于5的土，可采用下列方法判别：

流土：$P_C \geqslant 35\%$；P_C为土的细粒颗粒含量，以质量百分率计(%)；过渡型：$25\% \leqslant P_C < 35\%$。；管涌：$P_C < 25\%$。

土的细粒含量可按下列方法确定：级配不连续的土，级配曲线中至少有一个以上的粒径级的颗粒含量小于或等于3%的平缓段，粗细粒的区分粒径 d_f 以平缓段粒径级的最大和最小粒径的平均粒径区分，或以最小粒径为区分粒径，相应于此粒径的含量为细颗粒含量。

接触冲刷宜采用下列方法判别：对双层结构的地基，当两层土的不均匀系数均等于或小于10，且符合下式规定的条件时，不会发生接触冲刷。

$$\frac{D_{20}}{d_{20}} \leqslant 8 \tag{2.4-5}$$

式中：D_{20}、d_{20}分别代表较粗和较细一层土的土粒粒径，mm，小于该粒径的土重占总土重的20%。

接触流失的判别方法。对于渗流向上的情况，符合下列条件将不会发生接触流失：

1）不均匀系数等于或小于 5 的土层：

$$\frac{D_{15}}{d_{85}} \leqslant 5 \qquad (2.4-6)$$

2）不均匀系数等于或小于 10 的土层：

$$\frac{D_{20}}{d_{70}} \leqslant 7 \qquad (2.4-7)$$

土的渗透变形判别除应符合规范有关规定外，还可参照下列方法判别土的渗透变形类型。

由多种粒径组成的天然土的渗透变形类型，可根据土颗粒级配的累积曲线和分布曲线判别：颗粒级配均匀，累积曲线为近似直线形，分布曲线呈单峰形的土，渗透变形类型多为流土型；颗粒级配很不均匀，特别是缺乏中间粒径、累积曲线呈瀑布形、分布曲线呈双峰形或多峰形的土，渗透变形类型多为管涌型；颗粒级配介于上述二者之间，累积曲线呈阶梯形的土，渗透变形类型多为过渡型，或为流土或为管涌。

（3）允许水力比降的确定。土体抵抗渗透破坏的能力，称为抗渗强度，通常以土体濒临渗透破坏时的水力比降表示，一般称为临界水力比降，以 i_{cr} 表示。

在工程应用时，为保证建筑物安全，通常将土体临界水力比降 i_{cr} 除以 1.5～2.0 的安全系数得到允许水力比降 $i_{允许}$。对水工建筑物危害较大时，取 2.0 的安全系数，对于特别重要的工程也可用 2.5 的安全系数。

2.4.3 地基承载与变形稳定问题

地基土体在外荷载作用下，由于地基土的压缩变形而引起的建筑物基础沉降或沉降差，如果沉降或沉降差过大，超过建筑物的允许范围，则可能引起上部结构开裂、倾斜甚至于破坏。同时，如果荷载过大，超过地基的承载能力，将使地基产生滑动破坏，即地基的承载能力不足以承受过大的荷载将导致建筑物丧失使用功能甚至倒塌。地基承载与变形稳定评价，即通过对地基土体地质边界条件分析、物理力学参数的选取，计算方法的应用，根据控制标准的要求，对地基土体承载与抗变形能力是否满足工程安全和正常使用的要求进行分析评价。

1. 地质条件分析

通过有效的勘察手段，前期阶段需对影响地基土体变形稳定的地质边界条件予以分析研究，主要包括：①地基土体颗粒物质组成、成因、层次划分、空间分布（顶底板埋深、厚度等）；②各层土体的矿物成分与级配、含水率和天然密度、土体结构、前期固结情况等；③动力地质作用及新构造运动的影响；④水文地质条件。

同时，需对可能引起地基土体不均匀沉降的地质条件予以重视，包括：①复杂的地基土体层次、物理力学性状相差较大，且土体空间分布不规则；②土层内部均一性差，如漂卵石层内，局部细颗粒集中、局部粗颗粒间明显架空等；③谷底基岩面形态起伏强烈，或存在深槽、深潭等分布。

2. 地基承载力的确定

地基承载力不仅决定于地基土体的性质，还受到基础形状、荷载倾斜与偏心、覆盖层抗剪强度、地下水位、下卧层，以及基底倾斜、相邻基础等因素的影响，在确定地基承载力时，应根据建筑物的重要性及其结构特点，对各影响因素作具体分析。地基承载力可通过试验方法、理论公式计算以及按相关经验确定。其中常用的试验方法包括载荷试验、室内力学试验、钻孔原位测试（标贯、触探、旁压试验）等。

3. 地基变形验算

基础最终沉降量的计算，通常采用分层总和法。同时，工程实践中，有限元已广泛应用在坝体（坝基）应力、应变、沉降计算方面。有限元的突出优点是适于处理非线性、非均质和复分析就恰恰存在这些困难难题。有限元是以弹塑性理论为依据，借有限单元法离散化特点，计算复杂的几何与边界条件、施工与加荷过程、土的应力-应变关系的非线性以及应力状态进入塑性阶段等情况，计算要点如下：

（1）将地基离散化为有限个单元代替原来的连续结构。

（2）利用土的本构关系，对每个单元建立刚度矩阵。

（3）由虚位移原理，将各单元的刚度矩阵结合为整个土体的总刚度矩阵 $[K]$，得到总矢量荷载 $\{R\}$，与节点位移矢量 $\{\delta\}$ 之间的关系：$[K]\{\delta\}=\{R\}$。

（4）解上式，求得节点位移。

（5）根据节点位移，计算单元的应力与应变。

最常用的本构关系是线弹性模型，此外还有双线性弹性模型、其他非线性弹件模型、弹塑性模型等。

4. 承载与变形控制标准

对于闸坝工程，闸坝的平均基底压力不大于地基容许承载力，最大基底压力不大于地基容许承载力的 1.2 倍。土质地基上水闸的允许最大沉降量和最大沉降差，应以保证水闸安全和正常使用为原则，根据具体情况研究确定，一般天然土质地基上水闸地基最大沉降量不宜超过 150mm，相邻部位的最大沉降差不宜超过 50mm。

对于土石坝工程，其竣工后的坝顶沉降量一般要求不大于坝高的 1%，特殊坝基的总沉降量应视具体情况而定。

2.4.4　地基抗滑稳定问题

在外荷载的作用下，土体中任一截面将同时产生法向应力和剪应力，其中法向应力作用将使土体发生压密，而剪应力作用可使土体发生剪切变形。当土体一点某截面上由外力所产生的剪应力达到土的抗剪强度时，它将沿着剪应力作用方向产生相对滑动，该点便发生剪切破坏。水工建筑物除需防止基础沉降过大而影响安全使用外，还要避免地基发生滑动破坏。

地基土的抗滑能力与其成分、结构及其受力（如挡水建筑物不仅有自身对地基土的附加应力，还有库水的水平推力及泥沙压力）方式有关。在进行抗滑稳定性评价时应重点研究控制坝基抗滑稳定的多层次粗细粒沉积物相间组合的土基中，尤其是持力层范围内黏性土、砂性土等软弱土层埋深、厚度、分布和性状，确定土体稳定分析的边界条件，分析可能滑移模式，确定计算所需的土体物理力学参数，根据现有公式选择合适的稳定性分析方法进行计算，综合评价抗滑稳定问题，提出地质处理建议。

1. 滑动破坏类型

滑动破坏类型分类中，根据滑面深度可分为表层滑动、浅层及深层滑动；据滑面形态可分为圆弧滑动和非圆弧滑动等类型。

2. 地基滑动破坏影响因素的分析

大坝沿坝基接触面作浅层滑动多由于地质条件未能查清、接触面抗剪强度取值不准或设计不周、施工质量低劣等原因造成。

大坝深层滑动现象较少，产生深层滑动的条件大多是夹有软弱夹层等不利组合，为此：

(1) 应特别注意不同层次（当夹有多层软弱夹层时）的工程地质性质上的差异，软弱层次是深层滑动的主要部位，其埋深、厚度、展布状况、物理力学指标等，以及软硬层次交界面处的强度指标，是地质研究的重点。

(2) 从闸坝的工作状态引起地基土的应力变化可知，蓄水时，地基的附加应力最大集中区在坝体轴线偏下游部位，剪应力则明显在下游基础脚附近最大，因此，对于这些部位的地基性能应予以特别重视。

(3) 临空面的出现是影响地基稳定性的重要因素，对大坝下游地基保护的好坏（如冲刷坑的状况）很重要，所以也需要研究各类土性的抗冲性能。

3. 地基抗滑稳定验算

闸坝基底面的抗滑稳定计算，多采用验算坝基底面的抗滑稳定安全系数，即底面上的抗滑力与坝体水平推力的比值。稳定安全系数的容许值，在基本荷载组合下，多要求大于1.20～1.35（不同水闸级别要求有所不同）。

土石坝覆盖层地基抗滑稳定计算，圆弧滑动模式下常用验算方法包括简化毕肖普法、瑞典圆弧法等，非圆弧滑动模式下常用摩根斯顿—普赖斯法等。坝基稳定安全系数的计算应考虑安全系数的多极值特性，滑动破坏面应在不同的土层进行分析比较，到求得最小稳定安全系数。抗滑稳定的最小安全系数，在正常运用条件下多要求大于1.15～1.5（不同工程等级要求有所不同）。

2.4.5 地基砂土液化问题

砂土液化判定工作可分初判和复判两个阶段。初判主要应用已有的勘察资料或较简单的测试手段对土层进行初步鉴别，以排除不会发生液化的土层。对于初判为可能液化的土层，应进一步进行复判。对于重要工程，还要更深入地专门研究。

初判的方法主要有采用年代法、粒径法、地下水位法和剪切波速法等。常用的复判方法有标准贯入击数法、相对密度法、相对含水量法、液性指数法、剪应力对比法、动剪应变幅法和静力触探贯入阻力法等。

除上述方法外，在工程实践中，特别是对深埋土体，还可采用振动台试验、动态离心模型试验等开展砂土液化的判别研究工作。振动台试验可以得到土体在不同应力状态、不同密实度和不同振动荷载下的动力响应特征和动孔压累积消散规律，揭示应力状态和密实度对土体动孔压的影响。动态离心模型试验技术是近年来迅速发展起来的一项高新技术，被国内外公认为研究岩土工程地震问题最为有效和先进的研究方法，目前这项试验技术已在岩土工程地震问题的研究中得到较好应用。通过对不同应力状态下覆盖层材料的离心振动台试验，可以研究不同埋深土体的动力响应特性和超孔压积累消散规律，进而分析深厚覆盖层地震液化特性。

凡判别为可液化土层，应进一步探明各液化土层的深度和厚度，根据标准贯入锤击数的实测值和临界值，计算液化指数，可液化土层应根据其液化指数按表 2.4－2 划分液化等级。

表 2.4－2　液化等级划分表

液化指数	$0<I_{LE}\leqslant 5$	$5<I_{LE}\leqslant 15$	$I_{LE}>15$
液化等级	轻微	中等	严重

2.4.6　地基软土震陷

影响软土震陷的因素包括动应力幅值、振动次数、固结压力，以及土的类型，在地基内分布有多层软土时，对震害的影响主要取决于接近地表、厚度大的土的性质，也即取决于第一层软土的性质。一般而言，软土层的厚度越大，越接近地表，震害往往越重。因为接近地表的软土往往沉积年代较新，多呈欠固结状态，孔隙比大，含水率高，具高压缩性、低强度的特点。

抗震设防烈度等于或大于Ⅶ度的厚层软土分布区，宜判别软土震陷的可能性和估算震陷量。

根据唐山地震经验，当地基承载力特征值或剪切波速大于表 2.4－3 数值时，可不考虑震陷影响。

表 2.4－3　临界承载力特征值和等效剪切波速表

抗震设防烈度	Ⅶ度	Ⅷ度	Ⅸ度
承载力特征值 f_a/kPa	>80	>100	>120
等效剪切波速 V/(m/s)	>90	>140	>200

Ⅷ度（0.30g）和Ⅸ度，当塑性指数小于 15，且符合下式规定的饱和粉质黏土时，可判为震陷性土：

$$W_S\geqslant 0.9W_L \tag{2.4-8}$$

$$I_L\geqslant 0.75 \tag{2.4-9}$$

式中：W_S 为天然含水率；W_L 为液限含水率；I_L 为液性指数。

Ⅷ度和Ⅸ度，当地基范围内存在淤泥、淤泥质土等软黏性土，且地基静承载力特征值Ⅷ度小于 100kPa、Ⅸ度小于 120kPa 时，除丁类构筑物或基础底面以下非软黏性土层厚度符合表 2.4－4 规定的构筑物外，均应采取消除地基震陷影响的措施。

表 2.4－4　基础底面以下非软黏性土层厚度表

烈　度	土层厚度/m	烈　度	土层厚度/m
Ⅷ	$\geqslant b$，且$\geqslant 5$	Ⅸ	$\geqslant 1.5b$，且$\geqslant 8$

注　b 为基础底面宽度。

强震时发生震陷，不仅被科学实验和理论研究证实，而且在宏观震害调查中，也证明它的存在，但研究成果仍不够充分，较难进行预测和可靠的计算软土震陷量，一般可采用分层总和法按式（2.4－10）、式（2.4－11）进行震陷量估算：

$$S_E=\sum_{i=1}^{n}\varepsilon_{PNi}h_i \tag{2.4－10}$$

$$T_d=0.65k_d\sigma_v\sigma_{\max}/g \tag{2.4－11}$$

式中：S_E为震陷估算量；h_i为i层震陷土的厚度；n为震陷土层数；ε_{PNi}为第i层土的震陷系数，即在固结压力σ_v下，动应力T_d作用N次后的竖向应变值，一般根据动三轴试验确定，试验时，σ_v可取该土层范围内自重压力与建筑附加应力之和平均值；采用的动应力T_d按公式（2.4－17）计算：其中$\sigma_{\max}$为地面最大加速度；g为重力加速度；k_d为折减系数，可取$1-0.015h$，h为土层埋深；试验中的动应力作用次数N与设防烈度相应，对Ⅶ度区取10。

2.4.7 地基抗冲刷稳定

覆盖层土体由于自身土体结构、重量等因素抵抗水流冲刷作用的能力称为抗冲刷特性，一般用抗冲流速来表征评价。

根据水力学与土力学的基本概念，在考虑均匀流条件下，土体的抗冲流速（启动流速），对于粗粒土主要与土的粒径、颗粒比重及内摩擦角有关。对于黏土等细粒土，主要与土的黏聚力有关。但鉴于实际工况的复杂性，目前对抗冲流速的取值主要根据室内模型试验、野外现场观测及工程经验确定。

室内模型试验运用的装置主要是明渠水槽和环形水槽。普通明渠水槽对黏性泥沙控制试验条件比较困难，也难以满足较强的启动条件，可使用封闭的水槽装置进行试验。同时，部分科研单位也采用转筒或淹没射流冲蚀的方法开展了试验研究。

野外现场观测，包括对天然河道和已建工程的现场观测，通过对土体宏观冲刷情况的分析，研究特定土体的抗冲流速。

土体抗冲流速也可以根据工程经验确定，《水力发电工程地质手册》中给出了土质渠道抗冲刷流速经验取值。

水电工程建设中，需重点关注的冲刷破坏部位包括但不限于冲坑、河床、渠基和岸坡。其产生的工程地质问题主要有：

（1）渠道基础在水流作用下发生冲蚀破坏。

（2）渠道或河床岸坡底部受水流冲刷作用，造成岸坡切脚，形成岸坡失稳。

（3）形成冲刷坑以后，上游坡逆流发展，危及坝基稳定。

（4）冲刷坑的不断加深，切断坝基内的软弱夹层，形成临空面，可能引起深层滑动。

鉴于土体冲刷所可能引起的工程地质问题，当工程设计流速大于土体的抗冲流速时，需开展包括泄水建筑物冲刷坑深度计算等工作，并根据需要，通过分析计算，采取适宜的工程防护措施。

第 3 章

地基防渗

3.1 概述

覆盖层坝基一般透水性强，存在漏水量大、易发生管涌或流土等渗透稳定问题。主要处理措施有水平防渗与垂直防渗两种型式。

水平防渗措施中水平铺盖最为常见，一般采用混凝土、黏土或土工膜等材料，设于上游坝基，与大坝相连，以延长覆盖层坝基渗径，使渗透比降不超过允许值。水平铺盖配合坝体下游排水措施，能保证坝基渗流稳定。单独的水平铺盖适用于组成比较简单的均质或双层覆盖层坝基上的中低坝，而对于组成比较复杂的多层覆盖层坝基上的高坝，或对控制坝基渗漏量有严格要求时，单独的水平铺盖就不适用，需与垂直防渗措施结合使用。如小浪底壤土斜心墙堆石坝，建成于2000年，坝高160m，坝基覆盖层厚80m，坝基防渗采用上游“上爬式”黏土铺盖、黏土斜心墙、坝基混凝土防渗墙的组合型式。

垂直防渗措施主要有截水槽、帷幕灌浆、混凝土防渗墙等。

截水槽是在覆盖层坝基中开挖明槽，切断覆盖层，再用与防渗体相同的土料回填压实，同防渗体相连，形成可靠的垂直防渗，效果显著。国内截水槽深度一般不超过20m，再深可能不经济。

覆盖层帷幕灌浆一般可直达基岩，达到坝基防渗的目的，适用于各种坝高的深厚覆盖层。这种处理方法主要在国外早期的一些工程应用较多，最深的为埃及阿斯旺坝，灌浆帷幕深达250m，共15排，坝基渗透系数由灌前$1\times10^{-3}\sim5\times10^{-5}$cm/s降至灌后$3\times10^{-6}$cm/s。法国谢尔蓬松坝，覆盖层深达115m，夹有大砾石，采用帷幕灌浆，深115m，共19排，坝基渗透系数由灌前$3\times10^{-3}\sim9\times10^{-4}$cm/s降至灌后$2\times10^{-7}$cm/s。

混凝土防渗墙防渗应用于多层、强透水、不均匀深厚覆盖层坝基，可在不同覆盖层内形成渗透系数小于$1\times10^{-7}\sim1\times10^{-8}$cm/s的混凝土墙体，防渗效果好，可满足高坝覆盖层坝基防渗要求。20世纪中叶，受防渗墙施工技术的限制，国外修建的深厚覆盖层上的高坝多采用前述灌浆帷幕防渗。近年来，随着我国一大批深厚覆盖层上的高坝建设，混凝土防渗墙施工技术得到了跨越式的发展，防渗墙已成为高坝深厚覆盖层地基的首选防渗结构。随着施工工艺的进步，混凝土防渗墙的适用条件也越来越广，坝基防渗墙最大厚度已达1.5m，深度已达180m，施工工期也较节省。

3.2 深厚覆盖层地基防渗系统布置

深厚覆盖层地基防渗系统布置需根据大坝的类型、挡水高度，深厚覆盖层地基的性状及其防渗抗渗能力，选择上述的水平或垂直防渗措施进行布置。常见的防渗布置型式可分为悬挂式防渗及封闭式防渗。

3.2.1　悬挂式防渗布置

悬挂式防渗是指防渗结构未完全封闭覆盖层，防渗底界位于覆盖层内。悬挂式防渗通常用于深厚覆盖层上的一些低坝、低闸，中、高坝覆盖层特别深厚，且经分析，渗漏量及渗透比降均在可接受的范围内，也可采用悬挂式防渗。

深厚覆盖层上的低闸采用悬挂式防渗布置时，为减小闸基扬压力，防渗墙或防渗帷幕一般布置于闸室上游端尽量靠前的位置，当闸前设置有混凝土铺盖时，还可布置于铺盖前端，以进一步减小闸基扬压力，且能减小与闸室混凝土浇筑的施工干扰，但此时应注意做好铺盖与闸底板的防渗连接。混凝土低坝为减小坝体扬压力，也是选择尽量将覆盖层基础防渗墙或防渗帷幕布置于基底前端。土石低坝通常以坝基防渗与坝体防渗便于连接为原则选择坝基防渗结构的位置，土心墙坝通常布置于坝轴线上，沥青心墙堆石坝常布置于沥青心墙中心线处，混凝土面板堆石坝常布置于河床段趾板或连接板前端。悬挂式防渗墙或防渗帷幕的深度应根据其作用水头、覆盖层地基各层的特点等综合确定，关键是要控制各部位的渗透比降和渗漏量小于允许值。覆盖层内有相对隔水层时，宜利用相对隔水层辅助防渗以减小防渗结构的深度。

当深厚覆盖层地基采用悬挂式防渗时，常在上游布置水平铺盖进行辅助防渗，铺盖可采用混凝土、黏土、土工膜等。采用悬挂式防渗时为降低覆盖层地基渗透破坏风险，对渗流出口处需要采用反滤保护。

高坝深厚覆盖层地基采用悬挂式防渗的很少。冶勒工程沥青混凝土心墙堆石坝为其代表性工程（图3.2-1），其深厚覆盖层最大厚度420m，利用坝基覆盖层里的相对隔水层采用了悬挂式防渗布置。冶勒沥青混凝土心墙堆石坝最大坝高124.5m，坝顶高程2654.50m，坝顶宽度14m，坝轴线长411m。

冶勒大坝坝基左岸为石英闪长岩，山体雄厚，其上覆盖着崩、坡积层及上更新统的块碎石土夹硬质土层，厚35～60m；河床及右岸由中、上更新统卵砾石层、粉质壤土及块碎石土夹硬质土层等五大岩组组成，总厚度超过420m，具不同程度的泥钙质胶结及超固结压密特征，河床下部基岩面最小埋深55～160m。右岸第一岩组弱胶结卵砾石层(Q_2I)，深层孔隙承压水赋存运移于第一岩组中，河床部位顶板埋深49～70m，从上游向下游逐渐增厚，最大厚度大于100m，最小

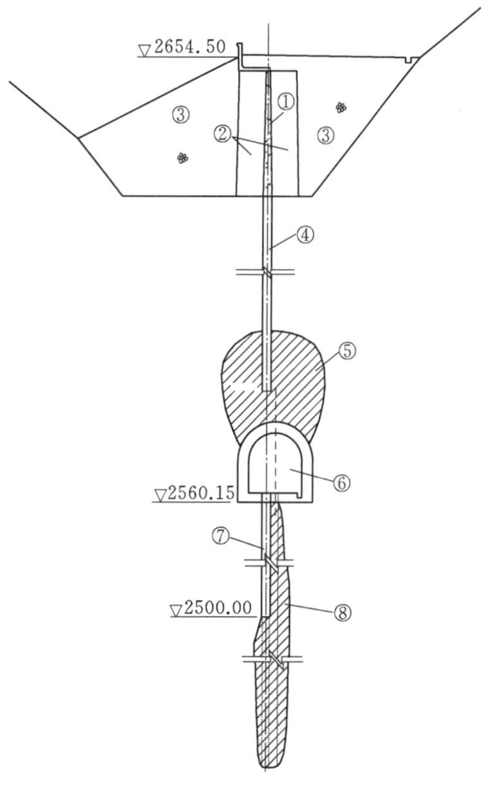

图3.2-1　冶勒工程垂直分段联合防渗布置型式（单位：m）

①—右岸钢筋混凝土心墙；②—过渡层；③—堆石；④—右岸台地防渗墙；⑤—帷幕灌浆接头；⑥—右岸防渗墙施工廊道；⑦—廊道防渗墙；⑧—帷幕灌浆

厚度15～35m；第二岩组块碎石土夹硬质黏土层（Q_3^1 Ⅱ），该层渗透性极弱，是坝基防渗的相对隔水层，河床部位顶板埋深18～24m，于左岸坝0+155m高程2512.00m处与基岩相接，向右岸延伸600m埋深逐渐增加至高程2400.00m附近与第三岩组Ⅲd粉质壤土层相接；第三岩组弱胶结卵砾石层与粉质壤土互层（Q_3^{2-1} Ⅲ），河床部位残留厚度18～36m，向右岸厚度逐渐增加，是坝基主要持力层，该层含砾粉质壤土层透水性弱，而卵砾石层透水性较大；第四岩组分布于右岸山体高程2555.00m以上，厚度65～85m，为弱胶结卵砾石层（Q_3^{2-2} Ⅳ），透水性较大；第五岩组位于第四岩组之上，厚度90～107m，为粉质壤土夹炭化植物碎屑层（Q_3^{2-3} Ⅴ），其透水性微弱。由于坝基左右岸基础严重不对称，以及右岸深厚覆盖层坝基相对隔水、抗水层下伏深度约200m，决定了坝基不可能采用全封闭防渗方案，同时坝基的防渗深度将超过200m。考虑当时国内防渗墙施工深度尚未突破80m的现状，采用"140m深防渗墙+70m深帷幕灌浆"方案，其中140m的防渗墙分两段施工、中间通过防渗墙施工廊道连接；下墙与廊道整体连接，上墙与廊道的连接型式按彼此的施工先后顺序分为两种，即短渗径区采用先墙后廊道的嵌入式或接触式连接，较长渗径区采用先廊道后墙的帷幕连接。

3.2.2 封闭式防渗布置

因覆盖层地基通常为强透水，因此高坝覆盖层地基常需采用封闭式防渗。高坝坝基防渗按照规范要求通常需深入相对不透水层（透水率一般为3～5Lu）至少5m。当坝基覆盖层较深，防渗墙没办法封闭全部覆盖层地基时采用悬挂式防渗墙，如果防渗墙底仍为强透水覆盖层，常采用覆盖层帷幕灌浆封闭强透水覆盖层，覆盖层帷幕灌浆连接防渗墙和基岩帷幕灌浆形成封闭式防渗系统。

3.2.2.1 防渗墙与帷幕联合防渗

土心墙堆石坝坝基覆盖层地基防渗墙通常布置于大坝轴线上，以便与大坝两岸防渗帷幕共面，以减少各防渗结构之间的连接，提高大坝基础防渗系统的可靠性。悬挂式防渗墙的深度综合考虑施工技术水平、地基相对不透水层深度、渗流计算等确定。当坝基有相对不透水层时，悬挂式防渗墙应尽量深入相对不透水层。大多数悬挂式防渗墙的深度受防渗墙施工技术水平制约，能施工的最大深度与防渗墙厚度、覆盖层物质组成、施工时的水流条件等有关。目前我国西藏旁多水电站大坝坝基混凝土防渗墙，一般深度为158m，试验段最大深度达201m，墙厚1m。当高土石坝采用悬挂式防渗墙时，墙底常接覆盖层灌浆帷幕，因墙底部位渗透比降较大，为保护该部位不致发生渗透破坏，通常将覆盖层灌浆帷幕包裹一段防渗墙，包裹段长度一般根据渗流分析确定。当高土石坝采用悬挂式防渗墙，而墙底覆盖层或覆盖层帷幕内的渗透比降较大或渗漏量较大时，可考虑增加坝前铺盖辅助防渗，铺盖一般采用黏土，其前缘的最小厚度可取0.5～1.0m，末端与坝身防渗体连接处厚度由渗流计算确定，且应满足构造和施工要求，铺盖长度宜根据工程建设条件通过渗流计算确定。

泸定黏土心墙堆石坝坝顶高程1385.50m，最大坝高79.5m，坝顶长526.7m，坝体防渗采用黏土心墙。河床覆盖层深厚，层次结构复杂，一般厚度120～130m，最大厚度148.6m，按其物质组成、层次结构、成因、形成时代和分布情况等，自下而上（由老至新）可划为4层7个亚层，分别为：第①层：漂（块）卵（碎）砾石层（$fglQ_3$）；第②-1亚层：漂（块）卵（碎）砾石层（$prgl+alQ_3$）；②-2亚层：碎（卵）砾石土层（$prgl+alQ_3$）；②-3亚层：粉细砂及粉土层（$prgl+alQ_3$）；③-1亚层：含漂（块）卵（碎）砾石土层（$al+plQ_4$）；③-2亚层：砾石砂（土）层（alQ_4）；第④层：漂卵砾石层（alQ_4）。根据当时混凝土防渗墙国内施工水平，防渗墙施工深度无法封闭全部覆盖层坝基，坝基覆盖层采用悬挂式防渗墙接覆盖层帷幕灌浆防渗。悬挂式防渗墙深度根据当时施工技术水平，进行了80m、100m及110m三种深度比较，最终选择防渗墙深度为110m。覆盖层帷幕厚度进行了2m、4.5m、6m三个方案的渗流对比分析，当防渗墙深度选择110m时，覆盖层帷幕厚度需为4.5m，覆盖层帷幕内的渗透比降可满足允许渗透比降要求。

3.2.2.2　封闭式单防渗墙防渗

单防渗墙防渗的高心墙堆石坝常采用一道防渗墙封闭强透水覆盖层，防渗墙底嵌入基岩，基岩内按大坝防渗标准设置一定深度和范围的灌浆帷幕。防渗墙与土心墙早期常采用插入式连接，后期经大量研究常采用廊道连接，防渗墙插入段或廊道外包裹接触黏土与土心墙连接。深厚覆盖层上的高土心墙堆石坝单防渗墙防渗防渗体系通常由土心墙、心墙与防渗墙接头、防渗墙、心墙与两岸接头及防渗帷幕构成。

在深厚覆盖层上的高心墙堆石坝建设过程中发现，按我国现行规程规范，高心墙坝坝基覆盖层采用防渗墙防渗后，覆盖层下基岩仍需进行相当深度的帷幕灌浆。当采用防渗墙与土心墙插入式连接［图3.2-2（a）］时，防渗墙施工完成后需进行墙下帷幕灌浆施工。墙下帷幕灌浆通常需要几个月的工期，当大坝位于工程直线工期时，往往会导致工程延迟半年甚至一年下闸蓄水发电。因此考虑在防渗墙顶部设置灌浆廊道［图3.2-2（b）］，防渗墙下帷幕灌浆可安排在廊道内进行。

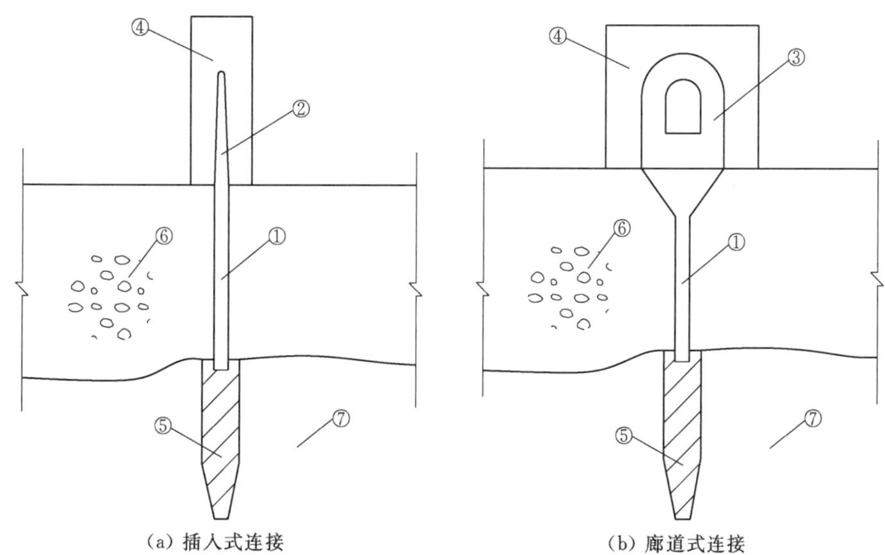

(a) 插入式连接　　(b) 廊道式连接

图3.2-2　防渗墙与土心墙连接

①—混凝土防渗墙；②—混凝土防渗墙插入段；③—廊道；④—高塑性黏土；⑤—帷幕灌浆；⑥—覆盖层；⑦—基岩

水牛家工程采用单防渗墙防渗布置体系，防渗墙布置于大坝轴线上，防渗墙与土心墙采用插入式连接。后续硗碛、狮子坪、毛尔盖大坝也采用了单防渗墙防渗布置体系，但防渗墙与土心墙采用了廊道式连接。硗碛大坝是第一座单防渗墙顶采用廊道与土心墙连接的高土心墙堆石坝工程。狮子坪工程防渗墙单孔最深 101.8m，槽孔平均深度 100.23m，是当时国内已建工程第一深墙。毛尔盖工程防渗墙单墙厚度 1.4m，是当时坝基较厚防渗墙。

3.2.2.3 封闭式双防渗墙防渗

通常混凝土不会发生渗透破坏，由于防渗墙施工工艺限制，水下浇筑混凝土质量稍差，有时可能会产生夹泥层，槽孔竖向接缝也可能产生少量夹泥，因此，一般还应对防渗墙混凝土的抗渗比降有所限制。国内外部分工程混凝土防渗墙设计渗透比降资料见表 3.2-1。

表 3.2-1　国内外部分工程混凝土防渗墙设计渗透比降资料表

工　程	坝高/m	防渗墙最大深度/m	墙上最大水头/m	墙厚/m	渗透比降
毛家村	80.5	32	72	0.8～0.95	80～85
碧口一期	101.8	38	100	1.3	77
碧口二期		38	100	0.8	125
小浪底	154	80	110	1.2	92
瀑布沟	186	80		2×1.2	70（平均值）
马尼克 3 号（加拿大）	107	130.4		2×0.61	87.6（平均值）
莫尔莫斯	60	80		0.6	100
狮子坪	138	102	120	1.2	100
毛尔盖	147	52	130	1.4	90
泸定	79.5	110	65	1	60
硗碛	123	68	120	1.2	100
长河坝	240	52		1.4+1.2	83

由以上资料可以看出，因防渗墙混凝土为槽孔浇筑，相对于现浇混凝土质量保证性较差，已建工程的防渗墙渗透比降一般控制为 80～100，以免在高水压力下出现渗透破坏。目前已施工的混凝土防渗墙单墙最大厚度为 1.5m。混凝土防渗墙的渗透比降不宜太大，较少超过 100 的，因此当墙上水头差超过 150m 时，高土心墙堆石坝深厚覆盖层坝基防渗墙防渗宜选择双防渗墙。

双防渗墙防渗有两种布置方式，一种是集中布置，即两墙采用小净距，这样两道防渗墙与土心墙可以采用一个接头，两墙与大坝主防渗帷幕均可以连接，但这样布置最大的问题是两道防渗墙的施工干扰大，防渗墙需要的施工工期可能会较长；另一种是分开布置，即两墙之间保持不产生施工干扰的距离，这样布置的优点是两道防渗墙的施工可以分别独立进行，防渗墙施工速度更快，但两道防渗墙与土心墙需分别连接，且两道防渗墙不能均与大坝主防渗帷幕连接，存在两道防渗墙可能会承担不同水头差的问题。根据以上的思路，两道防渗墙可采用以下三种具体布置型式（见图 3.2-3）。

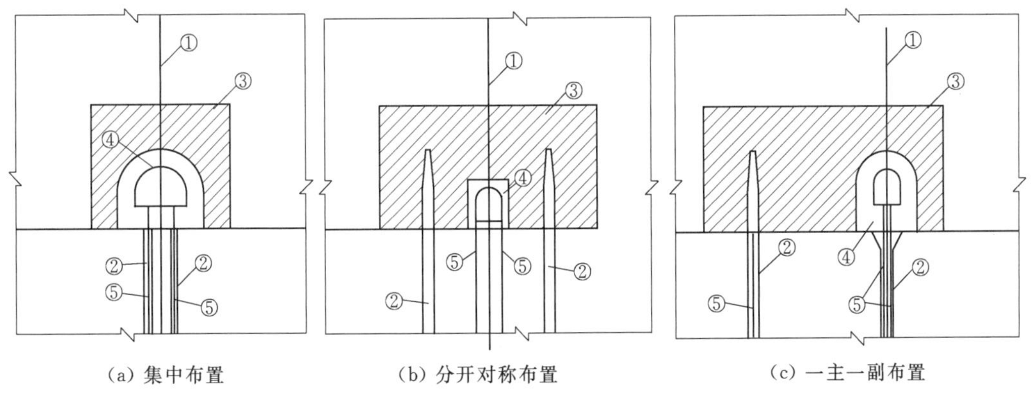

图 3.2-3　两道防渗墙的布置型式

①—防渗轴线；②—防渗墙；③—高塑性黏土区；④—灌浆廊道；⑤—帷幕灌浆孔

双防渗墙集中布置的工程实例为加拿大马尼克 3 号坝。两道防渗墙顶共设一个灌浆廊道与土心墙连接。两道墙位置靠近，防渗墙底可以同时接帷幕灌浆，不存在两道墙分担水头差比例问题。但两道墙的施工干扰大，两道防渗墙施工需要的工期长，两墙顶部需设置内孔尺寸较大的廊道，廊道和防渗墙的受力条件复杂，应力变形情况难以预测和控制。

分开对称布置和一主一副布置均为两道墙分开布置，两种布置的区别在于分开对称布置的两道防渗墙位于大坝的主防渗平面的上、下游侧，一主一副布置将一道防渗墙布置于大坝的主防渗平面内。分开对称布置两墙之间设置灌浆廊道对墙间覆盖层及下部基岩进行灌浆，这种布置方式墙间覆盖层及下部基岩帷幕灌浆施工难度大，防渗墙与基岩灌浆帷幕连接差，防渗系统整体性和可靠性难于保证，尤其两墙之间覆盖层灌浆后对土心墙的受力很不利。一主一副布置两道墙分开布置，形成一主一副布置格局，主防渗墙顶设置灌浆廊道对墙下基岩进行灌浆，这种布置方式墙顶灌浆廊道尺寸小，防渗系统整体性和可靠性好，但主防渗墙及墙顶廊道应力状态稍差，两道墙不能均衡地承担水头。

综上，防渗墙分开布置的两种方案，一主一副布置相对于分开对称布置墙底帷幕灌浆实施难度更小，廊道的变形也更容易协调，相对于马尼克 3 号坝采用的集中布置节约一道防渗墙的施工工期，因此一主一副布置更优。瀑布沟砾石土直心墙堆石坝坝高 186m，经攻关研究，首次提出并成功设计应用了一主一副双防渗墙分开布置体系，主防渗墙厚 1.2m，置于大坝轴线上，副防渗墙厚 1.2m，置于主防渗墙上游，两道防渗墙中心距 14m，两墙之间设置连接帷幕。长河坝大坝进一步发展了该体系，成功解决了 240m 的土心墙堆石坝坝基强透水深厚覆盖层的防渗问题。主防渗墙厚 1.4m，置于大坝轴线上，副防渗墙厚 1.2m，置于主防渗墙上游，两道防渗墙净距 14m，两墙之间设置连接帷幕。

采用一主一副分开布置时，主防墙的位置布置于大坝防渗轴线上，副防渗墙位置可布置于主防渗墙前，也可布置于主防渗墙后，副防渗墙布置于主防渗墙前后的两种方案如图 3.2-4 所示。

1. 副防渗墙不同位置的渗流场分析

以长河坝高土心墙堆石坝为例，对副防渗墙位于主防渗墙前和后拟订了不同的渗控方

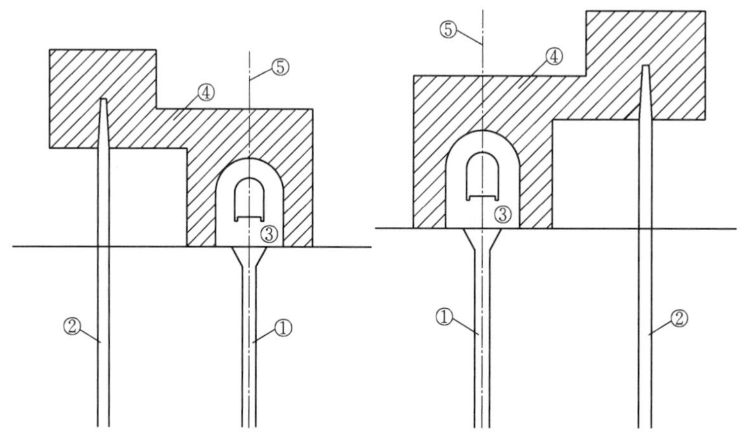

图 3.2-4　防渗墙布置位置示意图

①—主防渗墙；②—副防渗墙；③—廊道；④—高塑性黏土；⑤—防渗线

案进行三维渗流计算比较，拟定的渗控比较方案见表 3.2-2。

表 3.2-2　副墙不同位置渗流研究方案

方案编号	主、副防渗墙相对位置	主、副防渗墙墙下帷幕深度
1	上游主防渗墙 下游副防渗墙	主防渗墙平面帷幕伸入 3Lu 线 5m，副防渗墙下帷幕深度 10m
2	上游副防渗墙 下游主防渗墙	
3	上游主防渗墙 下游副防渗墙	主防渗墙平面帷幕伸入 3Lu 线 5m，副防渗墙平面帷幕顶高程 1487.00m（下游正常水位），伸入弱卸荷 5m
4	上游副防渗墙 下游主防渗墙	
5	上游主防渗墙 下游副防渗墙	主防渗墙平面帷幕伸入 3Lu 线 5m，副防渗墙平面帷幕顶高程 1690.00m（上游正常水位），伸入弱卸荷 5m
6	上游副防渗墙 下游主防渗墙	

各计算方案最大横剖面各部位的水头见表 3.2-3。

表 3.2-3　各计算方案最大横剖面各部位的水头　单位：m

方案＼部位	主墙上游侧	主墙下游侧	副墙上游侧	副墙下游侧	心墙下游坡脚	下围堰上游侧	下围堰下游侧
1（10m 帷幕）下游	1680	1567	1564	1502	1502	1488	1478
2（10m 帷幕）上游	1615	1504	1680	1616	1503	1488	1478
3（高程 1487.00m）下游	1680	1581	1580	1502	1501	1487	1478
4（高程 1487.00m）上游	1599	1504	1680	1601	1502	1487	1478

续表

部位 方案	主墙 上游侧	主墙 下游侧	副墙 上游侧	副墙 下游侧	心墙 下游坡脚	下围堰 上游侧	下围堰 下游侧
5（高程 1690.00m）下游	1680	1582	1580	1501	1500	1488	1478
6（高程 1690.00m）上游	1595	1501	1680	1597	1500	1486	1478

计算表明，帷幕设置范围相同，仅副防渗墙位置不同的两方案，各部位承担的水头差异很小，最大相差值约2%，副防渗墙放置于主防渗墙前或后，各防渗部位在渗流场中起到的防渗作用基本相同。

2. 副防渗墙不同位置的应力变形分析

渗流场计算副墙置于主墙上、下游不同位置时，主防渗墙和廊道承受的水头差基本相同，但绝对水压力值不同。因廊道为空心结构，绝对水压力值的差异将带来廊道应力变形的差异，因此针对廊道承受的绝对水压力不同的情况，对副防渗墙在主防渗墙前和后两个方案的廊道应力进行了三维子结构应力变形计算对比分析（表 3.2-4）。

表 3.2-4　　坝基廊道应力变形成果表

指　标	方向	副墙在后	副墙在前	位　　置
沉降/cm	向下	-16.5	-17.4	河床最大剖面廊道上游侧
顺河向水平位移/cm	向下游	42.3	40.6	约河床最大剖面廊道底部
横河向水平位移/cm	向左岸	-4.7	-4.7	廊道右岸侧
	向右岸	4.8	5.0	廊道左岸侧
横河向正应力/MPa	拉应力	39.9	40.5	左岸基岩面处廊道上游侧底部
	压应力	-32.8	-33.0	廊道左岸侧靠上部位置
顺河向正应力/MPa	拉应力	10.8	10.6	右岸廊道底板下游侧
	压应力	-28.9	-29.3	右岸廊道上游侧顶部
铅直向正应力/MPa	拉应力	10.6	10.0	右岸廊道底板下游侧
	压应力	-56.2	-55.8	右岸基岩面处廊道上游侧底部

由三维应力变形分析成果可以看出副防渗墙置于主防渗墙前或后，虽然廊道承受的绝对水压力不同，但整个廊道和主防渗墙体系承受的水头差基本相同，所以廊道的应力值及变形规律基本相同。副防渗墙置于主防渗墙前或后对廊道的应力变形基本没有影响。

因副防渗墙距主防渗墙距离较近，一般其位于前或后的位置地质条件差异较小。三维渗流场和应力变形分析成果，副防渗墙置于主防渗墙上游和下游的方案渗流场以及防渗墙、廊道及其连接部位的应力变形差异不大，两方案均可行。相比而言，副防渗墙位于主防渗墙上游时廊道及其与主防渗墙连接部位所承受绝对水头要小一些，虽然廊道及其结构缝处的应力变形没有大的变化，但廊道结构缝止水的设计难度有所降低，也可降低廊道及其与防渗墙连接部位出现异常情况的处理难度。因此，已建的瀑布沟和长河坝大坝均采用副防渗墙置于主防渗墙前的布置。

3.3 混凝土防渗墙技术

3.3.1 防渗墙技术概述

采用混凝土防渗墙处理覆盖层坝基渗透水流问题，自 20 世纪 50 年代初始于意大利，60 年代世界各国广泛应用，发展很快。据不完全统计，54 座防渗墙中，深度大于 40m 的有 28 座，深度大于 70m 的有 8 座，最深的是加拿大马尼克 3 号坝工程，最大坝高 108m，布置两道混凝土防渗墙，最大深度 131m，厚度 0.61m。

我国采用混凝土防渗墙处理覆盖层坝基渗透水流问题始于 1958 年，湖北明山水库、青岛月子口水库采用桩柱式防渗墙，1959 年密云水库白河主坝首次采用钻劈法建成槽孔混凝土防渗墙，最大深度 44m，厚 0.8m。此后，槽孔混凝土防渗墙在我国得到了广泛的应用和快速的发展，特别是近年来西南地区一批具有深厚覆盖层的高土石坝建设，使混凝土防渗墙的施工技术得到了长足的发展，国内防渗墙施工深度已达到 150m 以上。四川杂谷脑河上的狮子坪电站大坝坝基防渗墙最大深度 101.8m、墙厚 1.2m。四川大渡河上的泸定电站大坝坝基防渗墙最大深度 110m、墙厚 1.0m。四川黑水河上的毛尔盖电站大坝坝基防渗墙最大深度 52m、墙厚 1.4m。西藏旁多水电站大坝坝基防渗墙深度为 158m（最大深度 201m），墙厚 1m。

3.3.2 防渗墙结构设计

混凝土防渗墙结构设计主要确定防渗墙厚度、深度、混凝土材料性能指标。

混凝土防渗墙设计时首先需根据防渗墙承担水头，坝基覆盖层的分层物质组成、渗透性，结合防渗墙施工技术水平及工期安排等，初拟防渗墙的厚度和深度。已建工程大多数防渗墙的设计渗透比降为 80～100，根据承担水头可初拟防渗墙厚度。覆盖层地基一般具有强透水性，对于高坝防渗墙深度先考虑全封闭覆盖层，当施工技术水平或工期无法满足时，可进行悬挂式防渗墙的布置研究。防渗墙的厚度和深度初拟后，需进行渗流和应力变形分析，以研究选择的厚度和深度是否满足工程要求。对于高坝工程一般防渗墙应力较大，分析成果中应注意防渗墙应力，当难以生产出满足强度要求的混凝土时，可考虑适当加厚防渗墙以减小其应力，从而降低防渗墙混凝土配合比设计难度。

混凝土防渗墙的厚度和深度确定后，应根据坝体坝基应力变形计算成果，并参考类似工程经验确定防渗墙混凝土各项性能指标要求。覆盖层模量远低于防渗墙混凝土模量，沉降远大于防渗墙沉降，沉降差产生的摩擦拖曳力导致防渗墙的高应力，因此，防渗墙混凝土应尽量采用低弹高强混凝土。此外，防渗墙施工后需经历一段较长时间土压力和水压力才会施加至墙上，因此，为了降低防渗墙混凝土的配合比设计难度，充分利用混凝土的后期强度，防渗墙混凝土一般用 180d 强度，个别工程也利用了 360d 强度。长河坝工程防渗墙墙体混凝土性能指标要求见表 3.3－1。

表 3.3-1　　长河坝工程防渗墙墙体混凝土性能指标表

技术指标	龄　期/d			
	28	90	180	360
抗压强度/MPa	≤30	≥45	≥50	≥55
弹性模量/GPa	≤28	—	≤35	≤40
抗渗等级/W		W12	—	—
抗冻等级/F	F50		—	—

为加强防渗墙槽孔混凝土与上部混凝土结构之间的连接，防渗墙顶部5～8m范围内一般需要配置钢筋，钢筋按构造配置，并按防渗墙施工槽段分槽段布置。竖向钢筋向上需留出搭接长度与上部混凝土结构钢筋可靠连接。

3.3.2.1 防渗墙应力变形计算

防渗墙为包裹在覆盖层中的混凝土结构，底部嵌固于基岩中，受上部土压力和水压力作用，其受力、约束及相互作用复杂，难于用简化的材料力学或结构力学的方法进行计算，常用坝体、坝基的整体三维有限元方法进行计算。在三维有限元计算中，防渗墙墙体混凝土常采用线弹性模型模拟，防渗墙与覆盖层之间的泥皮常用接触面单元模拟，防渗墙墙底的残渣常用实体或接触面单元模拟。采用此种方法进行模拟计算时，计算得到的防渗墙压应力通常较大，100m级的高坝坝基防渗墙混凝土最大应力通常超过40MPa，200m级的高坝坝基防渗墙混凝土最大应力超过50MPa。由于泥皮和残渣单元的参数很难准确获得，且其参数对防渗墙的应力计算值影响大，因此防渗墙的实际应力是否达到计算应力一直受到质疑。另外，防渗墙混凝土的本构模型也对防渗墙的计算应力有较大影响，某工程防渗墙混凝土不同本构模型主要应力变形值见表3.3-2。由该表可以看出，采用非线性弹性及弹塑性本构模型计算得到的防渗墙拉、压应力极值更小。

表 3.3-2　　某工程防渗墙混凝土不同本构模型主要应力变形值表

本构模型	防渗墙最大沉降/cm	防渗墙最大水平位移/cm	防渗墙上游面最大大主应力/MPa	防渗墙上游面最小小主应力/MPa	防渗墙下游面最大大主应力/MPa	防渗墙下游面最小小主应力/MPa
线弹性	−10.3	27.7	42.9	−8.7	26.6	−11.9
非线性弹性	−10.0	27.4	41.9	−7.1	25.5	−9.1
弹塑性	−11.1	27.5	37.1	−5.4	29.4	−5.7

3.3.2.2 防渗墙高强低弹材料研究

“八五”国家科技攻关项目“高土石坝关键技术问题研究”之“混凝土防渗墙墙体材料及接头型式研究”中，通过大量的试验研究工作，开发研制成功了具有高强度低弹模的复合混凝土防渗墙新型墙体材料。其抗压强度 R_{28} 可达51.4MPa，弹模 E_{28} 达 21.5×10^3MPa，弹强比418，可承受大于2.5MPa的水压力，坍落度大于20cm，扩散度大于34cm。在此基础上还开发了30MPa、35MPa、40MPa、45MPa、50MPa共5个系列的高强低弹复合防渗墙混凝土的配合比。高强低弹复合混凝土墙体材料不仅具有良好的流动性和黏聚性，还具有较好的缓凝性，更适合于深度较大的混凝土防渗墙施工；具有较好的长期抗裂性和耐久性，其安全运行寿命将比普通混凝土防渗墙提高22%。高强低弹复合混凝土墙体材料经100m深防渗墙的现场试验证实，其和易性良好，完全满足深墙的施工工艺，且现场实测技术指标与室内相似，具有强度高弹模低的良好特性。

3.3.3 防渗墙质量检测

混凝土防渗墙的质量检测包括施工过程中的质量控制检测和成墙后的质量检查。

施工过程中的质量控制主要有造孔入岩、偏斜检测判别、混凝土质量检测等。施工过程中应采用先导孔钻孔取芯及槽孔芯样判别等方法，确保全封闭防渗墙深入基岩面以下1.0～1.5m。造孔过程中进行孔位及偏斜控制，孔位允许偏差不得大于3cm，钻劈法、钻抓法和铣削法施工时孔斜率不得大于0.4%，遇含孤石地层及基岩陡坡等特殊情况，应控制在0.6%以内；抓取法施工时不得大于0.6%，遇含孤石地层及基岩陡坡等特殊情况，应控制在0.8%以内；接头套接孔的两次孔位中心在任一深度的偏差值，不得大于设计墙厚的1/3；吊放接头管（板）的端孔孔斜率，应按槽孔建造工艺分别控制，同时应保证接头管板顺利吊放和起拔。防渗墙施工过程中应取混凝土浇筑机口或槽口样进行混凝土质量检查，抗压强度、弹性模量、抗渗性、抗冻性等混凝土各项指标应满足设计要求。

混凝土防渗墙成墙后质量检查一般在成墙28d以后进行，常采用无损检测与墙身取芯检查孔相结合的方式进行。墙身检查孔数量既要全面反映墙体的质量情况，又要考虑在墙体上钻孔过多而对其产生不利影响。根据经验，在防渗墙轴线上每100m左右布置一个检查孔的比例较为适中，考虑到防渗墙的槽长一般为6～8m，检查孔宜为每10～20个槽孔一个，位置应具有代表性，遇有特殊要求时，酌情增减。检查孔应取心进行混凝土物理力学强度指标试验，各项指标应满足设计要求。检查孔内应进行压（注）水试验，墙体透水率应不大于1Lu。检查孔检查完成后采用水泥砂浆按机械压浆封孔法进行封孔。除对防渗墙进行检查孔取心检查外，还可利用检查孔或防渗墙内预埋灌浆管等对防渗墙质量进行单孔声波、跨孔声波、声波CT和钻孔全景图像等无损检查。无损检查数量视工程规模、防渗墙重要性等而定，检测成果作为墙体综合评价的依据之一。

长河坝大坝坝基混凝土防渗墙质量检查在防渗墙成墙28d以后，采用无损检测与墙身取心检查孔相结合的方式进行。墙身段取心检查孔数量一般不少于槽孔数的1/5，主墙和副墙接头取心检查孔数量分别为接头数的1/3和1/5，且每道墙不少于4孔，墙身及接头处检查孔应重点布置在质量存在疑问处。检查孔孔深应与防渗墙设计深度或监理工程师指定的深度相同，检查孔直径不得小于110mm。每孔均做压（注）水试验，段长5m，压力不小于1.5MPa，钻孔取心为每一孔取三组样进行。合格标准：混凝土物理力学强度指标和抗渗标准达到设计值的合格率应达95%以上，不合格部分的物理力学指标必须超过设计值的85%以上，并不得集中在相邻槽段；压（注）水检查的标准为透水率不大于1Lu。通过预埋灌浆管（不低于总管数的10%）进行跨孔声波检测，接头和墙身取心孔均进行单孔声波检测，每槽段利用取心孔和预埋灌浆管至少进行1组跨孔声波检测，每个接头均需进行跨孔声波检测，对检测中发现异常部位可布置声波CT和钻孔全景图像进行补充测试。声波检测其声波值V_p一般应不小于3850m/s，对波速不满足要求处，由设计、监理工程师、承包人等多方进行分析评价，其成果可作为质量鉴定资料的一部分。对防渗墙存在的质量问题，应采取切实有效的补救措施。

3.3.4 防渗墙缺陷影响研究与处理

3.3.4.1 防渗墙缺陷的影响

防渗墙工程为地下隐蔽工程，在施工过程中容易出现缺陷，而防渗墙是坝基的主要防渗措施，为预测防渗墙可能存在的施工缺陷对坝体和坝基渗流场和应力变形的影响，部分已建工程进行了专门的研究。根据防渗墙的施工经验，施工过程中防渗墙主要可能出现水平裂缝、垂直裂缝、开叉、局部混凝土强度偏低等施工缺陷。以下分别以深厚覆盖层上的高土心墙堆石坝长河坝工程和硗碛工程为例，分析预测不同的防渗墙施工缺陷可能对深厚覆盖层上的高土心墙堆石坝带来的不利影响。

1. 防渗墙缺陷对坝基渗流场的影响

防渗墙裂缝按常规实体单元处理，也可按无厚度的裂隙单元处理。当采用8节点四边形或6节点三角形曲面裂隙单元时，单元按三维面单元计算，计算采用的渗透系数是裂隙等效渗透系数与单元厚度的乘积。防渗墙裂缝采用普通实体单元，基本上是20节点六面体单元，个别单元采用15节点三棱柱单元。防渗墙开叉的部位采用三维实体单元进行模拟，开叉的宽度即单元的厚度。

（1）防渗墙缺陷单元的渗透系数。若假定裂缝内的水流流动服从立方定律，即裂缝的等效渗透系数 $k_f=\dfrac{gb^2}{12\nu}$（b 为裂缝的宽度），但这样计算出来的裂缝的渗透系数过大，且土颗粒往往会充填缝隙，因此不采用这种方式计算裂缝的等效渗透系数。

对于无黏性土而言，裂缝充填后的渗透系数可表示为

$$k=2.3n^3d_{20}^2 \tag{3.3-1}$$

式中：n 为充填物的孔隙率；d_{20} 为土的等效粒径。

长河坝工程覆盖层的孔隙率 $n=0.2\sim0.3$，假定填入裂隙中的细颗粒比较均匀，其孔隙率取 $n=0.4\sim0.5$，并认为填入裂缝的细料与覆盖层的细料相同，则等效粒径也相同，那么

$$R=\frac{k_{缝}}{k_{地基}}=\frac{2.3n_{缝}^3\,d_{20}^2}{2.3n_{地基}^3d_{20}^2} \tag{3.3-2}$$

取 $k_{缝}=8k_{地基}$，即假定主防渗墙中裂缝的渗透系数为其周围覆盖层渗透系数的8倍。

（2）假设的防渗墙缺陷情况。对长河坝工程，主要假设主防渗墙出现水平裂缝、垂直裂缝、开叉三种施工缺陷，副防渗墙保持完整，假设的主防渗墙缺陷位置和规模如下：

1）水平裂缝，高程为1453.00m，开裂长度分别为5m、30m、55m。

2）垂直裂缝，高度方向从防渗墙底开始高度分别为10m、20m、30m。

3）垂直开叉，开叉从防渗墙底起始高度分别为20m、10m、5m，相应开叉宽度分别为10cm、8cm、5cm。

（3）分析成果。通过对长河坝工程上述的三种缺陷的三维渗流有限元数值模拟分析认为：

1）设定规模的主防渗墙水平裂缝对坝基渗流场的影响不大，对坝体和坝基渗流量及

各部位的水头分布影响较小。

2）设定规模的主防渗墙垂直裂缝对坝基渗流场的影响较大，有垂直裂缝时坝基的渗漏量成倍增加，主防渗墙承担的水头差减小，相应副防渗墙承担的水头差增大，副防渗墙的渗透比降增大。垂直裂缝高度为 30m 时，副防渗墙的渗透比降最大值为 89，仍小于允许比降最大值（防渗墙允许比降为 80～120），因为副墙完好，坝基渗流场仍不会发生渗透破坏。

3）设定规模的主防渗墙垂直开叉对坝基渗流场的影响很大，垂直开叉时坝基的渗漏量数倍增加，主防渗墙承担的水头差明显减小，相应副防渗墙承担的水头差明显增大，副防渗墙的渗透比降也明显增大。垂直开叉高度为 20m 时，副防渗墙的渗透比降最大值为 115，已较接近防渗墙允许比降上限（防渗墙允许比降为 80～120），对副防渗墙的安全性构成威胁。因为副墙完好，所以尽管副墙渗透比降明显增大，副墙下游侧心墙底部的出逸比降仍未有明显变化。

2. 防渗墙缺陷对墙体应力变形的影响

以硗碛堆石坝为例，研究防渗墙局部低强及防渗墙槽段之间未能很好连接可能对防渗墙应力变形带来的影响。根据硗碛土心墙堆石坝防渗墙的实际施工情况，在防渗墙顶部的局部范围可能质量稍差，计算分析时考虑防渗墙顶部 20m 范围内防渗墙混凝土模量稍低，以分析局部质量较差对防渗墙及廊道应力变形的影响；另外，在 5～6 号槽段及 10～11 号槽段施工时，两槽段之间的连接可能不是很好，利用薄单元接触面计算模拟了槽段连接存在缝隙的情况，分析防渗墙的这种缝隙对廊道及防渗墙应力变形的影响。针对以上情况，三维有限元分析了下面 3 种方案。

方案一：防渗墙施工质量良好，既不存在混凝土低强也不存在裂缝。

方案二：考虑防渗墙上部混凝土低强；与方案一的区别仅为防渗墙顶部 20m 混凝土模量降低为 E=22.5GPa，v=0.19。

方案三：考虑防渗墙存在裂缝；与方案一的区别仅为，5～6 号槽段接头的开叉缝发生在距离防渗墙顶 40m 以下，10～11 号槽段的开叉缝发生在距离防渗墙顶 30～35m 范围内，在裂缝处设置了接触面，接触面单元为普通薄层软单元。

以上三方案的三维有限元应力变形研究成果表明：

防渗墙顶部低强引起了防渗墙沉降和水平位移增大，但增加值不大。因为计算时防渗墙弹模降低较少，方案一与方案三防渗墙的应力变形规律一致，应力变形极值相差较小。

防渗墙局部裂缝对坝体坝基各部位的应力变形极值影响较小。由 5～6 号槽段接头及 10～11 号槽段裂缝范围设置的接触面错动计算表明，在土压力和水压力的共同作用下，槽段裂缝处接触面发生了三个方向的错动位移。两个槽段接头顺河方向错动都很小，而沉降错动略大，5～6 号槽段接头最大为 0.26cm，10～11 号槽段接头最大为 0.03cm。另外从方案三的防渗墙小主应力分布可知，蓄水后在 5～6 号槽段、10～11 号槽段裂缝范围附近产生了拉应力区，其最大拉应力为−2.0MPa，这意味着裂缝部位有可能进一步拉开。

3.3.4.2 防渗墙缺陷处理

对检查发现的防渗墙缺陷，应框定缺陷范围，了解缺陷程度，通过分析其对结构防渗及应力变形的影响程度，评价缺陷可能带来的影响，并采取措施使其达到设计要求。对局部裂缝、开叉等，常用灌浆来进行缺陷处理，如缺陷规模较大，局部可能采用墙后再贴新墙的处理方式。局部混凝土低强发生在防渗墙顶部时，可采用挖开后清除不满足要求部分重新浇筑的方式，当不具备重新浇筑条件时，经评价后确需处理，常采用在低强部位防渗墙后再重新浇筑防渗墙的处理方式。

3.4 帷幕灌浆技术

3.4.1 帷幕灌浆技术概述

在混凝土防渗墙技术发展前，覆盖层帷幕灌浆技术在国内外得到广泛的应用和发展，覆盖层帷幕灌浆最深的为埃及阿斯旺坝，灌浆帷幕深达250m，共15排，坝基渗透系数由灌前 $1\times10^{-3}\sim5\times10^{-5}$ cm/s 降至灌后 3×10^{-6} cm/s。覆盖层常具有强透水性，覆盖层内帷幕灌浆耗浆量大，且为了满足高坝防渗需求，常需较大的帷幕灌浆量，导致覆盖层坝基的帷幕灌浆工程量、投资较大。另外，帷幕灌浆的适应性也受覆盖层地基的可灌性影响。当覆盖层内含粉细砂层等可灌性较差、透水不吃浆、抗渗透破坏能力差的地层时，在选择帷幕灌浆防渗前宜先进行现场灌浆试验验证。近年来随着覆盖层坝基防渗墙施工技术的发展，大坝覆盖层坝基已较少单独采用覆盖层帷幕灌浆防渗，而是防渗墙无法全部封闭强透水覆盖层时，作为防渗墙防渗的补充，以使覆盖层坝基防渗结构满足设计要求。

泸定黏土心墙堆石坝最大坝高79.5m，坝基覆盖层深厚，层次结构复杂，一般厚度120～130m，最大厚度148.6m。覆盖层采用110m深悬挂式防渗墙加覆盖层帷幕灌浆防渗，覆盖层帷幕灌浆连接防渗墙和基岩帷幕灌浆，使坝基防渗满足要求。冶勒沥青混凝土心墙堆石坝，最大坝高124.5m，河床及右岸覆盖层总厚度超过420m，右岸覆盖层防渗采用“140m深防渗墙+70m深帷幕灌浆”，帷幕灌浆作为防渗墙防渗的补充，使得坝基防渗体深入到相对隔水层，满足了设计要求。

3.4.2 帷幕灌浆设计及技术参数

帷幕灌浆设计及技术参数包括：厚度、排数、孔排距、深度、灌浆材料和压力。

悬挂式防渗墙下接帷幕灌浆的厚度与悬挂式防渗墙深度、覆盖层的透水性、覆盖层帷幕允许渗透比降等有关，通常根据工程经验拟定帷幕厚度，经渗流计算确定。帷幕应有足够厚度使各部位的渗透比降不超过允许渗透比降。帷幕厚度拟定时应考虑后期帷幕灌浆的布孔和实施。因防渗墙底与覆盖层灌浆帷幕连接处渗透比降较大，防渗墙槽孔较深时孔斜难于控制容易出现开叉偏斜等情况，防渗墙底部一定范围内常用覆盖层帷幕灌浆包裹，以加强防渗保护。帷幕与防渗墙搭接段长度不宜小于5m，并加长至经渗流计算分析使沿防渗墙底端的绕流渗透比降小于灌浆帷幕的允许比降。帷幕灌浆孔宜采用垂直孔，灌浆孔的排数应根据对帷幕厚度的要求确定，不宜少于3排。灌浆孔排距和孔距宜为2～4m，排距宜小于孔距。覆盖层帷幕的底部宜伸入基岩2m或相对不透水层5m。当基岩或相对不透水层较深时，可根据渗流分析成果设置悬挂式帷幕，并参照类似工程研究确定防渗帷幕底线。帷幕灌浆浆液可采用水泥黏土（或膨润土）浆、水泥浆、黏土浆。水泥和黏土灌浆不能满足工程要求时，可采用化学灌浆材料。进行多排孔帷幕灌浆时，边排孔和帷幕浅部宜采用水泥含量较高的浆液。帷幕灌浆压力应通过工程类比和现场灌浆试验确定。

泸定大坝坝基覆盖层防渗采用防渗墙下接帷幕灌浆的布置，帷幕厚度进行了 2m、4.5m、6m 三种方案比较，最终选择了 4.5m 的厚度，采用 4 排灌浆孔实施。2 排灌浆在防渗墙内预埋灌浆管实施，排距 0.6m，孔距 2m。防渗墙上、下游各布置 1 排灌浆，与防渗墙内灌浆孔排距 2.2m，孔距 2m。防渗墙上、下游灌浆孔从防渗墙底高程以上 15m 起灌，帷幕灌浆包裹防渗墙底部 15m 范围。覆盖层帷幕灌浆浆液采用水泥黏土浆，浆液配比选用水固比为 4∶1、3∶1、2∶1 和 1∶1 四个比级的浆液，固体材料水泥与黏土的掺和比在 1∶0.6～1∶0.5 之间选取。Ⅰ序孔灌浆压力采用 0.6～2.5MPa，后序孔较前序孔依次提高 15%左右。

3.4.3 帷幕灌浆质量检查

覆盖层帷幕灌浆质量检查以检查孔压水试验为主，结合对施工记录、成果资料和其他检验测试资料的分析，进行综合评定。覆盖层帷幕灌浆检查孔压水试验宜在该部位灌浆结束 14 天后进行。一般覆盖层帷幕灌浆检查孔的数量可为灌浆孔总数的 3%～5%，一个单元工程宜布置 1 个检查孔，检查孔宜布置于帷幕中心线上。防渗墙下接帷幕灌浆检查孔通常需通过防渗墙内钻孔实施，为减小破坏防渗墙的可能性，参照防渗墙检查孔布孔疏密，在防渗墙轴线上每 100m 左右布置一个检查孔的比例较为适中，当检查孔发现问题时再加密布孔。帷幕灌浆检查孔应采用清水循环钻进，采取岩芯，绘制钻孔柱状图。当检查孔钻进困难时，可以采取缩短段长、套管跟进、在注水试验后进行灌浆护壁等措施。帷幕灌浆的质量标准和合格条件应根据工程要求、地层特点等因素由设计确定。

泸定工程大坝防渗墙下接覆盖层帷幕灌浆要求灌后透水率不大于 10Lu。帷幕灌浆第一段、第二段合格率应为 100%，以下各段合格率应为 90%以上，不合格段的透水率值不超过设计规定值的 150%，且不集中，则灌浆质量可认为合格。

3.5 水平防渗技术

对于深厚覆盖层上的闸坝，通常挡水水头不高，因此常用水平防渗措施作为深厚覆盖层的主要或辅助防渗措施，此时常用的铺盖型式为混凝土铺盖。作为辅助防渗措施时，通常在闸底板前端布置一定深度的悬挂式混凝土防渗墙，底板前设置一段混凝土铺盖辅助防渗。也有采用铺盖和灌浆帷幕联合防渗的工程，如岷江上的太平驿工程，其首部枢纽闸坝设有 4 孔开敞式泄洪闸，1 孔冲沙及引渠闸，除引渠闸净宽 14m 外，其余每孔净宽 12m，左右两侧为挡水坝段，拦河坝全长 232m，坝顶高程 1083.10m，最大闸高 29.1m，最高挡水水位 1081m，最大壅高水头 16m。闸基覆盖层最大厚度 86m，自下而上分为五大层，深部Ⅰ层、Ⅱ层总厚小于 60m，为强-极强透水地基，上部Ⅲ层、Ⅳ层土体结构相对较密实，为弱透水地基，Ⅴ层位于闸室建基面以上。闸基防渗采用厚 2.0～2.5m 的钢筋混凝土水平防渗铺盖，铺盖长 75.5～122.83m，左岸与上游导墙相接，右岸与钢筋混凝土护坡相连，最前沿设置 2.0m 深的齿槽。为了弥补施工过程中机械开挖对土体表面的扰动和地基局部架空，在闸前（拦）0－066.00m桩号处平行于坝轴线方向设置一道水泥黏土灌浆帷幕，帷幕深12.0m，共布置3排灌浆孔，孔距1.5m，排距1.2m。

对于深厚覆盖层上的土石坝，水平防渗措施主要是在上游采用黏土铺盖的方式。当对深厚覆盖层采用混凝土防渗墙或帷幕灌浆等垂直防渗措施缺乏实际工程条件或造价过高时，可采用水平铺盖方案，特别是当上游地形有利、存在天然铺盖或坝前淤积物较厚可以利用的时候。同时根据“上堵下排”的渗控设计原则，应设置有效的排渗措施进行辅助。

巴基斯坦的塔贝拉斜心墙土石坝是采用水平防渗的典型工程之一，该坝高147m，建基于最厚达230m的砂砾石覆盖层上，采用上游长1432m、厚1.5～12m的水平黏土铺盖防渗，同时在下游坝趾设置减压井排渗。该工程1974年蓄水后，曾发生100多个塌坑，在经过抛土处理后才趋于稳定。由此也说明了水平防渗方案的一个缺点，即防渗效果有限，不如垂直防渗效果好，对高坝、复杂地基及防渗要求高的工程应慎用或作专门论证。

小浪底工程大坝为壤土斜心墙堆石坝，最大坝高160m，坝址砂卵石覆盖层一般深度为30～40m，最大深度为70～80m，深厚覆盖层防渗采用垂直防渗为主、水平防渗为辅的双重防渗体系。垂直防渗采用一道1.2m厚的混凝土防渗墙，防渗墙承受的最大水头约140m，平均渗透比降为117，大于国内外防渗墙一般采用的80～100的抗渗比降，为此，考虑利用黄河泥沙含量大，水库的天然淤积作为水平铺盖主体进行辅助防渗。在大坝斜心墙与围堰防渗墙之间设置水平铺盖连接，再通过围堰防渗体与水库淤积层连接形成水平铺盖（图3.5－1）。考虑天然淤积、内铺盖和上游围堰防渗墙联合防渗时，防渗墙承担水头约110m，相应抗渗比降92。水库运行监测成果显示，2006年以来，淤积铺盖削减大坝工作水头的比率一直稳定在50％～75％，从坝基防渗来讲，淤积铺盖削减了大坝工作水头的一半以上，铺盖起到了良好的辅助防渗作用。

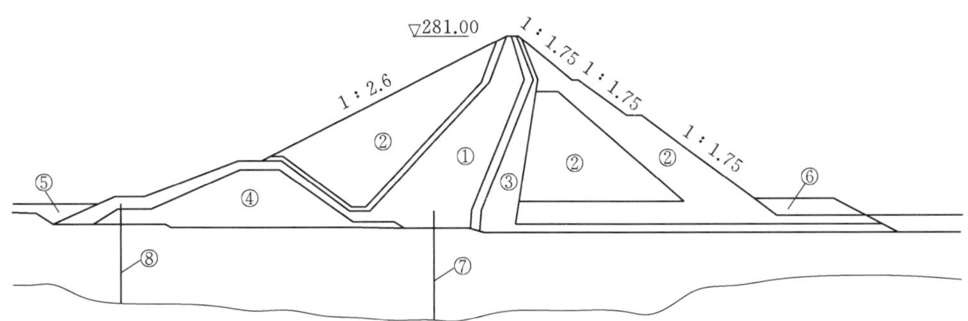

图3.5－1 小浪底大坝典型断面图（单位：m）

①—黏土心墙；②—堆石料；③—过渡料；④—上游围堰；⑤—上游铺盖；⑥—下游压重；⑦—主坝防渗墙；⑧—上游围堰防渗墙

3.6 防渗结构的连接

在深厚覆盖层上建坝，由于混凝土防渗墙的弹性模量与覆盖层相差较大，因此在坝体自重作用下，覆盖层与防渗墙之间的变位不协调，两者之间产生较大的沉降差，尤其是对于封闭式防渗系统，混凝土防渗墙直接插入到下卧基岩中，相对于覆盖层而言，防渗墙与基岩系统是刚性的，在坝体自重作用下，其变形很小，而覆盖层变形较大，且坝越高，变形越大，这种较大的变形在防渗墙顶部导致其与大坝防渗体之间的受力集中或变形不协调，成为大坝防渗体系中的薄弱部位。另外，在水荷载作用下，防渗墙为一支撑在墙后岩土体上的空间薄板结构，会发生一定的挠曲。连接部位需同时协调竖向和挠曲变形，加大连接的设计难度。因此，混凝土防渗墙与大坝防渗体间合理的连接型式是防渗结构关键问题之一。

3.6.1 防渗墙与土心墙

3.6.1.1 插入式和廊道式连接

对于土心墙堆石坝，防渗墙与土心墙的连接型式主要有两种：一种是插入式连接；另一种是廊道式连接。插入式连接相对廊道式连接结构简单，而且在已建的100～200m坝中应用较成功，如水牛家工程坝基防渗墙与土心墙采用插入式连接，小浪底坝基防渗墙与土斜心墙采用插入式连接，瀑布沟、长河坝工程坝基第一道防渗墙与砾石土心墙亦采用插入式连接。近年来，随着深厚覆盖层上高土心墙堆石坝的建设，防渗墙与土心墙的廊道式连接被越来越广泛的应用，已建的长河坝工程砾石土心墙堆石坝，坝高240m，主防渗墙与土心墙之间采用了廊道式连接。廊道式连接虽然比插入式连接结构及应力变形复杂，但其也有插入式连接无法比拟的优点，如防渗墙及基础帷幕灌浆等属地下隐蔽工程，尽管目前在该方面的施工技术已得到了长足的发展，在施工过程中也进行了各种各样的质量控制，但仍难免存在一些缺陷，且这些缺陷多在水库蓄水后才能集中暴露出来。廊道可作为运行期防渗墙补强的通道，使后期基础补强方便、经济。设置廊道后，防渗墙下部基岩帷幕灌浆可以在廊道内进行，墙下帷幕灌浆不占用直线工期。此外，廊道还可作大坝监测、观测、交通通道，方便运行期的维护和管理。正是因为廊道结构的这些优点，所以尽管结构设计较复杂，但还是得到越来越广泛的应用和发展。

插入式较廊道式而言，墙体受力状态相对简单，国内已有较成熟的设计、建造及运行经验。坝高160m的小浪底、坝高108m的水牛家和坝高101m的碧口大坝均采用该种接头型式。当混凝土防渗墙与土心墙采用插入式连接时，混凝土防渗墙顶部应作成光滑的楔形，插入土质防渗体高度宜为1/10坝高，高坝可适当降低，或根据渗流计算确定，低坝不应低于2m。在墙顶宜设填筑含水率略大于最优含水率的高塑性土区。

世界上最先采用防渗墙与土心墙廊道式连接的大坝为加拿大马尼克3号坝，坝高107m，大坝基础覆盖层厚126m，采用两道0.6m厚混凝土防渗墙防渗。近年来，为适应我国西南地区一系列深厚覆盖层上的高土心墙堆石坝建设的需要，防渗墙与土心墙的连接方式较多地采用了廊道式连接。国内第一座采用防渗墙与土心墙廊道式连接的大坝为硗碛砾石土心墙堆石坝，最大坝高123m，坝基覆盖层采用一道厚度1.2m的混凝土防渗墙防渗，墙最大深度68m。继硗碛大坝之后，国内一批深厚覆盖层上的高土心墙堆石坝包括狮子坪、泸定、毛尔盖、瀑布沟、长河坝等，坝基防渗墙与土心墙的连接均采用了廊道式连接。

根据工程设计经验，防渗墙顶部与土心墙连接的廊道内部空间越大，廊道及防渗墙结构受力条件越差，因此在满足使用要求的情况下，廊道的内净空应尽量小。根据这个原则，廊道内净空尺寸一般根据在廊道内进行防渗墙底帷幕灌浆需要的最小尺寸确定，常设置为 3m×4m。为改善结构的受力，廊道常设置为城门洞形。廊道边墙、顶拱及底板混凝土厚度与廊道受力条件相关，坝高越高，廊道各部位受的土压力及水压力越大，相应廊道边墙、顶拱及底板混凝土厚度应增加。大量工程应力变形计算分析表明，廊道边墙、顶拱及底板混凝土厚度越厚，廊道的整体刚度越大，作为超静定结构的廊道内力越大。因此在受力及约束边界条件一定的情况下，廊道边墙、顶拱及底板混凝土厚度并非越厚越好，而是有一个合适的值。廊道的边墙、底板厚度通常先参照类似工程拟定，再根据应力变形及结构计算最终选定。

廊道结构缝相对变形较复杂，有张开、错动及扭转，如果在基覆分界线处分缝时变形较大，易出现结构缝止水破坏，因此应足够重视结构缝位置选择与止水设计。结构缝止水设计应根据应力变形计算成果，选择能适应结构缝变位的止水材料和结构尺寸，已建工程多选用铜片止水及柔性止水。国内外深厚覆盖层上典型高土心墙堆石坝防渗墙与心墙连接型式见表 3.6-1。

3.6.1.2　廊道与防渗墙连接

1. 连接型式

防渗墙与廊道的连接型式对防渗墙的应力有一定的影响。成都院以瀑布沟工程为依托进行的“八五”国家科技攻关“高土石坝关键技术问题研究——混凝土防渗墙墙体材料及接头型式研究”（图 3.6-1），通过数值计算分析、离心模型试验和大比尺土工模型试验比较研究了刚性接头、软接头和空接头三种型式。刚性接头，即混凝土防渗墙与廊道底座采用刚性连接，如加拿大的马尼克 3 号大坝所采用的接头型式。软接头，即混凝土防渗墙与廊道底座之间留有一定的空隙，空隙中充填一种具有防渗性能又能在一定的压力下自由流动的塑胶材料，随着坝体堆筑的上升，在坝体自重作用下，空隙逐渐被压缩紧密，塑胶材料被挤出空隙，直至廊道与防渗墙顶部直接接触贴紧。软接头可以减小廊道传给防渗顶部的荷载，软接头厚度愈大，这种作用愈显著，但接头构造也愈复杂。空接头，是混凝土防渗墙与廊道底座之间留有较大的空隙，空隙中不充填材料，廊道与防渗墙顶部最终直接接触贴紧。

软接头和空接头有明显的减载效果，对防渗墙内应力有所改善。但软接头施工复杂，接头填料选择困难，难于满足在高水头压力作用下的防渗要求；而空接头防渗可靠性较差，防渗效果没有把握。刚性接头虽然会带来增加防渗墙应力的问题，但可以通过在局部位置配置钢筋，在廊道顶部及周边设置高塑性黏土等措施得以改善。而且刚性接头连接可靠、施工方便，防渗效果较好，可以使高水头作用下防渗可靠性得到最大的保障。已建的硗碛、狮子坪、瀑布沟、毛尔盖、泸定和长河坝工程防渗墙与廊道的接头型式均采用刚性接头。

2. 廊道与防渗墙刚性连接

防渗墙和廊道采用刚性接头，根据结构特点和工程经验，在防渗墙槽孔段和廊道之间设置一个倒梯形段，可以改善廊道特别是廊道底板的受力状态。比较了三种连接型式，如图 3.6-2 所示。

表 3.6-1　国内外深厚覆盖层上典型高土心墙堆石坝防渗墙与心墙连接型式表

工程名称	国家	建成年份	坝型	坝高/m	覆盖层最大深度/m	防渗墙道数	防渗墙厚度/m	防渗墙与心墙连接型式	备注
马尼克3号	加拿大	1968	黏土心墙堆石坝	107	126	2	两墙均厚0.61m	廊道式	两道防渗墙均与廊道连接，防渗墙为混合桩柱形，其根据不同的深度，采用不同截面形式，两墙中心间距3.2m，在坝轴线两侧对称布置，廊道净尺寸2.45m×3.0m（宽×高）
碧口	中国	1997	壤土心墙堆石坝	101.8	34	2	一道厚1.3m，一道厚0.8m	插入式	第一道墙沿坝轴线布置，第二道墙位于第一道墙下游12m，第二道防渗墙墙顶设4.0m×5.0m（宽×高）的高塑性黏土区
小浪底	中国	2001	斜心墙堆石坝	160	80	1	1.2	插入式	防渗墙位于坝轴线上游80m处，墙顶插入心墙12m，墙两侧不设高塑性黏土，仅在墙顶设4.0m×5.0m（宽×高）的高塑性黏土区
满拉	中国	2001	心墙堆石坝	76.3	28	1	0.8	插入式	插入心墙7m，在墙体外侧设宽4m、高12m的高塑性黏土区
水牛家	中国	2006	碎石土心墙堆石坝	108	30	1	1.2	插入式	插入心墙10m，设5.2m×15m（宽×高）的高塑性黏土区
塔里干	伊朗	2006	黏土心墙堆石坝	110	65	1	1	插入式	插入心墙7.5m，防渗墙外设高塑性黏土，在与黏土的接触面采用1m厚的非分散石灰黏土保护
硗碛	中国	2007	砾石土直心墙堆石坝	125.5	70	1	1.2	廊道式	廊道净尺寸3.0m×4.0m（宽×高），廊道外设11m×12.5m（宽×高）的高塑性黏土区，底部通过“倒梯形”段与防渗墙刚性连接，“倒梯形”段高2.0m，上底宽3.2m，下底宽1.2m，采用C35F150W12钢筋混凝土
狮子坪	中国	2009	砾石土心墙堆石坝	136	110	1	1.2	插入式	
瀑布沟	中国	2009	砾石土心墙堆石坝	186	77.9	2	两墙均厚1.2	主墙廊道式，副墙插入式	主防渗墙位于坝轴线平面内，廊道底部通过“倒梯形”段与主防渗墙刚性连接；副防渗墙布置于坝轴线上游，与心墙采用插入式连接，插入心墙内高度10m，两墙净间距12.8m
毛尔盖	中国	2011	砾石土直心墙堆石坝	147	56.6	1	1.4	廊道式	廊道净尺寸3.0m×3.5m（宽×高），廊道外设12m×13.5m（宽×高）的高塑性黏土区，底部通过“倒梯形”段与防渗墙刚性连接，“倒梯形”段高3.0m，上底宽4.4m，下底宽1.4m，采用C40F100W12钢筋混凝土
泸定	中国	2013	黏土心墙堆石坝	79.5	148.6	1	1	廊道式	廊道净尺寸3.5m×4.5m（宽×高），廊道外设11m×12.5m（宽×高）的高塑性黏土区，底部通过“倒梯形”段与防渗墙刚性连接
长河坝	中国	2016	砾石土心墙堆石坝	240	79.3	2	主墙1.4m，副墙1.2m	主墙廊道式，副墙插入式	主防渗墙位于坝轴线平面内，廊道底部通过“倒梯形”段与主防渗墙刚性连接，“倒梯形”上底宽与廊道底板同宽，倒梯形两侧坡比1∶0.7，高度3.5m；副防渗墙布置于坝轴线上游，与心墙间采用插入式连接，插入心墙内高度9m，两墙净间距14m，采用C40W12F50钢筋混凝土

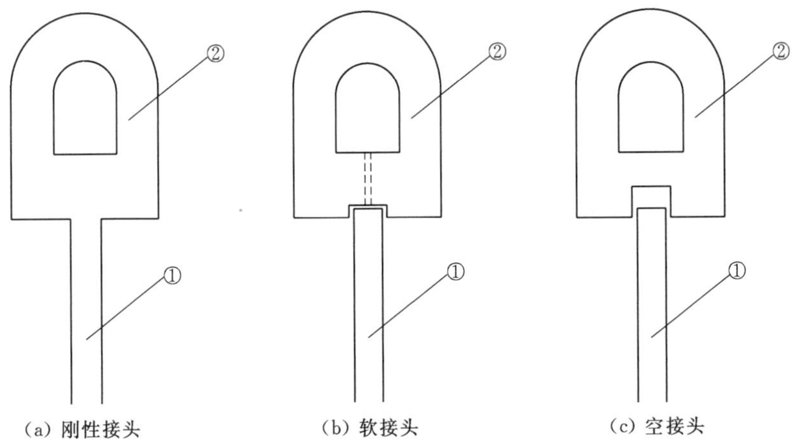

图 3.6-1　混凝土防渗墙与廊道连接接头型式

①—混凝土防渗墙；②—廊道

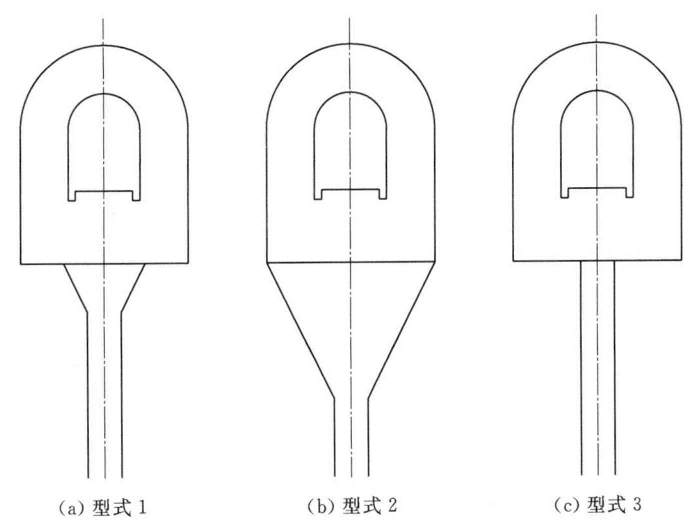

图 3.6-2　主防渗墙与廊道连接的倒梯形大小型式示意图

采用有限元子结构法对图示的几种倒梯形大小进行了三维应力变形计算分析。通过研究表明，接头型式变化时，廊道及防渗墙的变形情况变化不大，廊道的顶部应力状况基本不变，而廊道边墙和底部、接头本身以及接头与防渗墙连接部位则对接头型式的变化相对较为敏感。型式 3 廊道出现了较大的剪应力和拉应力，型式 2 廊道和型式 1 廊道应力状态较好，各有优缺点。型式 2 相对于型式 1 在倒梯形和防渗墙的连接部位会出现一定的应力集中，但一方面可以明显改善廊道特别是廊道底板的受力状态，明显减小底板的主拉应力及顺河向和竖直向正应力，同时，两侧边墙的竖直向压应力值也有明显的减小；另一方面接头本身的应力状况也明显改善，该部位拉应力和压应力绝对值均减小。

已建的硗碛、狮子坪、瀑布沟、毛尔盖和泸定大坝采用了型式 1，长河坝和黄金坪大坝采用了型式 2。

3.6.1.3 廊道与土心墙连接

为协调刚性混凝土廊道与土心墙连接位置的变形，通常在连接部位设置一定大小的高塑性土区。高塑性土区的大小主要影响心墙、廊道及防渗墙的应力变形。依托长河坝砾石土心墙堆石坝工程，拟订了廊道和副防渗墙顶高塑性土区的厚度分别为5m、3m、8m三种厚度（图3.6-3的方案一、方案二、方案三），采用有限元子结构法对这三种高塑性土区布置进行心墙、廊道及防渗墙的应力变形进行计算分析。

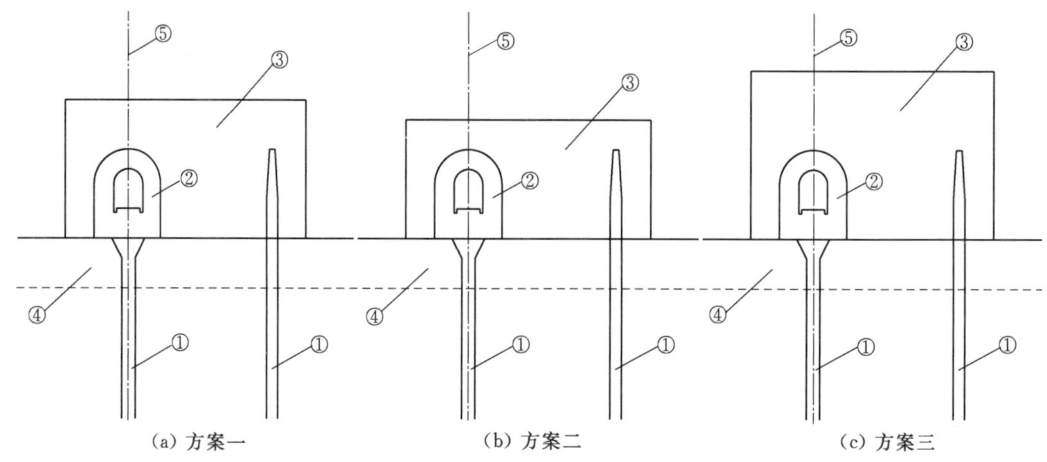

图3.6-3 高塑性黏土不同厚度方案图

①—混凝土防渗墙；②—廊道；③—高塑性黏土；④—固结灌浆范围；⑤—防渗轴线

1. 心墙应力变形比较

廊道及副防渗墙顶不同高塑性土区三个方案坝体最大断面心墙变形极值见表3.6-2。

表3.6-2 廊道及副防渗墙顶不同高塑性土区三个方案坝体最大断面心墙变形极值表

比较量 方案	沉降/cm	发生位置	顺河向水平位移/cm	发生位置
			向下游	向下游
方案一	−272.5	约1/3坝高心墙上游侧	86.1	约1/4坝高心墙下游侧
方案二	−269.1	约1/3坝高心墙上游侧	81.5	约1/4坝高心墙下游侧
方案三	−279.0	约1/3坝高心墙上游侧	88.2	约1/4坝高心墙下游侧

由表3.6-2可以看出，由于高塑性黏土的压缩性大于心墙，所以在廊道顶部的高塑性黏土区域增大时，坝体的最大沉降及最大顺河向位移增大，但增大的幅度很小，变形最大值发生的部位基本一致。

从心墙应力看，无论何种高塑性土区设置，心墙的第一主应力与第三主应力的分布规律是一致的，全断面都处于受压状态，特别是在心墙的中上部，等值线差异很小。但在靠近廊道的部位，随着高塑性黏土厚度的增加，使高塑性黏土区以上一定范围内的压应力值减小，而黏土区上、下游两侧的压应力增加。方案二中高塑性黏土上部一定区域的压应力明显大于方案三，而其两侧压应力增大。从应力水平分布上看，廊道顶高塑性黏土附近的应力水平梯度较大，在高塑性黏土区域以上部位，则应力水平比其两侧要低。在高塑性黏土厚度增加时，这一现象更为明显。从廊道和副防渗墙插入段附近的拉应力区范围来看，三个方案大致相同，高塑性土区的大小对此的影响很小。

从心墙的应力变形角度，廊道和副防渗墙顶的高塑性土区不宜太厚，高塑性土区过厚不但带来心墙整体变形量的增加，而且使高塑性土区上方局部的心墙压应力减小，拱效应增强。

2. *廊道应力变形比较*

廊道及副防渗墙顶不同高塑性土区的三个方案坝体最大断面廊道应力变形极值见表3.6－3。

表3.6－3　廊道及副防渗墙顶不同高塑性土区三个方案坝体最大断面廊道应力变形极值

方案＼比较量	沉降/cm	顺河向位移/cm	横河向正应力/MPa		顺河向正应力/MPa		铅直向正应力/MPa	
			拉应力	压应力	拉应力	压应力	拉应力	压应力
方案一	－15.1	36.4	5.4	－17.5	5.1	－5.4	1.5	－10.0
	上游面中部	上游面底部	下游侧底部	上游面中部	底板中部	廊道底部	上游侧底部	下游边墙内侧
方案二	－15.9	35.6	5.1	－17.6	5.9	－6.0	1.4	－11.4
	上游面中部	上游面底部	下游侧底部	上游面中部	底板中部	廊道底部	上游侧底部	下游边墙内侧
方案三	－14.8	36.6	5.5	－17.3	4.7	－5.0	1.6	－8.9
	上游面中部	上游面底部	下游侧底部	上游面中部	底板中部	廊道底部	上游侧底部	下游边墙内侧

可见，随着廊道和副防渗墙顶部高塑性黏土厚度的增加，廊道的顺河向位移增加，沉降减小。顺河向位移的增加，导致廊道横河向正应力的拉应力略有增大。而沉降的减小，则使廊道底板的顺河向拉应力减小，边墙的竖直向压应力也减小。总的来说，廊道和副防渗墙顶部高塑性黏土厚度越大，廊道的应力状况越能得到改善。

3. *防渗墙应力变形比较*

廊道及副防渗墙顶不同高塑性土区三个方案坝体最大断面的主、副防渗墙应力变形极值见表3.6－4。

可见，对于主防渗墙，高塑性黏土区域的增加，使墙体顺河向位移增大，沉降减小，墙体的主压应力减小，在方案二中，高塑性黏土的区域最小，相应地其主防渗墙的主压应力极值也最大。对于副防渗墙，则是高塑性黏土区域的增加，使墙体顺河向位移减小，沉降减小，墙体的压应力值也变小，只是变化的幅度不大。就防渗墙应力来看，高塑性土区增大能有效地减小防渗墙应力，对防渗墙应力有利。

表 3.6-4　廊道及副防渗墙顶不同高塑性土区三个方案坝体最大断面主、副防渗墙应力变形极值

方案 \ 比较量		第三主应力/MPa		墙顶沉降/cm		顺河向位移/cm	
		大小	发生位置	大小	发生位置	大小	发生位置
方案一	主墙	-37.2	墙上游面	-12.8	墙顶上游侧	41.2	墙顶部附近
	副墙	-36.7	墙上游面	-11.7	墙顶	33.6	墙顶
方案二	主墙	-41.0	墙上游面	-13.4	墙顶上游侧	40.7	墙顶部附近
	副墙	-37.9	墙上游面	-11.7	墙顶	34.7	墙顶部附近
方案三	主墙	-36.0	墙上游面	-12.3	墙顶上游侧	41.4	墙顶部附近
	副墙	-35.4	墙上游面	-11.3	墙顶	31.0	墙顶部附近

4. 小结

由以上的应力变形研究可知，高塑性土区增大，有利于改善廊道和防渗墙应力，但心墙的变形将增加，高塑性土区顶部一定范围内心墙的拱效应明显增大，因此，高塑性土区不宜太大，但也不宜太小，宜根据工程断面设计及材料情况经应力变形分析确定合适的高塑性黏土区厚度。

3.6.2　防渗墙与沥青心墙

随着混凝土防渗墙设计与施工技术的进展，国内近几十年新建的深覆盖层上的堆石坝，多采用混凝土防渗墙作为坝基垂直防渗体，坝体沥青混凝土心墙与坝基混凝土防渗墙的有效连接是防渗体系的关键，必须重视该部位的设计。

防渗墙与沥青心墙的连接一般有混凝土基座与混凝土廊道两种型式。

3.6.2.1　混凝土基座连接

沥青混凝土心墙与混凝土防渗墙采用基座连接的型式，一方面心墙的荷载将传递给基座；另一方面地基混凝土防渗墙与地基覆盖层间的刚度差将引起不均匀沉降，增加防渗墙及基座的荷载。基座的结构型式与尺寸设计不合理将在连接部位产生较明显的应力集中，造成基座和部分防渗墙的破坏。基座的结构型式与尺寸设计需经过充分的论证，特别是高坝。冶勒大坝是采用这种连接方式的典型工程，设计与建造过程中进行了系统而深入的研究。

冶勒大坝为深厚覆盖层上世界最高的沥青混凝土心墙堆石坝，具有高地震烈度区、深厚覆盖层、不均匀地基（左岸为基岩、右岸为深厚覆盖层）等复杂建坝条件，无类似工程经验可以借鉴，其设计与建造在坝工界具有开创性和里程碑意义。初步设计阶段，结合工程的具体情况针对防渗关键部位，即防渗墙与沥青混凝土心墙的连接，拟订了三种可能的方式：

方式一：防渗墙顶部设基座与沥青心墙直接连接（以下简称硬接头），接头型式示意如图 3.6-4（a）所示。

方式二：混凝土防渗墙与沥青混凝土心墙通过混凝土帽子连接，但混凝土帽子与混凝土防渗墙之间预留有 20cm 空隙，空隙内设置三道止水（以下简称软接头）。接头型式示意

如图 3.6－4（b）所示。

方式三：混凝土防渗墙与沥青混凝土心墙间设置浇筑式沥青混凝土连接接头，防渗墙插入浇筑式沥青混凝土内，心墙筑于浇筑式沥青混凝土上（以下简称软沥青接头型式），接头型式示意如图 3.6－4（c）所示。

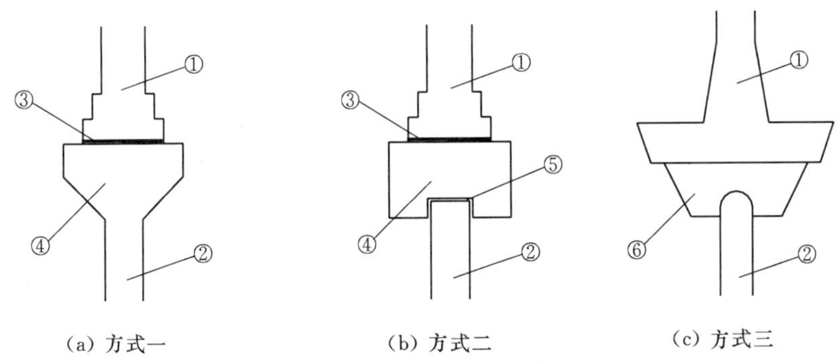

图 3.6－4　接头型式示意图

①—沥青混凝土心墙；②—混凝土防渗墙；③—沥青玛蹄脂；④—混凝土基座；⑤—空隙；⑥—浇筑式沥青混凝土

1. 有限元计算分析

针对这三种接头型式，开展了平面有限元计算研究，三种接头型式主要计算结果见表 3.6－5。

表 3.6－5　三种接头型式主要计算结果表

接头型式	工况	坝体最大变位/m		防渗墙顶垂直变位/m	心墙最大压应力/MPa	防渗墙最大压应力/MPa	心墙与底座接触面		墙顶空隙压缩量/cm
		水平	垂直				相对滑移/cm	剪应力/MPa	
硬接头	竣工	0.267	−0.973	−0.605	3.470	17.25	0.250	0.374	
	蓄水	0.924	−0.843	−0.470	3.210	11.60	0.231	0.413	
软接头	竣工	0.260	−0.960	−0.540	3.090	7.970	0.239	0.450	10.34
	蓄水	0.973	−0.811	−0.432	2.563	4.93	0.213	0.500	8.64
软沥青接头	竣工	0.523	−1.402	−1.070	1.538	15.66	0.95	0.113	
	蓄水	0.754	−1.265	−0.999	1.792	14.98	1.11	0.147	

从研究成果可见：

（1）硬接头型式，由于心墙及一部分坝体荷载通过混凝土基座直接传给防渗墙，因而混凝土防渗墙内的压应力较大，但常规混凝土的强度均可满足其要求。硬接头型式墙顶沉降除了大于软接头外，远小于软沥青接头。该接头型式的一个显著优点是结构简单，施工方便，便于防渗处理。

（2）软接头型式，防渗墙的压应力比硬接头型式小，墙顶的沉降量也最小。但本型式接头结构复杂、施工难度大，止水要求较高，该接头止水一旦出现问题修补困难，防渗可靠性差。

（3）软沥青接头型式，心墙最大压应力在三个型式中最小。但防渗墙顶部的沉降较大，防渗墙轴向应力和变形均不利。接合部位在软沥青内出现局部剪切破坏屈服，并有拉应力，由于防渗墙插入软沥青混凝土的渗径比较短，将在该处形成渗漏通道。

综合技术、经济及防渗可靠性方面分析比较，最终采用结构简单、防渗性能较为可靠的硬接头型式作为冶勒大坝沥青混凝土心墙与坝基混凝土防渗墙的连接接头，冶勒接头型式简图如图 3.6-5 所示。

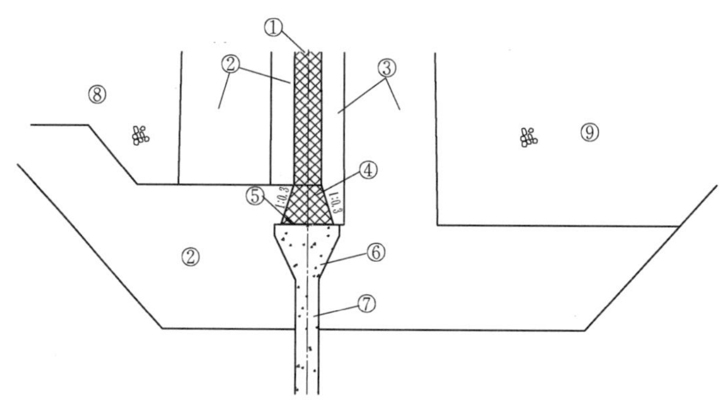

图 3.6-5　冶勒接头型式简图

①—沥青混凝土心墙；②—上游过渡层；③—下游过渡层；④—心墙放大脚；⑤—沥青玛蹄脂；⑥—混凝土基座；⑦—混凝土防渗墙；⑧—上游堆石；⑨—下游堆石

2. 混凝土基座连接的抗渗性能试验

沥青混凝土心墙与防渗墙采用混凝土基座硬接头连接型式，接缝处的抗渗性能是连接结构的关键，一般常采用涂刷一定厚度的沥青玛琋脂增加抗渗性能。结合冶勒工程系统研究了连接处各种工况下沥青玛琋脂接缝的抗渗能力，评价该处理方式的工程可靠性，为类似工程提供广泛的参考和借鉴价值。

试验中采用了平面平行渗流模型、平面辐向流模型两种不同模型。平面平行渗流模型接缝长度按几何比尺 1∶2 模拟，沿坝轴线方向的接缝宽度取为 30cm。即用混凝土材料代替沥青混凝土制成 120cm×30cm×25cm 的心墙试件，混凝土防渗墙试件尺寸为 150cm×45cm×50cm，两试件之间涂沥青胶粘接层，厚 1.0～1.2cm。在心墙试件距上游端 20cm 处预埋压力水管以供施加水荷载。平面辐向流模型采用上、下两块直径 84cm，厚 25cm 的圆形混凝土块代替心墙与防渗墙，上、下块之间涂沥青胶粘接层，在心墙试件中心埋压力水管。

冶勒大坝心墙承受库水位的水平水压荷载后，将产生相对防渗墙的水平位移，因此接缝处的沥青胶将承受剪切位移，试验中以心墙相对防渗墙的剪切错动来反映。为使沥青胶粘接层与心墙、防渗墙结合良好，试验时先施加竖向应力并保持沥青胶粘接层均匀受压 12h；然后维持竖向应力，将水压力作用到心墙与沥青胶粘接层的接触面上，同时在心墙上施加水平推力，使心墙产生相对防渗墙的剪切错动；依据《水工混凝土试验规程》（SD 105—82）稳定施加水压力 24h，若此段内有渗水流出测其渗流量，若加水压 24h 无渗水，则拆模观察接触面上的渗透情况，量测渗透的水迹长度，计算平均破坏梯度。

试验研究分两个部分：接缝抗渗性能试验研究，水压分级加载及循环加载接缝抗渗性能研究。

（1）接缝抗渗性能试验研究。采用平面平行渗流模型，施加1.2MPa和2.0MPa的竖向应力，在竖向应力一定的条件下，使接缝分别承受1.2MPa和1.8MPa的水压力，并使心墙相对防渗墙产生1.5cm的剪切错动，研究各种工况下的抗渗性能。考虑到平面平行渗流模型侧向止水的困难，又以平面辐向流模型作为校核模型，在施加上述竖向应力和水压力以及剪切错动的情况下得到试验结果，并用复变函数理论将其“化引”为平面平行渗流状态下的水迹长度和平均破坏梯度，以验证平面平行渗流模型试验结果的可靠性。平面平行渗流模型试验成果见表3.6-6。

表3.6-6　平面平行渗流模型试验成果表

水压 /MPa	硬接头方案			
	竖向应力 σ_y/MPa			
	1.2		2.0	
	水迹长度 /cm	平均破坏梯度	水迹长度 /cm	平均破坏梯度
1.2	3.5	3429	无水	—
1.8	17.0	1058	8.0	2250

注　平均破坏梯度定义为：作用水头与水迹长度之比。

当施加2.5MPa水压力，心墙相对防渗墙剪切错动1.5cm时，竖向应力σ_y=1.2MPa及σ_y=1.8MPa下，水迹长度分别为3cm和17cm，占心墙与防渗墙接缝长度（120cm）的0.25%和14.17%，接缝的抗渗安全性仍是有保证的。水迹长度均随水压增大而增加，平均破坏梯度随水压增大而减小；竖向应力σ_y增大，使心墙和防渗墙接头的结合效果更趋良好，提高了接缝的抗渗能力。

平面辐向流模型接缝渗透试验水迹区域的形态近似为圆形，这说明接缝粘接层材料性质接近为各向同性，故可用复变函数理论将试验结果“化引”为平面平行渗流状态下的水迹长度及平均破坏梯度。规律性与平面平行渗流模型一致。

（2）水压分级加载及循环加载接缝抗渗性能研究。水压分级加载采用平面辐向流模型，施加1.2MPa竖向应力，首先将加1.0MPa水压，并使心墙相对防渗墙剪切错动0.7cm，维持1.0MPa水压12h，然后再加水压至1.8MPa，并使剪切错动增加到1.5cm，稳定1.8MPa水压24h得到水迹长度和平均破坏梯度，将此结果与对应竖向应力下、水压及剪切错动一次加载的试验结果相比较，以验证一次加载试验方法的安全性。试验结果表明，水压分级加载比一次加载水迹长度减小，平均破坏梯度增大，表明一次加载试验方法所得结果偏于安全。

循环加载接缝抗渗性能试验选择软接头方案采用平面平行渗流模型，施加2.0MPa竖向应力，首先将水压一次加载至1.8MPa，心墙相对防渗墙剪切错动也一次加至1.5cm，维持1.8MPa水压8.5h，然后将水压减小至1.0MPa，并反向错动0.7cm；稳定1.0MPa水压15h，再增加水压力升至1.8MPa，同时正向错动0.7cm，使剪切错动达1.5cm，稳定1.8MPa水压13h，得到水迹长度和平均破坏梯度，并与对应竖向应力、水压及剪切错动一次加载的试验结果相比较，以研究水压力增减过程中接缝沥青胶“自愈”性能对接缝抗渗性能的影响。试验结果表明，水压循环加载较一次加载水迹长度减小，平均破坏梯度增大，表明接缝沥青胶结材料在循环加载中有一定的“自愈”性能，对接缝抗渗性能比较有利。

大坝实际运行中，库水是分级蓄至设计水位的，库水位也不断出现涨落，即水压反复出现加载、卸载的循环变化，所以试验结果包含试验方法本身所带来的安全裕度；也隐含沥青胶在循环加载中所表现出的“自愈”性能所带来的一定安全储备。

由上述试验，对类似工程提供参考建议如下：

（1）当硬接头方案沥青混凝土心墙与混凝土防渗墙接缝的有效抗渗长度足够时，接缝抗渗安全性及可靠性高，而且硬接头方案具有构造简单，便于施工等特点。

（2）施工中应对接头部位先期完工的混凝土防渗墙表面预先进行凿毛处理，使表面产生一定的凹凸粗糙度，并在浇筑沥青胶粘接层时将已凿毛表面清扫干净，保持干燥，以保证沥青胶粘接层与混凝土防渗墙的结合质量。

3.6.2.2 混凝土廊道连接

对建在深厚覆盖层基础上的心墙堆石坝，在坝基设置河床廊道不但可以在河床廊道内进行帷幕灌浆从而节省工程建设直线工期，而且可以为后期工程运行期间大坝防渗系统（防渗墙、灌浆帷幕等）的监测、检修、维护等提供施工通道，因此也有部分沥青混凝土心墙堆石坝工程中采用混凝土廊道连接，如金平、黄金坪等工程。

相比土心墙堆石坝坝基混凝土廊道，沥青心墙堆石坝坝基廊道周边没有高塑性黏土的保护、直接与渗透性较强的过渡料相接，其防渗可靠性的要求相对更高、结构更为复杂。因此在采取措施（如采用低热水泥、提高混凝土标号、混凝土掺入纤维素或聚丙烯纤维、加强钢筋等）提高廊道混凝土抗裂性能、加强廊道与心墙和防渗墙结构部位防渗结构的同时，还在其外表面增加一层额外的保护层，以确保其防渗可靠性。

混凝土廊道作为沥青心墙与防渗墙的连接结构，其结构、尺寸对心墙和防渗墙的应力变形均有所影响，尤其是下部的防渗墙。廊道外轮廓形状不仅影响与廊道接触处心墙的应力应变，同时也影响廊道传给下部防渗墙荷载的大小。对廊道外轮廓形状的研究分析表明，采用顶部抛物线形或城门洞形、底部倒梯形的外轮廓，不仅可减小传给下部混凝土防渗墙的荷载，并且还使廊道顶部心墙的应力状况得到改善。同时，廊道的内部空间越大，廊道及防渗墙结构受力条件越差，因此在满足使用要求的情况下，廊道的内净空宜尽量小。通常廊道内净空尺寸考虑满足在廊道内进行防渗墙底帷幕灌浆的需要，多数工程设置为宽度 3～3.5m、高度 3.5～4m。而廊道边墙、顶拱及底板混凝土厚度越厚，廊道的整体刚度越大，作为超静定结构的廊道内力越大，因此在受力及约束边界条件一定的情况下，廊道边墙、顶拱及底板混凝土厚度并非越厚越好，而是有一个合适的值，多数工程廊道采用边顶拱厚度 1.5～2.5m、底板厚度 2.5～3.5m。

沥青心墙与基础防渗墙廊道连接示意如图 3.6－6 所示。

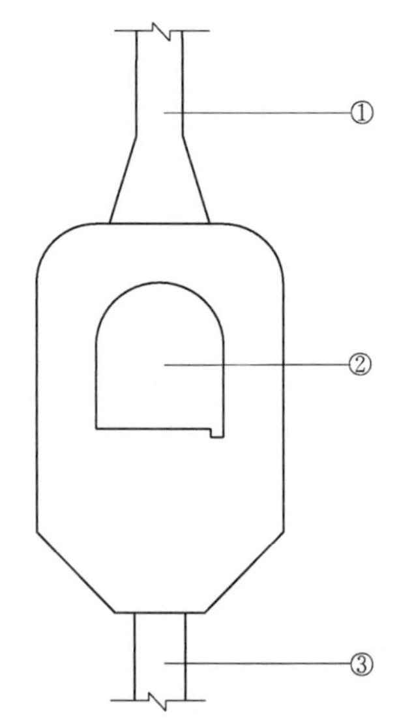

图 3.6－6 沥青心墙与基础防渗墙廊道连接示意图

①—沥青混凝土心墙；②—心墙与防渗墙连接廊道；③—基础防渗墙

3.6.3　防渗墙与趾板

深厚覆盖层上的高面板堆石坝河床段的趾板设置在覆盖层上，坝基覆盖层采用混凝土防渗墙防渗，由于大坝（包括趾板、面板、坝体及坝基覆盖层）与防渗墙是质量与刚度相差很大的两类结构物，坝体填筑施工和水库蓄水时各自的变形相差很大，为了协调这两类结构物的变形，用连接板将坝体面板、趾板与防渗墙连接起来构成大坝防渗体系，以改善防渗墙和趾板的应力状态。连接板的宽度对防渗墙和趾板的应力变形性状有一定影响，具体可根据工程情况采用有限元应力变形计算对连接板进行优化分析。部分工程覆盖层上混凝土面板坝防渗墙与趾板设置情况见表3.6－7，趾板与防渗墙连接型式如图3.6－7所示。

表3.6－7　　覆盖层上混凝土面板坝防渗墙与趾板设置情况表

坝　名	坝高/m	覆盖层深度/m	防渗墙厚度/m	趾板宽度/m	连接板		备注
					宽度/m	数量	
阿尔塔什	164.8	100.0	1.2	4	3	2	在建
九甸峡	136.5	54.0	1.2	6	4	1	已建
苗家坝	112.0	48.0	1.2	6	2	1	已建
金川	111.0	53.8	1.2	4	4	2	拟建
察汗乌苏	110.0	47.0	1.2	4	3	2	已建
斜卡	110.0	100.0	1.2	4	4	1	已建
那兰	109.0	24.3	0.8	8	3	1	已建
多诺	108.5	41.7	1.2	5	3	1	已建
老渡口	96.8	30.0	0.8	4	3	1	已建
梅溪	40.0	30.0	0.8	3.95	0	0	已建
梁辉	35.4	39.0	0.8	4.5	0	0	已建
智利圣塔扬娜坝	110.0	30.0	0.8	3	3	1	已建
智利帕克拉罗坝	83.0	113.0	0.8	2.52	2	2	已建

由表3.6－7可知，不同的工程因坝高、覆盖层厚度、覆盖层力学特性参数等差异采用不同的防渗墙厚度、不同的连接板块数和长度、不同的趾板长度等。河床柔性趾板宽度普遍在6～12m。100m级深覆盖层上的面板坝，在趾板与防渗墙之间通常设1～2块连接板，连接板的宽度一般2～4m，防渗墙厚度0.8～1.2m。建于覆盖层上的高度60m以下的面板坝，由于变形量相对较小，前期有的工程未设连接板，直接将趾板与防渗墙连接，防渗墙厚度通常取0.8m。经过多年的工程实践，河床趾板建在覆盖层上面板坝的防渗系统已经形成了较为成熟的设计体系，即由坝基垂直防渗墙、置于覆盖层面的连接板和趾板、坝体上游混凝土面板以及接缝止水结构形成封闭的防渗系统，防渗墙与连接板、连接板与连接板、连接板与趾板、趾板与混凝土面板的接缝，均应按照周边缝设计，并应有自愈功能，即上游铺盖必须将河床趾板和接缝结构完全覆盖。

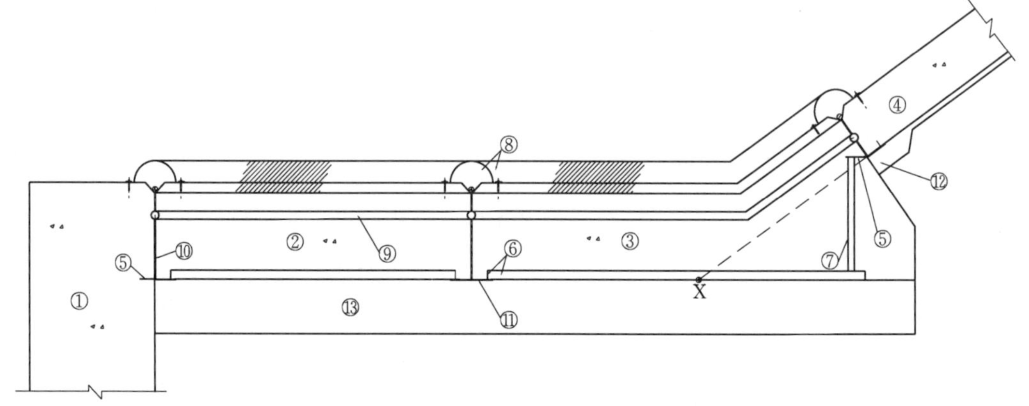

图 3.6-7　趾板与防渗墙连接型式

①—混凝土防渗墙；②—连接板；③—趾板；④—面板；⑤—F 形铜止水；⑥—W 形铜止水；⑦—趾板伸缩缝内 U 形铜止水；⑧—表面柔性止水；⑨—ϕ100mm 氯丁橡胶棒；⑩—20mm 厚沥青木板；⑪—2mm 厚橡胶垫片；⑫—沥青混凝土垫块；⑬—沥青混凝土垫层；X—趾板基准线

3.6.4　廊道与两岸连接

因防渗墙为槽孔连续浇筑未分缝，廊道与防渗墙采用刚性连接情况下，防渗墙顶部的廊道也不分缝，以免廊道分缝变形将防渗墙拉裂。廊道与两岸灌浆平洞连接部位应考虑分缝，有以下几种方式：在基覆分界线处分缝，两端简支在基岩上分缝，全部伸入基岩内一定长度后分缝。廊道与两岸灌浆平洞连接在基覆分界线处分缝是采用较多的分缝方式，已在硗碛、狮子坪、瀑布沟几个工程应用。应用过程中发现，廊道分缝处张开和错动变形较大而且变形状态复杂，尽管对该结构缝止水已参照面板坝周边缝止水设计，但设计的多道止水仍难以适应这种变形，三个工程廊道两端结构缝止水局部均出现了不同程度的破坏，经处理后运行正常。为了减小分缝位置处的变形量，避免分缝止水破坏，泸定和毛尔盖工程的廊道改变了两端连接的位置，将廊道两端分缝的位置不再设置在基覆分界线处，而向岸边移动并使廊道不全断面伸入基岩，加强两端基岩对廊道结构缝变形的约束，从而减小结构缝变形。进行该处理后，廊道结构缝止水破坏时间延后，破坏情况得到了缓解。长河坝工程大坝坝高 240m，基础覆盖层厚约 50m，为选择廊道与两岸的连接方式，对廊道直接伸入基岩不分缝连接，在基覆分界线处分缝及伸入基岩一定长度后分缝的不同方案进行研究，选择了廊道顶部伸入基岩 1m 分缝的方案。同时考虑了廊道结构缝止水分两期设置，廊道入岩段设置弹性垫层减小支座约束力，廊道混凝土加纤维提高抗裂能力，廊道外喷涂聚脲辅助防渗等措施。长河坝工程大坝于 2016 年 9 月填筑到顶，2017 年 12 月蓄水至正常蓄水位，大坝廊道运行状况良好。

依托长河坝工程，对廊道的分缝位置进行的深入研究内容如下。

1. 廊道分缝位置的三维有限元计算研究

对廊道与两岸连接不同分缝位置的廊道应力变形采用有限元子结构法进行了研究。研究成果如下：

（1）廊道应力变形计算成果。4 个分缝位置方案廊道的应力变形极值对比见表 3.6-8。

表 3.6-8　4 个分缝位置方案廊道的应力变形极值对比表

方案	项　目	方向	数值	位　置
廊道基覆界线处分缝方案	沉降/cm	向下	−15.5	约河床最大剖面廊道上游侧底部
	顺河向水平位移/cm	向下游	36.0	约河床最大剖面廊道底部
	横河向水平位移/cm	向左岸	−3.5	廊道右岸侧
		向右岸	3.4	廊道左岸侧
	横河向正应力/MPa	拉应力	17.1	约左岸 1/4 跨度剖面廊道下游侧底部
		压应力	−20.6	约左岸 1/4 跨度剖面廊道上游侧表面
	顺河向正应力/MPa	拉应力	10.1	约河床最大剖面廊道底板中央
		压应力	−10.5	约左岸 1/4 跨度剖面廊道底部偏下游侧
	铅直向正应力/MPa	拉应力	12.2	约河床最大剖面廊道上游侧底部
		压应力	−17.5	约左岸 1/4 跨度剖面廊道底部偏下游侧
廊道与两案连接不分缝方案	沉降/cm	向下	−15.2	约河床最大剖面廊道上游侧底部
	顺河向水平位移/cm	向下游	35.8	约河床最大剖面廊道底部
	横河向水平位移/cm	向左岸	−3.4	廊道右岸侧
		向右岸	3.3	廊道左岸侧
	横河向正应力/MPa	拉应力	58.0	廊道靠左岸上游面
		压应力	−65.4	廊道靠左岸下游面
	顺河向正应力/MPa	拉应力	21.8	廊道靠左岸上游面
		压应力	−30.8	廊道靠右岸下游面底部
	铅直向正应力/MPa	拉应力	15.7	廊道靠左岸底部
		压应力	−30.5	廊道靠右岸内壁
伸入基岩 5m 分缝方案	沉降/cm	向下	−14.8	约河床最大剖面廊道上游侧底部
	顺河向水平位移/cm	向下游	36.0	约河床最大剖面廊道底部
	横河向水平位移/cm	向左岸	−4.1	廊道右岸侧
		向右岸	3.8	廊道左岸侧
	横河向正应力/MPa	拉应力	46.2	左岸上游侧基岩面处
		压应力	−62.0	左岸下游侧基岩面处
	顺河向正应力/MPa	拉应力	12.1	左岸基岩面附近廊道底板中央
		压应力	−28.4	廊道右岸端部顶面
	铅直向正应力/MPa	拉应力	13.3	右岸基岩面附近廊道底部
		压应力	−37.0	右岸基岩面附近廊道边墙内壁

续表

方案	项　目	方向	数值	位　置
伸入基岩1m分缝方案	沉降/cm	向下	−16.5	约河床最大剖面廊道上游侧
	顺河向水平位移/cm	向下游	40.7	约河床最大剖面廊道底部
	横河向水平位移/cm	向左岸	−4.5	廊道右岸侧 0+310.0 剖面
		向右岸	4.7	廊道左岸侧 0+233.0 剖面
	横河向正应力/MPa	拉应力	37.4	左岸基岩面处廊道上游侧底部
		压应力	−37.0	左岸基岩面处廊道下游侧底部
	顺河向正应力/MPa	拉应力	7.3	右岸廊道底板下游侧
		压应力	−35.5	左岸基岩面处廊道下游侧底部
	铅直向正应力/MPa	拉应力	12.0	右岸廊道底板下游侧
		压应力	−55.4	右岸基岩面处廊道上游侧底部

由几个方案的变形来看，廊道三个方向的变形极值差异很小，伸入基岩 1m 分缝方案由于廊道和防渗墙周围的高塑性黏土区设置方式不同而略有增大。

由三个方向的正应力极值来看，4 种方案的应力极值变化较大，三个方向的正应力极值由大到小为：不分缝方案、伸入基岩 5m 分缝方案、伸入基岩 1m 分缝方案、基覆界线分缝方案。不分缝方案与伸入基岩 5m 分缝方案应力极值相差较小，说明两方案较接近，即伸入基岩 5m 分缝与固端连接近似。由 4 个方案横河向、顺河向及铅直向三个方向的正应力极值的大小可知，改变廊道两端与岸坡的连接方式，对横河向正应力的影响最大，不分缝方案的横河向正应力拉、压应力极值分别为 58MPa 和 65.4MPa，基覆界线分缝方案的横河向正应力拉、压应力极值分别为 17.1MPa 和 20.6MPa，两岸约束最强的不分缝方案比基覆界线处分缝方案的横河向正应力极值大约 3 倍。图 3.6－8、图 3.6－9 分别为廊道横河向上游侧、下游侧正应力分布等值线图。

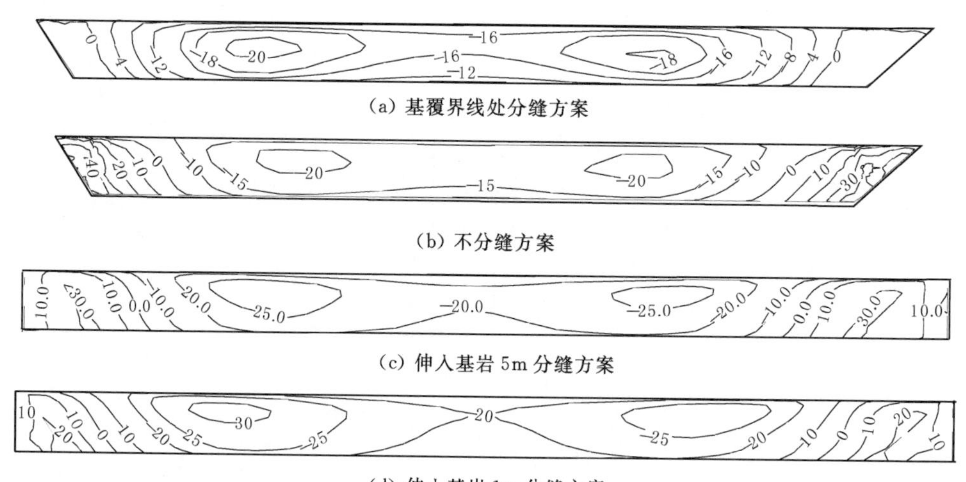

图 3.6－8　廊道横河向上游侧正应力分布等值线图（左侧为左岸，拉为正，压为负，单位：MPa）

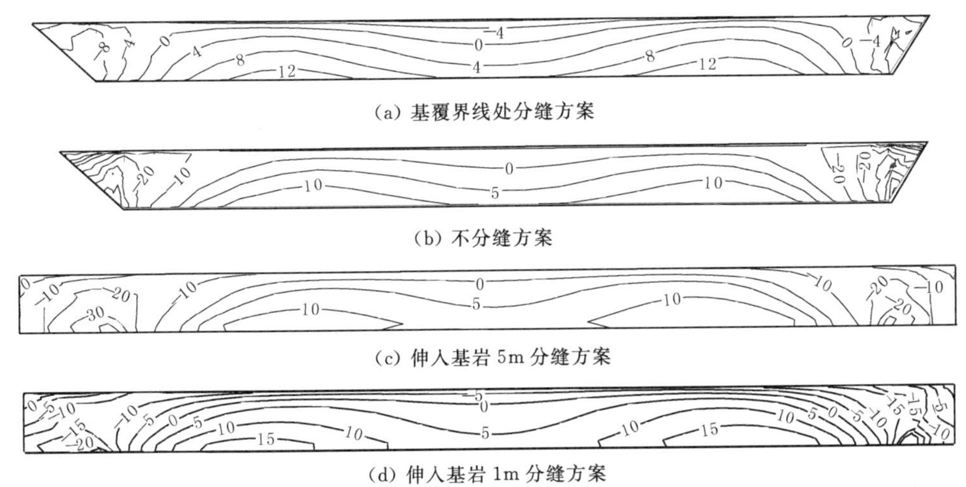

(a) 基覆界线处分缝方案

(b) 不分缝方案

(c) 伸入基岩5m分缝方案

(d) 伸入基岩1m分缝方案

图3.6-9　廊道横河向下游侧正应力分布等值线图（左侧为右岸，拉为正，压为负，单位：MPa）

由4个方案的横河向正应力等值线可以看出，基覆界线分缝方案与伸入基岩分缝或不分缝方案的应力分布有较大差异，基覆界线分缝方案只在廊道上游面和下游面均只在廊道两个1/4跨的位置有应力极值区，但伸入基岩分缝和不分缝方案除在廊道两个1/4跨的位置有应力极值区外，在基覆界线附近也出现了拉、压应力极值区，在廊道上游侧基覆界线附近的是拉应力极值区，下游侧为压应力极值区，基覆界线附近的拉、压应力极值大于1/4跨的位置的拉、压应力极值。

（2）廊道两端结构缝变形。采用有限元子结构法计算的3个分缝位置方案廊道分缝错位极值对比见表3.6-9。

表3.6-9　　4个分缝位置方案廊道分缝错位极值对比表　　单位：cm

方　案	项目	横河向位错（法向变形）		顺河向位错	竖直向位错（顺坡向位错）
	方向	张开	压缩	向上游	向上
伸入基岩5m分缝方案	左岸接缝	3.6	1.5	1.6	1.7
	右岸接缝	2.7	0.1	0.9	1.5
伸入基岩1m分缝方案	左岸接缝	3.6	3.0	4.0	1.9
	右岸接缝	2.9	2.3	3.0	1.7
基覆界线处分缝方案	左岸接缝	3.2	0.7	4.7	6.8
	右岸接缝	4.9	0.9	3.9	5.1

由表3.6-9可以看出，基覆界线分缝方案的结构缝错位最大，最大值约7cm，伸入基岩1m比伸入5m方案错位值略大，但比基覆界线分缝方案竖直向错位小得多。将廊道伸入基岩后再分缝可以有效地减小廊道两端结构缝的错位。

（3）主防渗墙应力变形。4个分缝位置方案主防渗墙应力变形极值见表3.6-10。主防渗墙下游面的主拉应力等值线图如图3.6-10所示。

表 3.6-10　　4个分缝位置方案主防渗墙应力变形极值成果表

方案	项目	墙顶沉降/cm	墙底沉降/cm	顺河向水平位移/cm	横河向水平位移/cm		第三主应力/MPa	第一主应力/MPa
		向下	向下	向下游	向左岸	向右岸		
不分缝	数值	−13.1	−6.5	40.0	−2.73	2.28	−45.1	5.8
	位置	河床中央墙顶	墙底	墙顶附近	左岸约1/2墙高	右岸约1/2墙高	左岸上游面中上部	下游面右岸侧
伸入5m分缝	数值	−12.9	−6.1	39.0	−2.56	2.02	−43.0	4.2
	位置	河床中央墙顶	左岸墙底	河床中央墙顶附近	左岸约1/2墙高	右岸约1/2墙高处	左岸上游面中上部	下游面右岸侧
伸入1m分缝	数值	−12.7	−6.2	38.2	−2.77	2.47	−42.5	4.1
	位置	河床中央墙顶	左岸墙底	河床中央墙顶附近	左岸约1/2墙高	右岸约1/2墙高	左岸上游面中上部	下游面左岸侧
基覆界线分缝	数值	−13.1	−6.6	40.1	−2.56	2.02	−44.2	2.1
	位置	河床中央墙顶	左岸墙底	河床中央墙顶附近	左岸约1/2墙高	右岸约1/2墙高处	左岸上游面中上部	下游右岸侧

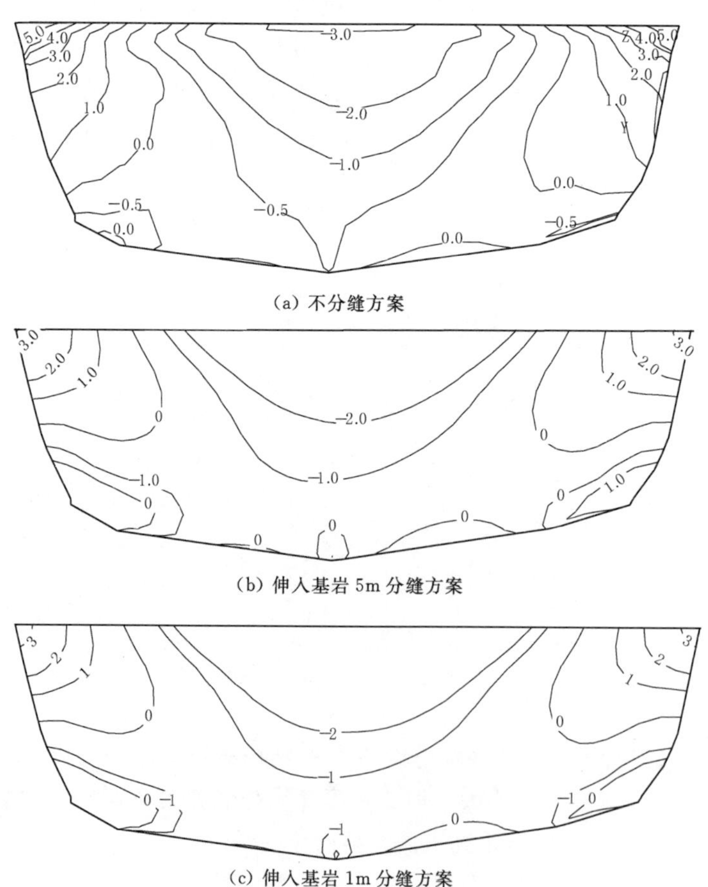

(a) 不分缝方案

(b) 伸入基岩5m分缝方案

(c) 伸入基岩1m分缝方案

图 3.6-10（一）　主防渗墙下游面主拉应力等值线图（左侧为左岸，单位：MPa）

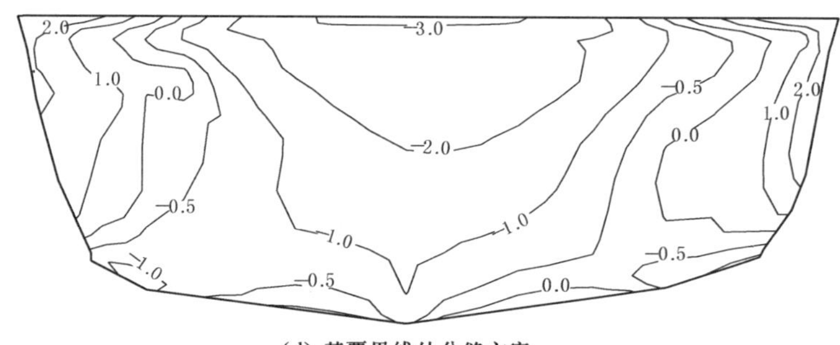

(d) 基覆界线处分缝方案

图 3.6-10（二）　主防渗墙下游面主拉应力等值线图（左侧为左岸，单位：MPa）

由以上成果可以看出，廊道不同的分缝位置对主防渗墙的变形影响不大，对其主压应力的影响也较小，但对主防渗墙左右两端的拉应力极值有较大影响。不分缝方案、伸入基岩 5m 分缝方案、伸入基岩 1m 分缝方案、基覆界线处分缝方案，随着廊道两端的约束的减弱，主防渗墙两端的拉应力极值减小，相应较大拉应力的区域也减小。

2. 廊道分缝位置的离心机模型试验研究

采用离心机模型试验方法，对廊道在基覆界线处分缝和伸入基岩 5m 后分缝的两个方案进行了离心机试验对比研究。

（1）模型试验布置。试验模拟防渗墙与河谷在坝轴线方向的变化。试验采用长高宽为 900mm×1000mm×1000mm 的模型箱，模型比尺取 200，离心机加速度为 200g，顺河向布置在模型箱的长度（900mm）方向，坝轴线方向布置在模型箱的宽度（1000mm）方向。试验范围：顺河向取坝轴线上、下游各 90m，共 180m，坝轴线方向取从（纵）161.6m 到（纵）361.6m 范围，共 200m，模拟防渗墙与河谷的变化，竖向从防渗墙底高程 1407.00m 到高程 1497.00m。采用超重材料模拟高程 1497.00m 以上超出模型箱范围的坝体的重力。高程 1407.00m 到高程 1497.00m 的覆盖层、心墙、堆石、高塑性黏土采用原型材料，试验布置如图 3.6-11～图 3.6-13 所示。

（2）试验模拟方法。坝体及坝基覆盖层材料模型均采用实际填料等量替代法进行粒径缩尺后分层击实至设定干密度。基岩采用混凝土进行模拟，按基岩形状制模浇注。试验只模拟主防渗墙。防渗墙原型厚度 1.4m，钢筋混凝土弹性模量取 30GPa。根据相似理论，防渗墙应采用原型材料模拟，但要制作 7mm 厚的钢筋混凝土板很困难，也不利于应变测量，因此，防渗墙采用铝合金材料模拟，厚度根据抗弯相似条件确定。采用凡士林模拟防渗墙两侧泥皮。廊道采用铝合金材料模拟，根据整体抗弯相似条件确定模型廊道尺寸。防渗墙与廊道采用胶水固定连接。

试验模拟了大坝的施工期和 20 年运行期。在离心机加速上升过程中，根据大坝的施工速率来控制离心机加速度的上升速率，以模拟大坝施工期填筑。填筑完成后，向模型上游放水模拟大坝蓄水过程，蓄水完成后模型主防渗墙承担了实际总水位差的 66%。然后保持离心机在设计加速度（200g）下运行，以模拟大坝 20 年运行期。

在防渗墙上、下游面桩号 0+256m 处沿墙高方向布置了电阻应变片，测定施工期、蓄水期和运行期防渗墙竖向应力；在防渗墙上、下游面高程 1432.00m 处沿坝轴线方向布

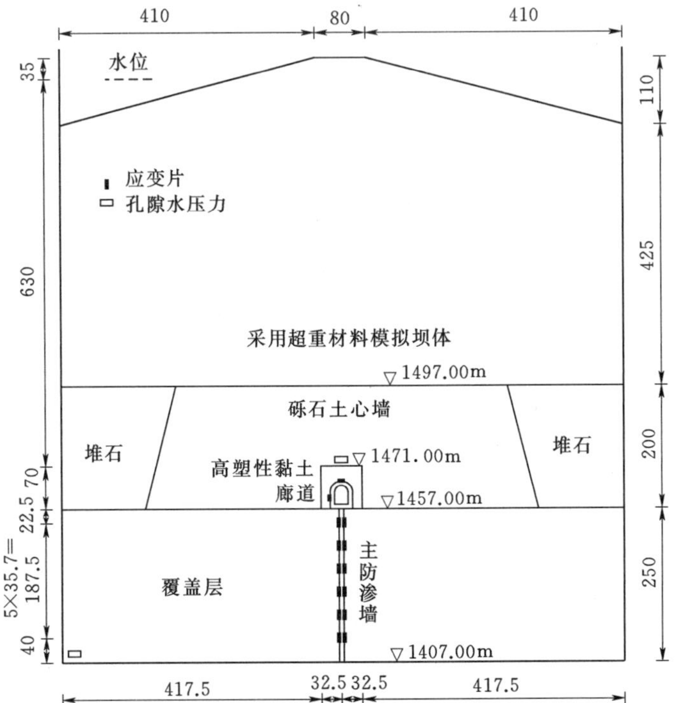

图 3.6-11　模型试验顺河向布置图（单位：mm）

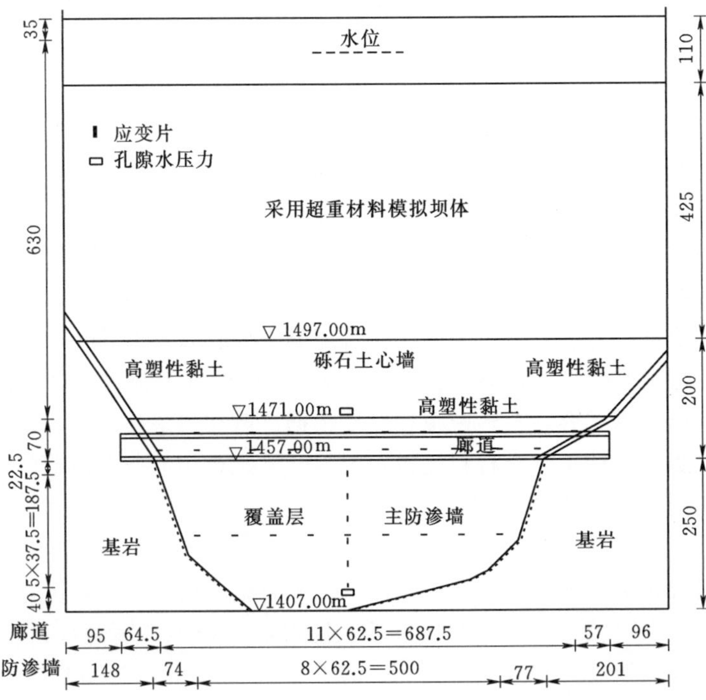

图 3.6-12　模型试验坝轴线方向布置图（廊道伸入基岩 5m 分缝方案，单位：mm）

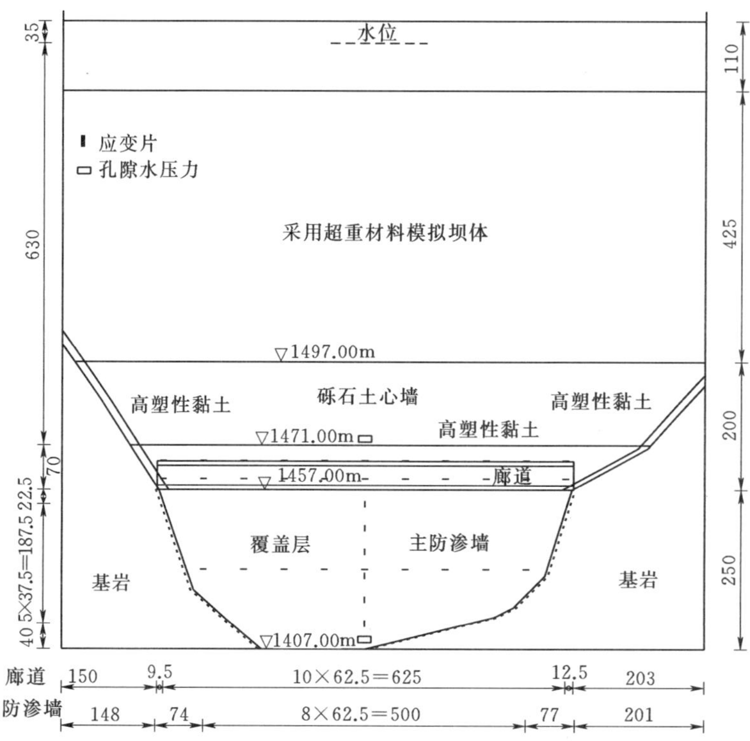

图 3.6-13 模型试验坝轴线方向布置图（廊道在基覆界线处分缝方案，单位：mm）

置了电阻应变片，测定施工期、蓄水期和运行期防渗墙沿坝轴线方向应力；在廊道上游面和顶面沿坝轴线方向布置了电阻应变片，测定施工期、蓄水期和运行期廊道沿坝轴线方向应力。在高塑性黏土顶部埋设孔隙水压力传感器，测定坝体施工期、蓄水期和运行期心墙的孔隙水压力。在防渗墙上游侧模型箱底埋设孔隙水压力传感器，测定蓄水水位上升速率和蓄水水位高程。

（3）防渗墙应力试验成果比较。不同廊道分缝位置防渗墙竖向应力成果和坝轴向应力成果分别见表 3.6-11 和表 3.6-12。

表 3.6-11 不同廊道分缝位置防渗墙竖向应力成果表 单位：MPa

方案	时期	高程/m	1415	1422.5	1430	1437.5	1445	1452.5
基覆界线分缝	竣工期	上游面	24.54	27.25	26.74	25.93	21.34	16.46
		下游面	24.17	27.28	27.63	25.17	20.08	14.19
	蓄水期	上游面	23.27	25.33	24.49	23.93	19.70	14.80
		下游面	25.36	28.33	28.51	26.19	21.51	15.06
伸入基岩5m分缝	竣工期	上游面	21.36	25.05	24.03	22.24	19.89	16.30
		下游面	20.82	25.29	24.79	22.74	19.36	15.44
	蓄水期	上游面	20.30	23.92	23.00	21.43	18.95	14.83
		下游面	21.89	26.53	25.99	23.89	20.38	16.77

表 3.6-12　　不同廊道分缝位置防渗墙沿坝轴向应力成果表　　单位：MPa

方案	时期	桩号	0+206	0+218.5	0+231	0+243.5	0+256	0+268.5	0+281	0+293.5	0+306
基覆界线分缝	竣工期	上游面	4.18	13.12	11.97	10.86	11.95	12.60	12.92	14.00	8.26
		下游面	4.71	12.79	13.31	11.41	12.73	13.49	13.28	13.61	7.60
	蓄水期	上游面	3.36	14.04	12.96	12.19	13.51	13.83	14.20	14.78	7.35
		下游面	5.38	12.08	12.34	10.43	11.62	12.26	12.18	12.75	8.12
伸入基岩5m分缝	竣工期	上游面	6.63	11.79	11.97	12.79	11.72	11.09	11.30	10.42	7.21
		下游面	7.24	12.25	12.41	13.34	12.80	11.52	10.68	10.08	7.34
	蓄水期	上游面	5.90	13.16	13.37	14.25	13.37	12.60	12.85	11.76	6.40
		下游面	8.07	10.80	11.20	12.07	11.51	10.19	9.38	8.92	8.12

可以看出，廊道在伸入基岩5m处分缝比廊道在基覆分界处分缝时，防渗墙竖向应力稍有减小，竣工期平均减小7%，蓄水期平均减小6%。防渗墙沿坝轴线方向应力有的部位增大，也有的部位减小，平均应力相差不大，最大应力减小5%。

(4) 廊道应力试验成果比较。不同廊道分缝位置廊道顶面沿坝轴向应力成果见表3.6-13，不同廊道分缝位置廊道上游面坝轴向应力成果见表3.6-14。

表 3.6-13　　不同廊道分缝位置廊道顶面沿坝轴向应力成果表　　单位：MPa

桩　　号	伸入基岩5m分缝		基覆界线分缝	
	竣工期	蓄水期	竣工期	蓄水期
0+193.5	−18.20	−16.98	7.10	6.17
0+206	−4.25	−3.33	9.30	8.49
0+218.5	5.51	4.82	9.93	9.13
0+231	8.05	7.00	10.32	9.55
0+243.5	9.60	8.48	11.11	9.66
0+256	11.49	10.24	10.30	9.40
0+268.5	11.57	10.71	10.74	9.81
0+281	10.78	9.97	11.22	10.36
0+293.5	7.30	6.50	9.77	8.85
0+306	3.33	2.67	9.34	8.37
0+318.5	−5.31	−4.70	7.17	6.25
0+331	−16.1	−15.12		

表 3.6-14　　不同廊道分缝位置廊道上游面坝轴向应力成果表　　单位：MPa

桩　　号	伸入基岩5m分缝		基覆界线分缝	
	竣工期	蓄水期	竣工期	蓄水期
0+193.5	—	—	5.04	5.53
0+206	−7.14	−11.29	8.78	9.53

续表

桩 号	伸入基岩5m分缝		基覆界线分缝	
	竣工期	蓄水期	竣工期	蓄水期
0+218.5	3.70	4.77	8.19	9.14
0+231	9.88	11.28	9.64	10.70
0+243.5	11.09	12.44	9.94	10.97
0+256	10.77	11.99	10.50	11.19
0+268.5	9.80	11.08	10.38	11.14
0+281	9.16	10.18	9.86	10.60
0+293.5	6.84	8.04	9.24	10.05
0+306	−1.66	−2.25	—	—
0+318.5	−8.03	−12.09	5.71	6.39

可以看出，廊道在伸入基岩5m处分缝时，在两岸靠近基岩部位廊道顶面和上游面坝轴向出现较大的拉应力，而廊道在基覆界线处分缝时，廊道顶面和上游面未出现拉应力，且最大压应力也比廊道在伸入基岩5m处分缝时有所减小，竣工期和蓄水期廊道顶面最大压应力减小3%；廊道上游面最大压应力竣工期减小5%，蓄水期减小10%。

3. 廊道分缝位置选择

通过对廊道不分缝、在基覆界线处分缝、伸入基岩5m分缝及伸入基岩1m分缝4个分缝位置的廊道自身的应力变形、廊道分缝错位、防渗墙应力变形等进行计算，以及对伸入基岩5m分缝和基覆界线两个分缝位置进行离心机模型试验，并结合已建工程实践经验来看，4个分缝位置各有优缺点。

(1) 相对于伸入基岩后再分缝方案，在基覆界线处分缝的优点是廊道应力极值及区域要小一些，主防渗墙的拉应力和区域也要小一些，缺点是分缝处错位较大，止水结构设计困难。已建工程经验也表明基覆界线处分缝方案结构缝处可能发生较大错动，由于廊道和防渗墙采用刚性连接，结构缝错动后可能导致下部防渗墙的拉裂，同时导致结构缝止水破坏。

(2) 廊道不分缝和伸入基岩分缝方案的优点是有效减小了分缝位置的错位，缺点是廊道两岸支座处出现了较大的拉压应力。廊道支座约束过强，导致廊道结构设计及配筋设计困难。

(3) 由不分缝方案和伸入基岩5m分缝方案廊道应力成果可以看出，两方案的应力极值接近。

(4) 廊道伸入基岩1m方案比伸入基岩5m方案及不分缝方案的三个方向的拉应力极值明显减小，支座约束明显减弱，但廊道两端结构缝分缝错位也远小于基覆界线分缝方案。

综合考虑廊道两端结构缝止水设计难度及廊道本身结构配筋设计难度，土心墙堆石坝廊道可根据各自工程特点选择不同的分缝位置。长河坝工程通过研究选择采用了适度伸入基岩分缝方案，工程运行情况良好。

3.6.5 两层防渗墙的竖向连接

当覆盖层厚度很大，防渗墙的施工深度受地层状况和施工工艺、方法的限制，不能一次成墙时，研究了墙墙竖向结合廊道连接布置系统，即防渗墙竖直分段，上下两层防渗墙采用廊道连接，墙下再接覆盖层帷幕灌浆的防渗型式。

冶勒大坝右岸坝基覆盖层最大深度420m，根据大坝的防渗要求，右岸需做200余米深的防渗，最初推荐采用100m深的防渗墙下接100m深的防渗帷幕方案，现场进行了防渗墙和帷幕施工试验认为，在当时的工艺条件下，防渗墙施工质量和进度都难以控制，帷幕灌浆难度大且投资高、工期长。经多次结构研究与计算分析，冶勒工程右岸坝基防渗方案优化为150多米深的防渗墙（上、下两段墙及廊道）和防渗墙下0～60m深的灌浆帷幕。通过开挖将防渗墙施工平台高程由2654.50m降至2639.50m后，高程2639.50～2654.50m的防渗采用现浇的钢筋混凝土心墙坝，在高程2639.50m以下建造台地（上层，深70～78.5m）防渗墙，下部为廊道下层（深60～84m）防渗墙，上、下两层防渗墙之间设有连接廊道，下层防渗墙和3排帷幕灌浆在此廊道内施工，布置型式参见图3.2-1。

冶勒工程从2006年建成至今，监测资料反应该防渗体系运行状况良好。

到目前为止，冶勒工程也是世界上唯一覆盖层采用多层防渗墙立体连接再接帷幕灌浆防渗的工程，有效地延长了防渗墙和帷幕灌浆的防渗深度。

3.6.6 防渗墙和帷幕的连接

当采用悬挂式防渗墙底接覆盖层帷幕灌浆防渗时，覆盖层帷幕和防渗墙之间需要进行可靠的防渗连接。防渗墙为槽孔浇筑混凝土，如前所述，其成墙后渗透性可达10^{-7}～10^{-8}cm/s，可承受的水力比降为80～100，而覆盖层帷幕灌浆在强透水覆盖层地基里成幕后能达到10^{-4}～10^{-5}cm/s，可承受的水力比降一般小于10。由于防渗墙和覆盖层帷幕灌浆渗透性的差异，从渗流分析可知，在防渗墙底部渗透比降较大，为加强该段的渗流保护，防渗墙外的覆盖层帷幕起灌高程高于防渗墙底一定高度，使帷幕对防渗墙底部形成一段包裹连接，包裹段长度由渗流分析确定。

当深厚覆盖层采用封闭式防渗墙时，防渗墙底常与基岩灌浆帷幕连接，为使防渗墙与基岩帷幕可靠连接，常要求防渗墙底入岩1～2m。

当沿防渗墙轴线方向强透水覆盖层分布范围大，防渗墙未嵌入两岸岩体，其余覆盖层采用帷幕灌浆防渗，此时，帷幕灌浆与防渗墙在轴线方向连接，通常在连接段增加帷幕灌浆的排数，使帷幕对接头形成水平包裹。

3.6.7 土工膜与防渗墙的连接

土工膜与混凝土防渗墙之间的连接方法可分为浇筑式、锚固式和粘贴式三种。其中浇筑式、锚固式应用广泛，粘贴式由于粘结牢靠程度受材料和施工水平影响较大，采用较少。

1. 浇筑式连接

在防渗墙顶浇筑盖帽混凝土时直接将土工膜的边缘部分浇于混凝土之中，浇筑式连接如图3.6－14所示（加查工程二期围堰复合土工膜心墙与盖帽混凝土连接），土工膜插入混凝土部分不应短于0.8m，并至少有20cm的净膜浇于混凝土中。

2. 锚固式

在盖帽混凝土中埋设螺栓，或膨胀螺钉。将光膜用扁钢板或工字钢钢条借助螺栓压接，锚固式连接如图3.6－15所示（大岗山工程围堰土工膜心墙与盖帽混凝土连接），在螺栓穿过土工膜的孔处应设置橡胶垫或铺筑沥青胶泥等材料止水。

3. 粘贴式

对PVC或PE膜，均可用TMJ－929胶或其他有机胶粘于混凝土表面，黏结强度也可达0.2MPa以上。两面的布一般为聚酯（PET），亦可用布间粘合剂粘于混凝

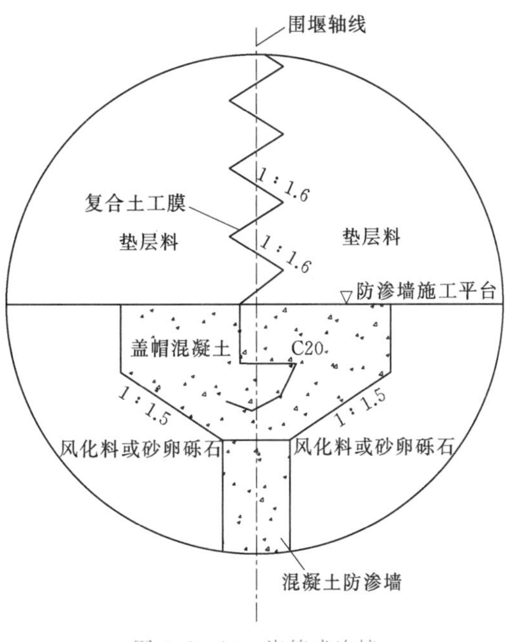

图3.6－14　浇筑式连接

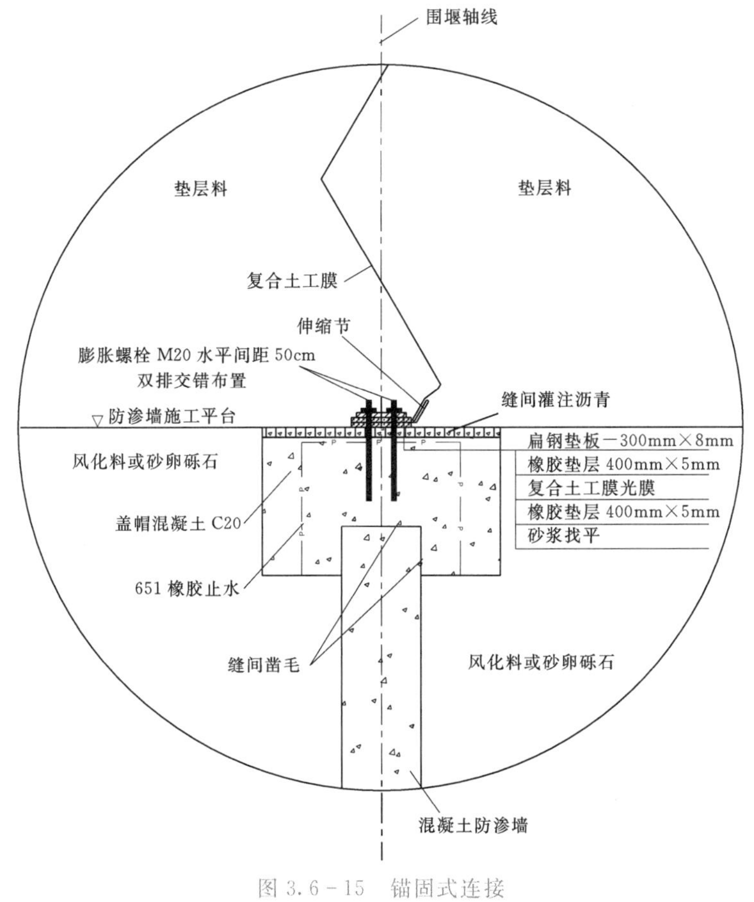

图3.6－15　锚固式连接

土上，其黏结强度可达 0.2MPa。

无论用哪种方式连接，在接头之外的土工膜应留有折叠层，防止接头处承受较大拉力。

3.7 特殊地层的防渗处理

类似倒石堆、堰塞体这种结构松散且具有架空现象的复杂地层，在承受一定渗透压力情况下易发生渗透破坏，产生湿陷、不均匀变形等，因此其防渗处理尤为关键。这种结构松散，具有架空的地层灌浆不仅耗浆量大，往往灌浆效果还不理想，而采用防渗墙，造孔时又容易塌孔。总体来说，这类地层相较于一般覆盖层施工处理难度更大，往往需要采取多种工程措施相结合的综合处理方案。

大渡河一级支流瓦斯河上的冷竹关水电站为低闸引水式电站，闸址由于谷坡陡峻，岩体受裂隙切割及卸荷风化作用影响，岸坡岩体常产生一定规模的崩塌。闸前左岸坡脚由此而形成的“倒石堆”，表面为孤石、块碎石，无细颗粒、架空明显、排水条件好，其厚度自坡顶至坡脚由 1～3m 逐渐增加为 12～16m，下伏土体为细颗粒含量较高的块碎石土，结构较松散，具有架空现象，粗颗粒未构成骨架，该土体在水库蓄水后或库水位骤降时，将产生湿陷、渗透变形、导致基础不均匀沉降。

在闸坝基础防渗设施总体布置研究中，曾对闸基防渗措施进行了水平防渗和垂直防渗两种方案的比较。水平防渗方案主要靠水平铺盖起防渗作用。由于河床漂卵石夹砂层及左岸崩坡积堆积层（倒石堆）沿河流方向延伸较长，架空严重，透水性强，容易产生渗透变形破坏，水平防渗方案要求铺盖很长，铺盖表面尚需设置大量抗磨衬护材料，否则难以达到良好的防渗效果。水平防渗方案的工程量较大，铺盖难以适应基础架空层不均匀变形，其可靠性不易得到保证。防渗墙因结构可靠，耐久性强，防渗效果好，受地下水位影响小，适应地层范围广，为推荐采用防渗方案。为避免“倒石堆”土体在水库蓄水后或库水位骤降时，产生湿陷、渗透变形、导致基础不均匀沉降，闸址左岸防渗除采用悬挂式防渗墙接岸坡基岩帷幕灌浆作为主防渗结构外，还在左岸倒石堆坝轴线附近进行了覆盖层固结灌浆处理，以提高该部分地层整体性，抗渗性，并利于防渗墙造孔施工。冷竹关左坝肩倒石堆处理方案如图 3.7-1 所示。固结灌浆在防渗墙施工前进行，经灌浆后现场检验表明：

（1）左岸坝体基础下地层孔隙连通性强，尤其倒石堆架空现象严重，地层可灌性好，平均单耗近 1.1t/m，耗浆量大。

（2）灌浆试验效果良好。倒石堆灌后渗透系数 $2\times10^{-4}\sim2.83\times10^{-3}$cm/s，波速提高 63%以上，达到了固结灌浆要求。

（3）固结灌浆可减少左岸挡水坝在倒石堆地基上的变形及保证防渗墙施工时孔壁稳定，对左岸防渗以及抗渗透变形是有利的。

冷竹关水电站 2002 年建成发电以来，运行正常，左岸倒石堆坝段未见明显渗水与不均匀沉降，采用固结灌浆和悬挂式防渗墙相结合的左岸倒石堆防渗加固方案达到工程设计预期目的。

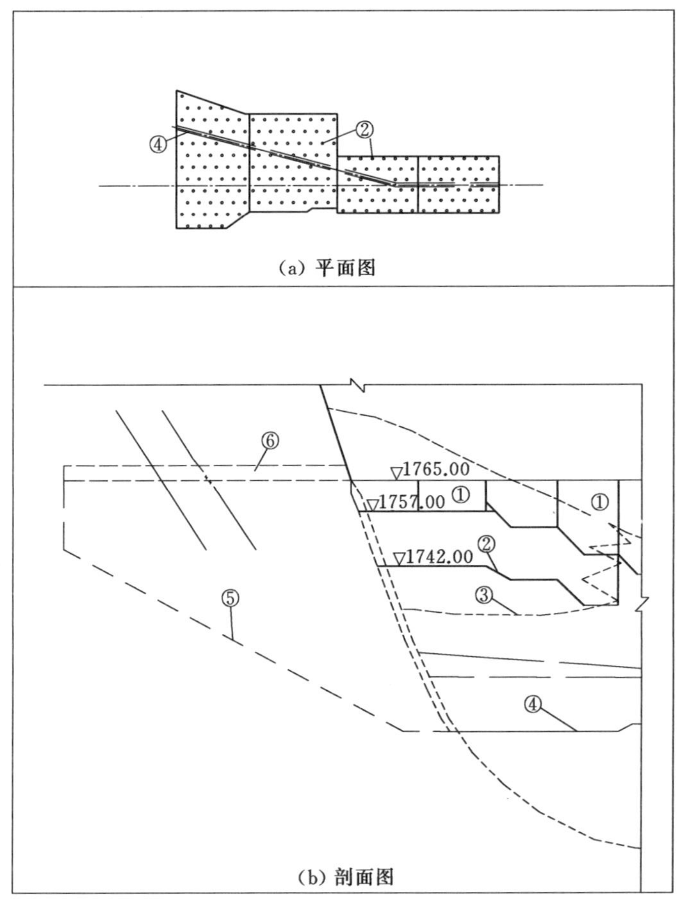

图3.7-1 冷竹关左坝肩倒石堆处理方案图(单位:m)

①—挡水坝段;②—固结灌浆;③—倒石堆范围;④—防渗墙;⑤—帷幕灌浆;⑥—灌浆平洞

第 4 章

地基加固

4.1 概述

对于坝基存在深厚覆盖层的地基，其在上部坝体自重荷载和水荷载的共同作用下产生压缩变形。特别是对于高土石坝工程，沉降和不均匀沉降尤为明显。不均匀沉降过大可能会导致坝体产生裂缝，破坏坝的整体稳定性和防渗安全性，危害性很大。坝基的不均匀沉降还会导致防渗墙受力条件恶化，进而影响防渗墙安全运行。深厚覆盖层中若存在软弱土层，因其抗剪强度低，在坝体自重荷载及水荷载的作用下极容易出现局部破坏或深层滑动问题。鉴于此，为了提高坝基强度和坝体稳定性，减小坝基不均匀沉降，需要根据工程具体情况对坝基覆盖层进行加固处理。坝基加固处理工程措施主要包括振冲碎石桩、固结灌浆、大孔径灌注桩、高压旋喷桩、沉井、地下连续墙、强夯和换土垫层法等。

不同的地基加固措施适用的土层不同。振冲碎石桩适用于砂土地基，对于变形模量、承载力较低的砂层和软土地基有很好的加固作用，很多闸坝和土石坝采用了此处理方法。固结灌浆适用于中砂、粗砂、砾石地基，由于其可处理不同深度地基，在水电工程中被广泛应用。大孔径灌注桩是一种较早使用的地基处理方法，实践经验较多，在提高地基承载力、减少沉降量方面作用显著。地下连续墙可以看作不封底的沉井，也可以看作连续相接的灌注桩，它比沉井施工方便、安全，与灌注桩相比，因有围封作用，在防渗和抗液化方面，优于一般的灌注桩。高压旋喷桩法适用于淤泥、淤泥质土、黏性土、粉土、黄土、砂土、人工填土和碎石土等地基，当含有较多大块石或地下水流速较大或有机质含量较高时，其适用性相对较差，在水电工程高坝中应用较少。强夯法适用于碎石土、砂土、低饱和度的粉土与黏性土、湿陷性黄土、杂填土和素填土等地基，由于其影响深度有限，特别是粗粒土层，对于具有一定上覆厚度的土层适用性也不理想，高坝应用较少。换土垫层法适用于埋深较浅的软弱土层，如粉土、黏土以及砂层等，在大坝地基处理中较为常用，当埋深超过一定深度后，其可实施性较差，且代价较大。

4.2 碎石桩

在地基中设置由碎石（砂卵石）组成的竖向桩体形成复合地基的方法，称之为碎石桩法。按照施工方法不同，碎石桩可分为振冲碎石桩、冲击碎石桩、旋挖造孔碎石桩等。振冲碎石桩是以起重机吊起振冲器并开动高压水泵，在振冲器产生高频振动和振冲器喷嘴射出高压水流共同作用下，将振冲器逐渐沉入土中，清孔后即从地面向孔内逐段填入碎石等填料并振挤形成碎石桩体，周而复始形成桩体和桩间土共同工作的复合地基。

振冲碎石桩成桩直径、间距和深度，主要取决于振冲器的尺寸、机具功率和地基土质条件。我国常见的成桩直径小者约为 0.5m，大的可在 1m 以上。近年来随着大功率振冲机具的发展，振冲碎石桩施工深度已达30m，并且结合钻孔机械的应用，振冲碎石桩适应地层也更加广泛，如四川省金汤河上金康电站，采用75kW和125kW大功率振冲器进行施工，平均桩径1.2m，最大振冲深度达28m。

近些年，为克服在砂卵砾石层中传统振冲法造孔实施难度大的问题，将振冲器成孔成桩的传统工艺进行改良，发展了引孔振冲新技术，如冲击钻机引孔和旋挖钻机引孔，不仅增大振冲碎石桩桩径范围，还能提升振冲碎石桩加固处理深度，目前引孔振冲碎石桩试验深度已经达到90m。

4.2.1　基本原理

振冲法通过对振冲孔添加填料挤扩成桩的振密或置换作用，提高地基承载力，减少沉降量，提高饱和砂土的抗振动液化能力。振冲碎石桩加固砂土地基，一方面依靠振冲器的强力振动使饱和砂土层发生液化，砂颗粒重新排列，孔隙减少；另一方面是挤密作用，依靠振冲器的水平振动力，在加回填料的情况下还通过填料使砂层挤压加密；第三方面是置换作用，通过强度更高的桩体与振冲挤密后桩间土共同作用，形成强度较原来土体高的复合地基。通常松软砂土采用振冲碎石桩处理后，其工程性能大为改善，土体的密实度显著增加，强度增大，压缩性减少，抗震性能提高。通过桩、土的变形协调，大部分荷载传递给刚度大、强度高的碎石桩体，土体上的负荷大为减少，所以复合地基的工程性能明显地改善，强度增大，沉降与不均匀沉降减少，沉降期也大为缩短。通过振冲碎石桩处理后的复合地基在遭遇地震时，不仅因复合地基强度提高，抗变形能力加强，桩间土不易液化，同时由于碎石桩的排水作用，有利于砂土孔隙水压力消散，限制了因地震引起的砂土超孔隙水压力的增长，因而经振冲碎石桩处理后的砂土地基，抗液化能力也大大加强。振冲法示意如图4.2-1所示。

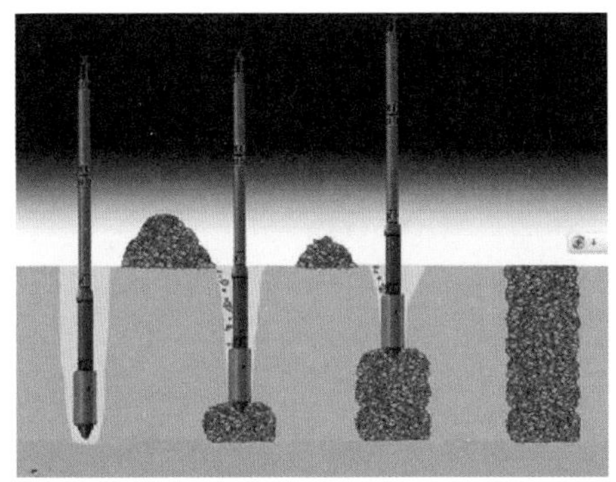

图4.2-1　振冲法示意图

振冲法适用于砂土、黏性土、粉土、饱和黄土、素填土和杂填土等地基。不加填料的振冲法适用于处理黏粒含量不大于10%的中粗砂和松散的砂卵石地基。对不同性质的土层，振冲法具有置换、挤密和振动密实的作用。对黏性土地基具有置换作用，对细中砂和粉土除有置换作用外，还有振实挤密作用。处理不排水抗剪强度小于20kPa的饱和黏性土和黄土地基时，应通过试验确定其适用性。

4.2.2 控制参数

振冲法设计的主要内容有：处理范围的确定、桩长确定、桩位布置、桩间距确定、桩体材料选择、桩径计算、复合地基承载力验算及复合地基变形计算等。

1. 处理范围确定

处理范围应根据大坝的稳定、应力及变形要求，并结合坝基软弱层的分布范围及其性状等综合确定。

2. 桩长确定

桩长应满足建筑物对地基承载力和变形要求。抗滑稳定处理深度需超过最危险滑动面2.0m。当按下卧层承载力确定处理深度时，还应进行下卧层承载力验算。处理可液化土层时，应根据建筑物抗震设防类别及液化层的埋深综合确定桩长，一般桩长应大于处理液化深度的下限，并确保桩间土标准贯入试验锤击数大于标准贯入试验锤击数临界值。

3. 桩位布置

桩位布置可采用等边三角形、正方形、矩形或混合布桩。

4. 桩间距确定

桩间距应根据复合地基的设计要求，通过现场试验或按计算确定，同时需满足振冲器功率要求。振冲器功率与桩间距关系见表4.2-1。

表4.2-1　振冲器功率与桩间距关系表

振冲器功率/kW	振冲桩间距/m	备　注
30	1.2～2.0	荷载大或黏性土取小值，荷载小或砂土取大值
75	1.5～3.0	
130	2.0～3.5	

对不加填料的振冲工程，布点间距可根据工程地质条件和工程要求适当增大；采用其他型号振冲器时，布桩间距应按现场试验确定。

5. 桩体材料选择

桩体材料可选用含泥量不大于5%的碎石、卵石、砾石、砾（粗）砂、矿渣，或其他无腐蚀性、无污染、性能稳定的硬质材料。当采用碎石时，材料粒径：30kW振冲器为20～80mm；55kW振冲器为30～100mm；75kW振冲器为40～150mm。

6. 桩径计算

桩的平均桩径按下式确定。

$$d_0=2\sqrt{\frac{\eta V_m}{\pi}} \tag{4.2-1}$$

式中：d_0为平均桩径，m；V_m为每延米桩体平均填料量，m^3/m；η为密实系数，一般为0.7～0.8。

4.2.3 成孔成桩新技术

振冲法创始以来，国外技术长期处于领先地位。有资料表明，德国Lausitz褐煤矿区软土地基工程，使用 550t 吊车作为起吊设备，使用大功率液压振冲器进行 68m 的振冲碎石桩施工。英国公司在英国软土地基工程进行了近 60m 的振冲碎石桩施工。

我国引进振冲法后，获得迅速推广，特别是近十多年来，随着国家建设的需要，技术迅猛发展，广泛应用于各个建设领域。目前，在应用机理、机具设备制造（电动振冲器）、施工工艺、应用规模等方面均接近或达到国际先进水平，特别是在工程难度方面，已超过国际水平。

1997 年、2000 年分别在三峡水利枢纽二期围堰水下抛填风化砂和黄壁庄水库副坝采用振冲法，处理深度达 24～30m。2004 年在四川康定金康水电站首部枢纽坝基处理工程，采用振冲法穿过 11m 厚卵砾石层加密下卧粉细砂层深达 28m，当时创造了振冲法穿过卵砾石层最厚纪录。2007 年四川阴坪水电站首部枢纽坝基处理工程，引孔振冲碎石桩深度达 32.6m。2008 年四川吉牛水电站，振冲法处理卵砾石、砂层深达 34m。澳门机场工程，海上振冲碎石桩近 40m。港珠澳大桥人工岛海上振冲碎石桩达 40 余米。

近些年，随着设备制造技术的不断进步，振冲碎石桩的成孔成桩设备得到更新，其中振冲器的最大功率达到 220kW，振动成桩的桩径范围进一步增大。为克服在砂卵砾石层中传统振冲法实施难度大的问题，为扩大振冲法的应用，将振冲器成孔成桩的传统工艺进行改良，发展了引孔振冲新技术，不仅增大碎石振冲桩径范围，还能提升碎石桩加固处理深度，目前引孔振冲试验深度已经达到 90m。

引孔振冲技术将振冲碎石桩的造孔和成桩截然分开，先采用旋挖钻机或冲击钻机引孔，再将振冲器下放到孔底，下入填充料后自下而上振冲密实成桩。

以旋挖钻机引孔为例，结合旋挖引孔所选引孔设备性能，在旋挖钻机的基础上，改造而成的设备机身对引孔和成桩均能适用，从而解决深桩在振冲器起吊设备选型上的难题。设备改造试验研究是在 SH36H 型旋挖钻机（表 4.2-2）上进行的，主要改造包括安装伸缩导杆，并对供水、供电设施配套改造，改造后的设备称为 SV90 超深振冲碎石桩机，其主要技术参数见表 4.2-3。机具系统通过旋挖钻头和振冲器的快速转换，可以实现振冲桩旋挖造孔工艺及振冲成桩工艺的设备一体化，如图 4.2-2 所示。

表 4.2-2　　**SH36H 旋挖钻机技术参数**

编　号	项　目	技术参数
1	额定功率/kW	298
2	动力头行程/mm	6000
3	回转扭矩/(kN·m)	360
4	回转速度/(r/min)	6～30
5	底盘宽度/mm	3450～4600
6	牵引力/kN	650
7	行走速度/(km/h)	1.5
8	钻机高度/m	27.4
9	主机重量（不包括钻具）/t	94
10	加减压油缸行程/mm	6000

续表

编　号	项　目	技 术 参 数
11	最大加减压力/kN	300
12	主卷扬机提升力/kN	420
13	主卷扬钢丝绳直径/mm	36

表 4.2-3　　SV90 超深振冲碎石桩机主要技术参数

编　号	项　目	技 术 参 数
1	额定功率/kW	298
2	成桩最大深度/m	92
3	导杆最大直径/mm	530
4	气管绞盘直径/mm	3000
5	水管绞盘直径/mm	1660

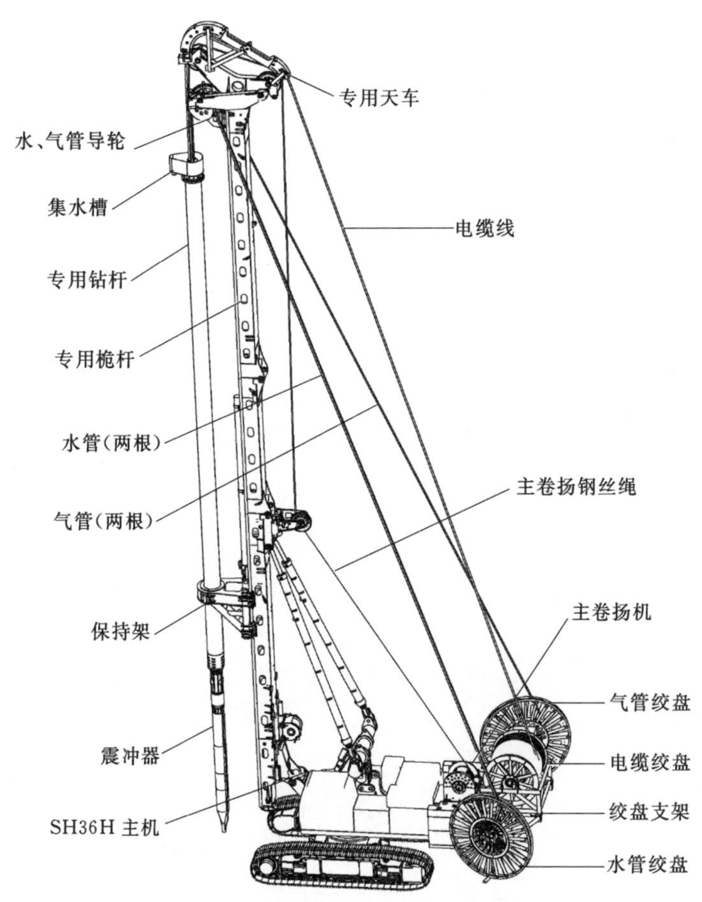

图 4.2-2　SV90 超深振冲碎石桩机

在上海某施工场地对 SV90 超深振冲碎石桩机进行性能测试，试验区地层地质条件为：0～45m 是较软的粉质黏土；45～60m 以下为粉细砂层，比较密实。试验区主要为细颗粒覆盖层，采用“旋挖引孔+振冲成桩”的施工工艺，先后实施了两个试验孔，最大桩径1m、桩深73m，较好测试了超深碎石桩成套设备在砂土地层的适应性。

为进一步验证该套设备技术的可行性，选择某工程坝址进行生产性试验。坝基试验区地层条件包括地表第④层砂卵砾石层（厚15～20m），以及埋深较大的第③层中粗砂层，该层厚度超过100m。试验采用了第④层冲击引孔、第③层旋挖引孔的组合引孔工艺，然后将振冲器下放到孔底、填入碎石料一次振冲密实成桩的工艺。试验顺利完成了一组群桩共7根，单桩最大深度90m，平均桩径约1.3m。根据全自动振冲控制系统的监控，成孔、成桩总体质量达到了预期试验要求。

4.2.4 质量控制与检测

1. 质量控制

振冲碎石桩作为地基加固处理手段之一，与其他隐蔽工程一样，施工质量较难控制，而非常规的引孔振冲碎石桩由于地质条件复杂，桩体更深，质量控制难度更大。

下面以引孔振冲碎石桩为例简述深桩施工过程的质量控制方法。

(1) 原始地层勘察。在碎石桩实施之前对原始地层进行勘探测试，查清地层物质组成及力学特性。通过勘察原始地层，为选取合适的施工设备及工艺参数提供依据。同时原始地层参数指标，也是碎石桩成桩效果的比较基础。

(2) 施工参数试验。在大规模实施碎石桩之前，应在初拟施工工艺参数的基础上，进行施工试验，进一步验证施工参数的合理性。

(3) 造孔质量控制（以旋挖钻引孔为例）。

1) 孔位中心偏差。严格按控制点测放施工孔位，用十字法校正引孔钻头对准孔位中心后实施造孔作业。

2) 孔斜。采用旋挖设备自带的测斜和纠偏装置在钻进过程中实时对孔斜进行监控并自行纠偏。

3) 孔深。为保证达到设计深度，利用旋挖钻机自带的孔深测量系统和振冲自动控制系统进行准确测量。

(4) 清孔质量控制。造孔后进行清孔，直至孔内泥浆变稀，清孔时将孔口附近的泥块、杂物清除，以免掉入孔内造成堵孔，清孔后将水压和水量减少到维持孔口有一定量回水，以防止地基土中的细颗粒被大量带走。

(5) 填料质量控制。碎石采用含泥量不大于5%的、无腐蚀性和性能稳定的硬质石料，填料粒径、填料的颗粒级配满足设计要求。

填料以连续下料为主，间隔下料为辅，填料后保证振冲器能贯入到原提起前深度，以防漏振。

(6) 填料制桩的质量控制。加密段长度利用旋挖钻机自带的孔深测量系统和振冲自动控制系统进行双控，确保不漏振。

加密过程中，根据地层情况，不同深度、不同地层采用不同的加密电流和留振时间，保证加密质量。

(7) 使用全自动振冲控制系统。超深碎石桩成套设备自带全自动振冲控制系统，施工全过程都使用全自动振冲监控系统进行实时监控，该系统将各项施工参数采集后，自动形成完整的施工记录文件，实现了振冲施工的自动控制。

造孔、制桩过程在主机操作室内都能够实时监控。

2. 质量检测

振冲碎石桩是否达到设计要求，需进行现场检测及室内试验验证，并与加固处理前的原始地基进行对比。

目前，振冲法的设计技术方法还不够成熟，还处于半理论半经验状态，采用该方法处理后的效果应经现场试验验证。

传统振冲碎石桩的质量检测应根据《建筑地基基础工程施工质量验收标准》（GB 50202—2018）振冲地基资料质量检测标准执行，引孔振冲的超深碎石桩参照上述标准。

检测试验应在振冲结束施工并达到恢复期后再进行，一般恢复期：黏性土不少于30d，粉土不少于15d，砂土不少于7d。

采用复合地基载荷试验作为振冲桩竣工验收项目，复合地基载荷试验的数量不应少于总桩数的0.5%，每个单体工程不少于3点。

振冲碎石桩加固处理效果的质量检测包括单桩检测和群桩检测。

单桩效果检测，主要测试桩体深度、密度、渗透系数、抗剪强度、承载能力、变形模量等桩体特征指标，以及单桩影响范围。

群桩效果检测，主要测试复合地基抗剪强度、变形模量和动力触探低值异常区、复合地基的抗液化能力等指标。

试验检测方法及测试参数：①原始地基和桩间土级配、密度 ρ_d、抗剪强度 C 和 φ、渗透系数 K、三轴试验；②碎石桩级配、密度 ρ_d、压缩系数、三轴试验及渗透试验；③桩间土和碎石桩动力触探试验；④桩间土承载力试验；⑤原始地基、桩间土、碎石桩单孔和跨孔纵横波速检测；⑥钻孔原位放射性密度测井。

根据检测试验成果，评价振冲碎石桩地基加固处理效果，是否达到设计要求。

4.2.5 工程应用

振冲碎石桩施工简便，造价经济，形成的复合地基工程性能明显地改善，强度增大，沉降与不均匀沉降减少，沉降期也大为缩短，是水电工程大坝基础覆盖层加固处理时广泛采用的措施之一，如我国四川地区的阴坪、黄金坪、龙头石、福堂、吉牛水电站等，都采用了振冲碎石桩进行基础处理。

1. 阴坪水电站

阴坪水电站位于四川省平武县涪江上游支流火溪河上，最大闸（坝）高35m，地震设防烈度为Ⅶ度，地震基岩峰值加速度为0.1g。据勘探资料揭示，河床覆盖层深厚，最深约107m，结构层次复杂，存在软弱下卧层。软弱层主要以砂、砂壤土为主，埋深3～11m，最大厚度约20m，承载力、压缩模量及抗剪强度均较低，且在Ⅶ度地震时有液化的可能。经综合比较采用振冲碎石桩处理，桩径为1m、桩间距1.5～2.0m，采用等边三角形布置，闸室基础以下桩深为23m，挡水坝段局部最大深度为26m。2008年“5·12”汶川地震影响到阴坪电站处的地震烈度为Ⅷ度，地震发生时阴坪电站首部枢纽的振冲处理已经完成，部分挡水建筑物的底部与护坦边墙等已经施工。经震后检查，已施工建筑物没有明显的位移和变形，基础也没有发现液化现象。

2. 黄金坪水电站

黄金坪水电站位于四川省康定县姑咱镇大渡河干流上，拦河大坝采用沥青混凝土心墙堆石坝，最大坝高85.5m，河床覆盖层最大深度超过130m，大坝坝基河床覆盖层中分布有②a、②b砂层和其他零星砂层透镜体，厚度0.6～6.24m，相对高程1396.00m建基面埋藏深度0～16.44m，为含泥（砾）中—粉细砂。根据坝基砂层分布情况，振冲碎石桩直径为1.0m，采用等边三角形布置，间排距1.8～2.5m，孔深按进入砂层底板线以下不小于1.0m进行控制，深度为6.4～24.14m。填料要求：采用天然砂卵石料源（或人工砂石料骨料系统生产的中石和大石按比例混合）加工，应具有良好级配，小于5mm粒径的含量不超过10%，含泥量不大于5%且无腐蚀性和性能稳定的硬质材料，粒径控制在20～120mm，个别最大粒径不超过150mm。

坝基砂层振冲碎石桩处理完成后，分别进行了超重型动力触探、标贯试验、复合地基荷载试验等检测。检测及计算成果表明：碎石桩处理区域，桩间土（砂层）承载力提高1.9～2倍。变形模量提高3～3.5倍；抗剪强度提高1.9～2.5倍；复合地基较原砂层承载力提高2.8～3.5倍，变形模量提高3.5～4.5倍，抗剪强度提高1.7～1.8倍。通过标贯检测，处理后的砂层在地震工况下均不会发生液化。大坝稳定计算、静动力分析结果等均在允许范围内，振冲处理砂层抗液化能力显著提高。

4.3　地下连续墙

4.3.1　适用范围

地下连续墙是指利用各种挖槽机械，借助于泥浆护壁作用，在地下挖出窄而深的沟槽，并在沟槽内浇筑适当的材料而形成一道具有防渗（水）、挡土和承重功能的连续地下墙体。

目前在水利水电行业，作为防渗结构的地下连续墙已成为我国大坝覆盖层地基处理必不可少的手段，广泛应用在小浪底、三峡、瀑布沟、长河坝、泸定、旁多等枢纽工程中。2010年10月旁多水利枢纽左岸河床段坝基深防渗墙最深成墙深度为158m（106号槽孔试验深度达到201m），为当时国内防渗墙施工深度之最。三峡工程还创造了使用液压抓斗挖槽64m深（宽1.2m）的国内纪录。2016年，新疆大河沿水库大坝防渗墙深度为186.15m，墙厚1.0m。

地下连续墙在建筑、市政、交通等行业，利用其作为基坑围护结构已有广泛应用，在设计上将地下连续墙作为承载结构又兼顾防渗，即施工阶段采用地下连续墙作为支护及防渗结构，而在正常使用阶段地下连续墙又作为结构外墙使用。例如上海500kV世博地下变电站工程直径130m的圆形基坑，基坑开挖深度为34m，采用了1.2m厚的地下连续墙作为围护结构，同时在正常使用阶段又作为地下室外墙。

在墙体材料方面，不仅使用了强度达45MPa的高强度混凝土，也使用了强度仅为2～

3MPa 的塑性混凝土以及强度更低的固化灰浆和自硬泥浆建造地下防渗墙，以便适应不同功能的要求。

地下连续墙正向着刚性和柔性两个方向发展，刚性防渗墙混凝土的强度已达 50～70MPa，很多情况下还配置了大量钢筋或钢结构，柔性地下连续墙材料的强度有时还不到 1MPa，但抗渗能力很高。因此，地下连续墙的规模越来越大，更深、更厚的地下连续墙也逐渐被使用，仅用于处理深厚覆盖层和坝体渗漏，还代替帷幕灌浆越来越多地被用于软岩和风化岩中，且越来越多地被用于超大型基础工程，作为永久性结构的一部分。

4.3.2 地下连续墙结构型式

目前在水电水利工程中应用地下连续墙的结构型式主要有一字形、T 形和 Π 形地下连续墙、框格式地下连续墙等几种型式。

1. 一字形

一字形型式一般为直线板式［图 4.3－1（a）］和折线板式［图 4.3－1（b）］，折线板式多用于模拟弧形段和转角位置。一字形在防渗墙工程中应用得最多，适用于防渗墙、抗冲墙和围封墙中直线段和模拟圆弧段墙段，例如，在桐子林水电站二期上游围堰防渗墙设计中，就采用了直线板式接折线板式地下连续墙（图 4.3－2）。

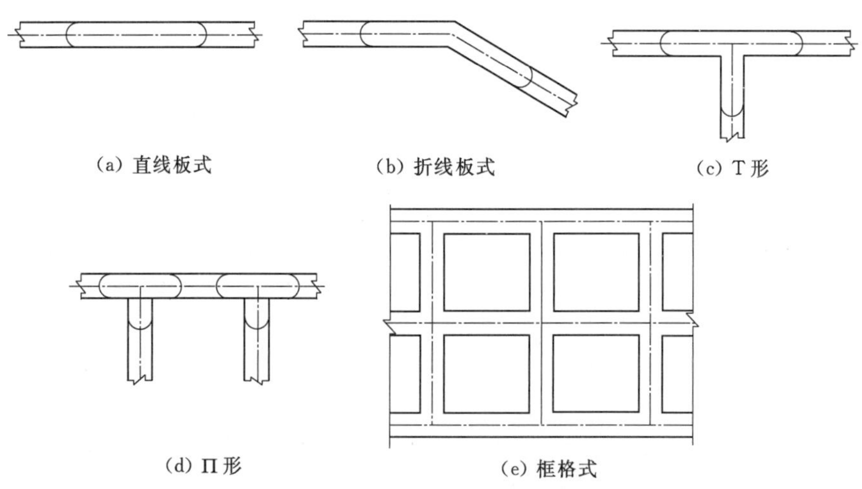
(a) 直线板式　(b) 折线板式　(c) T 形　(d) Π 形　(e) 框格式

图 4.3－1　地下连续墙平面结构型式

2. T 形和 Π 形地下连续墙

T 形［图 4.3－1（c）］和 Π 形地下连续墙［图 4.3－1（d）］适用于基坑开挖深度较大、支撑竖向间距较大、受到条件限制墙厚无法增加的情况下，采用加肋的方式增加墙体的抗弯刚度。例如，在加查水电站导流明渠出口防淘防护结构，局部采用了 T 形地下连续墙（图 4.3－3）。

3. 框格式地下连续墙

框格式地下连续墙也称之为格形、格栅式、格构式、井筒式、闭合型地下连续墙［图

图 4.3-2　桐子林电站二期上游围堰折线式防渗墙施工

(a) 施工期

(b) 施工完成、开挖揭示

图 4.3-3　加查水电站出口明渠防淘墙施工

4.3-1 (e)]。由内、外纵墙和横隔墙组成框格式结构，与其内部的原状土体共同形成半重力式结构，由于其特殊的几何构造，自身“稳如泰山”，能承担基坑施工过程中的水土压力，无需对撑或拉锚，且能够较好地限制基坑的变形，可以被设计为承载结构作为永久结构使用。框格式地下连续墙的创意来自于格形钢板桩和沉井结构，两者均是半重力式自立式围护结构。不同的是，框格式地下连续墙由地下连续墙槽段构成，墙体刚度大、抗渗性能好，长度、深度、厚度都可以根据需要调节，可像搭积木一样进行各种组合，施工方便、环保。框格式地下连续墙由大量的槽段连接而成，各槽段间由施工接头相连，槽段型式主要包括一字形槽段、T 形槽段和十字形槽段，其中 T 形、十字形槽段还可以根据需要设计成不同的角度。

在水电工程上框格式地下连续墙首次大规模应用在桐子林水电站导流明渠左导墙的地基处理上，该段导墙末端位于厚约 40m 左右的粉砂质黏土上，受地形限制不具备采用大开挖清除覆盖层建基于基岩的条件，同时由于基岩顶板面起伏差大，不利于沉井施工。框格式地下连续墙作为导墙承载基础和防淘刷结构，历经3年数次较大洪水的考验，效果良好（图4.3-4）。

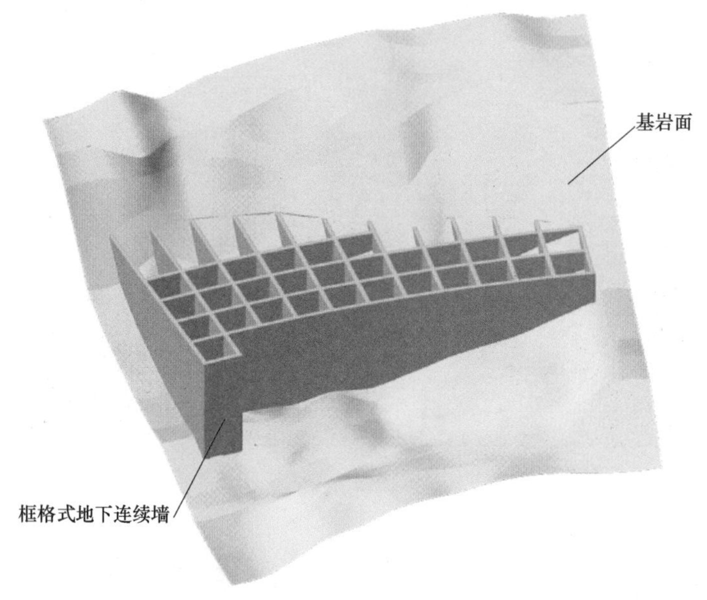

图4.3-4 桐子林水电站导流明渠左导墙基础地下连续墙三维示意图

4.3.3 地下连续墙设计

作为地基承载和加固结构，需要对承载力、变形和稳定性三个方面进行计算分析。承载力包括墙体的水平和竖向截面承载力、竖向地基承载力；变形主要指墙体的水平变形和作为竖向承重结构的竖向变形；稳定性主要指结构的整体抗滑稳定性、抗倾覆稳定性、基础面抗渗流稳定性等。当地下连续墙作为基坑围护结构时，还要对基坑底抗隆起稳定性进行分析。

4.3.3.1 墙体厚度和槽段宽度

通常情况下，混凝土地下连续墙厚度选择主要考虑三个因素：一是墙体的允许水力比降值；二是施工设备及施工技术条件；三是强度和刚度要求。

连续墙墙体允许水力比降一般可取60～100，连续墙有防渗要求时可取小值。地下连续墙厚度一般为0.5～1.2m，随着挖槽设备大型化和施工工艺的改进，地下连续墙厚度可达2.0m以上。具体工程中地下连续墙的厚度应根据成槽机械的规格、墙体的抗渗要求、墙体的受力和变形计算等综合确定。桐子林电站导流明渠地下连续墙厚度1.2m，加查电站导流明渠出口防冲地下连续墙厚度1.2m。

槽段宽度需根据墙段的结构受力特性、槽壁稳定性、周边环境的保护要求和施工条件等各方面的因素综合确定。桐子林导流明渠地下连续墙一字形槽段最大宽度8.6m，加查导流明渠出口防冲地下连续墙一字形槽段最大宽度6.09m。

4.3.3.2 地下连续墙的入土深度及嵌岩深度

一般工程中地下连续墙入土深度在10～50m范围内。在水电水利工程中，地下连续墙作为基础加固结构，其入土深度应满足结构承载及稳定要求，一般要求嵌岩1～2m，若作为防淘刷结构，其入土（岩）深度应满足冲坑深度、岸坡稳定性以及结构强度等方面的要求；若作为防渗结构，其入土（岩）深度应满足渗流稳定和允许渗流量控制要求。在基坑围封工程中，地下连续墙既作为承受侧向水土压力的受力结构，同时又兼有防渗隔水的作用，因此地下连续墙的入土深度需考虑其上挡水建筑物边坡和基坑边坡抗滑稳定性、渗流稳定及隔水等方面的要求，需满足上述各项结构稳定性和强度要求。

在考虑嵌入深度时，还需注意孔底淤积的影响，一般应留有适当裕度。这些淤积物通常由泥浆、岩石碎屑或砂组成，其厚度和性能与造孔泥浆质量优劣以及孔底清渣情况有关。优质泥浆在孔底形成的淤积少，抗渗能力高，劣质泥浆则易产生很厚的淤积。用液压抓斗挖槽或使用专用清孔器清孔时，淤积很少；而用冲击钻的抽筒清孔时则会留下较多的淤积。

4.3.3.3　内力与变形计算及承载力验算

地下连续墙用作基坑围护挡墙时，其内力和变形计算目前多采用平面弹性地基梁法，当地下连续墙用作水电水利工程防渗或结构基础加固时，因其具有明显空间效应，故应采用连续介质有限元法模拟施工面貌进行计算。

应根据各工况内力包络图对地下连续墙按照承载能力极限状态进行截面承载力验算和配筋计算，当地下连续墙在正常使用阶段又作为主体结构一部分时，应考虑正常使用极限状态根据裂缝控制要求进行配筋计算。

4.3.3.4　地下连续墙构造设计

1. 墙身混凝土

地基加固结构的地下连续墙混凝土设计强度等级不应低于C25，常规防渗墙设计强度等级可根据设计要求确定，水下浇筑时混凝土强度等级按相关规范要求提高。墙体和槽段接头应满足防渗设计要求，地下连续墙混凝土抗渗等级应满足防渗要求。

2. 钢筋笼

地下连续墙钢筋笼由纵向钢筋、水平钢筋、封口钢筋和构造加强钢筋构成。纵向钢筋沿墙身均匀配置，可按受力大小沿墙体深度分段配置。当钢筋布置无法满足净距要求时，常采用将相邻两根钢筋合并绑扎的方法调整钢筋净距，以确保混凝土浇筑密实。地下连续墙宜根据吊装过程中钢筋笼的整体稳定性和变形要求配置架立桁架等构造加强钢筋。

单元槽段的钢筋笼宜在加工平台上装配成一个整体，一次性整体沉放入槽。当单元槽段的钢筋笼必须分段装配沉放时，上下段钢筋笼的连接宜采用机械连接，并采取地面预拼装措施，以便于上下段钢筋笼的快速连接，接头的位置宜选在受力较小处，并相互错开。

4.3.3.5　地下连续墙施工接头

地下连续墙虽称为“连续墙”，但受施工工艺的限制，必须将整个连续墙分成若干个墙段分期进行施工。在先行槽段施工时，多在槽段两端放置接头装置以形成结构良好的接头，使其避免成为渗漏水的途径和强度隐患点。因此，地下连续墙接头设计嵌固的牢靠性和施工质量是十分关键的，嵌固的牢靠性和施工质量的可靠性决定了接头的受力状态是刚性或是柔性的。

目前地下连续墙槽段接头型式按施工方法分钻凿法接头、拔管法接头、双反弧接头、止水片接头、横向塑性混凝土接头等，按受力状态分主要分为柔性接头、半刚性接头和刚性接头三种。能够承受弯矩、剪力和水平拉力的施工接头称为刚性接头；反之不能承受弯矩和水平拉力仅能承受纵向压力的接头称为柔性接头，而介于上述两种接头之间，具有一定刚性、可传递横向剪切力、纵向压力，并且可传递一定的拉力和弯矩的接头称为半刚性接头。

1. 柔性接头

常用的柔性接头主要有圆形（或半圆形）锁口管接头、波形管（双波管、三波管）接头、楔形接头、钢筋混凝土预制接头和橡胶止水带接头，工程中最常用的地下连续墙柔性施工接头平面型式如图 4.3-5 所示。柔性接头抗剪、抗弯能力较差，一般适用于对槽段施工接头抗剪、抗弯能力要求不高的工程中。

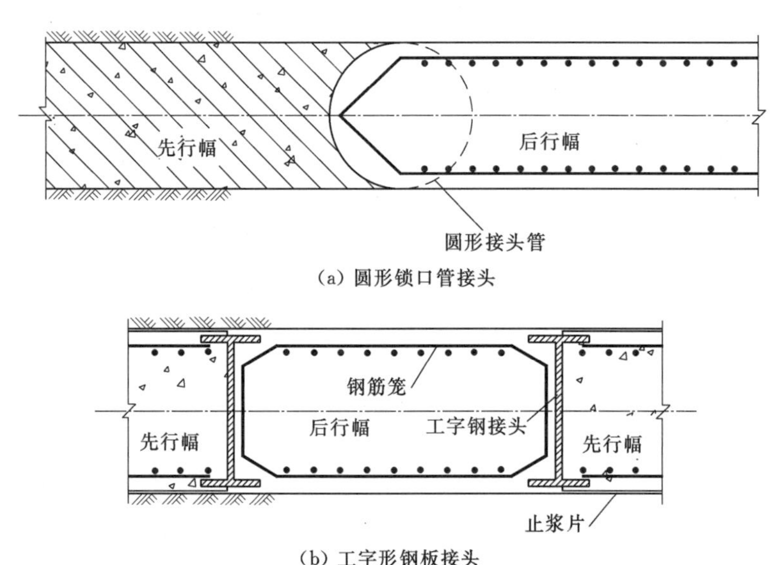

(a) 圆形锁口管接头

(b) 工字形钢板接头

图 4.3-5　地下连续墙柔性施工接头平面型式

(1) 锁口管接头。锁口管接头是地下连续墙中最常用的接头型式，锁口管在地下连续墙混凝土浇筑时作为侧模，该接头构造简单，施工适应性较强，止水效果可满足一般工程的需要。其结构受力特点是允许一定幅度的转动及错动变形，限制了沿轴线方向的受压变形，不能限制轴线方向的受拉位移。图 4.3-6 为圆形锁口管接头实物图。

(2) 工字形钢板接头。该接头型式是采用钢板拼接的工字形钢板作为施工接头，工字形钢板翼缘钢板与先行槽段水平钢筋焊接，后续槽段可设置接头钢筋深入到接头的拼接钢板区。该接头不存在无筋区，形成的地下连续墙整体性好。先后浇筑的混凝土之间由钢板隔开，加长了地下水渗透的绕流路径，止水性能良好。工字形型钢接头的施工避免了常规槽段接头施工中锁口管或接头箱拔除的过程，大大降低了施工难度，提高了施工效率。其结构受力特点是允许更小幅度的转动及错动变形，限制了沿轴线方向的受压变形，但不能限制轴线方向的受拉位移。桐子林水电站导流明渠、加查水电站导流明渠地下连续墙一字形槽段连接接头均采用该接头型式。图 4.3-7 为工字形钢板接头实物图。

图 4.3-6 圆形锁口管接头实物图

图 4.3-7 工字形钢板接头实物图

2. 刚性接头

刚性接头可传递槽段之间的竖向剪力。在工程中应用的刚性接头主要有一字穿孔或十字穿孔钢板接头、钢筋搭接接头和十字形钢插入式接头，钢板或者钢筋深入二期槽孔内的锚固长度应满足刚性连接的要求。

（1）十字穿孔钢板接头。十字穿孔钢板接头是地下连续墙工程中 40m 深度内最常用的刚性接头型式，是以开孔钢板作为相邻槽段间的连接构件，开孔钢板与两侧槽段混凝土形成嵌固咬合作用，可承受地下连续墙垂直接缝上的剪力，并使相邻地下连续墙槽段形成整体共同承担上部结构的竖向荷载，协调槽段的不均匀沉降；同时穿孔钢板接头亦具备较好的止水性能。十字形钢板刚性接头如图 4.3-8（a）、图 4.3-8（c）所示。

为了防止混凝土浇筑过程中出现从侧面绕流，影响相邻槽段施工，十字穿孔钢板应沿槽段深度通长设置，且应嵌入槽底沉渣内一定深度，彻底隔断混凝土的绕流路径。对于设计上需要地下连续墙加深隔断地下水的槽段，应将钢筋笼加深至槽底，以固定十字钢板。

（2）钢筋搭接接头。钢筋搭接接头采用相邻槽段水平钢筋凹凸搭接，先行施工槽段的钢筋笼两面伸出搭接部分，通过采取施工措施，浇灌混凝土时可留下钢筋搭接部分的空间，先行槽段形成后，后施工槽段的钢筋笼一部分与先行施工槽段伸出的钢筋搭接，然后浇灌后施工槽段的混凝土。钢筋搭接刚性接头如图 4.3-8（b）所示。

图 4.3-9 为十字开孔钢板刚性接头实物图。

3. 半刚性接头

十字钢板接头若未开孔、锚固长度不足或钢板厚度较薄时，钢筋搭接接头锚固长度不足时，此时接头难以限制接头处小幅度的转动以及难以提供较大的抗拉能力，可以认为是半刚性接头。

4. 施工接头选用原则

由于地下连续墙施工接头种类和数量众多，在实际工程中在满足受力和止水要求的前提下，应结合地区经验尽量选用施工简便、工艺成熟的施工接头，以确保接头的施工质量。一般工程中在满足受力和止水要求的条件下地下连续墙槽段施工接头宜优先采用锁口管柔性接头或工字形型钢接头。当根据结构受力要求需形成整体或当多幅墙段共同承受竖

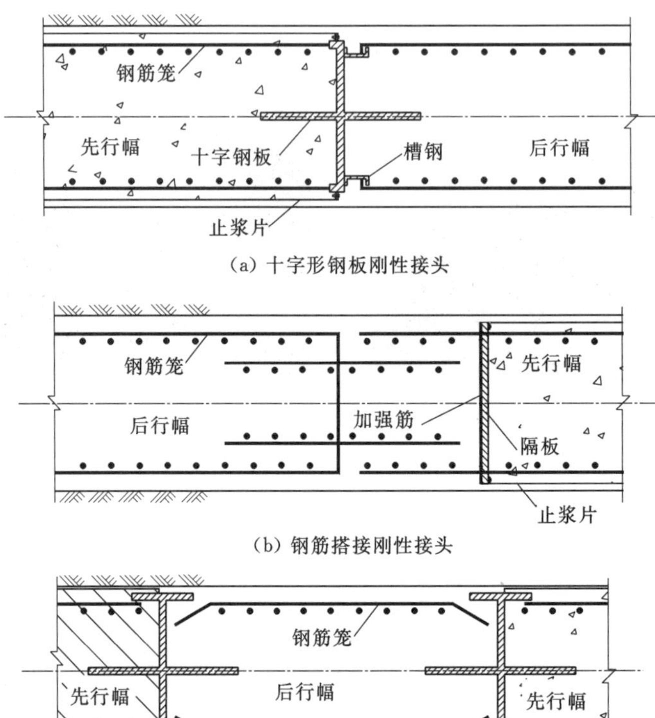

图 4.3-8　地下连续墙刚性施工接头

图 4.3-9　十字开孔钢板刚性接头实物图

向荷载，墙段间需传递竖向剪力时，槽段间宜采用刚性接头，并应根据实际受力状态验算槽段接头的承载力。

4.3.4 框格式地下连续墙设计

框格式地下连续墙结构是由纵墙、横墙或者由内墙、中隔墙、外墙等构成，以实现结构的整体性和空间结构效应。

4.3.4.1 计算方法

框格式地下连续墙受力状况与墙体的变形状态有直接的关系，而墙体的变形又与结构型式、外荷载大小及地层特性有关，实质上框格式地下连续墙的内力和变形计算是一个结构与土体共同作用的问题。其主要计算步骤如下：

（1）荷载分析。包括土压力、水压力、外荷载、自重等。

（2）整体稳定验算。包括整体稳定、抗倾、抗滑、渗流计算、基础底面应力验算等。

（3）内力和变形计算。框格式地下连续墙主要采用三维非线性有限元计算，增量求解法求解。材料模型采用理想弹塑性模型，混凝土按照线弹性材料考虑，岩土体按照材料非线性考虑，屈服准则为 Mohr－Coulomb 屈服准则。框格式地下连续墙施工及运行过程主要计算步骤见表 4.3－1。

表 4.3－1　框格式地下连续墙施工及运行过程主要计算步骤表

工期	分析步	模拟过程
施工期	0	初始应力场计算
	1	地下连续墙施工—完工
	2	上部结构施工—完工
运行期	3	运行期其他荷载（如水压力等）施加

4.3.4.2 设计要点

（1）框格式地下连续墙处理范围应根据结构布置及地基情况进行确定，其布置应满足结构整体稳定要求和防渗要求。

（2）应根据结构内力计算分析确定框格尺寸和墙体截面设计。

（3）应使框格式地下连续墙形成整体受力体系，纵横墙或者内外墙宜采用 T 形槽段或十字形槽段与一字形槽段相连接。

（4）当框格式地下连续墙需承受较大的竖向荷载或对墙体竖向变形要求较高时，墙底应选择较好的持力层，墙底可采取嵌岩或者注浆措施以满足竖向承载力和变形要求。

4.3.4.3 施工要点

地下连续墙成槽时，在 T 形槽段或十字形槽段等异形槽段容易出现槽孔坍塌现象，因此在成槽时需采取措施确保槽壁稳定性。可采用槽壁预加固、浅层降水、优化泥浆配比、缩短每幅地下连续墙施工周期以及控制周边荷载等措施确保槽壁的稳定性。为解决桐子林水电站导流明渠框格式地下连续墙纵横墙 T 形槽段或十字形槽段处易坍塌的难题，设计人员创造性地提出“桩墙插入式”连接技术，即将节点异形槽段采用扩大式节点桩，“扩桩式”节点桩直径 2.5m，如图 4.3－10 所示，有效地解决了异形槽孔易坍塌的难题。

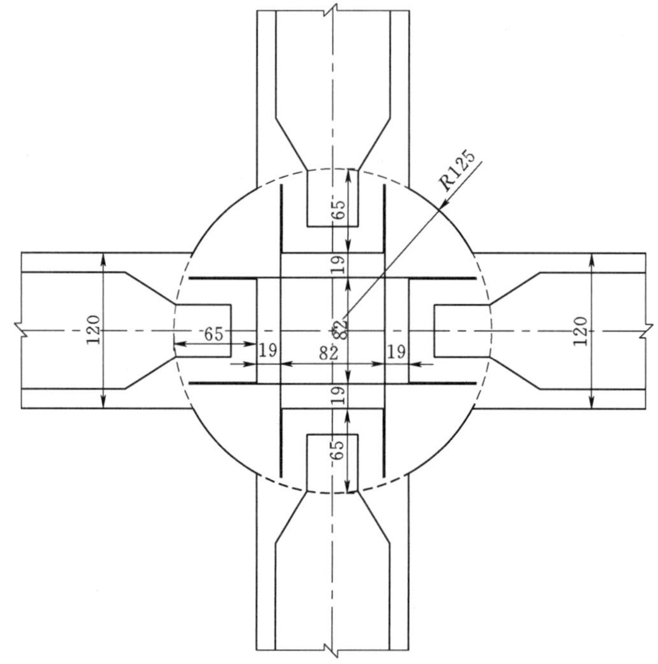

图 4.3-10 “扩桩式”节点桩（单位：cm）

4.3.5 工程应用

导流明渠是国内外大中型水电水利工程常用的导流建筑物之一，一般布置于相对宽缓的河道一侧或附近有可利用的地形如旧河道、山沟、河湾等处，适用于河流流量较大，可分期施工的工程。

多数导流明渠的基础均布置在覆盖层地基或者软弱岩基上，明渠基础的结构设计需要考虑下面三个问题：

（1）基础承载力满足明渠结构要求。

（2）明渠结构及基础抗渗满足稳定要求。

（3）防冲防淘刷能力满足设计要求。

当导流明渠覆盖层基础在上述几方面不能满足要求时，需要对地基进行处理。常用处理方法有：固结灌浆、帷幕灌浆、置换（开挖回填）、钢管桩、沉井、锚索、地下连续墙、表面柔性防护等。

20 世纪 70 年代，龚嘴水电站导流明渠的外导墙采用了钢管桩加固地基。80 年代，铜街子水电站导流明渠采用大型沉井群（左侧岸坡沿线共布置了 16 个沉井，另有 4 个防洪堤沉井，沉井最大平面尺寸 16m×30m，最大深度 31m，顺水流向总长达 394m）作为左岸岸坡抗滑结构和明渠边墙的一部分，同时采用大吨位（单位吨位 336t）预应力锚索处理右岸导墙基础的玄武岩层间、层内错动和缓倾角裂隙带。宝珠寺水电站导流明渠左导墙部分基础采用沉井相互连接成墙的方案，共布置 13 个大型沉井。

沉井是在预制好的钢筋混凝土井筒内挖土，依靠井筒自重克服井壁与地层的摩擦阻力逐步沉入地下，以实现工程目标的一项施工技术。沉井技术具有结构可靠，所需机械设备简单，施工安全等优点。但对含巨砾石的砂砾层、黏土软岩层、基岩顶板起伏差大等地层而言，施工难度大，容易出现突沉、偏斜，易出事故；施工深度不易过大，通常小于30m；对沉井周围地层沉降的影响大，抗震性差。在地下水位较高及渗水量较大的地层，沉井技术应慎用。

近些年，地下连续墙施工技术的大力发展使其具有较多优势：施工时具有低噪声、低震动，施工期间不需要对地下水进行降水处理，对环境的影响小；墙身具有良好的抗渗能力，坑内降水时对坑外的影响较小；适用多种地基条件，从软弱的冲积地层到中硬的地层、密实的砂砾层，各种软岩等所有地基都可以建造地下连续墙；工效高、工期短、质量可靠，能较好地兼顾明渠基础要求的承载力、稳定和防淘要求。桐子林水电站导流明渠导墙及底板末端采用框格式地下连续墙对深厚覆盖层进行地基加固处理，明渠出口采用柔性混凝土板进行防护。加查水电站采用框格式地下连续墙对导流明渠出口岸坡防护结构覆盖层基础加固处理，避免明渠出口冲坑对边坡稳定造成的不利影响，同时起到抗滑及防淘刷的作用，实施效果良好。

工程实践表明，对于大中型水电水利工程覆盖层地基上的导流明渠，在不具备基础开挖置换的条件下，为解决明渠结构的地基承载力、提高防冲防淘刷能力，采用地下连续墙进行地基加固处理是较好的解决方案。但地下连续墙也存在弃土和废泥浆处理、粉砂地层易引起槽壁坍塌及渗漏等问题，因而需采取相关措施来保证连续墙施工的质量。

4.3.5.1 基础承载和防冲保护实例——桐子林水电站导流明渠

1. 地连墙设计

桐子林水电站导流明渠长609.773m，最小净宽63.8m，过流断面为梯形断面，左导墙为L形结构，长544.364m。

导流明渠出口末端为深厚覆盖层基础，其中（左导）0＋200.00～0＋215.00m段地基为青灰色粉砂质黏土层，最大层厚13m，（左导）0＋215.00～0＋326.258m段，覆盖层厚度13～39m，由上部含漂砂卵砾石层（厚6～8m）和下部青灰色粉砂质黏土层（最深达30余米）组成。

由于导流明渠出口末端覆盖层深厚，最大深度约39m，考虑到明渠结构及运行条件，该覆盖层地基不能直接作为导流明渠底板和左导墙基础，同时由于明渠出口河道较为狭窄而无条件全部挖除该覆盖层基础，经设计充分研究，最终采用框格式混凝土地下连续墙加固覆盖层基础。

框格式地下连续墙设计布置范围：（左导）0＋215.000～（左导）0＋326.481m，连续墙顺水流方向设置3道，轴线间距分别为10m、17.5m，垂直水流方向设置12道，轴线间距均为10.0m，如图4.3-11所示。框格式地下连续墙的一字形槽段连接采用工字形连接，如图4.3-12所示。对于框格式地下连续墙的十字形槽段，桐子林工程创造性地提出“桩墙插入式”连接技术连接，有效地解决了这一难题。其中节点桩直径2.5m，如图4.3-13所示。

地下连续墙顺水流方向长112.7m，垂直水流方向最短21.6m，最宽62.5m，处理覆盖层基础面积共4572m^2。地下连续墙框格尺寸分两种，分别为10.0m×10.0m和10.0m×

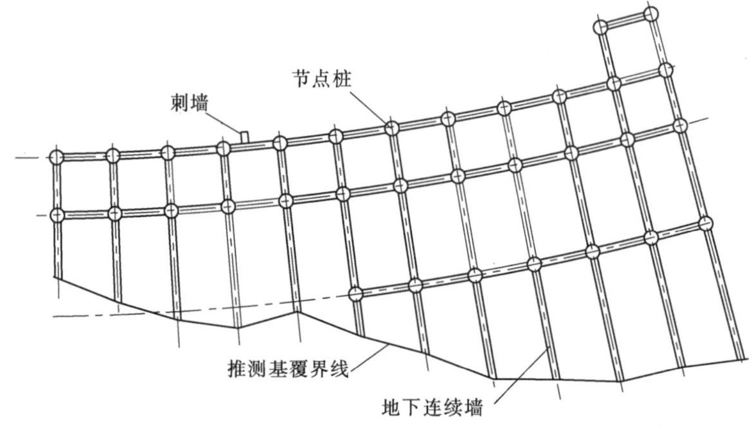

图 4.3-11 框格式地连墙平面布置图

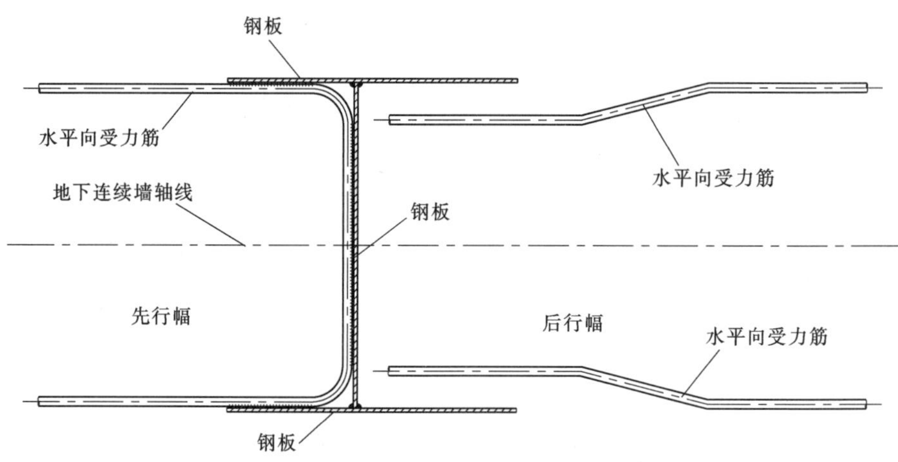

图 4.3-12 工字形钢板接头大样

17.5m，混凝土墙厚 1.2m，最大墙深 39.0m，最外侧连续墙要求嵌岩不小于 2m，其余嵌岩不小于 1m，框格交点设置直径 2.5m 的节点桩，最大桩深 40.5m，所有节点桩均嵌岩 2.0m。

2. 地连墙结构计算

桐子林导流明渠框格式地连墙在施工期不仅要承担较大的垂直水压力，还需承担较大的不均匀水平荷载。因此采用三维有限元方法，详细地研究地连墙在各工况下的应力与变形以及施工因素的影响，包括施工泥皮、渗流、嵌岩深度、施工接头等。

(1) 有限元计算模型及模拟计算。计算模型主体采用 8 节点的六面体等参单元，在地形过渡、结构尺寸变化等部位采用 6 节点的三棱柱等参单元。由于地连墙的施工作业主要处于覆盖层和浅层基岩中，几乎无构造应力，所以有限元计算中仅考虑自重应力场的影响。三维有限元计算模型图如图 4.3-14 所示。

桐子林地连墙结构的计算中均按各向同性考虑，采用增量求解法计算。导墙及地连墙混凝土材料采用线弹性本构模型计算，覆盖层与基岩采用 Mohr-Coulumb 弹塑性本构模

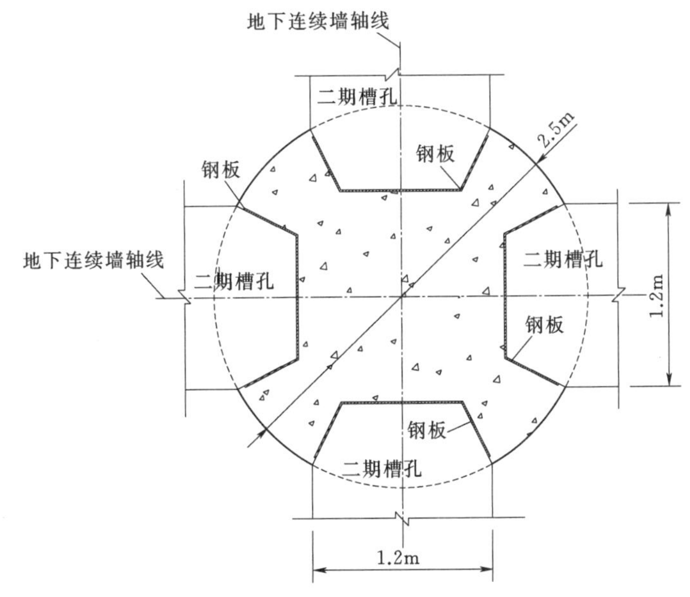

图 4.3-13　节点桩大样图

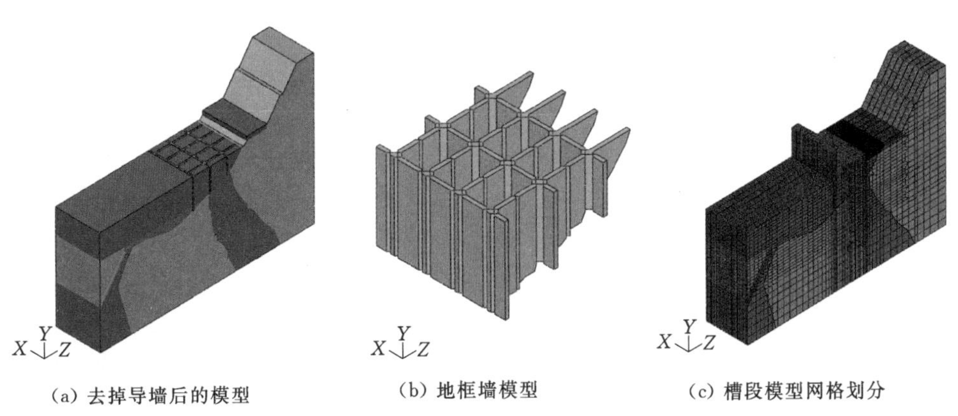

(a) 去掉导墙后的模型
(b) 地框墙模型
(c) 槽段模型网格划分

图 4.3-14　三维有限元计算模型图

型计算。

计算采用过程模拟的方法，模拟了地连墙及明渠结构在各工况下从施工到运行的全过程。计算工况主要包括完建期、运行期。

(2) 计算结果。地连墙在各工况下的变形均不大，其中运行期明渠设计流量过流、左侧厂房深基坑开挖完成为控制工况，由于左侧厂房基坑覆盖层被挖除后，框墙中土压力及渗透水压力作用在地连墙上，相对变形较大，需要通过配筋方式保证墙体安全。

(3) 地连墙影响因素研究。地连墙的影响因素主要包括结构布置型式、施工泥皮、渗流、嵌岩深度、墙体厚度、地连墙混凝土标号、明渠底板厚度及施工接头型式。

1) 与施工接头布置于墙体中间位置的结构型式相比，接头布置于墙体交叉位置的结构在变形和受力方面更加均匀，且结构整体受力特性较好，在配筋和施工方面有较明显的优势。

2）施工泥皮加剧了地连墙结构的整体变形趋势，使得基础对连续墙的约束减弱，但对墙体结构安全不控制。

3）渗透加剧了地连墙及导墙结构的受力不均衡性，结构整体的变形增大，嵌岩端局部位置拉应力增大，但均处于可控状态。

4）增加嵌岩深度对墙体的变形趋势影响较小，墙体的大部分应力有较大程度的改善，会增加局部位置的应力，对结构的整体稳定有利。

5）地连墙混凝土等级从C30降低为C25对墙体各应力分布影响不大，明渠底板厚度增大结构应力分布更合理。

6）地连墙在铰接和半自由接头下的受力状态相对较优。半自由接头虽然应力较铰接有所增大，但仍可通过配筋解决，且对地基的不均匀沉降的适应性较好，易于施工，选择半自由接头作为推荐的结构布置型式。

3. 地连墙施工

本地下连续墙工程共划为：桩32个，一字槽71个共计103个施工单元。施工工序分两步进行，首先进行桩施工，再进行一字槽施工。一字槽划分原则为：两节点桩中心距为10m部分划分为一个槽段，两节点中心距为17.5m部分划分为两个等长的槽段，C道节点桩以左部分根据实际情况以7.3～10.3m为一个槽段。

2009年12月4—29日进行框格式地下连续墙试验；2010年1月5日—3月4日完成节点桩施工；2010年2月17日—4月28日完成一字槽施工。直线工期148天。

（1）造孔施工。桩造孔施工：桩造孔采用冲击钻机成孔，一字槽造孔主要采用ZZ—8D型冲击钻机配合GB—30型液压抓斗成槽。上部覆盖层主要采用“抓取法”施工，下部基岩部分采用ZZ—8D型冲击钻机破碎嵌岩，分别如图4.3-15、图4.3-16所示。

图4.3-15　节点桩成桩施工图

图4.3-16　覆盖层采用“纯抓成槽”施工图

（2）固壁泥浆。本工程覆盖层为粉砂质黏土，其自造浆能力较好。因此在冲击钻造孔过程中，以自造泥浆为主，辅助加膨润土泥浆。

（3）钢筋笼吊装。地下连续墙节点桩直径为250cm，最大孔深为41.18m，钢筋笼最大重量为34.04t；一字槽槽宽1.2m，最大槽长为10.30m，最大孔深为40.8m，钢筋笼最大重量为46.45t。

根据钢筋笼尺寸及重量，采用260t液压履带吊做主吊，履带吊的最大起拔高度为51m。根据吊装钢筋笼的尺寸和重量分别采用40t或75t汽车吊做副吊（钢筋笼长度大于25m时用75t汽车吊做副吊，其余均用40t汽车吊做副吊），直立后由260t液压履带吊吊入槽内。钢筋笼吊装如图4.3-17所示。

图4.3-17　钢筋笼吊装图

（4）接头保护。接头保护主要采用“投袋法”施工工艺。“投袋法”主要采用向接头孔内填筑黏土袋。钢筋笼下设完成后，采用人工投袋的方式同时向两侧接头孔内填筑黏土袋，黏土袋的填筑高程一般比混凝土顶面高5～7m，直至填筑到混凝土面以上2m，防止混凝土将黏土袋浮起。

（5）混凝土浇筑。浇筑混凝土采用泥浆下“直升导管法”。节点桩浇筑导管下设一台汽车吊，一字槽则采用一台冲击钻机配合一台汽车吊进行。节点桩下设一套浇筑导管，一字槽则根据规范和设计要求所规定的导管间距下设三套浇筑导管。

4. 墙体质量检查

对地连墙103个单元工程逐项进行质量检查和测试，最大渗透系数为1.58×10^{-7}cm/s，最小渗透系数为6.7×10^{-8}cm/s，平均渗透系数为1.1×10^{-7}cm/s。平均抗压强度为44.9MPa。混凝土心样弹模最大值38900MPa，最小值30400MPa。2010年汛后对该部位进行基础开挖时揭示地连墙完整（图4.3-18）。

4.3.5.2　防冲墙护岸实例——加查水电站导流明渠

加查水电站坝址区河道较顺直，河谷深切但开阔，为U形宽谷。该电站采用明渠导流方式，二期导流期采用布置在右岸的导流明渠泄流，设计流量为$8920m^3/s(P=5\%)$。导流明渠出口下游右岸岸坡为深厚覆盖层，明渠泄流对下游河床及岸坡冲刷严重。根据水力学模型试验成果，导流明渠出口下游冲坑最大冲坑深度约22m，为了保障导流明渠及

图 4.3-18　地下连续墙开挖出露情况

其出口下游右岸深厚覆盖层岸坡的安全，必须布置防淘结构和岸坡防护结构。

防淘结构和岸坡防护结构不仅要直接承受最大流速约 16m/s 的明渠出流的冲刷，右岸最大高约 60m 的覆盖层边坡土压力，还要承受河床经淘刷形成的约 22m 临空所增加的岸坡土压力，以及岸坡渗透水压力。

经研究布置 1.2m 厚的钢筋混凝土地下连续墙进行防护，并采用单墙与框格墙相结合的结构型式。该防淘墙结构顺水流向长度为 310.784m，防淘墙最大临空高度约 22m，所防护的覆盖层岸坡最大高度约为 60m。框格墙段隔墙间距为 6.0m（轴间距），纵墙间距为 7.2m（轴间距）。

为了减小施工难度，纵向墙体槽段间采用工字钢接头型式，横向隔墙与纵向墙体按自由接触考虑，纵向墙体接头布置在横向隔墙的中间，且隔墙施工成台阶状。为了保证防淘结构的整体性，在防淘墙顶布置 3.0m 厚的顶板，防淘墙的钢筋深入顶板结构。

框格式地连墙防淘护岸结构横剖面图如图 4.3-19 所示。加查水电站出口明渠框格式地连墙防护结构三维模型如图 4.3-20 所示。

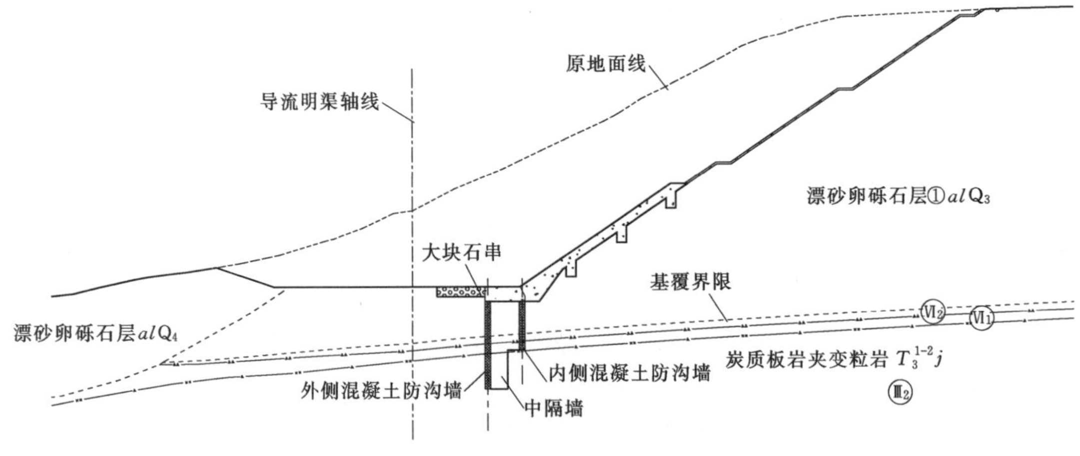

图 4.3-19　框格式地连墙防淘护岸结构横剖面图

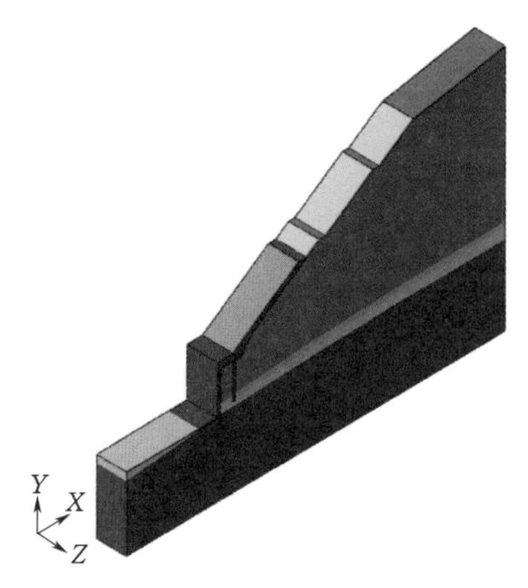

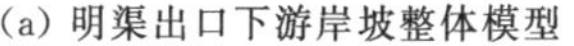
(a) 明渠出口下游岸坡整体模型

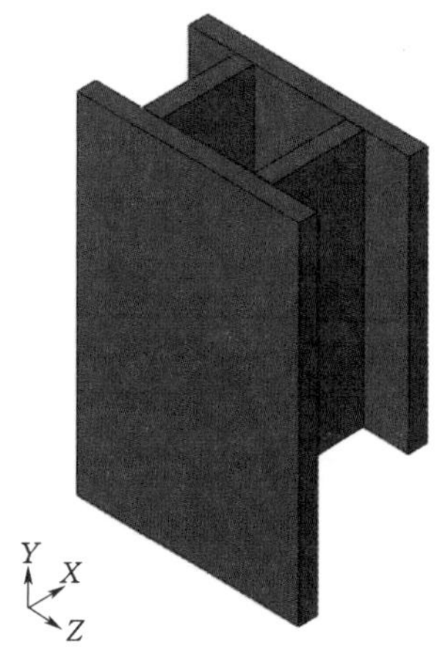

(b) 防淘墙结构模型(局部放大)

图 4.3-20　加查水电站出口明渠框格式地连墙防护结构三维模型图

4.4　固结灌浆

4.4.1　原理及适用条件

覆盖层固结灌浆是指利用机械压力或浆液自重，将具胶凝性的浆液（一般是具有流动性、凝固后具有胶结力的浆液）压入到覆盖层中的孔隙或空洞内，以增强覆盖层地基的密实性、承载能力或整体稳定性，改善其力学和抗渗性能，控制沉降量和减小不均匀沉降。主要起到如下 4 种作用：

(1) 充填作用，浆液结石将地层空隙充填起来，提高地层的密实性，也可以阻止水流通过。

(2) 压密作用，在浆液被压入过程中，对地层产生挤压，从而使那些无法进入浆液的细小裂隙和孔隙受到压缩或挤密，使地层密实性和力学性能都得到提高。

(3) 黏合作用，浆液结石使已经脱开的岩块、建筑物裂缝等充填并黏合在一起，恢复或加强其整体性。

(4) 固化作用，浆液与地层中的黏土等松软物质发生化学反应，将其凝固成坚固的“类岩体”。

覆盖层地基固结灌浆主要适用于砂卵砾石、砂土、碎石土等渗透性强、可灌性好的土体。

固结灌浆的浆液类型主要包括水泥基浆液和化学浆液。水泥基浆液费用低，且无毒性，对环境影响较小，是优先选用的灌浆材料。化学灌浆费用高，多有毒性，尽管其对所有的砂层和砂砾石层都是可灌的，为保护环境，水电工程中一般较少采用。固结灌浆在大坝地基覆盖层一定范围内使用，可以加强地基整体性，提高地基的变形模量、地基承载力、抗渗性等物理力学指标，对地基防渗、稳定、抗不均匀变形有利。固结灌浆施工简便，对周围环境影响较小，在大坝覆盖层地基加固处理中得以广泛应用，如瀑布沟、泸定、黄金坪、毛尔盖、长河坝和下坂地等工程覆盖层地基一定范围进行了5～10m深的固结灌浆；同时在工程修复处理中也应用广泛，“5·12”汶川地震后，如映秀湾、耿达等混凝土闸（坝）震损修复中，都有使用固结灌浆进行基础加强。

4.4.2 控制参数

1. 地层的可灌性

分析地层可灌性首先应当了解地层的组成、性质、紧密程度、胶结情况、不同特性的土层分布、渗透性及颗粒级配等。根据颗粒级配曲线，可以用以下指标初步分析地层的可灌性。

（1）可灌比值。可灌比值是地层能否接受某种灌浆材料进行有效灌浆的一种指标，通常用下式表示：

$$M=\frac{D_{15}}{d_{85}} \tag{4.4-1}$$

式中：M 为可灌比值；D_{15} 为地层中含量为15%的颗粒粒径，mm；d_{85} 为灌浆材料中含量为85%的颗粒粒径，mm。常见灌浆材料的 d_{85} 值参见表4.4-1。

在一般情况下，当 $M \geqslant 10$ 时可灌注水泥黏土浆；当 $M \geqslant 15$ 时可以灌注水泥浆。实践经验证明，所用灌浆材料满足上述条件时，一般可使地层的渗透系数降低至 10^{-4}～10^{-5}cm/s的水平。

表4.4-1　各种灌浆材料的 d_{85} 值

灌浆材料	42.5水泥	32.5水泥	磨细水泥	膨润土	黏土	水泥黏土浆	粉煤灰
d_{85}/mm	0.06	0.075	0.025	0.0015	0.02～0.026	0.05～0.06	0.047

（2）小于0.1mm颗粒含量。由于水泥颗粒的最大粒径接近0.1mm，一些工程的实践表明，对小于0.1mm颗粒含量少于5%的地层都可接受水泥黏土浆的有效灌注。

（3）地层的颗粒级配曲线。我国曾根据一些工程的经验整理出若干特征曲线作为地基对不同灌浆材料可灌性的界限（图4.4-1），当被灌地层的颗粒曲线位于A线左侧时，该地层容易接受水泥灌浆；当地层埋藏较浅（如5～10m），其颗粒曲线位于B线和A线之间时也可以接受水泥黏土灌浆；当地层颗粒曲线位于C线和B线之间时，该地层容易接受一般的水泥黏土灌浆；当地层颗粒曲线位于D线和C线之间时，需使用膨润土和磨细水泥灌注。

（4）地层渗透系数。渗透系数的大小可以间接地反映地层孔隙的大小，因而也可用渗透系数判别地层的可灌性。根据勘探试验资料统计，不同土质的渗透系数见表4.4-2，不同灌浆材料可适用地层的渗透系数见表4.4-3。

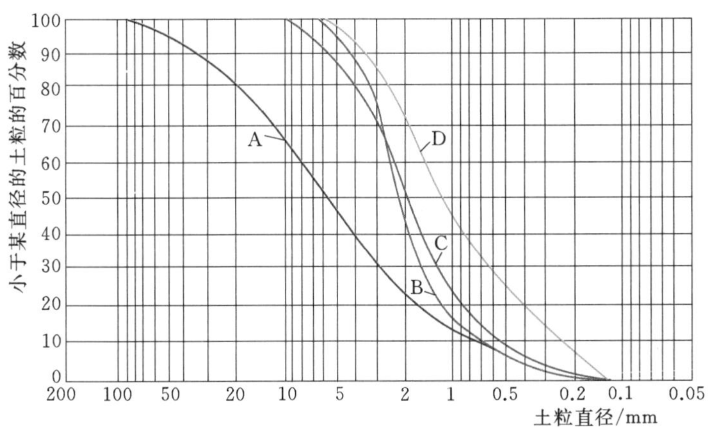

图 4.4-1　判别地层可灌性的颗粒级配曲线

表 4.4-2　不同土质的渗透系数表

土的分类	渗透系数范围	
	cm/s	m/d
砂卵石	10^{-1}	80～120
砂砾石	6×10^{-2}～10^{-1}	50～80
粗砂	3×10^{-2}～6×10^{-2}	25～80
中砂	10^{-2}～3×10^{-2}	15～25
细砂	10^{-2}	8～15
粉细砂	6×10^{-3}～10^{-2}	5～8
粉砂	10^{-5}～6×10^{-3}	1～5

表 4.4-3　不同灌浆材料可适用地层的渗透系数

灌浆材料	可灌地层的最小渗透系数	
	cm/s	m/d
水泥砂浆（细砂）	1.0	800
普通水泥浆	0.2	170
掺有减水剂的水泥浆	0.1	100
水泥黏土浆	5×10^{-2}	40
黏土浆	5×10^{-2}	40
磨细水泥黏土浆	2×10^{-2}	20
膨润土浆	10^{-2}	10
硅酸钠	10^{-2}	10

经验表明，地层的渗透系数愈大，灌浆效果愈好，灌浆后渗透系数降低愈多；反之，地层的渗透系数愈小，灌浆后渗透系数降低也少。

总之，确定地层是否可灌，选择何种浆液适宜，最好采用多种判别方法进行综合分析。对于地基中存在不同分层的情况，就要选用不同的灌注材料。

2. 浆液的渗透距离

由于浆液和地层的性质都十分复杂，为了研究浆液在地层中的流动状态，学者们建立了各种模型，推导了许多公式。通过它们可以近似地估算出有关的参数。对于由颗粒材料组成的悬浊浆液，渗透距离可用下面公式估算：

$$R=\frac{\gamma g h r_e}{2s}+r \tag{4.4-2}$$

式中：R 为浆液的渗透距离，cm；γ 为水的密度，g/cm^3；g 为重力加速度，$9.81cm/s^2$；h 为注入压力，以水头表示，cm；r_e 为孔隙的等值半径，cm；S 为浆液的胶凝强度，$10^{-5}N/cm^2$；r 为灌浆孔半径，cm。

r_e 值与地基的渗透系数有关，可按表 4.4-4 选取。S 值参考图 4.4-2 取用。

表 4.4-4　孔隙等值半径表

K/(cm/s)	r_e/cm	备　注
1	0.019	孔隙比等于 0.3
10^{-1}	0.0059	
10^{-2}	0.0019	
10^{-3}	0.00059	

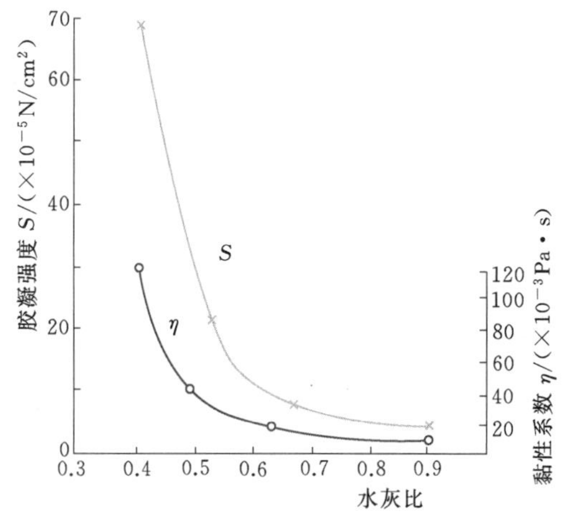

图 4.4-2　水泥浆液的屈服强度

3. 地层注浆量估算

在覆盖层没发生明显抬动的情况下，每一灌段的总注浆量可以用式（4.4-3）估算：

$$Q=\pi R^2 L n \alpha \beta \tag{4.4-3}$$

式中：Q 为灌浆段总注浆量，m^3；R 为预计灌浆渗透半径，m；L 为灌浆段长度，m；n 为地层孔隙率，%；α 为灌浆的充填率，取 0.8～1.0；β 为富余系数，取 1.5。

地基固结灌浆一般采用有盖重灌浆，通常是在建筑物基础底板混凝土浇筑完成并达到一定强度后进行。需在无盖重条件下进行固结灌浆，应通过现场灌浆试验论证，采取有效措施后进行。灌浆压力、灌浆水灰比应根据地基条件、灌浆深度、施工条件等确定。

4.4.3　灌浆方法

覆盖层地层灌浆的方法很多，我国常用的有循环钻灌法、预埋花管法和打管灌浆法。

循环钻灌法是我国首创的，便行简易的一种灌浆方法。这种方法是在覆盖层中做一段钻孔，就进行一段灌浆，这样自上而下的逐段进行直至孔底，各段灌浆都在孔口封闭。为防止塌孔通常采用泥浆或水泥黏土浆固壁，这样既避免了塌孔，又能灌进一部分浆液，故又称边钻边灌法。为使表层能承受较高的压力，防止地面冒浆，在施工程序安排上最好将一区段内的各个灌浆孔先完成表部1～2段的灌浆，并待凝一段时间，形成一个“封闭盖板”，然后再分次序向下进行。当被灌浆的表面没有盖重时，最好先铺设一适当厚度的土砂盖层。循环钻灌法灌浆示意如图4.4－3所示。

预埋花管法，也称套阀花管法、袖阀花管法。此法最早由法国索列丹斯公司所采用，故也称为索列丹斯（Soletanche）法。这种方法是首先钻出灌浆孔，在孔内下入特制的带有孔眼的灌浆管（花管），灌浆管与孔壁之间填入特制的“填料”，然后在灌浆管里安装双灌浆塞分段进行灌浆。其主要工序是：造孔（下入套管护壁）→清孔→下入套阀花管→边下填料边起套管→待凝→在花管内下入双塞式灌浆塞→开环→灌浆。如果采用泥浆固壁钻进，不下入护壁套管时，则宜先下填料后下花管，其他程序不变。此法对各种覆盖层的适应性好，可根据不同覆盖层选用不同的浆液，可适应深厚覆盖层灌浆。预埋花管法灌浆示意如图4.4－4所示。

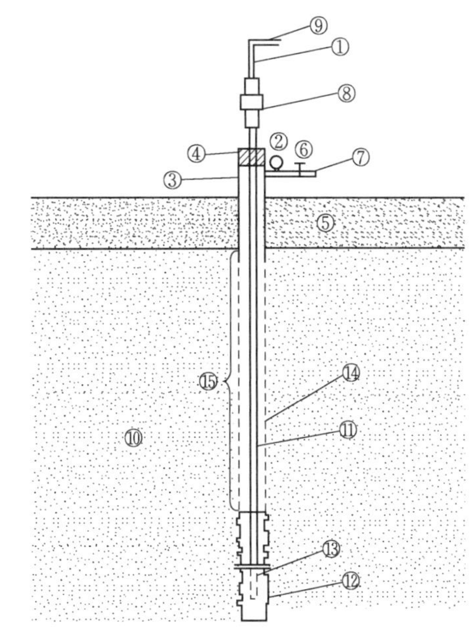

图4.4－3　循环钻灌法灌浆示意图

①—灌浆管；②—压力表；③—孔口管；④—封闭器；⑤—混凝土盖板；⑥—阀门；⑦—回浆管；⑧—钻机立轴；⑨—进浆管；⑩—砂砾石层；⑪—孔内灌浆管；⑫—孔壁；⑬—射浆花管；⑭—孔口管下部的花管；⑮—孔口管灌浆段

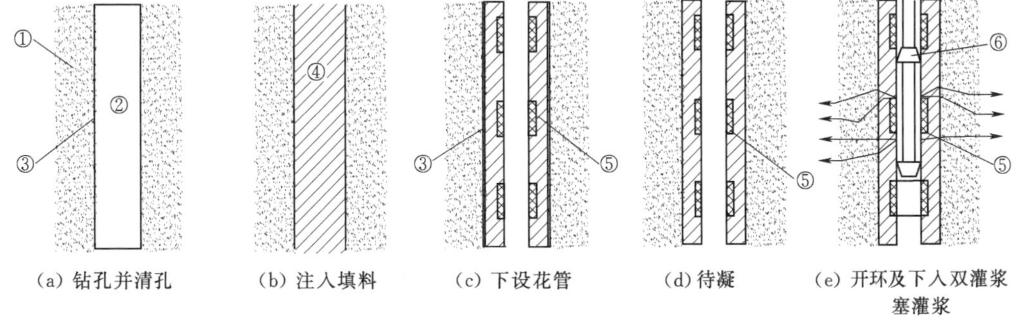

图4.4－4　泥浆固壁钻进预埋花管法灌浆施工程序示意图

①—砂砾石层；②—钻孔；③—套管；④—填料；⑤—花管；⑥—灌浆塞

打管灌浆法是一种最简单的钻孔灌浆方法，在不含有大的卵石、块石、深度不很大的地层中，可以采用这种更方便的灌浆方法。它只需要将一根钻杆或具有一定刚度的钢管打入地层内，然后再将此管逐步上拔，自下而上的逐段进行灌浆。在钢管的底端带有锥形体，并在一段上钻有孔眼。在打管过程中可能会有土砂进入管内，另外每次灌浆也有可能会将孔眼堵死。为此，要将打入的钢管做成内外孔径上下一致，以便能插入更细的铁管进行冲洗。为防止沿管壁冒浆，在打管时可在周围堆放细砂，让其跟管下沉，最后将管口周边捣实。打管灌浆法灌浆施工程序示意如图4.4－5所示。

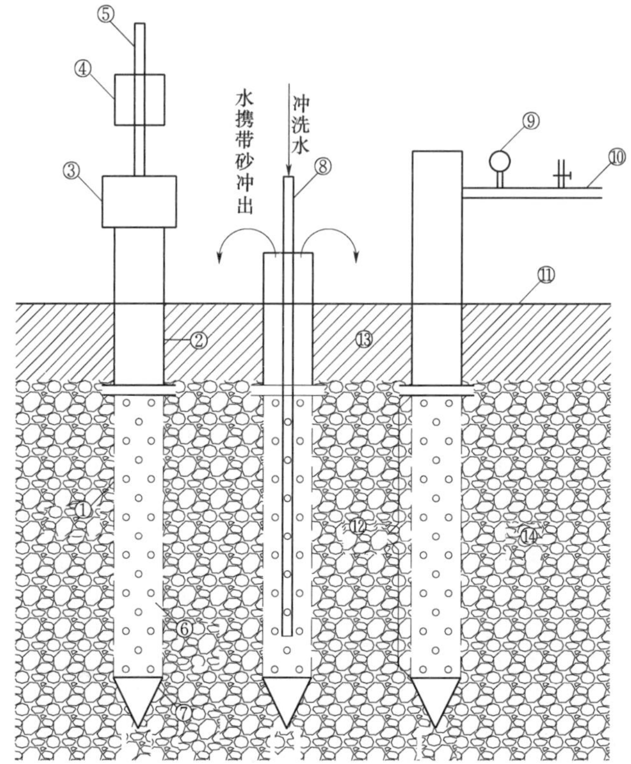

图 4.4-5 打管灌浆法灌浆施工程序示意图

①—花管；②—导管；③—打管帽；④—吊锤；⑤—导杆；⑥—管内涌砂；⑦—锥形体；
⑧—冲洗进水管；⑨—压力表；⑩—进浆管；⑪—地面；⑫—灌浆段；
⑬—盖重层；⑭—受灌砂砾石层

4.4.4 质量检验与评价

与一般建筑工程比较，灌浆工程有如下特点：

(1) 灌浆工程是隐蔽工程，不仅工程完成以后要被覆盖，即使在施工的过程中，其工程量和效果都是难以直观控制，其质量难以进行直接和完全的检查。其工程缺陷要在运行中或运行相当长时间后才能发现，而且补救起来十分困难，有时甚至无法补救。

(2) 灌浆工程是一种勘探、试验和施工平行进行的作业，对于复杂的工程，事前进行灌浆试验是很有必要的。但即使如此，设计人员也难以甚至不能够制定出一套不变更的设计方案。因此在施工过程中发现新的问题，调整设计是正常现象。

灌浆工程的复杂性还在于其施工质量与工程效果存在着一定的差别，一般来说，施工质量好的工程，灌浆效果也会好。但是，二者不一致的情况也存在。

(3) 经验的指导在许多情况下具有决定性的作用。由于灌浆技术在理论上不成熟、不完善，因此搞好一项灌浆工程在很大程度上要依靠设计和施工技术人员的经验，依靠施工队伍的经验。

1. 检测目的

固结灌浆质量检测主要是为分析覆盖层松散堆积物固结程度，圈定灌浆处理范围内欠固结区域的范围及缺陷程度，对覆盖层固结灌浆施工质量作出综合评价。对检测资料发现固结灌浆施工质量差或缺陷较多部位，可加密测试以便准确判断缺陷影响范围，制定相应的补强措施。

2. 检测方法

覆盖层经固结灌浆后可显著提高其声学物理性质，主要在固结灌浆前、后采用地震纵横波法对比分析覆盖层固结灌浆质量，辅助采用单孔声波、钻孔全景图像、瞬态面波（人工源面波）法，综合评价覆盖层固结灌浆质量。覆盖层固结灌浆质量检测方法见表4.4-5。

表 4.4-5　覆盖层固结灌浆质量检测方法

检测方法	灌序	适用条件	检测内容
地震纵横波法	灌浆前、后	地震纵横波检测分单孔测试和跨孔测试，灌浆前测试要求钻孔采用PVC管护壁，灌浆后若成孔质量较好可采用裸孔；跨孔测试孔距宜为2～4m	分析覆盖层灌浆前、后波速提高，评价灌浆效果
瞬态面波法		无需钻孔，地表测试	
单孔声波	灌浆后	灌浆后成孔质量较好，不存在塌孔，裸孔测试	测试灌浆后覆盖层波速的绝对值，评价灌浆效果
钻孔全景图像			观察覆盖层固结灌浆后水泥浆充填情况，评价灌浆效果

也有工程对覆盖层固结灌浆工程的质量检查以检查孔压水试验成果为主，结合对施工记录、成果资料的分析，进行综合评价。检查孔压水试验透水率的合格标准尚未有规范明确规定。一般认为，除有特殊要求外，地层的渗透系数降低到10^{-4}～10^{-5}cm/s（等于0.01～0.1m/d），即可认为合格。

进行灌浆试验时，为取得更多的资料，也可在灌浆范围内（一般是中心部位）开挖检查竖井，井的断面尺寸视井的深度和方便施工决定，多为边长1.5～2m的正方形。人可下入井中作直观检查、素描、摄像，可在井中进行注水或抽水试验。当地层由多层性状的砂砾石组成时，可分层下挖，分层试验。

3. 检测时间

覆盖层固结灌浆灌后质量检测工作一般应在灌浆结束14d进行。

4. 检测工作布置原则

（1）覆盖层固结灌浆灌浆前地震纵横波法检测比例为灌浆总孔数的5%，检测孔尽量利用一序孔，各灌浆单元至少应有3个灌浆前检测孔；灌浆后地震纵横波法检测孔比例为灌浆总孔数的5%，检查孔应结合灌前检测孔布置。

（2）对检测重点部位灌浆后按需选择单孔声波、钻孔全景图像测试。

（3）施工难度较大、灌浆前后各检测孔成孔条件较差的区域也可采用瞬态面波法进行测试，对覆盖层波速进行灌前、灌后对比分析。

（4）各灌浆前检测孔、灌浆后检查孔宜均匀分布且具有代表性，工程的重要部位、地质条件较差部位、施工较困难的部位应加密检测。

4.4.5 工程应用

以下结合瀑布沟水电站和下坂地水利枢纽，对覆盖层坝基固结灌浆效果进行阐述。

1. 瀑布沟工程

瀑布沟水电站大坝心墙基础置于漂（块）卵石层上，该层颗粒大小悬殊，分选性差，卵石粒径一般 20～60mm，漂石粒径一般 300～800mm 以上，砂砾充填、局部架空，变形模量 60～70MPa，承载力 0.7～0.8MPa，内摩擦角 35°～38°。

设计中为了提高心墙基础抗变形能力，增加地基均一性，在心墙基础布置了深 8m、间排距 3m 的固结灌浆。在大面积施工之前，选取代表性位置进行了生产性试验，试验孔深 13m，间排距 3m，灌浆压力按分段分序不同，Ⅰ序孔为 0.3～1.0MPa，Ⅱ序孔为 0.4～1.2MPa，浆液水灰比采用 1∶1、0.8∶1、0.6∶1、0.5∶1 共 4 个比级。

主要灌浆成果为：同排Ⅱ序孔单位注入量较Ⅰ序孔明显减小，前序排孔单位注入量均大于后续排孔单位注入量，递减率为 43%，符合灌浆规律，单位平均注入量 986kg/m。灌前地层平均渗透系数 5×10^{-2}～3.8×10^{-1}cm/s，灌后平均渗透系数为 6.5×10^{-4}cm/s。灌前声波纵波波速平均为 1463m/s，灌后声波纵波波速平均为 2480m/s，灌后较灌前提高约 70%。考虑检查孔需做压水试验，采用清水取芯，取芯率较低，水泥结石少见。由于覆盖层粗颗粒含量高，块径大，重力触探不能随孔深进行，且实测值无法使用。目前工程运行状况良好。

2. 下坂地工程

下坂地水利枢纽在坝轴线下游侧右岸，分布第四系全新统冲积层（Q_4^{2al}），该层主要以粒径小于 1cm 的砾和砂为主，局部砾石含量超过 40%，其次为泥质，含零星漂块石，同时右岸坝线桩号 0+318m 以南为冲积与崩坡积同期异相沉积，块石含量超过 30%，厚度 10～18m，开挖后顶板埋深约 10m，冲积层干密度平均值仅 1.73g/cm³，含水率 ω 为 17.1%，相对密度平均值 D_r 为 0.19。由于其密实性较差，存在不均匀沉降问题，同时地震工况下可能液化，不能直接做天然地基，加之其厚度较大，埋藏较深，开挖及排水较困难，通过比较，最终确定采用固结灌浆对其进行处理。

固结灌浆间排距 3m，分成 2 序，采用孔口阻塞、自上而下分段循环式灌浆法，第 1 段灌浆结束后待凝 24h，第 2 段及后续钻灌段灌浆结束后不待凝。每孔分 3 段钻灌，灌浆压力相应为 1.0～1.5MPa、1.5～2.0MPa、2.0～3.0MPa，灌浆材料采用普通硅酸盐 42.5 级水泥和Ⅱ级粉煤灰，水泥粉煤灰掺和比为 1∶1。浆液水固比为 1∶1、0.5∶1 两级，开灌浆液水固比 1∶1，设计要求处理后采用Ⅱ型重力触探进行检测，要求大于 10 击。

检测成果表明，固结灌浆后检测指标均符合设计要求，地层呈中密—密实状态，在水平方向上较为均匀，在垂直方向上较为密实、连续性好，并随着深度的增加，密实度逐渐增大，达到了设计目的。目前工程运行状况良好。

通过以上两工程的实例可以看出，对于粗粒土固结灌浆的可灌性比较好，灌后透水率、波速等均有明显提高，间接反映出地基的密实性有了一定改善。同时也应考虑到在大面积施工过程中，如果同一个孔要进行取芯和压水试验，必然会造成有一种检测成果不理想或失真，所以在将来设计施工中可考虑取芯和压水分别采用不同孔，以达到更好的检测效果。对于承载力和变形模量有特殊要求的，可根据需要采用载荷试验或重力触探，但对于块石含量高、粒径较大的地基，重力触探不适应。波速作为一种快速检测方法，虽不能直接反映其承载力和变形模量，但可通过灌前灌后波速比值间接判断灌浆效果。

总之，覆盖层固结灌浆对于粗粒土坝基可以起到提高密实性的作用，但在实施过程中，浆液的扩散范围、灌浆效果等均存在一定不确定性，施工过程中质量不易控制，并且其检测手段也不是很完善，故在使用过程中，应充分结合现场实际地质情况，加强现场施工质量控制，运用适合的检测方法验证其效果。部分高土石坝覆盖层固结灌浆设计指标及灌浆效果见表 4.4-6。

表 4.4-6 部分高土石坝覆盖层固结灌浆设计指标及灌浆效果表

工程名称	坝高/m	灌浆孔深度/m	排距孔距/m	单位注入量/(t/m)	灌前渗透系数/(cm/s)	灌后渗透系数/(cm/s)	灌前波速/(m/s)	灌后波速/(m/s)	灌浆压力/MPa
瀑布沟	186	13	3×3	0.99	5×10^{-2}～3.8×10^{-1}	6.5×10^{-4}	1463	2480	0.3～1.2
下坂地	78	10	3×3					Ⅱ型重力触探检测>10击	1.0～3.0
泸定	79.5	10～12	3×3	1.1	1×10^{-1}～1×10^{-2}	1.1×10^{-4}	1440	2370	0.2～0.8
黄金坪	85.5	8	2×2	1.49	4.44×10^{-2}～7.4×10^{-2}	$<5\times10^{-3}$	1514	>2180	0.3～0.6
毛尔盖	147	10	3×3	0.79	9.6×10^{-2}～3.3×10^{-1}	$<1\times10^{-3}$	1357～1596	2308	0.3
长河坝	240	5～8	2×2/2.5×2.5	1.55	8.0×10^{-2}～2.0×10^{-1}	$<5\times10^{-4}$	1424	>1600	0.3～0.6

4.5 大孔径灌注桩

4.5.1 适用范围

刚性桩基础是一种较早使用的地基处理方法，实践经验较多，在提高地基承载力、减少沉降量方面作用显著，通常具有承载力大、稳定性好、绝对变形和相对变形小、特别是变形速率小、收敛快等特征。在水电工程建设中，灌注桩因具有承载能力大、施工方式多样、质量可靠、基础处理适用深度范围较大，不需开挖面积较大的基坑等优点，是最常使用的刚性桩基础。

灌注桩根据受力特性可分为摩擦型桩和端承型桩两大类，深厚覆盖层上的闸（坝）工程因为要承受较大的水平向荷载，底板与地基土之间应有紧密的接触，有利于闸（坝）抗滑稳定的同时，可避免形成渗流通道，土质地基上的水闸桩基础多采用摩擦型桩。如果采用端承型桩，底板底面以上的作用荷载几乎全部由端承型桩承担，底板与地基土的接触面上则有可能出现“脱空”现象，加之渗流的作用，造成接触冲刷，从而危及闸身安全。桩基础示意如图 4.5-1 所示。

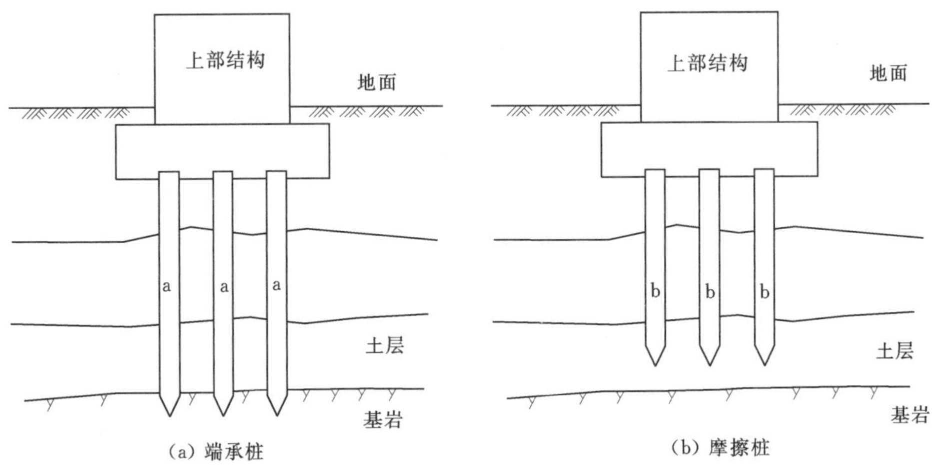

图 4.5-1　桩基础示意图

灌注桩系是指在工程现场通过机械钻孔、钢管挤土或人力挖掘等手段在地基土中形成桩孔，并在其内放置钢筋笼、灌注混凝土而形成的桩。依照成孔方法不同，灌注桩又可分为沉管灌注桩（图 4.5-2)、钻孔灌注桩（图 4.5-3）和人工挖孔灌注桩（图 4.5-4）等几类。

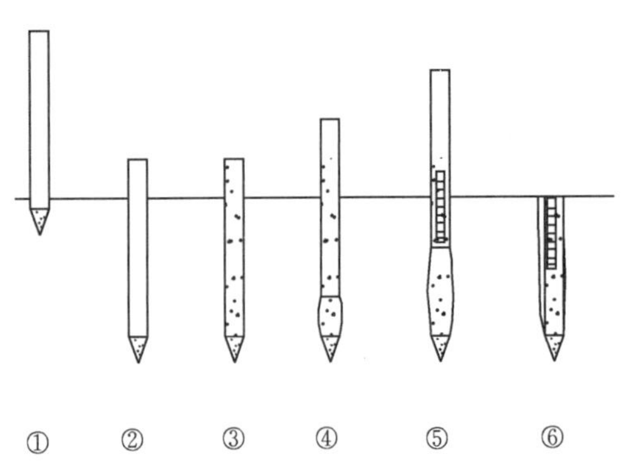

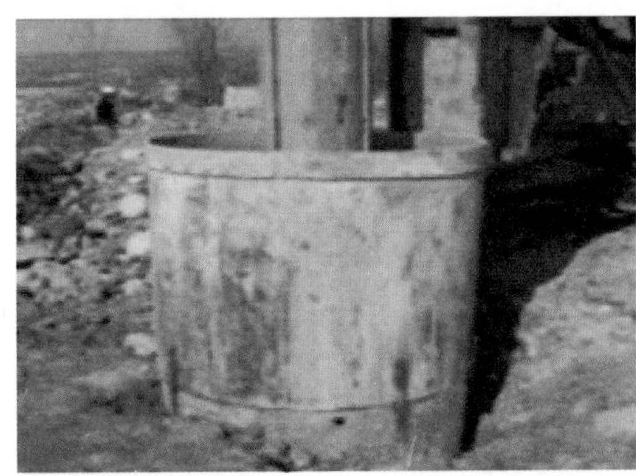

图 4.5-2　沉管灌注桩

①—就位；②—沉管；③—浇筑；④—振动拔管；⑤—下钢筋笼；⑥—成型

图 4.5-3　钻孔灌注桩

图 4.5-4　人工挖孔灌注桩

沉管灌注桩是建筑工程中众多类型桩基础中的一种。系采用与桩的设计尺寸相适应的钢管（即套管），在端部套上桩尖后沉入土中，在套管内吊放钢筋骨架，然后边浇注混凝土边振动或锤击拔管，利用拔管时的振动捣实混凝土而形成所需要的灌注桩。这种施工方法适用于在有地下水、流沙、淤泥的情况。根据沉管方法和拔管时振动不同，套管成孔灌注桩可分为锤击沉管灌注桩，振动沉管灌注桩。

利用锤击沉桩设备沉管、拔管成桩，称为锤击沉管灌注桩。

利用振动器振动沉管、拔管成桩，称为振动沉管灌注桩。

锤击沉管灌注桩多用于一般黏性土、淤泥质土、砂土和人工填土地基，振动沉管灌注桩除以上范围外，还可用于稍密及中密的碎石土地基。

钻孔灌注桩指利用钻孔机械钻孔施工的灌注桩，对地层的适应性更广，工效也比较高，不仅可以在密实的砂卵砾石地层施工，甚至可以在岩体里面成孔。随着钻孔机械设备的不断发展，机械钻孔直径与深度也不断进步，迄今，国外机械钻孔灌注桩最大直径已达9m，深度超过150m。

人工挖孔灌注桩指采用人工挖掘方法成孔的灌注桩，挖孔桩桩尖持力层和桩底沉渣可以肉眼观察，其施工质量容易保证。人工挖孔灌注桩采用人工挖掘成孔，为了确保人工挖孔桩施工过程中的安全，防止孔壁坍塌和流沙现象，必须采用合理的护壁措施。护壁方法可以采用现浇混凝土护壁、喷射混凝土护壁、砖砌体护壁、沉井护壁、钢套管护壁、型钢或木板桩工具等多种。

自20世纪60年代后期以来，松软地基上的水闸建设广泛采用了钻孔灌注桩作为基础的一部分。除了在松软闸（坝）基础应用外，西南山区闸（坝）工程也用灌注桩解决不同地基带来的不均匀沉降问题，将处于基岩与土基交界处的同一混凝土闸（坝）段覆盖层侧采用灌注桩加固，效果良好。如四川乐山玉林桥电站进水闸、右岸非溢流坝、泄洪闸的基础，一部分为基岩，另一部分为砂卵石，施工中在砂卵石侧用桩基础伸入基岩1m的钢筋混凝土钻孔灌注桩进行基础处理，较好地解决了不均匀沉降问题。

4.5.2　控制参数

灌注桩基础处理主要的控制参数包括：桩布置、桩径确定、单桩承载力和桩基沉降等。

4.5.2.1　桩布置

桩基础通常是由多根桩（群桩）组成，因而合理地确定群桩中桩的平面布置以及桩的间距使群桩发挥最大的效应，至关重要。

桩的平面布置要和基础地面及作用于基础上的荷载分布相适应，不同的基础下桩的布置各不相同，桩的布置要尽可能使群桩承载力合力点与竖向永久荷载作用重心重合，并使桩受水平力和力矩较大方向有较大抗弯截面模量。这样可使上部结构对倾覆的抵抗有更好的稳定性和较小的沉降差。同时，如基底面积许可，适当加大桩间距也可使桩基具有较大的抗弯稳定性。桩布置时也应兼顾施工实效，预先考虑到施工造成的定位偏差影响。

桩间距（中心距）要结合上部荷载、桩型、地基土类别以及施工等因素确定，同时，桩的最小中心距应符合相关规范的规定。

持力层的选用既决定于地基的天然条件、土层埋藏情况、土层的性质，又与桩所负的荷载特性、桩身强度、沉桩方法等有关。地基中是否在可用的深度存在持力层，这层的刚度及厚度是否满足桩的要求，就决定采用的桩型为端承桩还是摩擦桩，要是在合理深度不存在足够坚实的持力层，就只能考虑使用摩擦桩。

一般地，强度较高压缩性较小的黏性土、粉土、中密或密实砂土、碎石土是可用的持力层。如持力层下卧有较软土层时，桩端以下持力层应有一定的厚度。桩端全断面进入持力层的深度，主要受沉桩机具能力、桩的承载力要求、持力层的强度和厚度、地下水动态、桩身结构强度、桩端是否扩大等因素影响，对于黏性土、粉土不小于 $2d$（d 为桩的直径），砂土不小于 $1.5d$、碎石土不小于 $1d$。软弱下卧层桩端以下硬持力层厚度不小于 $3d$。桩进入液化土层以下稳定土层的长度（不包括桩尖部分）对于碎石土、砾、粗、中砂，密实粉土、坚硬黏性土不小于 $(2\sim3)d$，其他非岩石土不小于 $(4\sim5)d$。

4.5.2.2　桩径确定

桩径是桩的横截面尺寸，桩径的确定通常需要结合桩型并根据荷载特性要求、基础地质情况、长径比要求以及桩端阻力和桩侧阻力深度效应等综合确定。

荷载特性包括大小、作用方向、静力或动力等，其中荷载大小是控制单桩承载力要求的主要因素，而单桩承载力一般和桩径成正比。对于要求单桩设计承载力大情况，需要采用相对较大桩径；但对于摩擦桩，桩身的比表面积愈大（侧表面积与体积之比），桩侧摩阻力所提供的总极限侧阻力就愈高，桩径增大，则桩身的比表面积减小。

基础地质情况包括土层的竖向分布特征以及土质、土层情况，结合桩型、桩土相互作用特性，还要考虑施工方法、施工设备等，满足各类桩型最小桩径要求。

长径比即桩长与桩径之比，通常根据桩身不产生压屈失稳和施工现场条件加以确定。当露出地面的桩长较大或桩侧土为可液化、软弱土或自重湿陷性黄土的情况下，需要考虑不出现压屈失稳条件来确定桩的长径比；当采用端承桩时，需考虑控制桩身垂直度偏差，避免出现相邻桩的桩端交汇而降低桩端阻力的情况出现。桩的长径比对荷载传递也有较大影响，根据桩土体系荷载传递的规律，在均匀土层中，当长径比 $L/d\geqslant100$ 时，桩端土的强弱对荷载传递几乎不构成影响，由于桩身压缩量大，传递到桩端的荷载很小，所以当桩的长径比大过一定范围时就已经属于摩擦桩。

桩端阻力和桩侧阻力深度效应是指桩端阻力、桩侧阻力不随桩的入土深度线性增大，而是随着入土深度不同呈现不同规律的变化。当桩端进入均匀持力层的深度大于临界深度 h 时，极限端阻力基本保持恒定不变，桩端阻力不再有显著增加，桩端临界深度随桩径增大而增大，故在确定桩径时，应结合桩长、桩端土层的临界深度，以充分发挥桩的承载力。在桩端持力层下存在软弱下卧层时，持力层存在临界厚度体 t，当桩端以下持力层的厚度大于临界厚度 t 时可避免桩端阻力受软弱下卧层的影响降低，该临界厚度随着桩径的增大而增大。

桩径的确定应该在充分掌握相关地质资料的基础上，结合工程经验，通过分析比较来确定，力求做到既满足设计要求又能最有效地利用和发挥地基和桩身材料的承载性能，同时还要满足工期和经济的要求。

4.5.2.3　单桩承载力

单桩承载力须满足以下规定。

（1）轴心竖向作用下：

$$Q_k \leqslant R_a \tag{4.5-1}$$

式中：Q_k为荷载效应标准组合轴心竖向力作用下，基桩或复合基桩的平均竖向力，kN；R_a为单桩竖向承载力特征值，kN。

（2）偏心竖向作用下，除满足式（4.5－1）外，还应满足式（4.5－2）要求：

$$Q_{ik\max} \leqslant 1.2R_a \tag{4.5-2}$$

式中：$Q_{ik\max}$为荷载效应标准组合偏心竖向力作用下，作用于第i基桩或复合基桩桩顶的平均竖向力，kN。

（3）水平荷载作用下：

$$H_{ik} \leqslant R_{Ha} \tag{4.5-3}$$

式中：H_{ik}为荷载效应标准组合下，作用于第i基桩或复合基桩的平均水平力，kN；R_{Ha}为单桩水平承载力特征值，kN。

单桩竖向承载力特征值通过单桩竖向载荷试验确定。在同一条件下的试桩数量，不少于总桩数的1%且不少于3根。桩端持力层为密实砂卵石或其他承载力类似的土层时，对单桩竖向承载力很高的大直径端承桩，可采用深层平板载荷试验确定桩端土承载力特征值。初步设计时，单桩竖向承载力特征值可按式（4.5－4）估算：

$$R_a = A_p q_{pa} + u_p \sum q_{sia} l_i \tag{4.5-4}$$

式中：A_p为桩底端横截面面积，m^2；q_{pa}、q_{sia}为桩端阻力特征值、桩侧阻力特征值，kN，由静载载荷试验结果统计分析算得；u_p为桩身周边长度，m；l_i为第i层岩土厚度，m。

作用于桩基上的外力主要为水平力或基础为软弱土层、液化土层时，根据使用要求对桩顶变位的限制，对桩基的水平承载力进行验算。当外力作用面的桩矩较大时，桩基的水平承载力可视为各单桩的水平承载力的总和。

4.5.2.4　桩基沉降

根据规范，对建筑物的桩基应进行沉降验算的有：

（1）按《建筑地基基础设计规范》（GB 50007）地基基础设计等级为甲级的建筑物桩基。

（2）体型复杂、荷载不均匀或桩端以下存在软弱土层的设计等级为乙级的建筑物桩基。

（3）摩擦型桩基。桩基的沉降不得超过建筑物的沉降允许值（包括沉降量、沉降差、整体倾斜和局部倾斜等）。

桩的沉降计算通常分为桩中心距不大于6倍桩径的桩基和单桩、单排桩、疏桩桩基两种情况计算。对于桩中心距不大于6倍桩径的桩基，最终沉降量计算可采用等效分层总和法。等效作用面位于桩端平面，等效作用面积为桩承台投影面积，等效作用附加压力近似取承台底平均附加压力。等效作用面以下的应力分布采用各向同性均质直线变形体理论。桩基沉降计算示意如图4.5－5所示。桩基任一点最终沉降量用角点法按式（4.5－5）计算：

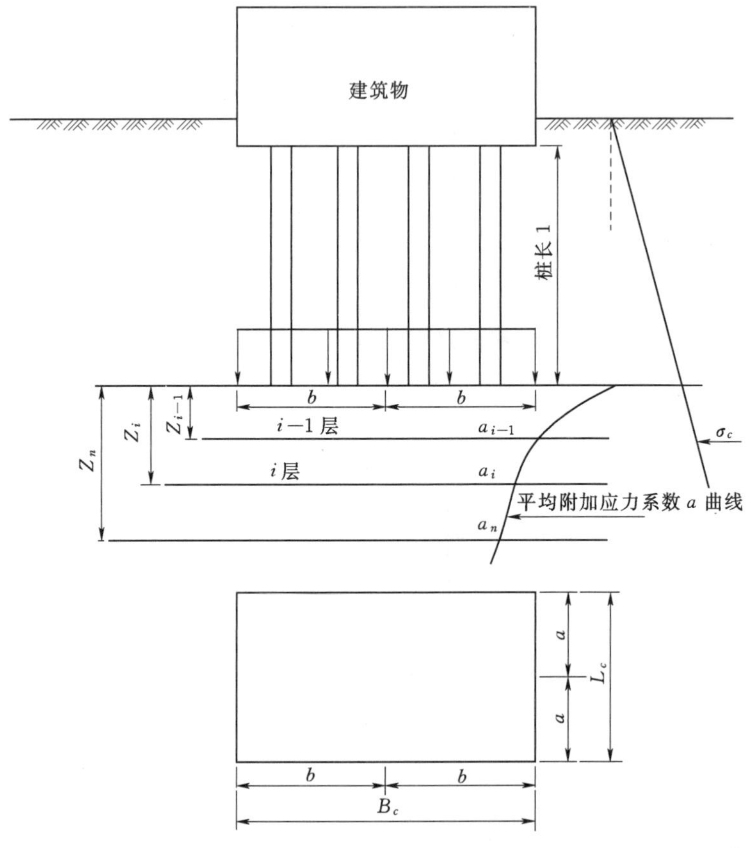

图 4.5-5　桩基沉降计算示意图

$$s=\psi\psi_e s'=\psi\psi_e\sum_{j=1}^{m}p_{0j}\sum_{i=1}^{n}\frac{z_{ij}\bar{\alpha}_{ij}-z_{(i-1)j}\bar{\alpha}_{(i-1)j}}{E_{si}} \tag{4.5-5}$$

式中：s 为桩基最终沉降量，mm；s'为采用布辛奈斯克（Boussinesq）解，按实体深基础分层总和法计算出的桩基沉降量，mm；ψ 为桩基沉降计算经验系数，当无可靠经验时，按《建筑桩基技术规范》（JGJ 94—2018）第 5.5.11 条确定；ψ_e为桩基等效沉降系数，按《建筑桩基技术规范》（JGJ 94—2018）第 5.5.9 条确定；m 为角点法计算点对应的矩形荷载分块数；p_{0j}为第 j 块矩形底面在荷载效应准永久组合下的附加应力，kPa；n 为桩基沉降计算深度范围内所划分的土层数；E_{si}为等效作用面以下第 i 层土的压缩模量，kPa，采用地基土在自重压力至自重压力加附加压力作用时的压缩模量；z_{ij}、$z_{(i-1)j}$为桩端平面第 j 块荷载作用面至第 i 层土、第 $i-1$ 层土底面的距离，m；$\bar{\alpha}_{ij}$、$\bar{\alpha}_{(i-1)j}$为桩端平面第 j 块荷载计算点至第 i 层土、第 $i-1$ 层土底面深度范围内平均附加应力系数。

4.5.2.5　施工质量控制与检验

大孔径灌注桩桩体尺寸较大，施工方式多样，其施工质量控制不尽相同，主要包括造孔、护壁、清孔、混凝土浇筑、振捣、养护与检验等部分。灌注桩成桩过程中，应进行成孔质量检测，包括孔径、孔斜、孔深、沉渣厚度等，成孔质量检测不得少于总桩数的10%。桩身强度满足养护要求后应采用高应变法、低应变法动力测试或钻孔抽芯法检测桩身质量，高应变检测数量不宜少于总桩数的5%，且不少于5根。采用低应变法测桩数为总桩数的20%～30%。当单桩竖向抗压极限承载力较大、地质条件复杂、单桩承台时，应提高检测比例。

桩基工程一般进行桩位、桩长、桩径、桩身质量和单桩承载力的检验。按时间顺序分为：施工前检验、施工检验和施工后检验。

施工后检验应进行承载力和桩身质量检验。根据不同情况，采取静载或动力检测等方法对单桩承载力进行检测。桩基静载法检测如图4.5-6所示。

桩身质量检测主要包括：

(1) 钻孔取芯法。直接从桩身混凝土中钻取芯样，以测定桩身混凝土的质量和强度，检查桩底沉渣和持力层情况，并测定桩长。

(2) 高应变法。通过在桩顶实施重锤敲击，使桩产生的动位移量级接近常规静载试桩的沉降量级，以便使桩周岩土阻力充分发挥，通过测量和计算判定单桩竖向抗压承载力是否满足设计要求及对桩身完整性及质量作出评价。

图4.5-6　桩基静载法检测

(3) 低应变法。在桩顶面实施低能量的瞬态或稳态激振，使桩在弹性范围内做弹性振动，并由此产生应力波的纵向传播，同时利用波动和振动理论作出评价。

(4) 声波透射法。通过在桩身预埋声测管（钢管或塑料管），将声波发射、接受换能器分别放入2根管内，管内注满清水为耦合剂，换能器可置于同一水平面或保持一定高差，进行声波发射和接受，使声波在混凝土中传播，通过对声波传播时间、波幅、声速及主频等物理量的测试与分析，对桩身完整性作出评价。

4.5.3　工程应用

四川省雅安宝兴河流域的小关子水电站采用引水式开发，首部枢纽工程为建于覆盖层软基上拦河闸坝。其冲沙闸位于主河道右侧靠岸坡区域基岩与土基交界处，基岩地形为一凸出的山脊。小关子水电站首部枢纽冲沙闸长34m，宽9.5m，高22m，基础由包括基岩、第⑥层粉质壤土层和块碎石、漂卵石土层三种不同特性地基组成。

开挖揭示，冲沙闸基础下游部分为第⑥层粉质壤土层，颗粒均小于2mm，以粉粒含量为主，占总量的51.85%～56.87%；黏粒含量12%～38.5%，平均粒径（d_{50}）为0.009～0.018mm。第⑥层平均干密度1.40～1.50g/cm^3，孔隙比为0.82～0.87，属稍密的土层，具中等压缩性，$[R]=0.1\sim0.12$MPa，$E_0=4\sim5$MPa，$E_{s(0.1\sim0.3)}=7\sim9$MPa，不能满足变形及承载力要求，需进行工程处理。冲沙闸上游部分左侧为承载力较高的漂卵石层，右侧为坚硬的花岗石基岩，由于冲沙闸基础各部分承载力、变形指标差异较大，不均匀变形问题突出。

为解决冲沙闸基础带来的不均匀变形问题，工程采用灌注桩对基础范围第⑥层粉质壤土层进行处理。具体措施为：在冲沙闸下游部分共布置 17 根灌注桩，矩形布置，桩间距约 2.5m，桩直径 0.8m，桩底置于相应的基岩上且入岩深度不小于 1m。灌注桩顶部设置 1.6m 厚钢筋混凝土承台，整体浇筑。除了冲沙闸自身不均匀沉陷外，为解决相邻建筑物沉降差的问题，避免缝间止水因沉降差过大而破坏，还对上游局部岩石基础采取爆破方法开挖至与承台高程持平，并在冲沙闸基础全范围回填 1.6m 厚的砂卵石。小关子冲沙闸灌注桩平面示意如图 4.5－7 所示。

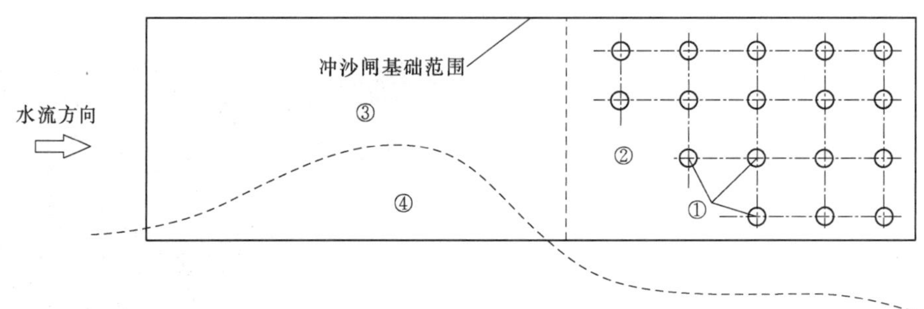

图 4.5－7　小关子冲沙闸灌注桩平面示意图

①—灌注桩；②—粉质壤土；③—漂卵石；④—基岩

小关子水电站 2000 年 8 月首次下闸蓄水，同年同月首台机组试运行，2001 年 4 月四台机组全部投产发电。自工程建成蓄水并运行多年对闸坝的观测分析表明，首部枢纽水平及垂直变形量均在设计允许的范围内，冲沙闸未出现异常的情况，表明了对冲沙闸软弱基础采用灌注桩处理是合适的。

4.6　高压喷射注浆

4.6.1　原理及适用条件

高压喷射注浆法是利用钻机把带有喷嘴的注浆管钻入（或置入）至土层预定的深度后，用一定压力把浆液或水从喷嘴中喷射出来，形成喷射流冲击破坏土层，形成预定形状的空间，当能量大、速度快和脉动状的喷射流的动压力大于土层结构强度时，土颗粒便从土层中剥落下来，一部分细粒土随浆液或水冒出地面，其余土颗粒在射流的冲击力、离心力和重力等作用下，与浆液搅拌混合，并按一定的浆土比例和质量大小，有规律地重新排列。这样注入的浆液将冲下的部分土混合凝结成加固体，从而达到加固土体的目的。高压喷射注浆法示意如图 4.6－1 所示。

由于不同地层与基础加固需要，高压喷射注浆根据施工过程中喷管旋转与提升的方式不同可实现旋喷、摆喷和定向喷射，相应地可形成旋喷桩、成片的止水帷幕和挡土墙等地下结构。喷嘴以一定转速旋转、提升时，形成圆柱状的桩体，此方式称为旋喷；喷嘴只提升不旋转，形成壁式加固体，即所谓定喷；喷嘴以一定角度往复旋转喷射，形成扇形加固体，称为摆喷。旋喷、定喷、摆喷工作原理示意如图 4.6－2 所示。

高压喷射注浆主要应用于：①提高地基土层的承载力，减少地基土的变形；②防止砂

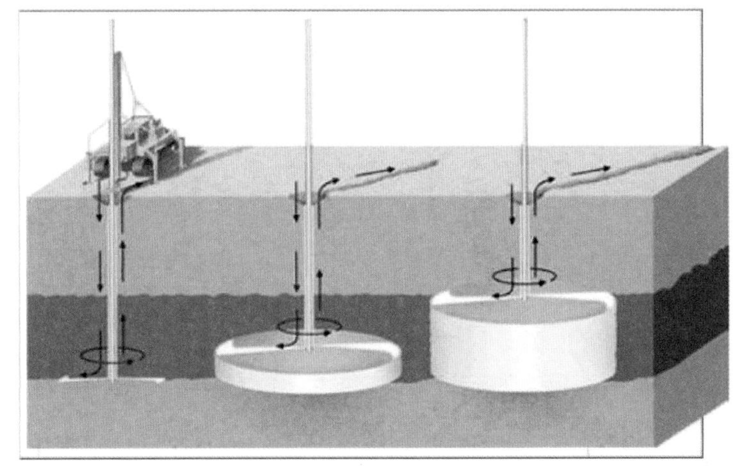

图 4.6-1　高压喷射注浆法示意图

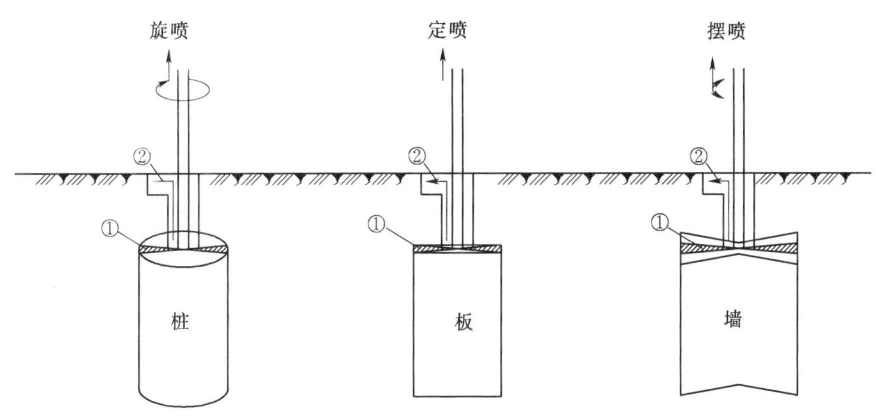

图 4.6-2　旋喷、定喷、摆喷工作原理示意图
①—射流；②—冒浆

土液化，止水防渗，可作为防渗墙；③增大土的黏聚力和内摩擦角，防止小型塌方、滑坡、锚固基础；④挡土围堰及地下建筑物、地下管道的保护，防止基坑隆起等。

高压喷射注浆适用于砂土、粉土、黏性土、淤泥质土、湿陷性黄土、人工填土等地基。当覆盖层中含有较多的大粒径块石、大量的植物根茎时，高压喷射流可能受到阻挡和削弱，冲击破碎力急剧下降，影响加固效果。在我国西南地区深厚覆盖层上的闸（坝）建设中就常常遇到这样的情况：由于覆盖层分布规律性差，结构和级配变化大，且常有粒径20～30cm 的漂卵石甚至间有 1m 以上的大孤石，伴随架空现象，透水性强，层内亦夹有粉细砂及淤泥，组成极不均一，导致喷射出的固结体可能不连续。此外，有地下水流的溶洞、永冻土，以及对水泥有腐蚀的地基土中也不宜采用。

20 世纪 70 年代初我国开始在水电建设中应用高压喷射注浆法，至今已有几百项工程的实践经验，取得了良好的社会效益和经济效益。高压喷射注浆所适应的地层，从中细砂逐步扩展到目前淤泥、粉土、砾石、卵碎石层以及人工回填土和堆石体等，基础处理的深度也逐渐加深，目前我国高压喷射注浆处理深度已超过40m。

西南地区深厚覆盖层上的水电建设中，高压喷射注浆开始多用于围堰的防渗系统，因其对高喷体的力学强度指标没有太高的要求。随着高压喷射注浆技术的发展，由于其施工速度快、适用深度范围广，在闸（坝）基础覆盖层加固等方面也逐渐有了广泛的应用。如四川嘉陵江河段上红岩子电航工程，基础主要为厚度大于30m的河流冲积堆积层，覆盖层天然地基允许承载力0.4～0.5MPa，不满足船闸基础所需0.8～1.0MPa承载力要求，采用三重管法高压旋喷桩加强，成桩后经抗压静载试验和反射波法检测，满足设计要求，工程建成后，运行良好，整体沉降较小。

高压喷射注浆由于其施工较简便，也适用于对现有建筑基础进行加固。如四川岷江支流渔子溪上的耿达水电站，历经“5·12”汶川大地震后，拦河闸坝各测压管水位较高，闸坝不均匀沉降差有增大的趋势。分析是因闸坝基础连续分布的厚度不一、高程渐变的砂层受地震扰动引起。经研究决定采用高压旋喷注浆对该砂层进行加强。需要加强的为第④层为冲积含砾的中细砂层，层厚5～10m，压缩模量仅15～20MPa；上部第⑤层为冲积含砂的漂卵石，层厚10～23m，漂石直径一般为0.8～2m，大者可达4～6m，骨架中中细砂填充，局部有架空现象。施工采用二重管法，成桩后检验复合地基压缩模量大于45MPa，加固效果良好。

根据注浆管的结构和喷浆工艺不同，喷浆方法可分为单管法（CCP法）、二重管法（JSG法）和三重管法（CJP法），可根据工程需要及土质条件选择采用。

单管法是利用高压泥浆泵装置，以30MPa左右的压力，把浆液从喷嘴喷射出去，形成的射流冲击破坏土体，同时借助灌浆管的提升或旋转，使浆液与土体上崩落下来的土粒混合掺搅，凝固后形成凝结体。它的优点是，水灰比易控制，冒浆浪费少，节约能源等。该工法适用于淤泥、流沙等地层。但由于该工法需要高压泵支架压送浆液，形成凝固体的长度较小，一般来讲，单管法切割土体的能量小，形成的柱体直径为0.6～1m，板墙体延伸可达1.2～2.0m，首先被应用于地基加固和防水帷幕施工，多用于软土地基，淤泥地层以及已有建筑物地基加固等。单管法注浆示意如图4.6-3所示。

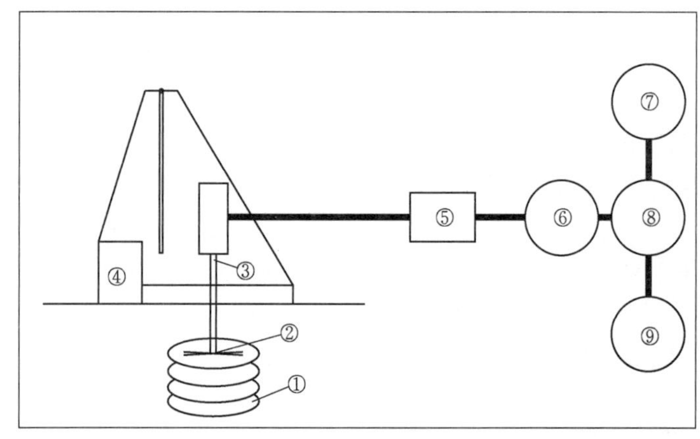

图4.6-3　单管法注浆示意图

①—旋喷固结体；②—喷头；③—注浆管；④—钻机；⑤—高压泥浆泵；⑥—浆桶；
⑦—水箱；⑧—搅拌机；⑨—水泥仓

二重管法由单管法发展而来，是利用两个通道的注浆管，通过在底部侧面的同轴双重喷射，同时喷射出高压浆液和空气两种介质射流冲击破坏土体，即以高压泥浆泵装置，以30MPa左右的压力，把浆液从喷嘴喷射出，并用0.7～0.8MPa的压缩空气，从外喷嘴中喷出。在高压浆液射流和外圈环绕气流的共同作用下，破坏泥土的能量显著增大，与单管法相比，形成的加固体的直径也增大到1～1.5m，在粉土、砂土、砾石、卵碎石等地层的防渗加固效果良好，二重管法注浆示意如图4.6-4所示。

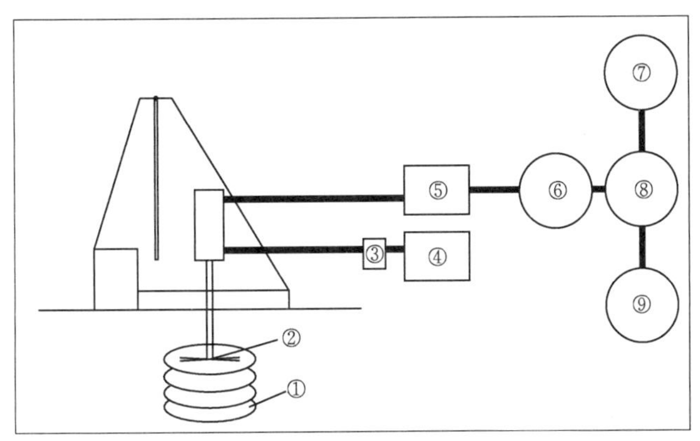

图4.6-4　二重管法注浆示意图

①—旋喷固结体；②—喷头；③—气量机；④—空压机；⑤—高压泥浆泵；⑥—浆桶；⑦—水箱；⑧—搅拌机；⑨—水泥仓

三重管法是在二重管法的基础上，外套高压水，进一步加大土体切割能量，产生的加固体直径更大。三重管法使用分别输送水、气、浆三种介质的三管，在压力达30～60MPa的超高压水喷射流的周围，环绕一股0.7～0.8MPa的圆筒状气流，利用水气同轴喷射，冲切土体，再另由泥浆泵注入压力为0.1～1.0MPa，浆量为50～80L/min的稠浆。三重管法由于可用高压水泵直接压送清水，机械不易磨损，可使用较高的压力，形成的凝结体长度较二重管法大。三重管法主要用来加固淤泥底层以外的软土地基，以及各类砂（卵石）土等底层的防渗加固。三重管法注浆示意如图4.6-5所示。

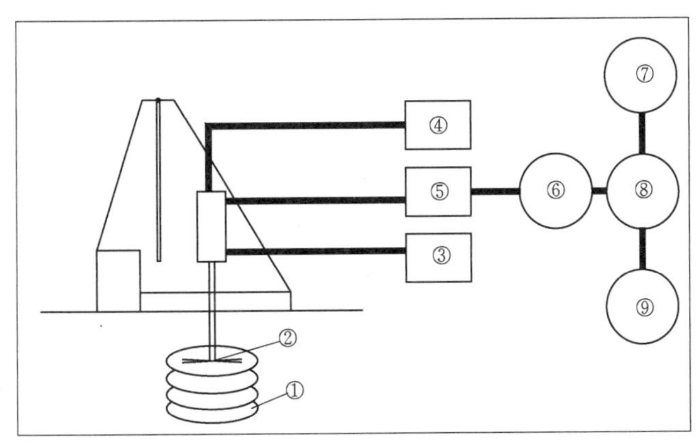

图4.6-5　三重管法注浆示意图

①—旋喷固结体；②—喷头；③—高压清水泵；④—空压机；⑤—高压泥浆泵；⑥—浆桶；⑦—水箱；⑧—搅拌机；⑨—水泥仓

三种喷浆法中以三重管法有效处理深度最深，二重管法次之，单管法最短。实践表明，旋喷可采用单管法、二重管法、三重管法中的任何一种，定喷和摆喷常用二重管法、三重管法。

高压喷射注浆主要材料为水泥，可适当掺入黏土、石灰或粉煤灰。根据需要可加入适量的速凝剂、防冻剂等添加剂。

4.6.2 控制参数

高压喷射注浆需要确定的控制参数主要包括：布置型式、桩径确定、加固体强度、复合地基承载力特征值及复合地基的变形模量等。

1. 桩布置

桩的布置应根据工程特点和加固目的确定，用于地基加固时，可选用等边三角形、三角形布置。分散群桩等在独立基础下布置桩应不少于 4 根，用于防渗帷幕或基坑防水时宜选用交联式三角形或交联式排列，相邻桩搭接不宜小于 300mm。

在基础和桩顶之间设置褥垫层，厚度可取 20～30cm，垫层材料可选用中砂、粗砂、级配砂石，粒径不宜大于 30mm。

2. 桩径

高压旋喷桩径的直径与地层、选定的注浆管类型、喷射压力、提升速度等有关，浅层桩径可根据开挖确定，深层桩径难以判断，设计时可根据经验确定，其设计直径按表 4.6-1 选用。定喷及摆喷的有效直径可按旋喷桩直径的 1.0～1.5 倍取值。

表 4.6-1　高压旋喷桩径的直径表　单位：m

土类 \ 方法		单管法	二重管法	三重管法
黏性土	$0<N<5$	0.5～0.8	0.8～1.2	1.2～1.8
	$6<N<10$	0.4～0.7	0.7～1.1	1.0～1.6
砂土	$0<N<10$	0.6～1.0	1.0～1.4	1.5～2.0
	$11<N<20$	0.5～0.9	0.9～1.3	1.2～1.8
	$21<N<30$	0.4～0.8	0.8～1.2	0.9～1.5

注　N 为标准贯入试验击数。

3. 加固体强度

加固体的强度取决于地基土质、喷射压力和置换程度，一般黏性土和黄土中固体单轴抗压强度可达 5～10MPa，砂土和砂砾土中的固体强度可达 8～20MPa。

4. 复合地基承载力

复合地基承载力特征值应通过复合地基载荷试验确定，也可按式（4.6-1）估算：

$$f_{spk}=\frac{R_a+\beta f_{sk}(A_s-A_p)}{A_s} \tag{4.6-1}$$

式中：f_{spk} 为复合地基承载力特征值，kPa；A_s 为单根桩承担的加固面积，m^2；A_p 为桩的平均截面积，m^2；f_{sk}为桩间土承载力特征值，kPa；β为桩间土承载力折减系数，可根据试验确定，当无试验资料时，对摩擦桩可取0.5，当不考虑桩间软土的作用时，可取零；R_a为单桩竖向承载力特征值，kPa；R_a可通过现场单桩载荷试验确定，也可按式(4.6-2)、式(4.6-3)计算，取其中较小值。

$$R_a=\psi f_w A_p \tag{4.6-2}$$

$$R_a=\pi\overline{d}\sum_{i=1}^{n}h_i q_{si}+A_p q_p \tag{4.6-3}$$

式中：f_w为桩身试块（边长70.7mm的立方体）的28d龄期无侧限抗压强度标准值，kPa；ψ为强度折减系数，临时工程可取0.5～0.7，永久重要工程可取0.3～0.4；$\overline{d}$为桩的平均直径，m；n为桩长范围内所划分的土层数；h_i为桩周第i层土的厚度，m；q_{si}为桩周第i层土的摩阻力特征值，kPa，可按当地经验的钻孔灌注桩侧壁摩擦力特征值取值；q_p为桩端土的承载力特征值，kPa，可按GB 50007的有关规定确定。

5. 复合地基变形验算

桩长范围内复合土层以及下卧层地基变形值应按《建筑地基基础设计规范》(GB 50007)有关规定计算。复合土层的压缩模量可按式(4.6-4)确定。

$$E_{sp}=\frac{E_s(A_s-A_p)+E_p A_p}{A_s} \tag{4.6-4}$$

式中：E_{sp}为复合土层的压缩模量，kPa；E_s为桩间土的压缩模量，kPa，可用天然地基土的压缩模量代替；E_p为桩体的压缩模量，kPa，可采用测定桩体混凝土割线弹性模量的方法确定。

4.6.3 质量控制

高压喷射灌浆属于地下隐蔽工程，技术文件的完备性和技术数据的可靠性均直接影响工程质量，一般应包括浆液、桩体结构型式和主要参数，以及高喷灌浆工艺、技术要求、质量标准和检查方法等内容。在工程地质资料中宜包括地层的颗粒级配、岩性和标准贯入击数等内容；水文地质资料中宜包括地下水质、地下水流速、地下水位变化和地层渗透系数等资料。

高压喷射灌浆的施工参数应根据需要通过现场试验取得，如高喷灌浆的有效直径或喷射范围、不同地层的提升速度，以及浆液材料的类别与配合比等，宜通过单孔高喷灌浆试验取得；高喷墙的结构型式、适用的孔排距、墙体防渗性能，以及其他技术参数和施工中应注意的问题等，宜通过群孔高喷灌浆试验取得。

受技术、方式方法限制，其质量检查方法也存在局限，因此保证高喷灌浆施工过程质量是保证高喷桩体质量的基础条件。可根据各工程特点，制定相应质量控制措施，一般应包含：

(1) 采用仪器放样定位，孔位偏差要求。

(2) 开喷前值班工程师填写通知单规定详细高压喷射参数。

(3) 监理工程师现场监理，值班工程师现场控制各项施工参数。

(4) 单孔验收要求。

(5) 事故处理流程。

(6) 如实记录高喷注浆的各项参数、浆液材料用量、异常现象及处理情况等。

4.6.4 效果评价

1. 检验标准

根据《建筑地基基础工程施工质量验收标准》(GB 50202—2018) 高压喷射注浆法的质量验收标准执行。

2. 质量检验方法

高压喷射灌浆质量与效果评价，一般根据基础加固目的，主要采用浅层开挖、钻孔取芯、压水试验、现场原位试验、现场物探检测、芯样室内物理力学特性试验等方法进行。检验点应布置在：①有代表性的桩位；②施工中出现异常的部位；③地基情况复杂，可能对高压喷射注浆产生影响的部位。

高喷墙的防渗性能应根据墙体结构形式和深度选用围井、钻孔或其他方法进行检查，应重点检查底层复杂、漏浆严重、可能存在缺陷的部位。围井法是利用围井内开挖的部位进行注（抽）水试验，一般应开挖至透水层内一定深度；在井内中心钻孔进行注（抽）水试验，钻孔孔径应大一些，并应深至围井底部（不超过围井深度），全孔应下入过滤花管。围井检查法适用于所有结构形式的高喷墙围井，其计算渗透系数 K 值，机理明确，成果可信。由于高喷墙上部质量一般均优于下部，而围井的开挖深度又有限，故开挖直观检查和取样试验仅宜作为辅助检查手段。

厚度较大的和深度较小的高喷墙可选用钻孔检查法，压水试验试段长度可根据工程具体情况确定。为了便于操作，静水头压水试验注水面可与孔口齐平。围井法和钻孔法均属于抽样检查，有时较难全面反映高喷墙的整体质量。必要时可利用多种手段，如开挖、取样、钻取岩心、物探、对心样进行渗透和力学试验、查阅施工过程记录、整体效果分析等，综合地进行检查评价高喷墙工程质量。

4.7 沉井

4.7.1 适用范围

沉井是一种用作建筑物基础的井筒状钢筋混凝土结构，既可以单独作为一种深基坑的支护方式，也可与本体结构相结合，成为地下结构的组成部分，沉井示意如图 4.7-1 所示。沉井施工通常是先在上部建筑物建基面分节浇筑井圈，然后采用人工或机械方法清除井内土石，并借助自重或填加压重等措施克服井壁摩阻力逐节下沉至设计位置，最后浇筑混凝土封底，填塞井孔或加做井盖。

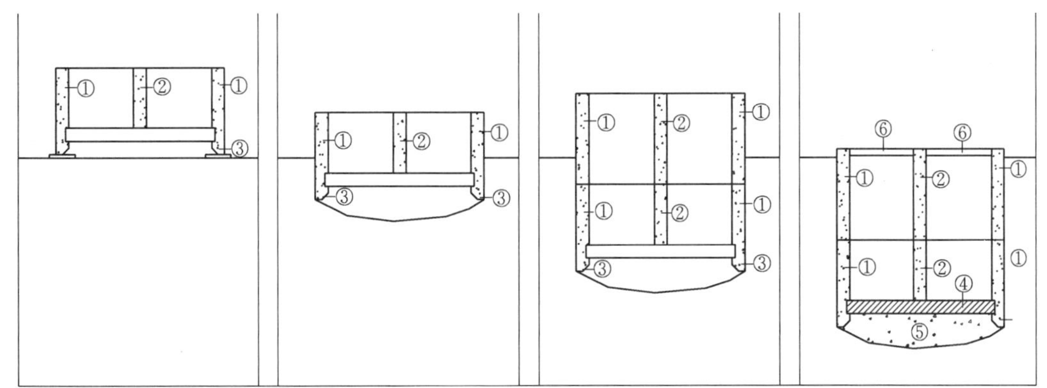

图 4.7-1 沉井示意图

①—井壁；②—隔墙；③—刃脚；④—封底；⑤—回填素混凝土；⑥—顶板

沉井基础是一种历史悠久的基础型式，适用于地基浅层较差而深部较好的地层，既可以用作陆地基础，也可用作较深的水中基础。早在公元前 2000 年，古埃及人就曾使用过木材和石材沉井开挖吸水井了。我国春秋战国时期，为使水井经常保持一定的水量，不因井壁坍塌而干枯，在平原地区挖掘水井时也采用过沉井法。然而，沉井法约在 100 年前才有较大的发展。19 世纪以来，欧洲及亚洲不少国家先后在沉井施工方法上做了很多试验和改进，使得沉井法施工技术发展很快。目前，国内外已建成的沉井工程中不少深度达到 30m 以上，平面尺寸达到 3000m^2以上，一些特殊用途的沉井深度可达到 100m 以上。

沉井基础由于整体性强，稳定性好，刚度大，基础处理效果好，可靠性高，能承受较大的垂直和水平荷载，具有抗渗能力，施工时能挡土挡水，适用土质范围较广，对砂土、黏土、砂卵砾石土、淤泥等地层均可施工。沉井施工先浇筑，后开挖下沉，开挖工期较长，对细砂和粉砂类土在井内抽水时易发生流沙现象而使沉井发生倾斜，下沉过程遇到蛮石、树干或其他难于清除的障碍物时，将增大施工难度，井底座在表面倾斜较大的岩层上时，施工难度也将加大。

根据经济合理、施工可行的原则，沉井基础一般适用于上部荷载较大，而表层地基土的容许承载力不足，扩大基础开挖工作量大，以及支撑困难，但在一定深度下有好的持力层，并且采用沉井基础与其他深基础相比较，经济上较为合理的情况时。沉井基础在水电工程中主要应用于：①提高地基承载力，减少地基变形，满足工程稳定要求；②基础砂土抗液化处理；③防渗，可作为防渗墙；④消力池护坦出口地基防冲保护。

沉井基础是工程上应用较为广泛的地基处理方法，由于其可以同时解决地基承载力、地基渗透变形和地基防冲问题，在我国水电建设中多有采用。如四川省太平驿水电站护坦末端防冲采用深 16m、长 25m、宽 10m 的钢筋混凝土沉井，四川省铜街子电站导流明渠边墙基础处理采用深 26m、长 30m、宽 16m 的沉井基础。

按沉井的横截面形状可分为：圆形、圆端形和矩形等。根据井孔的布置方式，又有单孔、双孔及多孔之分，沉井平面型式如图 4.7-2 所示。

对平面尺寸较大的沉井，可在沉井中设隔墙，使沉井由单孔变成双孔。双孔或多孔沉井受力有利，以便在井孔内均衡挖土使沉井均匀下沉以及下沉过程中纠偏。

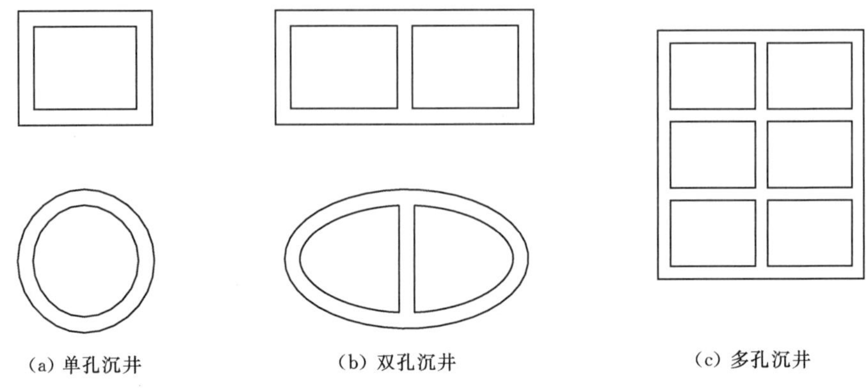

图 4.7-2 沉井平面型式图

4.7.2 沉井设计

沉井的设计包括沉井尺寸拟定及验算，主要内容包括：沉井轮廓、尺寸确定、构造和自身结构设计。沉井在施工完毕后，由于它本身就是结构物的基础，应按实体基础进行各项验算；而在施工过程中，沉井又是挡土、挡水的结构物，因而还要对沉井按施工要求进行结构强度计算。

设计基础资料包括：①各项设计水位和施工水位以及冲刷线标高；②河床标高和地质情况，土的重度、内摩擦角、承载力和对井壁的摩擦力，沉井通过的土层有无障碍物；③上部结构和墩台的情况，沉井基础的设计荷载；④拟采用的施工方法。

1. 轮廓尺寸

作为基础的沉井，其平面形状一般按上部构件的平面形状确定。沉井顶面可在水平各方向留有襟边，以利下沉时减小偏斜，当土层稳定性差时，襟边宽度还应适当加大。为保证下沉的稳定性及纵、横向刚度不相差过大，一般要求控制沉井的水平截面中长短边之比不大于 3。如建筑物的长宽比接近，可考虑采用方形或圆形沉井。

沉井的入土深度应根据上部结构型式和跨度大小、施工方法、水文地质条件及各土层的承载力等确定。若沉井入土深度较大，应采取分节制造和下沉。

2. 沉井的构造

通常沉井的构造主要包括：井壁、隔墙、刃脚、封底等。

(1) 井壁为沉井的主体部分，其作用是在下沉过程中挡土、挡水及利用本身自重克服土与井壁间摩阻力下沉。沉井高度较高时，可分节制作，每节高度可视沉井的全部高度、地基土情况和施工条件而定。

(2) 隔墙设计在沉井内，当沉井平面尺寸较大时，通常需要在沉井内设置隔墙，不仅增加整个沉井的刚度，减小井壁的挠曲应力，并且将井内空腔分隔成多个井孔，便于控制挖土下沉，防止或纠正倾斜和偏移。

(3) 刃脚为井壁下端形如楔状部分，其作用是利于沉井切土下沉。刃脚的形状根据地质情况，可采用尖刃脚或底面有一定宽度的刃脚。为防止损坏，刃脚底面应以型钢角钢或槽钢加强。

(4) 封底可以防止地下水渗入井内，使沉井成为空间结构受力体系，可以更好传递基底反力。当沉井下卧层地基土的允许承载力足够，沉井开挖较深，地下水的影响大，沉井封底施工困难，沉井也可以不封底。不封底沉井的回填应选用渗透系数与井底地基土相同的土料，并应按要求分层进行夯实，以防止渗透变形和过大的沉降。

3. 结构设计

沉井自身结构设计主要包括施工阶段结构分析和使用阶段结构分析，施工阶段结构设计主要与施工的方法有关，不同的施工工艺其设计计算的内容也不相同。

(1) 施工阶段结构分析。施工阶段，沉井受力随整个施工及运营过程的不同而不同。因此必须掌握沉井在各个施工阶段中各自的最不利受力状态，进行相应的结构计算，以保证井体结构在施工各阶段中的强度和稳定。主要包括：下沉自重验算、抗浮稳定计算、抗滑稳定计算、井壁受力计算、混凝土封底计算。

1) 下沉自重验算。为保证沉井施工时能顺利下沉达设计标高，一般要求沉井下沉系数 $K \geqslant 1.05 \sim 1.25$，即

$$K = \frac{G}{R_f} \geqslant 1.05 \sim 1.25 \tag{4.7-1}$$

式中：G 为沉井自重（不排水下沉时应扣除浮力）；R_f 为沉井侧面的总摩阻力，如沉井下沉深度范围内有不同土层时，应分别计算各层摩阻力，然后再总和。

$$R_f = \tau A \tag{4.7-2}$$

式中：A 为包括井顶围堰在内与土相接触的井壁面积；τ 为单位面积上土的摩阻力。

若沉井自重不能满足上述要求时，设计时可考虑采取：①加大井壁厚度或调整取土井尺寸；②如为不排水下沉，在地质条件许可时，可采取排水下沉或当不排水下沉达一定深度后改用排水下沉，以减小浮力；③井顶上压重或配用射水助沉；④增加外壁的光滑或采用泥浆滑润套方法或空气幕施工法等，也可采用振动助沉法等措施。

2) 抗浮稳定计算。沉井抗浮稳定计算按各施工阶段和正常使用可能出现的最高水位进行验算。

在施工阶段当沉井下沉到设计标高并封底时，在浇注底板后，应进行抗浮稳定验算，抗浮稳定用下式验算：

$$K = \frac{G}{B} \tag{4.7-3}$$

式中：K 为抗浮安全系数；G 为相应阶段沉井总重；B 为按施工阶段的最高水位计算的浮力。

当沉井重量不能抵抗浮力时，施工期间除可增加自重外，还可采取临时降低地下水位、配重等方法。

3) 抗滑稳定计算。水电工程中的沉井，如果前后两侧水平作用相差较大，则应验算沉井的抗滑和抗倾覆稳定性。

沉井的抗滑移主要考虑沉井的前后侧土压力和沉井底面的有效摩阻力的作用，其抗滑移系数按下式计算：

$$K=(\eta E_P+R_{fd})/E_a \tag{4.7-4}$$

式中：K 为沉井抗滑移系数；η 为被动土压力利用系数；E_P 为沉井的前侧被动土压力之和；E_a 为沉井的后侧主动土压力之和；R_{fd} 为沉井底面的有效摩阻力之和。

4）井壁受力计算。井壁竖向拉应力验算是验算沉井下沉过程中垂直方向的强度，刃脚下土挖空时井壁四周的摩阻力可能将沉井箍住，使井壁产生因自重引起的竖向拉应力。井壁的摩阻力近似的按倒三角形分布，即在刃脚底面处为零，在地表面处为最大。此时井壁中产生最大拉力的截面位于沉井入土深度的1/2处，其值等于沉井自重的1/4。

井壁横向受力计算是验算当沉井达设计标高，刃脚下土已挖空而末封底时，井壁承受的水、土压力最大，此时应按水平框架分析内力，验算井壁材料强度。在验算刃脚根部以上，高度等于该处壁厚的一段井壁时，除计入该段井壁范围内的水平荷载土、水压力外，并应考虑由刃脚悬臂传来的水平剪力。采用泥浆润滑套下沉的沉井，若台阶以上泥浆压力大于上述土、水压力之和，则井壁压力应按泥浆压力计算。

5）混凝土封底计算。封底混凝土厚度取决于基底承受的反力，该竖向反力由封底后封底混凝土需承受的基底水和地基土的向上反力组成。封底混凝土厚度一般比较大，可按受弯和受剪计算确定。按受弯计算时将封底混凝土视为支承在凹槽或隔墙底面和刃脚上的底板，按周边支承的双向板（矩形或圆端形沉井）或圆板（圆形沉井）计算，底板与井壁的连接一般按简支考虑，当连接可靠（由井壁内预留钢筋连接等）时，也可按弹性固定考虑。要求计算所得的弯曲拉应力应小于混凝土的弯曲抗拉设计强度。

按受剪计算时需考虑封底混凝土承受基底反力后是否存在沿井孔周边剪断的可能性，若剪应力超过其抗剪强度则应加大封底混凝土的抗剪面积。

如在施工抽水时封底混凝土的龄期不足，其强度应适当降低。井孔不填充混凝土的沉井，封底混凝土须承受沉井基础全部荷载所产生的基底反力，井内如填砂或水时应扣除其重力。井孔内如填充混凝土，封底混凝土须承受填充前的沉井底部静水压力。

（2）使用阶段结构分析。使用阶段沉井作为整体深基础计算，主要是根据上部结构特点、荷载大小以及当地的水文和地质情况，结合沉井的构造要求及施工方法，拟定出沉井各部位的平、立面尺寸，然后进行整体基础的计算。

作为整体深基础，一般要求地基强度应满足：

$$F+G\leqslant R_j+R_f \tag{4.7-5}$$

式中：F 为沉井顶面处作用的荷载；G 为沉井的自重；R_j 为沉井底部地基土的总反力；R_f 为沉井侧面的总侧阻力。

基底应力验算：要求基底最大压应力不应超过沉井底面处土的承载力特征值 f_{ah}，即

$$\sigma_{\max}\leqslant f_{ah} \tag{4.7-6}$$

井侧水平压应力验算：要求井侧水平压应力 σ_{zx} 应小于沉井周围土的极限抗力 $[\sigma_{zx}]$，相当于当沉井在外力作用下产生位移时，深度处沉井一侧产生主动土压力 E_a，而另一侧受到被动土压力 E_P 作用，故井侧水平压应力应满足：

$$\sigma_{zx}\leqslant[\sigma_{zx}]=E_a-E_P \tag{4.7-7}$$

4.7.3　沉井施工与质量控制

1. 沉井施工

水电工程沉井多采用旱地现场制作，然后下沉的方法施工。这种施工方法是在地下水位线以上的旱地上修建施工平台，在平台上布置施工设施，就地制作井筒、挖土下沉、接高、封底、充填井孔以及浇筑盖板。旱地下沉的沉井按出渣方式主要有以下两种：

（1）排水出渣法抽除井内渗水，由配置的吊渣机械出渣，沉井在下沉过程中及时纠偏，下沉到预定位置后进行封底。

（2）水下机械除渣法配置水下开挖机械，或者向井内灌水抽渣，潜水吊石或爆破，待沉到一定位置后，再由潜水员检查和处理基础。

选定下沉方式要根据地下水、地层渗透系数、地质条件及其他因素分析确定。对井内渗水能够采取措施排出，井中卵砾石颗粒较大且有大孤石，或需要在岩石中下沉的沉井施工，宜采用抽水出渣下沉法。对渗水量太大，可能有大量流沙涌入井内，砾石颗粒较小，大孤石少的沉井，可采用水下机械出渣法。

沉井在利用自身重力下沉过程中，常遇到偏斜、停沉、突沉等问题。

导致偏斜的主要原因有：制作场地高低不平，软硬不均；刃脚制作质量差，不平，不垂直，井壁与刃脚中线不在同一根直线上；抽垫方法不妥，回填不及时；河底高低不平，软硬不匀；开挖出土不对称和不均匀，下沉时有突沉和停沉现象；沉井正面和侧面的受力不对称等。当遇到沉井偏斜时，可采取的措施包括：在沉井高的一侧集中挖土，在低的一侧回填砂石；在沉井高的一侧加重物或用高压射水冲松土层；必要时还可在沉井顶面施加水平力扶正。沉井中心位置发生偏移时可先使沉井倾斜，然后均匀除土，使沉井底中心线下沉至设计中心线后，再进行纠偏。在刃脚遇到障碍物的情况下，必须予以清除后再下沉。

导致停沉的原因主要有：开挖面深度不够，正面阻力大；偏斜；遇到障碍物或坚硬岩层和土层；井壁无减阻措施或泥浆套、空气幕等遭到破坏。解决停沉的方法是从增加沉井自重和减少阻力两个方面来考虑的。

产生突沉的主要原因有：塑流出现；挖土太深；排水迫沉。当漏砂或严重塑流险情出现时，可改为不排水开挖，并保持井内外的水位相平或井内水位略高于井外。在其他情况下，主要是控制挖土深度，或增设提高底面支承力的装置。

2. 沉井下沉质量控制

沉井下沉质量控制主要包括位置标高控制、垂直度控制。

沉井位置标高的控制，可以通过沉井外部地面及井壁顶部四周设置纵横十字中心控制线，水准基点，以控制位置和高程。

沉井垂直度的控制，一般是在井筒外通过标示垂直轴线设置吊线坠、标板来控制，并可结合经纬仪进行垂直偏差观测。沉井下沉中应加强位置、垂直度和标高沉降值的定期观测，如有倾斜、位移和扭转，应及时纠偏，使偏差控制在允许范围以内。

3. 施工技术要点

沉井施工中可能出现的难点因地质条件、设计和施工经验等的不同，其内容有所差别，一般要点包括：

（1）底节沉井施工平台即始沉平台的高程应根据施工季节的地表水位或地下水位确定。如地下水位较高，难于压实和承载力太低的土层应予以清除、换填。

（2）底节沉井的施工质量是整个沉井顺利下沉的关键，各道工序如平台压实、刃脚制安、井身混凝土浇筑及抽垫下沉等均应切实做好。

（3）沉井下沉过程中可能遇到的关键问题有：在不均匀地层内的下沉，通过流砂层的下沉，地下水集中喷涌，地下水位超高，沉井位置偏移或倾斜，井筒内出渣方法及井内施工安全性等。

（4）水利水电工程对沉井地基要求严格，要保证稳定、可靠，尤其是承受侧向力较大的沉井，应坐落在坚实基础上，并采取锚筋和钢筋混凝土封底。为确保沉井基础工程质量安全，施工中的防渗、排水十分重要。

第 5 章

砂土液化评价与处理

5.1 概述

1964年日本新潟地震和美国阿拉斯加地震发生了大量由于砂土液化而导致的严重震害，引起了工程界的普遍重视。此后有关土的动力液化特性，土体地震液化判别方法和地基抗液化处理措施成为学术界和工程界的重要研究课题。Casagrande（1936）早期曾用临界孔隙比的概念解释砂土的液化现象，而Seed和Lee（1966）则用孔压值作为判断砂土是否液化的依据，认为液化是由于饱和砂土在振动或循环荷载作用下孔隙水压力上升导致强度完全丧失而造成土体的失稳和破坏。Casagrande（1979）通过试验研究了实际液化和循环液化在物理意义上的区别，并提出了流动结构、稳定变形及稳态抗剪强度的概念。汪闻韶（1993）将土的液化机理概括为砂沸、流滑和循环流动性三种形式，并根据不同的液化形式提出有针对性的处理措施。

砂沸，俗称“喷水冒砂”，可造成场地的破坏和地面的不均匀沉降。砂沸主要是渗流场中渗透压力引起的土体不稳定性，应采取渗流控制的方法加以防止，包括防渗、排渗和反滤、加反滤盖重等方法。

流滑是液化引起的最具灾难性的场地破坏，流滑产生的根源在于土体结构太松（相对密度大都在50%以下，有的还小于0），其颗粒骨架结构呈准稳定状态，稍受扰动（即使尚未达到极限平衡状态），即会崩解，同孔隙水一起形成流动状态。因此防止饱和土体流滑的对策，首先是要提高土体的密实程度和颗粒骨架结构的稳定性。最有效的工程措施是振动加密，因为振动既可提高土体的密度，又可增加颗粒骨架结构的稳定性，常用的方法有：地基的振冲加密、振动探头、压密砂桩、强夯、爆炸加密等，填方的振动压密、振动碾压和强夯等。处理后可以达到防止液化破坏的要求。其他的工程措施还有压重、围封、排水、降压（指孔隙水压力）等。

循环流动性是循环剪切过程中，由于在土体体积剪缩与剪胀交替作用下，引起孔隙水压力时升时降而造成的间歇性液化和有限制的流动性变形现象，主要发生在中密和较密的饱和无黏性土中。防止土体流滑的各种工程措施，如振动加密、疏干、排水降压（指孔隙水压力）、压重、围封等，对防止土体由于循环活动性引起的破坏也是适用的。设计适当的压重和围封，也可起一定作用。

5.2 砂土液化判别

5.2.1 判别方法

土体液化是一种十分复杂的现象，它的产生和发展有许多影响因素，如土的密度、结构、级配、透水性能以及初始应力状态和动荷载特征等。液化判别方法包括经验法和动力反应分析法。经验法是根据过去地震时液化土层的反应而将其资料类推到新的情况下进行判别，或是根据液化土层的反应与各种原位测试试验指标之间的经验关系进行判别。经验法在各行业规范中均有很好的体现，如《水力发电工程地质勘察规范》（GB 50287—2016）（以下简称《规范》）推荐的液化判别方法就是经验法中的代表；动力反应分析法通过确定地震作用下土体的某一指标值（如动剪应力比或动孔压比），进而与试验室确定的相应液化指标进行比较，来判断土体是否液化。

5.2.1.1 《规范》法

《规范》法进行土体液化可能性判别可分为初判和复判两个阶段。初判应排除不会发生液化的土体；对初判可能发生液化的土体，应进行复判。

1. 初判常用方法

（1）根据地层年代：第四纪晚更新世 Q_3 或以前，设计地震烈度小于Ⅸ度时可判为不液化。

（2）根据土的粒径、级配情况判断：土的粒径大于5mm颗粒含量的质量百分率大于或等于70%时，可判为不液化；粒径大于5mm颗粒含量的质量百分率小于70%时，若无其他整体判别方法时，可按粒径小于5mm的这部分判定其液化性能。对粒径小于5mm颗粒含量质量百分率大于30%的土，其中粒径小于0.005mm的颗粒含量的质量百分率相应于地震动峰值加速度为0.10g、0.15g、0.20g、0.30g和0.40g分别不小于16%、17%、18%、19%和20%时，可判为不液化。

（3）根据剪切波速：当土层的剪切波速大于上限剪切波速 V_{st} 时，可判为不液化。

2. 复判常用方法

（1）标准贯入锤击数法：如果 $N_{63.5}<N_{cr}$ 则判断为液化土。$N_{63.5}$ 为标准贯入锤击数；N_{cr} 为液化判别标准贯入锤击数临界值。注意根据运用条件进行标准贯入锤击数校正。

（2）相对密度复判法：当饱和无黏性土的相对密度不大于液化临界相对密度时（0.05g—65%，0.10g—70%，0.20g—75%，0.40g—85%），可判为可能液化土。

（3）相对含水量或液性指数复判法：当饱和少黏性土的相对含水量大于或等于0.9时，或液性指数大于或等于0.75时，可判为可能液化土。

《规范》关于场地和地基土层液化判别方法和标准，已在水利水电工程中得到广泛使用，能够满足一般水利水电工程地基液化判别的需要。《规范》中将土的液化判别分为初判和复判两个步骤，其工程意义十分明显，可以大量减少不必要的勘探和试验工作量。初判主要是应用已有的勘察资料和较简单的测试手段对土层进行初步鉴别，以排除不会发生液化的土层。对于初判为可能液化的土类，仍需要采用其他方法进行复判。对于重要工程，则应用其他方法进行更深入的专门研究。

5.2.1.2 动力反应分析法

动力反应分析法根据是否考虑孔隙水压力可分为总应力法和有效应力法。

1. 总应力法

在总应力分析法中，土体被视为固体，不考虑土中渗流，不区分土单元中分别由土颗粒骨架和孔隙水传递或承受的应力（即有效应力和孔隙水应力），而仅考虑土单元整体所承受的应力（总应力）。土体动力分析的总应力法以 Seed 法为代表，Seed 和 Idriss 提出的动剪应力对比法定义地震时砂土的平均动剪应力强度大于引起液化所需的动剪应力强度时砂土液化，该法是目前国内外广泛采用的方法，其基本内容包括下面几个方面：

（1）确定地层中不同深度处，地震引起的剪应力与时间的关系曲线，即剪应力时程曲线，计算地层的平均地震剪应力。

（2）在室内确定砂土在原位应力条件下土单元体的抗液化强度。

（3）将水平地震剪应力与抗液化强度进行比较，以此来判别砂土的液化可能性。

地震荷载作用下，地层任一深度处剪应力时程曲线是极不规则的，必须将这种不规律曲线变换为等效的某种周次的均匀剪应力曲线，从而求出等效均匀剪应力 τ_{av} 及其相应的振动次数，该振动次数即可称为等效周数 N_{eq}，其中求解等效周数 N_{eq} 的基本思想如图 5.2-1 所示。由图 5.2-1 可知，砂土的抗液化剪应力随振动次数的增加而降低。图中纵轴表示砂样达到液化或指定应变（如 5%、10%或 20%）所需的剪应力，横轴表示达到液化或指定应变所需要的振动周数。

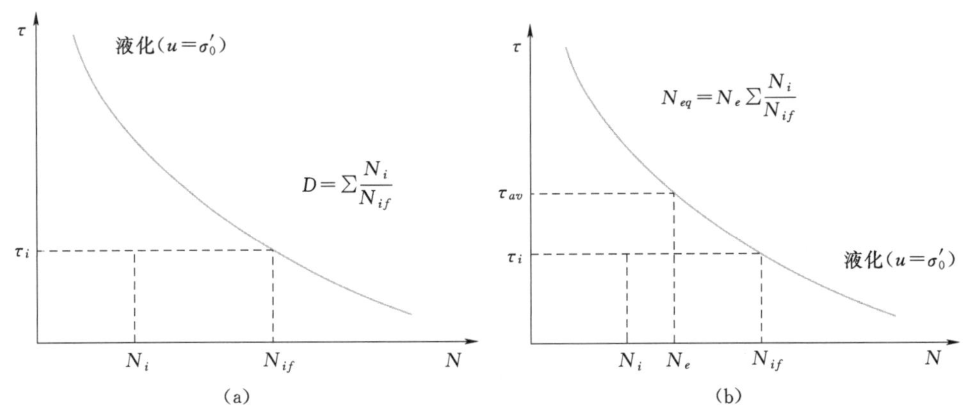

图 5.2-1　等效均匀应力与等效周数关系图

按照等效的思想，理想的均匀波和实际不规则的地震波分别施加到砂样上去，应能使砂样达到相同的液化破坏效果或使砂样达到相同的应变。为此，可取等效剪应力 $\tau_{av}=R\tau_{\max}$（R 为比例系数），并可相应地确定等效均匀应力作用时不规则应力曲线所需的等效周数 N_{eq}。

相应于等效剪应力 τ_{av} 的等效循环周数 N_{eq} 可表达为

$$N_{eq}=N_e\sum\frac{N_i}{N_{if}} \tag{5.2-1}$$

式中：N_i 为剪应力时程曲线上不规则波中剪应力大小为 τ_i 的循环次数；N_{if} 为不规则剪应力波中，剪应力大小为 τ_i 的周期应力引起砂土破坏时所需的均匀循环次数，可由图 5.2-1（a）确定；N_e 为等效均匀应力 τ_{av} 使砂土发生液化（或达到指定应变）所需的均匀循环周数，可由图 5.2-1（b）确定。

Seed 和 Idriss 根据对强震记录的分析得出，地震剪应力波的平均剪应力 τ_{av} 约为最大剪应力 $\tau_{\max}$ 的 65%，故可取 $R=0.65$，相应地 $\tau_{av}=0.65\tau_{\max}$。Seed 等结合大型振动台的液化试验结果，并考虑一定的安全系数给出了等效循环周数与震级的对照关系，见表5.2-1。

表5.2-1　　等效循环周数与震级的对照关系表

地震震级	等效循环周数 N_{eq}	震动持续时间/s
5.5～6	5	8
6.5	8	14
7.0	12	20
7.5	20	40
8.0	30	60

确定了 N_{eq} 以后，即可由试验曲线求出对应于等效周数 N_{eq} 的抗液化剪应力 τ_L，将等效均匀剪应力 τ_{av} 与抗液化剪应力 τ_L 进行比较，如果 $\tau_{av} \geqslant \tau_L$，则发生液化；如果 $\tau_{av} < \tau_L$，则不发生液化。

2. *有效应力法*

有效应力动力分析方法是芬恩在1976年提出来的，它与一般总应力动力分析法的不同之处，是该法在分析中考虑了振动孔隙水压力变化过程对土体动力特性的影响。有效应力动力分析方法根据排水条件可分为不排水法和排水法。

（1）不排水有效应力分析。不排水法假定计算区域是一个封闭系统，在动力荷载作用过程中孔隙水不向外排出，并在分析过程中不考虑孔压的消散与扩散作用，只考虑孔压不断增长、有效应力逐渐降低对土的剪切模量和阻尼比的影响，近年来也开始考虑其对土的抗剪强度的影响。由于不排水法不考虑地震过程中孔隙水压力的扩散和消散，计算结果偏于保守。

（2）排水有效应力分析。在排水条件下，饱和土体在动力荷载作用过程中，由于孔隙水的渗流，不仅土体中所含的孔隙水量要发生变化，而且土中的孔隙水应力还要发生消散和扩散，因此在用有效应力法进行动力分析时，仅考虑孔隙水压力的增大是不够的，还应考虑孔隙水应力的消散与扩散。考虑孔隙水应力消散与扩散作用的残余孔隙水应力的计算方法，目前主要是基于两种理论：一种是基于太沙基理论，但由于太沙基理论假定在固结过程中法向总应力不随时间变化，因此仅对一维情况下是精确的，对二维和三维问题无法精确反应孔隙水应力的扩散与消散；另一种是基于Biot固结理论，该理论是从较严格的固结机理出发的，能够精确反应三维情况下孔隙水应力变化和土骨架变形的关系。因此，用排水有效应力法进行动力分析时，常采用Biot固结理论求解残余孔隙水应力。

与总应力法相比，有效应力动力分析法不但提高了计算精度，更加合理地考虑了动力作用过程中土动力性质的变化，而且还可以预测动力作用过程中孔隙水压力的变化过程、土体液化及震陷的可能性和土层软化对地基自振周期及地面振动反应的影响等。但是，由于目前对动力荷载作用时孔隙水压力的产生、扩散和消散机理，以及其预测方法还尚未达到可以完全信赖的程度，且有效应力分析中所需计算参数的确定还不十分合理，其计算工作量又相当大。因此，将有效应力法更加广泛地应用于实践工作中，还需对其作进一步的探索和完善。

5.2.2 深埋砂土液化

前述砂土液化的评价方法，多有适用地层深度的限制，多不完全适用于深埋可液化土评价，部分重要工程深入的专门研究，大多基于室内动三轴试验结果而得到，仍缺乏大尺度场地土层的试验结果。成都院在设计过程中，考虑硬梁包等水电工程的重要性及河床部位深埋砂层的特点，联合南京水利水电科学研究院开展了系列高烈度区深厚砂土地震液化分析和相关研究工作，为工程场地抗震设计及相关工程处置措施提供了依据和参考。

5.2.2.1 砂土静动力特性试验研究

地基液化判别的基础是对土体静动力特性的认识，通过各种室内静动力试验，研究土体的强度与变形特性，为地基土体的液化判别与数值分析提供技术支撑。

砂土的静力特性试验是通过击实试验，揭示地基土的密度随含水率的变化规律；通过室内一维压缩试验，探索密度随应力水平的变化规律。通过三轴试验，研究其强度及应力变形特性。

砂土的动力特性试验采用动三轴试验系统进行，通过试验提出砂土的动力参数。

5.2.2.2 高地震烈度区深埋砂层液化振动台试验研究

振动台试验是研究砂土地震液化的有效手段，通过试验可以得到土体在不同应力状态、不同密实度和不同振动荷载下的动力响应特征和动孔压累积消散规律，揭示应力状态和密实度对土体动孔压的影响，为进一步研究深厚砂层地震液化特性提供试验基础。

1. 试验技术难点及解决方案

针对深厚覆盖层砂土地震液化的振动台试验，首先要解决的技术难题是如何模拟深部土体的应力状态问题。对于常规振动台试验，为了模拟土体上覆应力，多采用堆载的方式来施加。该方法存在以下缺陷：考虑到振动台激振力的限制，要求模型重量不能太重，也就意味着堆载的质量不能太大，而要研究埋深 50m 左右的土体，堆载相当于 50m 厚土体的有效重度，远远超过了振动台允许值；采用堆载模拟上覆应力，因为堆载的刚度和质量分布，会严重影响研究土体的动力反应特性。为了解决这一技术难题，发明了一种新的加载方法和试验装置，主要包括气囊、反力装置和压力源。试验时打开气源调节阀给气囊充气，压力的大小通过气阀控制，并通过压力表予以实时监测。通过对现有模型箱的改造，采用气囊和反力装置，很方便地将气囊压力施加在研究土体的表面，且基本不增加额外的重量，更重要的是土体表面的受力非常均匀。该方法经过多次试验验证，可方便有效地模拟土体的上覆应力。

该加载方法的优点包括：

（1）采用气囊作为加载设备，不增加研究土体的上部重量，使得土体的动力响应更真实，同时拓展了常规振动台试验土层的深度。

（2）方法简单，只需对现有模型箱进行简单改造，根据模型箱尺寸制作配套的气囊和反力装置，即可实现对试验土体的加载。

（3）加载方式灵活，根据试验条件，可选用高压气瓶、气泵等作为加载气源，通过调压阀装置精确控制气囊压力和加载速率，确保土样内部压力均匀传递，并可根据试验要求随时改变气囊压力大小。

2. 振动台试验设计原则及试验

振动台试验设计的基本原则为：综合考虑振动台台面尺寸及承重能力、原型砂层物性条件和埋深条件，尽可能采用大比尺模型进行试验。根据上述振动台模型试验的具体目标和要求，确定模型砂层上覆压力与原型砂层上覆压力比值，即尽可能真实模拟实际场地土层的初始应力状态，并尽量真实反映原型场地土体的密度、含水率、饱和度等物理性质。此外，试验中采取一定措施保证土层在水平激振下的剪切运动，并最大限度减小模型箱的边界效应。

3. 典型工程试验研究成果

硬梁包水电站坝址处于地震高烈度区，坝基覆盖层中的②-2层为细砂—中细砂层，平均厚度18.79m、平均埋深30～60m，其黏粒含量近10%。为了明确②-2细砂—中细砂层的液化性能，设计并完成了高烈度区深厚砂层地震液化振动台模型系列试验。通过对大量试验数据的深入分析和对比研究，结合试验过程中观察到的宏观现象，对高有效上覆压力下的含黏粒饱和砂层的振动反应和地震液化性状进行了综合分析，得到以下几点结论：

(1) 300kPa压力下固结，300kPa有效上覆压力下进行的模拟现场少黏性饱和砂土振动台试验结果表明：模拟现场埋深约50m饱和少黏性砂土在输入加速度峰值约533*gal*正弦激励下的振动孔压累积现象不明显，且孔压累积速率相当缓慢、振后孔压达到稳定时间长；土体均值剪应变反应约为10^{-4}水平，处于土体振动孔压反应的门槛剪应变范围；土中不同深度加速度反应随时间变化不明显，表明振动过程中的土性变化不明显。综合宏观现象、动力反应实测结果，判断模拟现场深厚饱和砂土在给定地震设防标准下不液化。

(2) 300kPa压力下固结，300kPa有效上覆压力下的振动试验还表明，当激振加速度峰值相对较小时，其振动孔压反应增长态势相对较为明显。在随后的多次激励振动中，尽管其遭遇的激励强度逐步增大，其振动孔压反而呈现出负孔压趋势。这说明土体在300kPa压力下固结后几无进一步密实的空间。更大的峰值加速度激励只能促使土体“越振越松”，其振动孔压累积存在困难。

(3) 经300kPa压力下固结的少黏性饱和砂土在小于300kPa上覆压力下进行激振，其振动孔压呈现典型的“零—负—零—正”现象。也即，振动初期的振动孔压以负孔压为主，持续激振一段时间后，振动孔压方开始累积，并呈递增态势发展。振动孔压开始累积所需振动周数或振动时间随有效上覆压力的减小而减小。

(4) 经300kPa压力下固结的少黏性饱和砂土在小于300kPa上覆压力下进行激振，土体动力反应呈现典型的超固结特性，主要表现在：土体均值动剪应变反应随上覆压力的增大而减小；土体剪应变峰值反应随输入加速度峰值的增大而减小；振动孔压反应因上覆压力不同而展现不同的发展特征。试验时的有效上覆压力越大，土体剪胀现象越明显；上覆压力越小，土体先胀后缩现象显著。

(5) 无论是模拟现场的含黏粒饱和砂土还是对比试验中的饱和南京细砂，在一定压力下固结和自然固结情况下，在0kPa有效上覆压力试验时均可发生液化，且试验展现的宏观现象、振动孔压反应、加速度反应以及动剪应变反应具有良好的对应关系。此外，先期固结压力越大，土中振动孔压的累积增长所需振动周数和时间越长；高细粒含量，尤其是黏粒含量可能延长孔压开始累积增长的时间，甚至导致经高压固结后的土体在振后较长时间方趋向液化。

5.2.2.3 高地震烈度区深埋砂层液化离心模型试验

对于岩土材料，应力水平（围压）对其力学特性影响很大，因此保持试验过程中的应力相似是岩土体模型试验成功的关键。动态离心模型试验技术是近年来迅速发展起来的一项高新技术，被国内外公认为研究岩土工程地震问题最为有效和先进的研究方法，目前这项试验技术已在岩土工程地震问题的研究中得到较好应用。通过对不同应力状态下覆盖层材料的离心振动台试验，可以研究不同埋深土体的动力响应特性和超孔压积累消散规律，进而分析深厚覆盖层地震液化特性。

对硬梁包工程的典型砂土进行系列离心机振动台试验研究，得出如下结论：

（1）从动孔压分布规律可知，在幅值 0.4g、振动频率 2Hz 正弦波作用下，埋深 15m 以上试验土体出现液化；在幅值 0.4g、振动频率 3Hz 正弦波作用下，动孔压略有减小，液化分界点略有上移。

（2）两种输入振动频率下，动孔压自上而下逐渐增加，孔压比逐渐减小。

（3）两种输入振动频率下，10～30m 埋深模型加速度呈现自下而上衰减的规律，30～50m 埋深模型自下而上加速度反应呈现出先放大后衰减规律。这是由于土体应力状态不同，导致不同埋深的土体在振动荷载作用下发生的剪应变不同，土层埋深较深，土体应力较大，密实度较高，土体相对刚度较高，在振动过程中土体发生的剪应变较小，土体的阻尼也相对较小，对振动能量衰减有限，故深部土体加速度反应呈现放大，随着埋深减小，土体剪应变增加，阻尼随之增大，对振动能量衰减增大，加速度反应呈现衰减。

5.3 抗液化处理措施

水电工程建设中当遇到不可避免的可液化土层作为水工建筑物基础，尤其是挡水建筑物基础时，为保障工程安全，须对建筑物基础采取有效的抗液化措施进行处理。多年来，随着我国水电建设的蓬勃发展，基础处理施工技术与施工设备也不断进步，工程中可选用的抗液化处理措施有很多，可以大体分为两类：

第一类是防止地基发生液化的方法（通过地基加固的方法），如改变地基土的性质，使其不具备发生液化的条件；加大、提高可液化土的密实度；改变土体应力状态，增大有效应力；改善土体以及边界排水条件，限制地震时土体孔隙水压力的产生和发展。

第二类是即使发生液化也不使其对结构物的安全和使用产生过大影响的方法（通过结构设计的方法），如封闭可液化地基，减轻或消除液化破坏的危害性；将荷载通过桩传到液化土体下部的持力层，以保证结构的安全稳定。

表 5.3-1 列出了代表性的液化防治措施。其中开挖换填、碎石桩、混凝土连续墙围封、压重等是水利水电工程防治液化砂层常用的工程措施。针对可液化土层，根据其分布范围、危害程度，选择合理工程措施，对判定可能液化的土层，应尽可能采用挖除置换法。当挖除比较困难或很不经济时，对深层土可以采取碎石桩法、围封法、压重法和灌浆法等，其中碎石桩法、围封法详见第 4 章，现对压重法和高压喷射注浆等方法简述如下。

表5.3-1　液化防治措施一览表

方法	简　述	适用深度	抗液化效果	优　点	缺　点
开挖换填	将基础范围内的液化土层清除，用稳定性好、强度高的材料回填	受基坑开挖深度控制	好	抗液化效果好，施工简单可靠、浅层处理较经济，是浅层液化土层处理首选方法	施工难度、风险以及工程投资随液化土层深度显著增加
碎石桩	以碎石作填料在液化土层内形成碎石桩	最大处理深度30m，如加深需进行设备改造	好	抗液化效果好，质量可靠，施工速度快，造价较经济	施工深度有限，遭遇特殊地层（大块石）时可能施工困难
混凝土连续墙	在地下浇注混凝土形成具有防渗和承重功能的连续的地下墙体	国内最大施工深度达140m	较好	墙体刚度大，质量可靠，可直接在原地面施工	可能出现相邻墙段不能对齐；造价高，并随处理深度显著提高
压重	通过填土压重增加基础可液化土层有效应力	受地层条件与上覆压重厚度控制	多用于土石坝上、下游地基	施工简单，可利用弃土、弃渣料源	一般用于土石坝上、下游地基，对主体建筑基础改善有限
高压旋喷	以高压旋转的喷嘴将水泥浆喷入土层与土体混合形成水泥加固体	国内最大施工深度达80m	一般	基础处理深度深，施工速度较快，固结体强度较高，可直接在原地面施工	造价较高，施工质量受地层影响较大
沉井基础	以沉井作为基础结构，将上部荷载传至地基	施工难度随深度增加	好	整体性好，稳定性好，能承受较大的垂直和水平荷载	沉井下沉遇到的大孤石施工较困难，造价较高

5.3.1　压重

砂土液化的影响因素很多，总的来说有三大类：一类是动荷条件，包括地震强度和地震持续时间；一类是埋藏条件，包括土层自身的条件及相邻土层的条件；另一类是土性条件，通常是指土的密实程度和颗粒特征。动荷条件无法人为改变，要提高土体抗液化能力，只能通过改变土体的埋藏条件和土性条件实现，压重就是属于改变土体的埋藏条件。

上覆土层厚度影响着土的初始应力状态，在地震荷载下土的液化可能性随着初始上覆压力、侧限压力以及剪应力而不同，具体表现在埋深越大，砂土层液化所需聚集的孔隙水压力就越高，即液化的难度越大，反之则越容易液化。在众多地震灾害调查中可以看到，在有着一定厚度上覆压重下面的土层保持稳定，但是在压重范围以外的同样的砂土却广泛地液化。可见，上覆压重可增加基础可液化土层的有效应力，从而提高基础砂土抗液化能力。水电工程中，压重体施工简单，又可以利用工程中的弃渣、弃土作为压重体材料，常用于土石坝上、下游地基抗液化的辅助措施。

瀑布沟工程心墙堆石坝地震设防烈度为Ⅷ度，坝基中存在的上、下游两块砂层透镜体，在地震荷载作用下是否出现液化现象，前期设计中做了大量的现场勘探、室内试验和计算分析工作。上游砂层的平均粒径0.145～0.32mm，相对密度0.71～0.72，顶面埋深

40～48m。下游砂层 0.095～0.36mm，相对密度 0.64～0.72，顶面埋深 26～40m。从级配组成判别，两者都处于临界状态；从埋深分析，上游砂层属不易液化类，下游砂层处于临界状态。应用 Seed 简化法和地震动力反应分析表明：在筑坝前上、下游砂层均存在液化的可能，建坝后在坝体压重的作用下，上、下游砂层发生液化的可能性很小。

大坝抗震安全性评价和抗震设计采用规范要求的拟静力法、静力和动力有限元分析方法。坝坡稳定计算表明坝坡稳定为深层并穿过坝基砂层的滑弧控制，因此在上、下游坡脚设置压重，以提高深层稳定安全系数。故在下游坝脚处增设两级压重体（下游围堰也作为下游压重的一部分），顶高程为 730.00m 和 692.00m，在下游坝脚砂层透镜体上方增加压重体厚度约 61m，以增加下游坝基中砂层抗液化能力和提高大坝的抗震能力。对上下游砂层透镜体均采取压重处理，即在上游坝脚砂层透镜体上方增加坝体厚度（压重）15～50m。计算结果表明，坝坡抗滑稳定满足要求，坝基砂层不液化。瀑布沟坝脚砂层透镜体与下游压重示意图如图 5.3-1 所示。

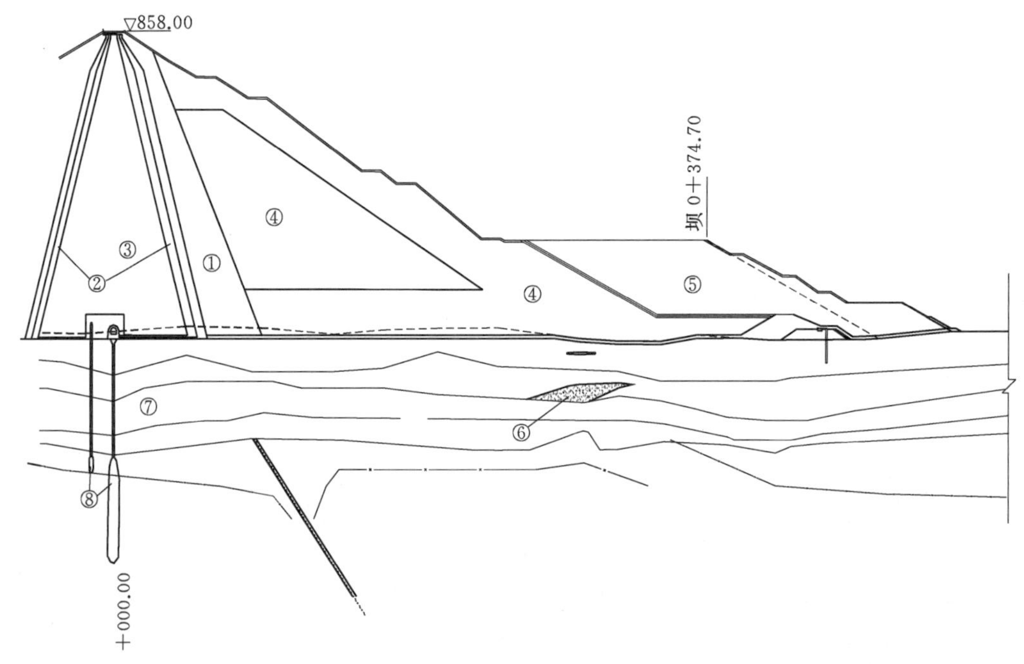

图 5.3-1　瀑布沟坝脚砂层透镜体与下游压重示意图（单位：m）

①—过渡层；②—反滤层；③—心墙；④—堆石；⑤—压重；
⑥—砂层透镜体；⑦—防渗墙；⑧—帷幕灌浆

双江口上、下游坝坡稳定及相关计算分析表明，压重对提高大坝的抗震稳定性效果明显，同时也能增加砂层透镜体抗液化能力，因此在上、下游堆石体坝脚之上增加压重。下游压重区压脚以避开导流洞出口为原则进行布置，压重顶高程 2330.00m，顶宽 90m。下游压重料采用隧洞出口弃渣料及飞水岩料场剥离料填筑，对填筑指标不做要求，但压重体需满足自身边坡的抗滑稳定，坡度为 1∶2.5。上游压重区与上游围堰连为一体，顶高程 2330.00m，顶宽 190m，坡度为 1∶2.2。双江口坝基砂层透镜体与压重示意图如图 5.3-2 所示。

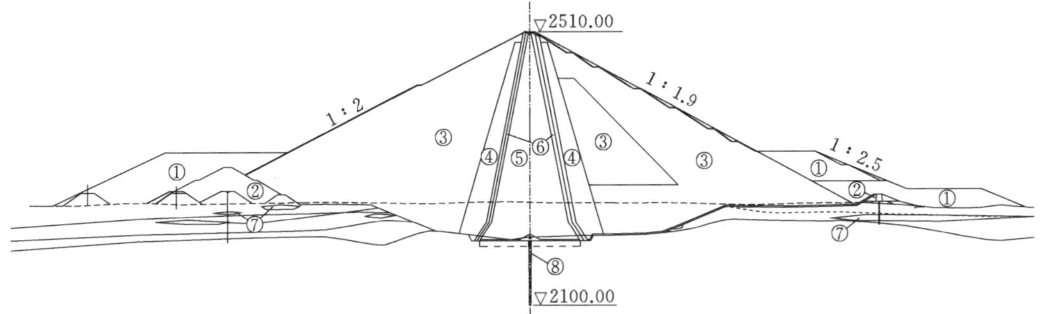

图5.3-2 双江口坝基砂层透镜体与压重示意图（单位：m）

①—压重；②—围堰；③—堆石；④—过渡层；⑤—心墙；⑥—反滤层；
⑦—砂层透镜体；⑧—帷幕灌浆

5.3.2 碎石桩

碎石桩法是在砂土、粉土、人工填土、淤泥土等土层中，通过振冲或其他机械成孔并回填碎石等粗粒径料，以在土层中形成碎石桩并和原地基土组成复合地基的处理方法。由于碎石桩对周围土体有挤（振）密、排水减压、预振和置换作用，抗液化效果明显，因而在水电工程中应用较为广泛。

1. 挤（振）密作用

施工过程中，由于激振器产生的振动传给土层，使得其附近饱和土地基产生超孔隙水压力，导致部分土体液化，土颗粒重新排列趋向密实；在成桩过程对桩周土体的横向挤压，灌注碎石后的振动、反插，并且很多碎石骨料也被挤入土中使周围土体受到挤密。这种强制性的挤（振）密使得土体的相对密实度显著增加，孔隙率降低，干密度和内摩擦角增大，土的物理力学性能改善，使地基承受动荷载的能力大幅度提高。

2. 排水减压作用

对砂土液化机理研究表明，当饱和松砂受到剪切循环荷载作用时，将发生体积收缩而趋于密实。在砂土无排水条件时，体积的快速收缩将导致超静孔隙水压力来不及消散而急剧上升，当砂土液化被触发后，地基抗剪强度急剧下降，导致完全液化。碎石桩加固砂土时，桩孔内充填碎石为粗颗粒料，在地基中形成渗透性良好的人工竖向排水减压通道，可以有效地消散和防止超孔隙水压力的增长和砂土液化，并加速地基排水固结。

3. 预振作用

砂土液化特性除了与土的相对密度有关外，还与其振动历史有关。砂土预先振动而产生液化后，结构中的不稳定的颗粒滑落形成较为稳定的结构，抗液化能力得到提高。碎石桩在施工时振动作用在土层挤密的同时还获得预振，这对增强地基的抗液化能力极为有利。

4. 置换作用

在碎石桩与周围土体形成的复合地基中，由于碎石桩的模量大于桩间土模量，因此起到置换加强的作用。在基础一定范围内设置碎石桩，使得复合地基的内摩擦角增大，抗剪强度提高，有效地抑制地基的侧向位移。在地震荷载作用下，碎石桩在起排水作用的同时，其置换增强土体稳定性也明显体现出来。

振冲碎石桩对砂类土地基处理效果好，尤其对提高可液化砂土抗液化能力效果明显。如四川省平武县涪江上游支流火溪河上的阴坪水电站，最大闸（坝）高35m，地震设防烈度为Ⅶ度。地勘揭示河床覆盖层深厚，最深约107m，结构层次复杂，存在软弱下卧层。软弱层主要以砂、砂壤土为主，埋深3～11m，最大厚度约20m，承载力、压缩模量及抗剪强度均较低，且在Ⅶ度地震时有液化的可能。为解决闸坝基础砂层液化问题，工程采用振冲碎石桩进行处理。施工前进行了现场试验，试验振冲碎石桩按等边三角形布置，桩径为1m，桩距按1.5m和2m布置。试验表明：采用振冲碎石桩进行地基处理后，形成的复合地基承载力标准值、压缩模量及抗剪指标均有所提高。从剪切波速判段，间距1.5m和2m振冲处理后，软弱砂土层均不液化。工程处理振冲碎石桩按等边三角形布置，桩径为1m。泄洪、冲沙闸、取水口、右岸挡水坝段、左岸1～3号挡水坝和上游护桩范围基础桩间距为1.5m；左岸4～5号挡水坝、铺盖上游侧、挡水坝段及泄洪冲沙闸段下游护桩，护坦边墙基础桩间距为2m；闸室基础以下桩长为23m，挡水坝段局部最大桩长为26m。"5·12"汶川地震阴坪电站坝址的地震烈度为Ⅷ度。地震发生时阴坪电站首部枢纽的振冲处理已经完成，部分挡水建筑物的底部与护坦边墙等已经施工。震后检查表明，已施工建筑物没有明显的位移和变形，基础也没有发现液化现象。阴坪水电站闸坝基础振冲碎石桩处理如图5.3-3所示。

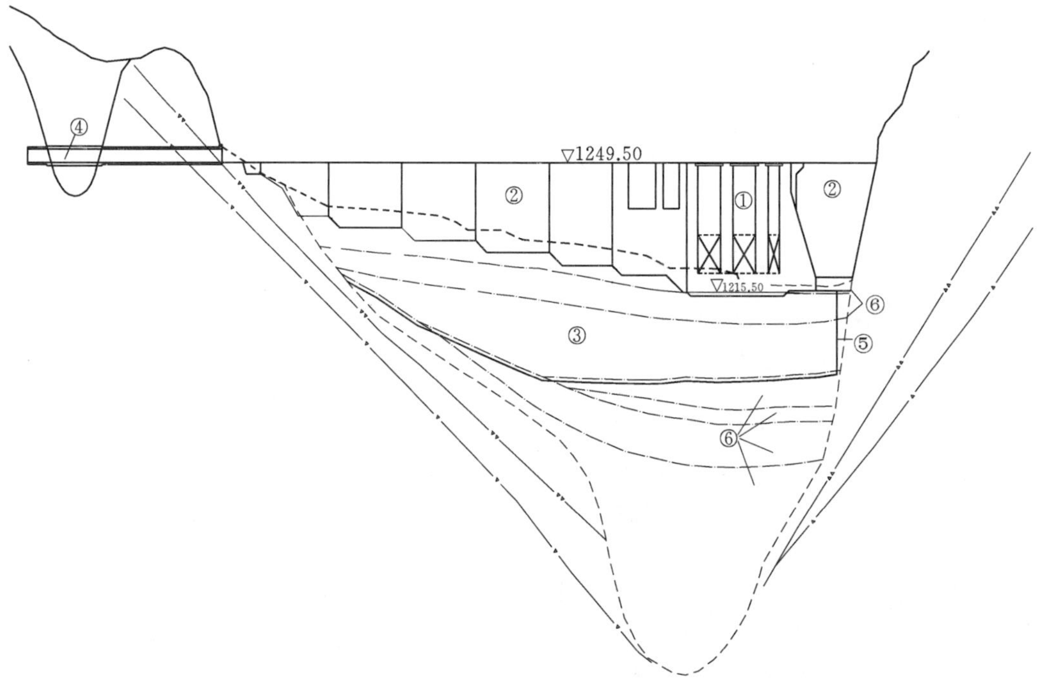

图5.3-3　阴坪水电站闸坝基础振冲碎石桩处理（单位：m）

①—混凝土闸；②—混凝土挡水坝；③—碎石桩处理范围；④—灌浆平洞；⑤—沙层；⑥—覆盖层

5.3.3　高压喷射注浆

在水电工程基础抗液化加固中，高压喷射注浆是通过高压射流冲击切割土体，使之与水泥浆液搅拌混合，重新排列并凝固后，在土中形成各种固结体，通过有效增大土体强度，限制土体在地震作用下的变形，从而提高土体抗液化能力。由于高压喷射注浆施工较简便、施工深度深，也适用于对现有建筑基础进行加固。

如小天都水电站在解决闸基持力层中所夹的含卵砾石砂层透镜体可能液化问题时，就采用高压喷射注浆进行处理。由现场进行的高压喷射注浆试验来看，通过高压风水冲切砂层透镜体，主、副孔的切换，使孔间产生串通，可最大限度地将处理范围的砂冲洗出孔外，并且和灌入的水泥浆液混合后形成的固结体在一定范围内有较好的连续性，提高了砂层透镜体抗震变形能力，从而达到抗液化的目的。工程实施时，为加强注浆效果，采用先对目标地层固结灌浆，再根据固结灌浆造孔返砂与灌浆情况确定高压喷射注浆位置的处理方案，进一步提高了处理效果，有针对性地解决了砂层透镜体液化问题。

5.3.4 其他处理措施

水电工程抗液化工程措施还包括强夯加固、固结灌浆等。

(1) 强夯加固是将重锤从高处自由落下，在极短的时间内对土体施加一个巨大的冲击能量，使土体强制压缩、振密、排水固结和预压变形，从而使土颗粒趋于更加稳固的状态，改善地基土的工程性质以达到地基加固的目的。强夯施工受地下水影响较大，处理深度有限，仅对土体压缩、振密往往不能满足水电工程中较高的抗液化要求。

(2) 覆盖层内的固结灌浆也是水电建设中常用的基础处理方法，其利用机械压力或自重，将具胶凝性的浆液压入到覆盖层中的孔隙或空洞内，以增强覆盖层地基的密实性和承载能力，从而提高抗液化能力。该方法施工较为简单，也可用于已有建筑基础的加固，但其加固效果受地层条件影响较大，加固后抗液化效果也往往难以评价。

第 6 章

地基处理施工及深基坑处理

6.1 概述

近年来，随着西南地区大中型水电水利工程的大规模建设，深厚覆盖层的地基处理施工技术也有了长足的发展，主要体现在以下四个方面：

（1）采用不同施工工艺进行防渗处理的深度均明显加深。如泸定水电站大坝深110m、厚1.0m防渗墙的完建，标志着我国防渗墙采用冲击钻机"钻抓法"和"钻劈法"联合施工技术水平又有了新的突破；桐子林水电站最大深度达92m的覆盖层帷幕灌浆施工技术也取得成功；在小湾和桐子林水电站含有明显架空地层的围堰基础采用了控制性灌浆工艺也取得很好的防渗效果。

（2）地基加固的深度大大增加和加固结构型式多样化。如振冲挤密桩试验成功的深度超过60m，采用框格式地下连续墙作为建筑物的基础承载和防冲防淘结构效果良好。

（3）研发和改进了地基处理的施工设备和相应的施工工艺，以及浆材等；研发和改进了大功率的冲击钻、伸缩式振冲机、三管式高喷灌浆机，引入液压铣槽机、旋挖机、搓管机等成槽成桩设备和相应工艺，极大地丰富了地基处理的手段，显著地提高了施工强度，降低了施工工期和成本。如向家坝一期围堰混凝土防渗墙最大施工强度达到造孔1.6万m^2/月，成墙2.4万m^2/月。

（4）大规模应用土工合成材料，用于防渗、排水、反滤、加筋和隔离等多种用途。

以上发展成果也在大型水电站的大坝深基坑施工防护中广泛应用，促进了大坝深基坑规模越来越大，深度越来越深。不少工程挖除的覆盖层厚达50～75m，围堰及其围护的大坝基坑挡水设计水头达100～150m，基坑面积高达80000～150000m^2。由于深基坑的安全与稳定对于保证整个工程安全施工具有重要意义，也对围堰设计、基坑的渗控和基础处理、防护设计提出了更高的要求。

6.2 混凝土防渗墙施工

6.2.1 技术发展

目前我国在深厚覆盖层中建设混凝土防渗墙的综合施工水平发展较快，体现在以下几个方面：

（1）在不同地层条件下成功建设了多处百米级深度的混凝土防渗墙。2006年四川狮子坪水电站大坝防渗墙（深101.8m，厚1.2m）的完建，标志着我国混凝土防渗墙的施工能力已跨过百米深级的水平。1997年四川冶勒水电站大坝防渗墙施工分上、下两段建造，上段在地面施工，下段在专门开挖的隧洞中施工，存在架空的卵砾石层，地质条件十分复杂；其防渗墙总深度140m，墙厚1m，其中下墙最大深度达到84m，也是当前国内在隧洞中建造的防渗墙的最大深度。2012年西藏旁多水电站则建造了深达158m的当时国内坝基最深防渗墙。2016年新疆大河沿水库大坝防渗墙深度为186.15m，墙厚1.0m。

（2）施工设备及施工方法不断改进。冲击钻机不断改进，增加了反循环出渣系统，钻头重量由以往的1.5t增加到3～5t，钻孔工效显著提高。推广应用了功效高的抓斗挖槽机，工效为冲击反循环钻机的10～20倍，钻抓法和纯抓法也成为应用越来越多的深墙施工方法。广泛采用气举反循环清孔和墙段接头拔管技术，四川仁宗海水电站82.5m深混凝土防渗墙采用气举反循环进行清孔施工，有效地提高了清孔的质量。目前接头孔采用拔管法施工最大深度已超过150m，为深墙施工和加快进度提供了有力的技术支持。

（3）防渗墙墙体材料呈现多样化。塑性混凝土、普通混凝土、高强混凝土和钢筋混凝土都有应用。冶勒水电站坝基防渗墙混凝土强度C40，其墙段连接采用了专门的拔管法工艺施工。

深厚覆盖层防渗墙施工难点及关键技术主要体现在成槽机械及工法的适应性，特别是造孔成槽及混凝土浇筑时一、二期墙体之间的连接以及特殊情况的处理措施。

6.2.2　成槽机械及工法

1. 成槽机械

我国防渗墙施工的钻孔设备主要采用钢丝绳冲击钻机，由于这种钻机具有对地层的适用范围广、结构简单、操作容易、维修方便、价格低廉等优点，至今仍被广泛采用。

（1）冲击及冲击式反循环钻机。传统的钢丝绳冲击钻机的钻孔原理是利用钻头对地层进行反复冲击破碎，直至地层碎屑被破碎到能被泥浆悬浮，用抽砂筒提出孔外，因而功耗大、工效低。冲击式反循环钻机在其基础上，通过增加反循环出渣系统，改抽筒断续出渣为泵吸连续出渣，避免了钻头对地层颗粒的重复破碎，因而比钢丝绳冲击钻机可提高工效1～2倍。

瀑布沟水电站大坝防渗墙设计为上、下两道防渗墙，间距14m，墙厚1.2m，最大防渗墙深度82.9m。采用国内常用的CZ—30、CZ—22型冲击钻，因墙厚、孔深，其成本高、工效太低而无法保证工期与质量。通过施工试验及现场施工对比与研究，选择了国内生产的功率55kW，钻具配备重4～5.5t的冲击钻。实践证明该设备在使用工效和设备性能上都比较理想，既保证了质量与工期，又节约了投资与成本。

狮子坪水电站大坝防渗墙厚1.2m，最大墙深101.8m。防渗墙造孔主要采用CZF—1200和CZF—1500型冲击反循环钻机，地质条件差的部位（出现塌孔、大孤石），改反循环钻机为冲击钻机。狮子坪防渗墙造孔平均功效为2.5m/(台·日)，70～90m深造孔功效为1.5～1.75m/(台·日)，90～100m深造孔功效为0.75～1.0m/(台·日)。

（2）抓斗挖槽机。抓斗挖槽机（简称抓斗）完全利用斗齿切割、破碎土层、直接抓出渣土。适用的地层比较广泛，除大块的漂卵石、基岩以外，一般的覆盖层均可。不过当地层的标准贯入击数$N>40$时，使用抓斗的效率很低。对含有大漂石的地层，需配合采用重锤冲击才可完成钻进。抓斗挖槽也用泥浆护壁，但泥浆不再有悬浮钻渣的功能，用量较少。抓斗结构比较简单，易于操作维修，运转费用较低，在较软弱的冲积层中造墙被广泛应用。各种抓斗可挖掘宽度为 30～150cm，最大深度可达 130m。

小浪底水利枢纽工程坝基右侧防渗墙深 81.9m，墙厚 1.2m，所处地层为砂卵砾、漂石夹粉细砂，用意大利 BH—12 型液压抓斗抓取 60～70m 深的副孔。泸定水电站坝基防渗墙厚 1.0m，最大墙深 151.3m，所处地层为漂卵砾石层，碎砾石土层、粉细砂及粉土层，用重型抓斗抓取副孔上部（孔深小于 90m）的地层。

（3）液压铣槽机。液压铣槽机是目前建造地下连续墙的最先进的设备，是一种采用连续松动和切削土壤方式钻进，反循环排渣来建造连续墙的挖槽设备，它由在槽孔内的切削机和地面上的履带起重机组成。液压铣槽机对地层的适应性强，它既可以挖掘非凝聚性的地层，如淤泥、砂、砾石及卵石等，也可以挖掘软至中硬（抗压强度 50～100MPa）的岩石。如泥岩、砂岩、灰岩及砾岩等。虽然铣槽机钻孔深度大（最深可以在 100m 以上），精度高、钻进效率高，但也有其局限性，在含大量漂、孤石或软硬不均的地层中钻进困难。

冶勒水电站坝基隧洞中施工的防渗墙采用了高度仅为 5.2m 的低净空液压铣槽机，在粉质土、砂卵石和胶结岩石中造孔平均工效达到 $68m^2/d$，施工工效为同时施工的冲击反循环钻机的 20 倍。

（4）旋挖钻机。旋挖钻机是一种基础工程成孔作业中的可自行移动的施工机械，钻孔施工一般不需要泥浆固壁，施工条件要求不高。主要适于砂土、黏性土、粉质土等土层施工，也可以在基岩和钢筋混凝土中施工，目前两河口工程钻进基岩岩体抗压强度最大可达到 43.8～132MPa（粉砂质板岩）。

由于施工效率较高，砂土层进尺 20～30m/d，在基岩中 3～8m/d，成孔直径最大可达 2.5m，近年来在地下连续墙接头或转折处成孔，与两岸边坡段接头处成孔和大直径快速成槽中应用较多。

旋挖钻机在桐子林水电站右岸边坡加固抗滑桩及导流明渠导墙基础加固施工中发挥了重要作用。右岸边坡加固抗滑桩 181 根，累计约 5876m，直径为 1.0m 的钢筋混凝土桩，全部为砂岩页岩互层中钻进成孔，最大深度达到 44m。导流明渠导墙基础加固桩基 46 根，最大深度 48m，其中钢筋混凝土钻孔深度 30m，基岩钻进深度 18m；旋挖钻机仅利用了导流明渠导墙顶部平台（宽度 6.2m）进行施工，施工耗时不到 2 个月。旋挖钻机如图 6.2-1（a）所示。

（5）全套管液压回转钻机。全套管液压回转钻机利用全回转的跟管钻进，边回转边压入跟管，同时利用冲抓斗挖掘取土，直至套管下到设计深度为止。混凝土边浇筑跟管边回转退出。跟管最大直径可达 2m，最大深度超过 120m，垂直度可以精确到 1/500，在砂土层进尺 10～30m/d。全套管回转钻机本身跟管具有止水护壁功能，无需另加护壁措施，是一种节能环保的施工机械，特别是对沉降及变位容易控制，能够紧邻相近的已建建筑物施工。该设备在交通、建筑等行业开始应用，成本相对较高；近期在两河口水电站下游河道护岸、桐子林河道防冲护岸等开始应用，成孔精度较高，但施工机械效率低于旋挖钻机。在防渗墙施工中适合地层架空段造孔，原状取（土）心样、连续墙接头处理，接头重新补强处理等。全回转钻机如图 6.2-1（b）所示。

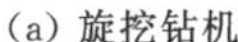
(a) 旋挖钻机

(b) 全回转钻机

图 6.2-1　钻机设备

2. 成槽工法

（1）钻劈法。用冲击钻机钻凿主孔和劈打副孔形成槽孔的一种防渗墙成槽施工方法。该方法适用一般砂卵石地层。

（2）钻抓法。钻抓法在成孔的过程中把槽段分为主孔与副孔，先用冲击钻机打主孔，再用抓斗抓取副孔，钻抓法分为两钻一抓、三钻两抓等。副孔的宽度不能大于抓斗的最大抓取长度，该方法不适用于大的孤石地层。

（3）纯抓法。纯抓法就是在成槽的整个过程中全部利用抓斗进行抓取。该方法同样把槽段分为主孔和副孔先后施工，主孔和副孔长度都不应大于抓斗的最大抓取长度。纯抓法不适用于存在大孤石的砂卵石地层。

（4）纯铣法。纯铣法就是利用液压铣槽机双轮来切铣较软岩石或土层，岩粉及细小的颗粒会随泥浆一起排出孔外。但纯铣法不适用于粒径普遍超过 20cm 的卵砾石或孤石地层。

（5）综合法。由于深厚覆盖层地层多不均匀性，只采用上述单一工法，很难满足施工要求。综合工法就是在上述工法的基础上，分工序、分地层进行钻抓交替、钻劈交替及钻抓爆交替，以及铣、抓、钻、爆交替的有序高效施工方法。

泸定水电站坝基防渗墙厚 1.0m，最大墙深 110m。泸定水电站大坝基础混凝土防渗墙为整个大坝工程的关键线路，具有工程量大、地层复杂（孤石、漂石、块卵、砾石层、胶结层等）、施工难度大、工期紧（一、二期槽段各约 5 个月时间）、施工干扰多、工作面狭窄等特点。该工程主河床段共划分 51 个单元槽段，其中墙深超过 100m 的槽段为 26 个，槽孔长度主要为一期 4.0m，二期 7.0m。成槽方法为钻抓法和钻劈法联合施工。采用 CZ—A、CZ—9 等冲击钻机施工主孔，用 HS843HD 重型抓斗抓取副孔上部（孔深小于 90m）的地层，副孔下部（孔深大于 90m）地层采用钻劈法施工。

6.2.3　防渗墙接头处理工法

防渗墙墙段连接是防渗墙施工的关键技术，由于受防渗墙连接技术的制约，20 世纪我国防渗墙施工的最大深度很难突破 80m。

混凝土防渗墙接头工法包括钻凿法、双反弧法、单反弧法、接头管接头法等。其中，钻凿法适用于低强度混凝土防渗墙施工，工效较低，目前在超过 40m 深度的防渗墙普遍采用的接头工法为单反弧法和接头管法，近十年来逐步发展成熟的接头管法是突破超深防渗墙施工的关键工法。

1. 单反弧接头法

单反弧接头法是在双反弧接头法的基础上进行改进、优化而形成的一种新型接头方法。单反弧接头是指在相邻一期槽浇筑后，先用冲击反循环钻机施工两端主孔（即单向弧导向孔），导向孔终孔验收合格后，再用双反弧钻头进行扩孔，边扩孔边采用反循环方式将主孔内的石渣抽出，直至终孔，然后将一期槽端头孔混凝土半圆弧周边的泥皮及部分混凝土凿出，形成单弧接头面，其施工方法实质上仍是一种槽段套接方式。单反弧接头施工的最大优势：采取单反弧接头施工，二期槽长可划分多孔，这样做可减少墙体接头数量且相邻一期槽可同时施工（只分两序即Ⅰ、Ⅱ序施工），不会因为双反弧接头槽长太短而受影响（需分Ⅲ序施工）；单反弧接头施工时，钻具一边是混凝土，另一边是原始地层，反弧钻具在孔内可尽量减少卡钻事故发生，倘若出现卡钻等事故也便于处理；单反弧接头法较钻凿套接法节省混凝土；单反弧接头施工工效明显优于双反弧接头和套接法接头施工。冶勒水电站工程坝基防渗墙施工最初采用双反弧接头工艺，后来进过改进和试验，逐渐演变成单反弧接头，但均采用双反弧钻头施工。单反弧接头法在冶勒防渗墙施工中的成功应用表明此工法简单有效，节省了工期，保证了工程质量并取得了良好的经济效益。单反弧接头孔如图 6.2-2 所示。

图 6.2-2　单反弧接头孔

2. 接头管接头法

接头管接头法是在一期槽孔混凝土浇筑前将专用接头管置于槽孔两端，然后浇筑混凝土，待混凝土初凝后，以一定速度将接头管拔出，从而在一期墙段的两端形成光滑的半圆柱面和便于二期槽孔施工的两个导孔，二期槽孔施工完成后，即在此形成一个接缝面。如果二期槽孔混凝土浇筑质量良好，所形成的接缝将很密实，这也是该法的优点，缺点是操作复杂。

接头管接头法是目前混凝土防渗墙施工接头处理的先进技术，具有质量可靠、施工效率高的特点，是超深防渗墙的关键施工技术之一，尤其适用于墙体材料强度高、工期紧的工程。瀑布沟电站防渗墙试验墙厚 1.2m，拔管深度 63.4m；新疆下坂地电站防渗墙试验墙厚 1.2m，拔管深度 72.7m；猴子岩围堰防渗墙厚 1.0m，拔管深度 80m；狮子坪电站大坝基础防渗墙墙厚 1.2m，拔管深度 93.4m；泸定水电站大坝防渗墙厚 1.0m，试验拔管深度 150m；旁多水电站墙厚 1.0m，拔管深度 158m。接头管接头法接头施工示意如图 6.2-3 所示。

6.2.4　施工中特殊情况的处理措施

1. 漂卵石和孤石钻进

漂卵石和孤石岩性坚硬，冲击钻进工效低，漂卵石和孤石形状不规则，易歪孔，修孔

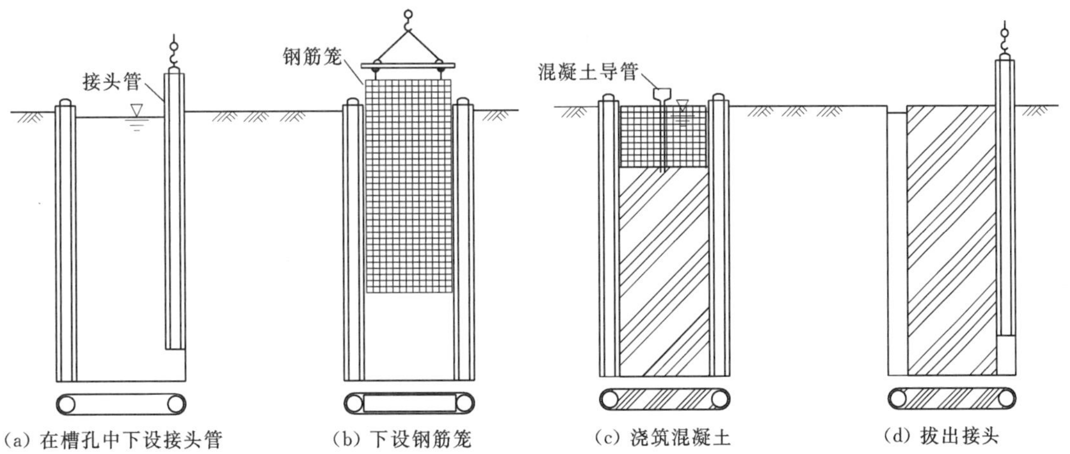

图 6.2-3 接头管接头法接头施工示意图

时间长，影响进度和工期，主要对策有：

(1) 钻孔预爆。槽段施工前，在漂卵石和孤石密集带布设钻孔，在漂卵石和孤石部位下设爆破筒进行爆破，可显著提高冲击钻进效率。

(2) 槽内钻孔爆破。槽孔造孔时，遇大孤石可钻小孔穿过孤石，在孤石内下设爆破筒进行爆破，效果显著。

(3) 槽内聚能爆破。造孔中遇孤石钻进工效很低时，可在孤石上下设聚能爆破筒进行爆破，其效果虽不如钻孔爆破好，但简便可行，故常采用。

(4) 重凿冲击。根据块体大小，用 5t 或 10t 高强合金钻头或重凿冲砸漂卵石和孤石以提高工效。

2. 漂卵石、孤石架空区堵漏

漂卵石架空区是主要的渗漏通道，造孔时泥浆会大量漏失，严重时会发生槽孔坍塌事故，危及人员、钻机安全，延误工期，为此采取的对策有：

(1) 预灌浓浆。槽孔造孔前，在漂卵石架空区布设灌浆孔，用工程钻机钻孔对架空区灌注水泥黏土浆或水泥黏土砂浆，以封闭架空区的渗漏通道，为防渗墙造孔创造有利条件。

(2) 投置堵漏材料。造孔时发生漏浆，迅速组织人力、设备向槽内投入黏土、碎石土、锯末、水泥（易污染槽内泥浆）等堵漏材料，并及时向槽内补浆，以避免塌槽事故的发生。

(3) 采用高水速凝材料堵漏。

3. 高陡坡嵌岩

先施工端孔，用冲击反循环钻机钻进，穿过覆盖层至基岩陡坡段，然后在孔内下置定位器和爆破筒，将爆破筒定位于陡坡斜面上，经爆破后，使陡坡斜面产生台阶或凹坑，然后在台阶或凹坑上、下置定位管（排渣管）和定位器（套筒钻头），用工程钻机钻爆破孔，下置爆破筒，提升定位管和定位器进行爆破，爆破后用冲击钻头进行冲击破碎，直至终孔。

综上所述，通过已有工程经验，深厚覆盖层防渗墙墙施工技术的难点主要体现造孔成槽、墙段连接以及在对特殊地层的处理上，包括松散易坍塌地层（如漂石层等）、孤石层、粉细砂层等；另外，泥浆性能、孔形孔斜控制、清孔技术、混凝土浇筑及深部小墙清除等。针对上述难点合理地应用相关关键技术或工序直接关系到工程进度、墙体质量，甚至工程的成败，通常需进行生产性试验来选择设备和工艺，并不断改进。近10年来，我国防渗墙施工技术水平已有了长足的进步，防渗墙施工的最大厚度已经从1.0m增大到1.4m，采用单反弧接头法施工防渗墙深度已经到达100m级，拔管法施工深度已经从60m发展到158m。我国防渗墙技术已处于世界防渗墙施工水平前列，具备向更深、更厚防渗墙施工的能力。

6.3 帷幕灌浆施工

浅层帷幕灌浆在基础防渗、加固等方面应用较多，尤其以细颗粒为主，级配较优的冲积砂砾石层中施工技术较为成熟，但深厚覆盖层帷幕灌浆技术发展总体上较为缓慢。主要因为深厚覆盖层多由不同历史时期冲积沉积形成，部分地层往往结构松散，粗颗粒多，缺少砂层等细颗粒，因此透水性较强，进行防渗帷幕灌浆时不但成孔困难，灌浆时工艺控制难度高，浆液损耗极大，防渗效果往往不易达到设计要求，采用帷幕灌浆方案往往需要经过大量实验研究，应用成功案例不多。表6.3-1为国内外若干深厚砂砾石覆盖层灌浆工程的情况。

基坑围堰填筑时由于截流抛填大量大块石影响，围堰底部结构局部架空明显，同样存在透水性较强，即使深度十分有限，采用常规防渗帷幕灌浆一样存在浆液流失量大，防渗效果差等问题。

因此，在覆盖层进行帷幕灌浆关键技术主要难点，一是灌浆材料的选择；二是合适的灌浆工法。近年来，国内通过工程实践和探索，针对结构局部架空明显的覆盖层研发了控制性灌浆工法和相应的灌浆材料，在深厚覆盖层灌浆实践中则重点改进了灌浆工艺和设备，取得了良好工程应用效果。

表6.3-1　国内外若干深厚砂砾石覆盖层灌浆工程的情况表

工程名称	国别	建成年份	坝高或水头/m	帷幕面积/m²	帷幕最大深度/m	帷幕孔布置			灌浆孔总长/m	最大灌浆压力/MPa	单位注入量		平均渗透系数/(cm/s)	
						排数	排距/m	孔距/m			t/m	t/m²	灌浆前	灌浆后
米松·太沙基	加拿大	1960	60	6200	150	5	3	3～4.5	8000	(0.3～0.6)H	2.1	3.1	2×10^{-1}	4×10^{-4}
马特马克	瑞士	1967	115	21000	110	10	3	3.5	49000	2～2.5	1.4	3.2	10^{-2}～10^{-4}	6×10^{-5}
阿斯旺高坝	埃及	1971	111	54700	250	15	2.5～5	2.5	335000	3～6	1.4	6.1	10^{-1}～10^{-3}	3×10^{-4}
小南海地震堆积坝*	中国	2002	100		80	3	1.5～2	1.5～3.5	48124	0.2～1.4	0.457		(5～22)$\times10^{-2}$～(0.8～7.6)$\times10^{-2}$	1～11.2Lu

续表

工程名称	国别	建成年份	坝高或水头/m	帷幕面积/m²	帷幕最大深度/m	帷幕孔布置			灌浆孔总长/m	最大灌浆压力/MPa	单位注入量		平均渗透系数/(cm/s)	
						排数	排距/m	孔距/m			t/m	t/m²	灌浆前	灌浆后
冶勒灌浆试验*	中国	2002	125.5		96	3	0.75～1.25	2	473	3.5	0.192		20～100Lu	1～4.6Lu
下坂地灌浆试验*	中国	2003	78		158	3	3.0	3.0	1665	2.5	0.641		10^{-2}～10^{-1}	1.7×10^{-6}～1.8×10^{-4}
桐子林	中国	2012	50	11000	92	3	0.75	1.5	23300				$>10^{-2}$	

*　采用循环钻灌法施工，其余均采用预埋花管法施工。

6.3.1　控制性灌浆技术

控制性灌浆是近年来发展的一项新技术，它用特殊的工艺，在灌浆过程中通过在水泥浆液中掺加各种掺合剂和化学处理剂来调节浆液的黏稠度和塑变参数，加以一定的灌注措施和手段，从而控制浆液的注入量和扩散度，这样不仅可达到最佳的灌浆效果，也可减少浆液不必要的损耗。由于施工方便，工期短，这种灌浆方法特别适合在大孔隙且集中的地层中对原防渗体进行局部补强形成完整的防渗体系，在深度有限的覆盖层中应用越来越广泛。

6.3.1.1　控制性灌浆材料选择

控制性灌浆采用的浆液主要有普通水泥浆液、水泥-水玻璃双液、稳定浆液和膏状浆液，每种浆液均有其适应性和优缺点，在围堰及覆盖层灌浆时需根据填料组成、覆盖层渗透系数和水流速度，考虑各种浆液的优缺点和适应性，对各种浆液进行配合使用，以取得好的灌浆效果。

1. 普通水泥浆液

普通水泥浆液是最常用的一种浆液，是一种悬浊液，适用性广，一般来说对于 $d_{10}>0.5$ 以及 $K>10^{-3}$cm/s 的砂砾石地层均具有可灌性，但是浆液扩散范围不易控制，对架空层处理和动水条件下砂卵砾石层灌浆效果不好且不经济，一般在前期采用其他措施将大的渗漏层堵住后，后期进行细小通道的补强灌浆。

2. 膨润土浆液

在水泥浆液掺入一定量的膨润土所形成浆液，黏度较相同水灰比的纯水泥浆要大，可灌性较好，在相同条件下达到灌浆结束的时间比采用纯水泥浆时要少，但其与水泥浆液缺点一样，不适宜在架空层和动水条件下砂砾石层灌浆。

3. 水泥水玻璃双液

水泥水玻璃浆液适用于大裂隙和松散的砂卵石地层的灌浆处理，一般采用双液灌浆，但对于架空层大、动水条件下的灌浆效果不一。

4. 膏状浆液

水泥膏浆是在水泥浆中掺入一定量的黏土、膨润土、粉煤灰等掺和料及少量外加剂而

图 6.3-1　现场拌制膏状浆液形状图

构成的低水灰比的膏状浆液，使浆液具有很大的屈服强度和塑性黏度，是典型的宾汉流体。其基本特征是浆液的初始剪切屈服强度值（>50Pa）可以克服其本身重力的影响，其主要性能是抗水流冲释性能和自堆积性能，可以用于有中等开度（如 10～20cm）渗漏通道的一定流速、大流量的堆石体渗漏地层。现场拌制膏状浆液形状如图 6.3-1 所示。

通过速凝剂调节水泥膏浆的凝结时间，可以解决普通水泥膏浆在水下凝结时间长、不利于动水下堵漏施工的难题。同时，由于浆液扩散范围可控，可以减少因浆液过度扩散而造成的浪费，从而提高灌浆的有效性和经济性。

采用掺速凝水泥膏浆灌浆时，则形成明显的扩散前沿，在扩散前沿水泥凝固以后，膏浆就形成坚硬而密实的水泥结石体，在其后面的空洞就会被膏浆完全充填灌满。

6.3.1.2　控制性灌浆工艺选择

在砂砾石地层采用的灌浆工艺比较常用有预埋花管灌浆法、套管灌浆法和循环灌浆法（边钻边灌法）等。

预埋花管灌浆法（也称套阀管法）是先跟进套管钻出灌浆孔，在孔内下入带止浆套的花管，在花管与跟进套管之间填入特殊的填料，然后在花管内下入灌浆塞，利用灌浆压力挤开止浆套，分段进行灌浆的一种方法，对各种冲积层灌浆效果好，施工效率高，可以使用较高压力和分段灌浆，灌浆质量能得到保证。但该方法须预埋大量管材，对填料的要求极高，要求填料在起拔套管后不能漏失且有一定的强度，因此特别不适宜在地层中存在大量架空层及地下水流的工程使用。

套管灌浆法即利用钻孔护壁套管或在套管内下灌浆管后拔出套管进行灌浆的一种方法，是一种纯压式灌浆方法，由于使用了套管，无塌孔之虞，但灌浆时浆液可能沿套管外壁向上流动，甚至地表冒浆，灌浆压力较低。该方法在很多工程围堰防渗处理中进行了应用，适合于有较大漏水通道即“架空层”的砂、砾、漂石层的灌浆。

循环灌浆法即孔口封闭法是我国独创的一种灌浆方法，在覆盖层中自上而下分段钻灌，各段灌浆均在孔口封闭后进行。采用孔口封闭灌浆工艺可以对上层灌浆段进行反复的灌浆，同时解决了在覆盖层灌浆无法分段卡塞的问题。通过设置混凝土盖重层以及上部段先期分序灌浆形成灌浆封盖层，可以在进行下部灌浆时采用较高的灌浆压力，从而提高灌浆效果。比较适合覆盖层地层性质相对均一，不易塌孔段和无大的渗漏通道地层。

因此，关键灌浆工艺应根据地层情况并结合生产性试验最终确定，并可进行适当组合。工程实践表明，针对存在架空层及地下水流的覆盖层灌浆段，控制性灌浆关键工艺宜采用“套管钻孔、自下而上分段、孔内循环”的套管灌浆工艺，其他灌浆段可根据地层情况采用套管灌浆或循环灌浆法。

6.3.1.3　控制性灌浆处理的重点

（1）在控制性灌浆施工前，应核实相应的地质资料，宜布置一定数量的先导孔，通过先导孔施工和现场调查，较为详细地掌握基础地质情况。

(2) 利用先导孔进行生产性试验是十分必要的，通过试验研究适合的浆液配比［包括浆液的密度、扩散度、析水率、流变参数、凝结时间（初凝和终凝时间）、结石抗压强度、渗透系数等，以及合适灌浆工艺（孔口封闭灌浆法和自下而上套管灌浆法等）］，为大规模施工提供技术保证。

(3) 在灌浆施工完成后，根据局部漏水情况，采用示踪剂等查明漏水点位置，判断漏水原因和流向，测定漏水量大小和渗水压力，查明以上情况后，再拟定相应措施。一般在漏水地段主要采用膏浆复灌，灌浆深度宜超过漏水点深度不小于5m，处理范围是漏水地点两侧10～20m，逐渐加密，直到渗水量明显减少，达到设计要求为止。

6.3.1.4　主要施工工艺

1. 主要工艺流程

主要工艺流程为：盖帽混凝土浇筑→定帷幕轴线放孔位→固定钻机→跟管钻进→分段预埋射浆尾管和模袋→拔管→分段灌浆→封孔结束。

灌浆施工采用“自下而上分段”的方法进行灌浆，分段预埋射浆管、外加剂管、止浆塞管。每次放孔均采用先整体后局部的方法，整体量距，平均分配。

排间分序：下游排→上游排→中间排；每排孔分为两序，孔距1.0m，分为单排两序施工。

钻孔分序：Ⅰ序孔→Ⅱ序孔→灌后检查孔。

各灌浆孔灌浆结束后，以最稠一级的浆液采用全孔灌浆法进行封孔。

2. 浆液使用原则

(1) 无架空地层、粒径较小且水流速度相对大的地层，适当加入一定量的膨胀材料和速凝类材料，使浆液在膨胀的同时加快凝固，从而减小浆液扩散半径，降低原材料消耗。

(2) 架空地层、水流速度相对小的地层，直接使用膏状浆液和砂浆进行灌浆，当出现回浆后，使用纯水泥浆液进行灌浆，保证较小的孔隙得到密实。

(3) 架空地层、水流速度相对大的地层，使用膏浆和砂浆进行灌浆的同时在浆液中还需加入速凝类化学材料和膨胀类材料。水流过大时，还需要考虑双管甚至三管进行灌浆。

3. 浆液变换

采用由稀变浓的原则灌注，采用5级变换，分别为水固比2∶1（水泥浆）、1∶1（稳定浆液）、0.7∶1（稳定浆液）、0.5∶1（水泥浆液）和0.4或0.45：1膏状浆液。

对于已探明的架空严重的块石孤石层，直接采用膏状浆液灌注。

6.3.1.5　特殊情况处理

(1) 遇到孔壁坍塌掉块的孔段，采用泥浆护壁无效时，启停钻先行灌注。

(2) 在发生灌浆中断时，排除故障后，应立即恢复灌浆。否则应冲洗钻孔，重新灌浆。当无法冲洗或冲洗无效时，扫孔后复灌。

(3) 串浆：①当被串孔正在钻进时，立即起钻，停止钻进，并对串浆孔进行堵塞，待灌浆孔灌浆完毕后，再对被串孔进行扫孔、冲洗，而后继续钻进；②如被串孔具备灌浆条件，且串浆量不大，在灌浆的同时，在被串孔内通入水流，使水泥浆液不致充填孔内；串浆量大时，对被串孔同时进行灌浆，灌浆时一泵灌一孔。

(4) 冒浆：①地表裂缝处冒浆，暂停灌浆，用棉纱嵌缝堵塞或用水玻璃砂浆表面封堵；②采用低压、浓浆、限流、限量、间歇、待凝等方法进行处理。

6.3.1.6 桐子林水电站控制性灌浆工程应用

雅砻江桐子林水电站三期上游围堰高约24m，最大防渗高度21.7m。堰体底部填料主要由截流抛投石渣料组成，其中堰体下部1/3高度范围内密布大块石、块石串、钢筋笼和混凝土预制体，中上部为5～40cm中小石，填料粗颗粒多、架空大、渗透性很强。由于工期十分紧张，采用常规的防渗墙工艺难以满足进度要求，因此结合现场试验采用三排控制性灌浆防渗处理，灌浆施工时上下游水头差超过10m。

在堰体下部存在明显架空层、水流速度相对大的戗堤中进行控制性灌浆，难度很大。成都院与水电七局等建设单位一起联合攻关，经过现场试验研究，对灌浆材料和工艺进行了发展和验证，实施效果良好。

1. 灌浆材料选择

考虑到桐子林水电站三期围堰堰体底部填料粗颗粒多、架空大、渗透性强，首先对底部架空层采用水泥膏状浆液进行封堵，随后采用膨润土浆液封堵其他小通道，并辅以水泥浆液和水玻璃化学浆液配合封堵。经灌浆试验确定三期围堰堰体灌浆浆液配比见表6.3-2。

表6.3-2　三期围堰堰体灌浆浆液配比表

水灰比	水泥/kg	膨润土/kg	粉煤灰/kg	外加剂/%	水/L	备注
2∶1	100			0～5	200	纯水泥浆
1∶1	250	50		0～5	300	稳定浆液
0.7∶1	300	60		0～5	250	稳定浆液
0.4∶1	500	20		0～5	210	膏状浆液
0.45∶1	300	30	120	0～5	200	膏状浆液
0.8∶1	125				100	纯水泥浆
0.5∶1	200				100	纯水泥浆

2. 灌浆工艺

桐子林围堰填筑料架空明显的结构特点，通过试验比较，结合套管灌浆法适应有较大架空层的特点和循环灌浆法可反复灌浆的效果，控制性灌浆采用“套管钻孔、自下而上分段、模袋止浆、孔内循环”的灌浆工艺。

3. 实施步骤

(1) 在围堰控制性灌浆施工前，通过先导孔施工和现场调查，较为详细地掌握围堰填料和基础地质情况，并利用先导孔进行生产性试验，对已经确定的架空大和有地下水流地段采用膏状浆液进行预灌浆处理，初步填塞架空层。

(2) 正式实施后在架空地层、水流速度相对大的地层，使用膏浆和砂浆进行灌浆的同时在浆液中还需加入速凝类化学材料和膨胀类材料。水流过大时，采用双管甚至三管进行灌浆。

(3) 灌后注水试验检查。上、下游围堰共布置了18个检查孔，注水试验成果表明14

孔渗透系数均降低至 $0.8\times10^{-4}\sim3.22\times10^{-4}$cm/s，4孔局部压水检查不合格，立即将此孔变为加密孔按原设计参数进行灌浆，完成后再在旁边重新打检查孔，直到检查孔渗透系数符合设计要求。

4. 灌浆成果统计分析

上游围堰控制性帷幕灌浆成果情况见表6.3-3。

表6.3-3 上游围堰控制性帷幕灌浆成果情况表

施工部位	孔序	孔数	灌浆进尺/m	总注水泥/kg	平均单耗/(kg/m)
上游围堰	Ⅰ	124	2372.21	1748133.2	736.92
	Ⅱ	125	2386.38	1314779.3	550.95

上游围堰Ⅰ序孔单位注入量为736.92kg/m，Ⅱ序孔单位注入量为550.95kg/m，Ⅰ序孔与Ⅱ序孔比较，递减率为25.24%。

从上述数据可以看出，各次序孔水泥单位注入量随孔序的递增呈现递减的变化规律，基本符合正常的灌浆变化规律。

6.3.2 深厚覆盖层帷幕灌浆技术

由于深厚覆盖层具有地质条件复杂、均一性差、地层结构多变，加上地下水渗流影响，导致帷幕灌浆施工成孔难度大，浆液流失量大，其灌浆质量一直以来都是工程建设中的难题，成本也较高，主要技术难点主要有以下几方面：

（1）地层可灌性的判别。不同地层灌浆特性差异较大，如何判别可灌性及选取灌浆材料和工艺问题突出。

（2）适宜地层特性的灌浆材料选取。在含砂量较大的砂卵石地层的灌浆，特别是细砂层，且含砂量较多灌浆注入量偏小，帷幕效果不佳。

（3）合理的孔距、扩散半径和灌浆压力选取。多数工程通过试验来摸索合适孔距、扩散半径和的灌浆压力，易发生基础抬动或浆液量流失过大，缺乏明确导则指引。

（4）钻孔施工问题。地层复杂，易卡钻、埋钻、耗工耗时等，如何保证钻孔质量（孔斜、孔径、孔深等）满足设计要求，同时满足施工进度，难度较大。

（5）帷幕灌浆灌浆施工工艺的选取。深孔帷幕灌浆采用循环灌浆工艺时，由于反复压水，孔段容易塌孔，同时容易发生钻杆铸管事故；而在架空地层易塌孔段，采用套阀管法浆液流失量较大，选择适宜的工艺难度较大。

6.3.2.1 深厚覆盖层帷幕灌浆技术

1. 可灌性判别及适宜浆材选取

工程经验表明，多数覆盖层可灌性可按可灌比或渗透系数等综合确定，对砂砾石地基，往往还参考地层粒径小于0.1mm的颗粒含量，对细砂地层则通过劈裂压力测试更为合理。

（1）可灌比。$M=D_{15}/d_{85}$，$M>10$，可灌注水泥黏土浆；$M>15$，可灌注水泥浆（D_{15}为覆盖层粒径mm，小于该粒径的土体重占总重的15%；d_{85}为灌浆材料粒径mm，小于该粒径的土体重占总重的85%）。

常规水泥 d_{85} 为 0.07mm 左右，黏土 d_{85} 为 0.02mm 左右，D_{15} 为 0.7mm 以上的覆盖层灌浆主要靠浆液渗透扩散，效果容易保证，D_{15} 低于 0.5mm 浆液渗透扩散性不好，往往采用磨细水泥、膨润土或其他粒径较小材料，并需进行生产性试验确定。

（2）渗透系数。渗透系数 K 可以间接反映地层空隙大小，可根据 K 值大小初选灌浆材料。

通常 $K>25\text{m/d}$，可灌注磨细水泥与膨润土混合浆或化学材料灌浆；$K>40\text{m/d}$，宜灌注水泥黏土浆；$K>100\text{m/d}$，可灌注掺有减水剂的水泥浆；$K>800\text{m/d}$，可灌注水泥砂浆。

渗透系数再大，则考虑采用控制性灌浆材料和工艺，一般多采用水泥水玻璃双液、膏状浆液等。

（3）对砂砾石地基，地层粒径小于 0.1mm 的颗粒含量小于 5%，宜灌注水泥黏土浆或水泥膨润土混合浆；当小于 0.1mm 的颗粒含量大于 10%时，可灌注膨润土浆或水玻璃化学材料解决水泥浆难以灌入砂层的问题，并进行膨润土浆劈裂试验比较确定，因为浆液扩散通道主要通过压力劈裂为主，具体材料需要试验比较研究。常见地层的结构与灌浆特点见表 6.3-4。

表 6.3-4　常见地层的结构与灌浆特点表

地层类型	渗透系数/(cm/s)	灌浆型式
块石、卵石、砾石地层	细颗粒含量少，$K>10^{-1}$	由于空隙大，水泥浆液以充填、渗透为主
砂、砾、卵石的混合堆积层	$10^{-1}>K>10^{-3}$	渗透、挤密、局部扩缝
砂、砾、卵石分层明显	$10^{-1}>K>10^{-3}$	以渗透充填砾、卵石分层为主
砂层为主堆积	$K=10^{-3}$左右	沿砂层的沉积层理扩缝、劈裂灌浆
砂质土	$10^{-3}>K>10^{-4}$	沿小主应力面劈裂灌浆

2. 合理的孔距、扩散半径和灌浆压力选取

一般情况，帷幕灌浆的排数应根据帷幕厚度 T 确定，帷幕厚度 T 由允许渗透比降 i 和帷幕上下游水头差 H 确定，$T=H/i$，i 一般为 3～6。

为保证灌浆效果，不宜少于 3 排，孔距应根据浆液扩散半径 R 确定，与灌压和裂隙宽度有关，多取为 2～3m。

灌浆压力与灌浆段上部盖重、地层结构、变形量和浆液量相关。在灌浆段上部时主要避免基础抬动变形为主控制，下部可逐步提高压力，可根据试验验证浆液扩散半径和浆液量来综合分析确定。初始值可按大于地下静水压力又满足不抬动基础的灌压平衡公式来估算。

允许灌浆压力：

$$P=\beta\gamma T+c\alpha\lambda h \tag{6.3-1}$$

式中：β 为与地层致密性相关系数，取 1～3，一般多取小值；γ 为盖重层容重，kN/m^3；T 为盖重层厚度，m；c 为灌浆次序系数，Ⅰ序孔 $c=1$，Ⅱ序孔 $c=1.25$，Ⅲ序孔 $c=1.5$；α 为灌浆方式系数，自下而上灌浆 $\alpha=0.6$，自上而下灌浆 $\alpha=0.8$；λ 为灌浆段砂砾石平均容重，kN/m^3；h 为盖重层底面—灌浆段顶的高差，m。

一般情况下，含砂量较大的砂卵石地层的灌浆注入量多数偏小，可结合灌浆试验适当加大灌浆压力的方法进行。

3. 深厚覆盖层钻孔关键技术

主要解决三方面问题：配置合适的设备、固壁材料和工艺。

一般对地层松散或有架空层，主要采取跟管钻进工艺，设备可以选用全液压潜孔钻机和地质钻机搭配使用。冶勒水电站大坝帷幕还采用了全断面牙轮钻头钻孔，由于牙轮钻头的钻进效率较高，并且可以在每一段钻孔完毕后带钻具立即灌浆，灌浆结束后继续钻进，避免了钻灌过程中频繁的起下钻操作，故明显提高了工效。现场统计牙轮钻头的施工效率平均可比金刚石钻头提高1～2倍。

在钻进过程中每钻进5m就及时测量孔斜并及时纠偏可有效保证钻孔垂度。

钻孔护壁泥浆应重点提高固壁效果和悬浮携带能力，宜采用膨润土泥浆，密度宜保持在1.1g/cm^{3}以上，对于深度大于60～70m的深孔，还可以进一步增加泥浆黏度，宜提高泥浆马氏漏斗黏度大于50s，上、表观黏度大于10mPa・s。旁多电站大坝基础帷幕钻孔还采用了加大纤维素的掺加量来提高固壁泥浆的黏度，实施效果良好。

特殊情况钻进处理：钻进过程中，针对块石层、易坍塌段或可能严重失浆段，宜采用套管钻进，并在该段及时进行预控制性灌浆处理，再进行钻进；有的工程则采用了3～4级变径套管钻进，变径深度根据孔内地质条件不同而变化，到70m时深度时孔径最低应达91～110mm，以预防70m以下孔内事故的发生。

4. 灌浆工艺的选择

(1)“套管—循环灌浆法”综合分段灌浆技术。根据地层地质特点（可灌性、渗透系数、架空及塌孔情况）进行灌浆工艺和灌材分段，即不同地质条件的孔段采用不同的灌浆工艺和灌材，还可在一个孔中采用组合灌浆工艺。

1）在可灌性较好的均一地层，可采用套阀管灌浆法或孔内循环灌浆法，其中对细颗粒较多的砂砾石地层，渗透系数$K<80$m/d，宜采用套阀管灌浆法，便于提高灌浆压力。

2）在局部架空十分明显、易塌孔、均一性差、地下水丰富，渗流量较大的地层，成孔困难且吃浆量较大，需要钻灌一体化考虑，主要采用套管灌浆法或“套管灌浆法＋套阀管灌浆法”组合工艺。

3）地层均一性一般的孔段，也可采用“套阀管＋循环灌浆法”组合工艺进行施工。

灌浆步骤如下：

1）通过先导孔钻孔情况复核基础地质情况。

2）利用先导孔及检测孔进行压水试验，了解渗透系数和可灌性特征。

3）结合先导孔实际钻进记录和压水试验成果初步对灌浆区域进行划区分段，初步选择适应的灌浆材料和灌浆工艺。一般在钻孔中易塌孔段或压水试验中无法加压或渗透系数不小于1×10^{-2}cm/s，宜按套管灌浆法分段，其他各段可按套阀管灌浆法、孔内循环灌浆法或组合工艺。

4）选择代表性区域先导孔进行分段生产性试验，确定灌材及工艺参数。

5）结合每个施工孔实际钻进记录比对先导孔确定各孔的分段及灌浆工艺。

随后进行套管灌浆，结束后再重新扫孔继续钻进下部孔段，并采用套阀管灌浆法或边钻边灌的循环灌浆法，边钻边灌，直至完成。反之，则对地层上部直接钻进，至下层时开始跟管，下部采用自下而上套管灌浆法，结束后再进行上部分段套阀管灌浆或孔口封闭循环灌浆。

根据提前完成的先导孔的渗透性和生产性试验的参数值划区分段，再结合每个施工孔实际钻进记录再调整，即在每个灌浆孔进行详细分段并综合运用不同灌浆方法和灌材，非常有利于整体工期的进度和质量控制。

(2)“预设花管模袋分段阻塞灌浆法”技术（图 6.3-2）。使用水泥浆液膨胀阻塞模袋代替原花管与跟进套管之间的填料，充分利用跟管钻进成孔率高的优点，一次钻孔成型，之后下带有阀套、分段阻塞模袋的花管，使用水泥浆液膨胀阻塞模袋，待模袋膨胀起到阻塞作用后，卡塞升压开始进行分段灌浆。优点是可以采用较高的灌浆压力和延长灌浆时间，确保浆液扩散达到设计要求和易于拔管。

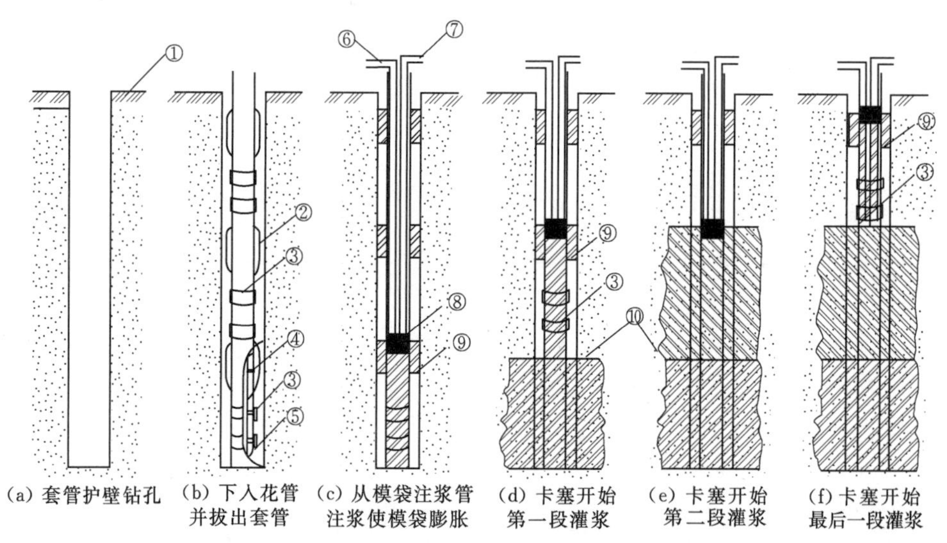

图 6.3-2　预设花管模袋分段阻塞灌浆法示意图

①—盖板；②—模袋；③—橡皮箍；④—射浆管；⑤—防滑环；⑥—进浆管；⑦—回浆管；⑧—灌浆塞；⑨—水泥填充后的模袋，防止浆液外窜；⑩—浆液填充后的地层

整个施工工艺如下：

1）利用岩锚钻机跟管钻进，一次性跟管钻孔成孔。

2）之后套管内下入带有阀套、分段阻塞模袋的花管，花管下入孔内后，起拔套管。

3）从模袋注浆管注浆使模袋膨胀。

4）下入灌浆塞，开始最底端灌浆段灌浆。

5）待模袋膨胀起到阻塞作用后，升压开始进行灌浆。

6）重复 4）、5）完成此孔灌浆。

模袋包预埋花管示意如图 6.3-3 所示。

注浆充填模袋的方式是在花管模袋段设置出浆孔，但不安装橡皮套，在灌浆时先使用小压力 0.3MPa 压浆异步膨胀阻塞模袋（由于其他部分出浆孔设有橡皮套，小压力灌浆

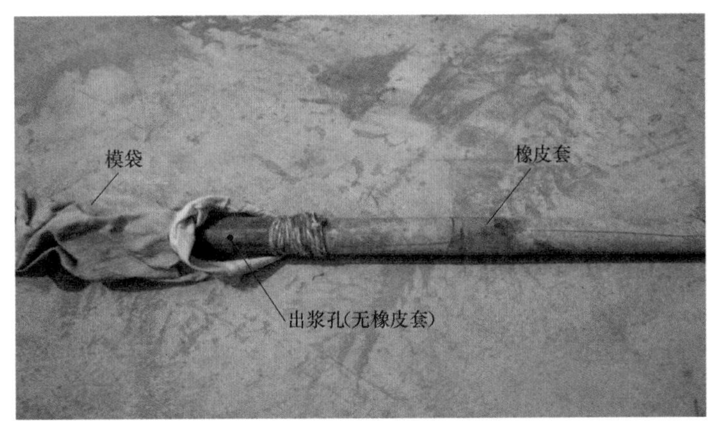

图 6.3-3　模袋包预埋花管示意图

时，浆液只能从模袋段未设置橡皮套的出浆孔流出，填充模袋，从而达到异步膨胀阻塞模袋的效果)，待模袋膨胀起到阻塞作用后，升压开始进行分段灌浆。每个橡皮套如同一个单向阀门，在灌浆压力作用下浆液可以由里向外流出，但灌浆结束或中止后，浆液不能返流。

5. 特殊施工问题处理

(1) 易塌孔的砂卵石地层的灌浆。可采用缩短灌浆段长的施工方法进行施工。灌浆段长由 5m 缩短为 1～3m，自上而下，分段钻灌。

(2) 钻杆铸管现象解决办法。在深孔进行循环式灌浆时易发生钻杆铸管事故，主要原因有两方面：

1) 浆液在狭窄的通道上远距离长时间的流动摩擦，使浆液温度迅速升高，水化过程加快，同时孔壁细砂脱落，导致黏度剧增，出现回浓浆现象。

2) 或当灌浆段遇到固结的粉质壤土层时，地层往往吸水不吸浆，而纯水泥浆液是非稳定浆液，浆液中的水分会迅速被粉质壤土层吸收，浆液很快会变浓，从而发生钻杆铸管现象。

因此需配置稳定性高，均匀性和流动性良好的浆液，主要采用稳定性高的膨润土水泥浆（膨润土掺量为水泥量的 10%）或水泥黏土浆。

在膨润土掺量不超过水泥量的 10%时，浆液所形成的结石强度不仅不会降低，甚至比水泥结石的强度还要略高，浆液又具有较低的析水率，可以使被灌地层充填密实，并形成密实性和强度较高的结石。冶勒水电站大坝帷幕在正式灌浆中使用膨润土水泥浆液后，孔内铸管事故大大减少。

6.3.2.2　应用实例

1. 冶勒水电站大坝基础防渗墙下帷幕灌浆

冶勒水电站大坝坝体建在深厚覆盖层上，大坝及左、右岸坝肩基础的防渗采用混凝土防渗墙和帷幕灌浆相结合的防渗方法进行处理，其中右岸防渗墙及墙下帷幕灌浆总深度达 200m。在防渗墙墙下及墙后共布置 3 排帷幕灌浆孔，孔深 82.53～123.10m，要求帷幕底部深入基础相对隔水层内 2～3m，总灌浆工程量 20200m，要求灌后透水率不大于 5Lu，处理方式及难度在国内均属罕见。

帷幕灌浆的受灌地层主要为第三岩组弱胶结卵砾石层与粉质壤土层，卵砾石成分复杂，主要由大理岩、玄武岩、闪长岩、花岗岩等组成，粒径以2～6cm居多，呈圆状—次圆状，砂角砾充填，具有一定含水、透水性。

（1）灌浆材料。使用膨润土水泥浆液，配合比（重量）为水泥∶膨润土＝10∶1。水泥使用石棉金石水泥厂生产的P·O 42.5普通硅酸盐水泥，膨润土使用湖南湘临大坝矿石粉厂生产的钻井液用一级膨润土，拌和水使用天然山泉水。浆液水固比共分5级：5∶1、3∶1、2∶1、1∶1、0.6∶1。浆液的技术指标见表6.3-5。

表6.3-5　浆液的技术指标表

指　标	技术要求	配　合　比				
		5∶1	3∶1	2∶1	1∶1	0.6∶1
浆液密度/(g/cm^3)		1.12	1.20	1.28	1.49	1.71
马氏漏斗黏度/s	＜60	52	53	55	56	56
析水率(2h)/%	＜5	4.8	4.1	3.8	3.4	2.0
凝结时间/min	初凝	3355	2685	1980	1570	970
	终凝	3870	2936	2213	1812	1154
28d强度值/MPa	≥15.0	15.7	17.1	21.4	29.9	36.7

（2）钻灌工艺流程。施工时先灌下游排，再灌上游排，最后灌中游排，排内分三序施工，逐序加密。

使用59mm全断面牙轮钻清水钻进，钻至段底即进行灌浆（无需起钻），采用自上而下、孔口封闭、孔内循环、分段灌浆的灌浆方式，终孔段灌浆结束后，使用0.5∶1浓浆进行全孔一次性置换封孔，封孔压力3.5MPa。

在变浆标准方面，同样出于提高浆液灌入量的考虑，规定在每段灌浆时当某一级水灰比浆液的灌入量已达600L以上或灌注时间已达1h，而灌浆压力及吸浆量无改变或改变不大时，才能变浓一级灌注。灌浆结束标准为在每段设计压力下，灌浆段注入率不大于1L/min，持续1h即结束。

（3）灌浆成果。防渗墙下及墙后的覆盖层帷幕灌浆于2004年2月1日正式开始施工，11月15日全部完成，共完成灌浆孔398个，钻孔进尺26346.92m，灌浆20459.5m，其中Ⅰ序孔5560.63m，Ⅱ序孔4882.93m，Ⅲ序孔10016.54m。Ⅰ序孔平均单耗132.14kg；Ⅱ序孔平均单耗61.59kg；Ⅲ序孔平均单耗38.19kg。

根据检查孔压水试验成果平均透水率为灌浆前的1/4～1/12，分段压水的最小透水率0.175Lu，最大透水率4.59Lu，合格率100%，表明防渗墙下覆盖层在帷幕灌浆后渗透性已大幅度降低，满足设计要求。

2. 桐子林水电站覆盖层帷幕灌浆

桐子林水电站二期上游围堰左接头处覆盖层厚约65m，成分复杂，为冲洪积、塌滑堆积及崩积成因的砂卵石（alQ_3）、砂层夹卵碎石（alQ_3+delQ）、块碎石夹土（$delQ$）、砂卵砾石夹粉砂质黏土及粉细砂（Q_3t^3+colQ）、碎石土（$rQ+plQ+alQ$）。基岩为混合岩，基岩顶板最低出露高程约为 952.00m，高程 940.00～950.00m 以上为中等透水（10～30Lu）的Ⅴ级岩体，以下为中等透水（1～10Lu）的Ⅳ级岩体。根据河床覆盖层及基岩特性，需要进行防渗处理。由于场地所限和工期十分紧张，综合研究对该段河床覆盖层及基岩进行 3 排帷幕灌浆，帷幕灌浆灌后标准 $q\leqslant 10$Lu。帷幕灌浆布置示意如图 6.3-4 所示。

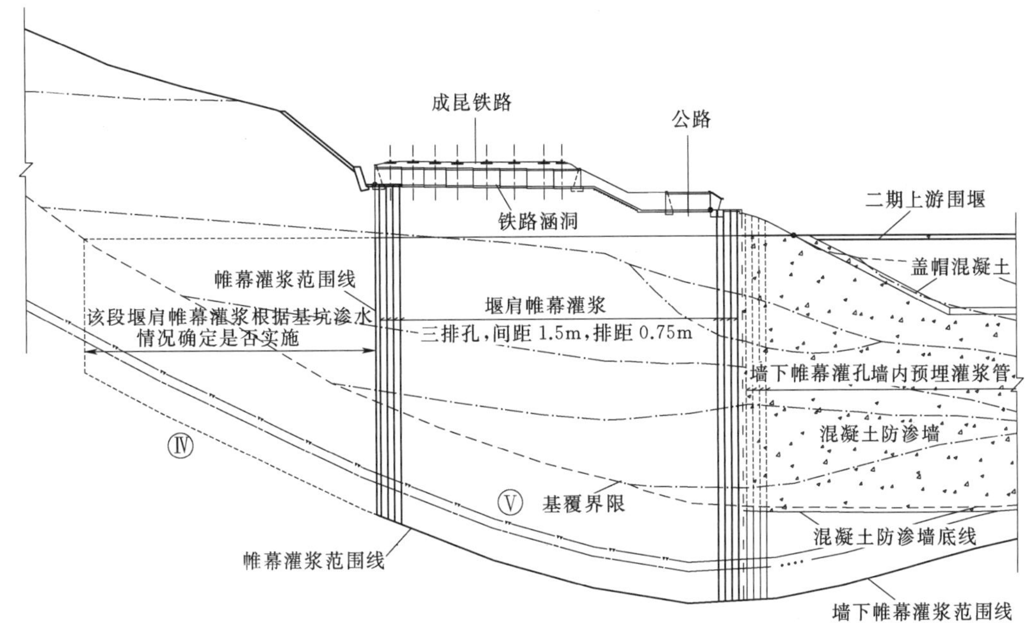

图 6.3-4　帷幕灌浆布置示意图

该段帷幕灌浆防渗工程量约 2.33 万 m，最大施工孔深为 92m，施工工期 4 个月，高峰平均施工强度为 5800m/月。帷幕防渗轴线总长 193.9m，其中有约 70m 轴线布置在宽×高＝3m×3.5m 的铁路涵洞内，施工场地狭窄，只能用小型的施工机械进行施工。该工程主要难点在于覆盖层深厚，地质条件复杂，同时灌浆工程量大，施工工期短，施工强度及孔深均属国内罕见，国内外可借鉴的类似工程实例较少，存在较大的技术难度。

实施时首先通过先导孔钻孔及压水试验情况查明了基础地质情况和可灌性特征；初步对灌浆区域进行划区分段，并进行分段生产性试验，根据“套管—循环灌浆法”综合分段灌浆技术确定了大规模施工的灌材及工艺参数。

灌浆工艺总体上根据地层特性分为两类，上部 50m 左右灌浆段渗透性较强，易塌孔，采用套管跟进钻孔和套管法灌浆，下层 30～40m 灌浆段采用循环钻进灌浆法。

上部 50m 左右灌浆段水电七局采用了改进的套管灌浆法——“预埋花管模袋式分段阻塞灌浆法”，具体以第 1 段段长为 2.0m，第 2 段为 3.0m，以下各段为 5m 的原则进行细分段。首先采用岩锚钻机跟管钻进 50m 左右，取钻卡塞，自下而上灌浆，灌浆过程中边灌边提拔套管；上部灌完浆后，预埋非灌段的管子，待凝后采用地质钻机扫孔钻进至下部灌浆段，采用孔口封闭法自上而下灌浆，循环钻进灌浆至终孔。

灌浆结束后采用“全孔灌浆封闭法”封孔。

灌浆过程中材料分类如下：

（1）为确保浆液的扩散半径，各灌浆孔段首次灌浆时均采用纯水泥浆开灌，一般采用1∶1、0.8∶1、0.6∶1三个水灰比比级，地层耗浆量较大时逐级变浆加浓浆液灌注。

（2）在架空地层、明显水流速度相对大的或有承压水的灌浆孔段时，改用速凝类膏浆和水玻璃砂浆浆液进行灌注。水泥—水玻璃浆液的体积比为水泥浆∶水玻璃＝1∶0.01～1∶0.03，根据压力与注入流量的情况增加或减少水玻璃用量。

（3）不吸水泥浆（可灌性差的）地层改用水泥—膨润土浆液进行灌注。灌浆浆液由稀到浓逐级变换，采用3∶1、2∶1、1∶1（水固比）三个比级施灌，水泥与膨润土配比选用1∶1～1∶2（重量比）。

（4）当纯水泥浆单位注入量达到1t/m，且压力、流量均无明显变化，改用水泥砂浆进行灌注。砂浆配比水∶灰∶砂＝0.6∶1∶（0.3、0.5、0.8）。

（5）在灌注砂浆灌注量达2t/m时，且压力、流量均无明显变化，则停止灌注纯水泥浆，换用水泥—水玻璃浆液。

现场实际试验测算出桐子林水电站工程采用“预埋花管模袋式分段阻塞灌浆法”处理深厚覆盖层灌浆功效为循环钻灌法的3倍左右，质量检查孔渗透系数不大于1×10^{-4}cm/s的孔段占88.2%～100%，且均不大于3×10^{-4}cm/s，覆盖层帷幕灌浆防渗性能满足防渗要求。

6.4 振冲碎石桩施工

振冲法又称振动水冲法，是国内应用较普遍和有效的地基处理方法，适用于各类可液化土的加密和抗液化处理，以及碎石土、砂土、粉土、黏性土、人工填土、湿陷性土等地基的加固处理。采用振冲法地基处理技术，可以达到提高地基承载力、减小建（构）筑物地基沉降量、提高土石坝（堤）体及地基的稳定性、消除地基液化的目的。

依其加固松软土的途径、手段不同，可分为振冲挤密法和振冲置换法或称振冲碎石桩法。是以起重机吊起振冲器，启动潜水电机带动偏心块，使振动器产生高频振动；同时，启动水泵，通过喷嘴喷射高压水流，在边振边冲的共同作用下，将振动器沉到土中的预定深度，经清孔后，从地面向孔内逐段填料（或不填料），使在振动作用下原地基和填料被挤密实，达到要求的密实度后即可提升振动器，如此重复填料和振密，直至地面，在地基中形成一个大直径的密实桩体与原地基构成复合地基，从而提高地基的承载力，减少沉降和不均匀沉降。

振冲法创始以来，国外技术曾长期处于领先地位。最新资料表明，国外振冲施工的工程中，最大深度为德国的Lausitz褐煤矿区工程，使用550t吊车作为起吊设备，使用大功率液压振冲器进行68m的振冲碎石桩施工。英国公司在英国软土地基工程进行了近60m的振冲碎石桩施工。

我国引进振冲法后获得迅速地推广，特别是最近十多年来，随着国家建设的需要，技术迅猛发展，广泛应用于各个建设领域。目前，在应用机理、机具设备制造（电动振冲器）、施工工艺、应用规模等方面均接近或达到国际先进水平，特别是在工程难度方面，已处于国际领先水平。

1997年、2000年采用激振力大，穿透能力强的液压振冲器，分别在三峡水电站二期围堰及黄壁庄水库副坝采用振冲法施工，处理深度超过30m，开启了振冲法处理地基在水电工程中的应用。

2004年在四川康定金康水电站首部枢纽坝基处理工程，采用振冲法穿过11m厚卵砾石层加密下卧粉细砂层深达28m，创造了振冲法穿过卵砾石层最厚纪录。2007年四川阴坪水电站首部枢纽坝基处理工程，深度达32.6m。2005年在田湾河仁宗海水电站中采用大功率电动振冲器、液压振冲器处理淤泥壤土堆石坝基，累计施工约50万m，最大加固深度28.5m。2008年四川吉牛水电站，振冲法处理卵砾石、砂层深达34m。2007—2009年在云南普渡河鲁基厂振冲桩工程中采用液压振冲器穿透坝基砂砾卵石处理软弱下卧层，最大桩长为32.5m。澳门机场工程，海上振冲碎石桩近40m。港珠澳大桥人工岛海上振冲碎石桩达40多m。

水电工程基础地质条件一般比较复杂，孤石、漂石、卵砾石含量多，且埋深较厚，即使使用大功率振冲器也难以贯穿（金康水电站首部坝基穿过卵砾石层11m为最厚纪录），不能达到预期目的。随后发展了引孔振冲工法技术，使振冲技术可以应用于卵砾石地层及含孤石、漂石地层，推动了振冲技术在水电行业的应用。如四川平武火溪河阴坪水电站首部坝基处理工程，完成振冲碎石桩8.2万m，平均深度30m，最深深度达32.6m。该工程表层3～9m为是含孤漂砂卵砾石层，最大孤石直径3m，而且孤漂石含量高，其下卧砂层厚度大于20m，在Ⅷ度地震条件下可能发生液化。由于设计需要，含孤漂砂卵砾石层不能挖除换填，在对比多种基础处理工艺技术、经济指标后，设计采用局部引孔振冲碎石桩工艺。上部3～9m含孤漂砂卵砾石层使用冲击钻机造孔后，改用振冲器造孔、制桩，平均桩长30m，最大桩长32.6m。采用引孔振冲碎石桩工艺处理后，明显改善了地基抗液化性能，提高了地基的承载力和抗变形能力，电站运行5年来监测资料表明，大坝垂直变形很小，远小于设计指标。

国内部分振冲碎石桩工程实例见表6.4-1。

随着深厚覆盖层上地基处理需求的增加，振冲施工需要进一步发展两方面的施工关键技术，一方面是超深碎石桩的成孔机械和工法；另一方面是在复杂地基条件下的施工工法。

6.4.1　超深碎石桩成孔机械和工法

当前振冲施工一般有效处理深度不超过30m。但随着超深厚覆盖层上建坝需求的增加，需要实施40m以上的超深碎石桩。在某试验项目中，需要达到70m的处理深度，远超现有工程经验。故对超深碎石桩的施工可行性进行了专门研究试验。

首先设备（振冲器）能否到达70m深度是能否实现超深振冲法施工的关键。

1. 常规成孔机械

碎石桩成孔机械设备主要是振冲器和起吊设备，或冲击钻机。

（1）振冲器。目前国内外出现了各种型号的振冲器，根据其振动方向主要分为水平向振动振冲器（Vibroflot）、垂向振动振冲器（Vibratory Probe）以及水平垂直双向振动振

表 6.4-1　　国内部分振冲碎石桩工程实例表

工程名称	地层特性	加固部位	振冲碎石桩参数			主要力学参数	建设情况
			桩深/m	桩径/m	间排距		
硬梁包水电站	河床堰塞堆积粉细砂层，深度超过 50m	闸坝坝基	30	1.2	正方形布置，间排距 2m	⑤层土体强度处理后基础承载力不小于 0.62MPa；④层粉土及粉细砂层抗液化，处理后抗剪强度 $\varphi \geqslant 28°$	在建
水牛家水电站	河床覆盖层厚 14.18～30.36m	碎石土心墙堆石坝坝基	21	1.2	梅花形布置，间排距 2m	单桩承载力、变形模量，复合地基的抗剪强度，渗透性均满足设计要求；其中单桩的压缩模量最大达 260MPa	已建
阴坪水电站	河床覆盖层主要由砂卵砾石、砂及壤土组成	闸坝和取水口地基	34	1	等边三角形布置，间排距 1.5m 和 2m	复合地基的内摩擦角提高至 27°以上，压缩模量大于 40MPa，承载力 0.35MPa	已建
金康水电站	覆盖层厚度大于 90m，为冰水堆积漂（块）卵（碎）砾石夹砂土，河湖相堆积粉质壤土、粉细砂，冲积堆积灰黄色含卵砾石砂土等	闸坝坝基	27	1.2	梅花形布置，间排距 2m	复合土体的内摩擦角提高到 25°以上；压缩模量应大于 25MPa；复合地基承载力大于 0.3MPa，并具有抗液化能力	已建
龙头石水电站	河床覆盖层深厚，一般为 60～70m；为含砂卵砾石层，含砾砂层，漂（块）卵（碎）石层等	沥青混凝土心墙堆石坝坝基	25	1.5	等边三角形布置，间排距 2m、2.5m 和 3m	振冲加固后的各区复合地基的承载力为0.32～0.38MPa，变形模量为18.3～22.9MPa，抗剪强度 28°～29°，各项指标符合设计标准	已建

续表

工程名称	地层特性	加固部位	振冲碎石桩参数			主要力学参数	建设情况
			桩深/m	桩径/m	间排距		
吉牛水电站首部	含漂砂卵砾石层下卧含砾中细砂层、粉细砂层	闸坝坝基	25	1	等边三角形，间距2.0m	复合地基承载力特征 $f_{spk}>350$kPa；变形模量 $E_{op}>30$MPa；内摩擦角提高到25°以上，并具有抗液化能力	已建
吉牛水电站厂房	砂卵砾石层夹粉细砂层	厂房地基	34	1	等边三角形，间距2.0m	复合地基承载力特征 $f_{spk}>500$kPa；压缩模量 $E_{sp}>35$MPa	已建
海勃湾水利枢纽	电站厂房地基土体以粉砂、细砂为主，中密—密实状，夹有砂壤土、粉土、壤土和黏土透镜体	厂房地基	25	1	等边三角形，间距2.0m	复合地基承载力不小于300kPa，并具有抗液化能力	已建
海南大隆水库	回填中粗砂、淤泥质粉细砂层	土石坝坝基	15	1.2	等边三角形布桩，桩距分别为1.6m和2.0m	复合地基承载力特征值不小于240kPa	已建
福建LNG接收站和输气干线项目	回填砂砾（含贝壳）	管线地基	16.5	1	梅花形布置，孔距2.6m	管线区面层设计承载力为200kPa，其余区域面层设计承载力为150kPa	已建
黄金坪水电站	砂卵砾石层夹砂层	土石坝坝基	29.5	1	等边三角形布桩，桩距分别为1.8m和2.0m	设计承载力为350kPa	已建

冲器。水平向振动是国内外最常采用的振冲方式，我国已开发出13～220kW系列电动振冲器，虽然在功能等方面不如液压振冲器，但使用成本低。目前，国内常用的水平向振动振冲器性能见表6.4－2。液压振冲器如图6.4－1所示，电动振动器如图6.4－2所示。

表6.4－2　　国内常用水平向振动振冲器性能表

型号	ZCQ13	ZCQ30	ZCQ55	ZCQ75	ZCQ100	ZCQ132	ZCQ180	BJ30	BJ75
长度/m	1.97	2.44	2.64	3.01	3.10	3.32	4.47	2.00	3.00
直径/mm	273	351	351	351	402	402	402	375	426
电机功率/kW	13	30	55	75	100	132	180	30	75
振动频率/(r/min)	1450	1450	1460	1460	1460	1480	1480	1450	1450
振幅/mm	3.0	4.2	5.6	6.0	8	10.5	8.0	10.0	7.0
激振力/kN	35	90	130	160	190	220	300	80	160
额定电流/A	25.5	60	100	150	200	250	345	60	150

图6.4－1　液压振冲器

图6.4－2　电动振冲器

(2) 起吊设备。起吊设备一般选用大吨位吊车或者桩机架。

(3) 钻机。现多采用冲击式反循环钻机，比钢丝绳冲击钻机增加反循环出渣系统，工效提高1～2倍。如CZF—1500冲击反循环钻机，采用反循环连续排渣。

2. 超深振冲碎石桩成孔机械和工法

目前振冲施工主要是受起吊机具起吊高度及施工难度的限制，深度25m以内的振冲桩，可以使用30t吊车或桩架施工；深度30m以内的振冲桩，可以使用50t吊车；深度40m以内的振冲桩，可以使用100t吊车。按照常规施工方案，如果进行70m超深振冲桩的施工，需要500t以上吊车作为起吊设备，施工成本很大，安全隐患很大。使用500t以上吊车作为起吊设备，吊车的起拔力远远大于起拔振冲器施工的需要，造成巨大浪费。因此提出将振冲器导杆创新为可伸缩式导杆方式，这样对于超深振冲桩的施工，起吊设备的起拔力在满足振冲器施工需要前提下，其起吊高度可以大大降低。

由于振冲器产生的巨大振动力对设备、机具有很大的破坏，而伸缩式导杆是直接连接在振冲器上，在含有大量地基土颗粒的泥浆中工作，其工作工况极其恶劣，所以，可伸缩式导杆的振冲器可行性是实现70m以上超深振冲桩施工技术的关键。

(1) 超深碎石桩可伸缩式导杆专用成孔设备。经联合攻关，研发了可适用与70～90m的超深碎石桩成套设备，机型型号SV90，主要创新地采用五层伸缩导杆，可实现92m钻深。SV90超深振冲碎石桩机（参见图4.2-2）是在SH36H旋挖钻机的基础上进行改装的，改装后整机部件包括履带下底盘、上底盘、大三角变幅机构、主卷扬机、副卷扬机、桅杆总成、天车、水、气管绞盘、电缆绞盘、绞盘支架、水管导轮、气管导轮、导杆、导杆保持架等，见表6.4-3。

表6.4-3　SH36H旋挖钻机改装表

增加部件	水、气管绞盘、绞盘支架、电缆绞盘、水管导轮、气管导轮、特制导杆、特制天车、特制桅杆等
减去部件	动力头、滑架、旋挖钻杆、钻头

(2) 振冲碎石桩设备直接成孔性能试验。研制的SV90超深振冲碎石桩机直接造孔试验，直接在粉质黏土中造孔到45m速度较快，接近60m时逐渐进入粉细沙层，造孔速度减缓一半，当直接在砂卵砾石层（含量约占80%）中造孔下振十分缓慢，进一步提高振冲器功率后效果有限。

(3) 振冲加密工艺。振冲采用强迫法填料，经料斗倒料入孔。振冲参数选择加密电流245～270A，留振时间10～15s，加密段长50cm。振冲加密工艺与通常工艺大致相同，工效相仿。

振冲碎石桩设备性能试验综合表明采用可伸缩式导杆的方式直接造孔和振冲加密可以达到预期设计深度，工效和性能基本满足要求。

6.4.2　复杂地基条件施工工法

从振冲原理来看，振冲法主要适用于砂土、粉土、粉质黏土等以细颗粒为主的地基。水电工程中的地基成因复杂，很少有均一的细粒土地基，且大多工程的现代河床地基表层广泛分布第四系的冲积堆积层，含有大量漂石卵石。对于该类地基，目前振冲直接造孔工效很低，因此应根据工程实际需要，从施工设备、施工工艺等角度入手，研究组合施工工法应对各类复杂地基。

一种组合是某工程尝试采用过水电工程常用的冲击钻成孔，再进行振冲，该法适应性较好，但施工工效与常规振冲法相比较慢，另外从振冲的机理来看，振冲器的振冲及高压水流的共同作用，使在成孔的过程中即对原地基进行了加密，因此冲击钻成孔后再振冲，其效果也不如直接振冲。

另一种组合是采用旋挖钻机引孔，再进行振冲，试验证明能较好地满足设计要求，虽造价有所提高，但施工工效大大提高。

某试验项目振冲碎石桩深度约60m，孔位间排距2m；地层为砂卵砾石层，表层12m深度含有卵砾石粒径2～13cm，呈次棱角—次圆状，平均含量占10%～15%，局部含量高达25%，其余为灰色中粗砂。下部为含砾中粗砂层，砾石粒径0.2～1cm为主，少量1～2cm，含量占5%～10%，其余为灰黄色中粗砂。

工艺流程为：场地整平→风、水、电准备→放线、定桩位→设备组装→就位→备料→造孔→清孔→填料→加密→成桩。

无法用振冲器直接造孔段采用旋挖钻机引孔＋振冲的施工方案。

试验表明旋挖钻机成孔工效可以达到3m/h，振冲加密内平均工效为7～10m/h，采用该组合工艺，7d可完成单桩的施工；而相关资料表明冲击钻引孔一般类似地层平均工效为0.25m/h，冲击成桩工效约为1m/h，远低于旋挖钻机引孔＋振冲的施工方案。但含有大量漂石卵石对旋挖钻机引孔钻头消耗较快，对振冲桩单价有一定影响。

因此对复杂地基条件振冲施工来讲，特别是含有大量漂石卵石的地基，目前振冲直接造孔工效较低，应综合考虑地质条件、施工设备、施工工艺的适应性、功效、经济等因素，研究组合施工工法。综合如下：

（1）含有大量漂石卵石的地基，宜采用先引孔再成桩的施工工艺，引孔可采用冲击钻机或旋挖钻机施工。

（2）地基含有粗颗粒不太多且粗颗粒粒径较小以中粗砂为主的情况下，直接采用旋挖钻机引孔再实施振冲加密工效高，综合成本低。

（3）以砂土、粉土、粉质黏土等以细颗粒为主的地基，可直接采用振冲成孔和加密。

（4）振冲加密的加密电流根据不同填料进行调整，留振时间一般可选择10～15s，加密段长50cm。

6.5 深基坑处理

6.5.1 深基坑工程特点

西南地区大中型水电站多处于高山峡谷之中，河床覆盖层深厚，多数工程采用挖除全部或部分覆盖层的处理方案，基坑开挖深度较深，基坑范围和规模较大，施工期挡水水头较高。影响大坝基坑制约因素众多、安全储备小、风险大，主要表现在以下四个方面。

1. 基坑深度深、规模大、渗控要求高

金沙江溪洛渡、白鹤滩、乌东德、向家坝等水电站河床覆盖层一般厚达30～60m，双江口水电站河床覆盖层厚50～60m，猴子岩水电站河床覆盖层厚60～75m，围堰及其围护的大坝基坑设计挡水水头达100～150m，基坑面积达80000～150000m^2。围护结构的土石围堰作为一种临时性水工建筑物，与永久性建筑物的土石坝相比，其填筑条件和运行环境均要复杂得多，深厚覆盖层上的围堰地基不能处理，天然状态下覆盖层的分布存在随机性，地质条件比较复杂，一旦围堰填筑形成基坑，就要在基坑开挖和主体工程施工过程中承担挡水的任务；基坑开挖是对围堰运行条件不断改变的过程，包括围堰一侧的基础开挖卸荷，形成临空面条件，以及通过疏干和排水减压，形成复杂的渗流条件。因此上、下游围堰基础和基坑边坡的安全与稳定对于保证整个工程施工的顺利进行具有重要意义，这些均对围堰设计、基坑的渗控和防护设计提出更高的要求。部分大坝深厚覆盖层基坑概况见表6.5-1。

表6.5-1 部分大坝深厚覆盖层基坑概况表

工程名称	基坑开挖深度/m	基坑围护面积/m^2	设计挡水水头/m
溪洛渡	36	98200	111.80
锦屏一级	46	83200	106.10
长河坝	42	301750	74.00
猴子岩	65	177450	117.50
官地	29	97700	81.93
深溪沟	60	118500	104.00
瀑布沟	20	140100	74.00

2. 地质条件复杂、计算理论不完善、安全储备小

大多数基坑地质条件比较复杂，一方面开挖过程中未知的工程地质问题会逐渐暴露，新发现的软弱夹层可能导致开挖停顿，基坑边坡重新加固；另一方面设计计算理论，如岩土压力、岩土的本构关系等还不完善，对考虑地下水影响下的各项参数的选取认识还不一致，直接导致了工程设计中的许多不确定性，因此需要通过施工过程中的监测、监控不断修正设计，同时还需采取必要的应急措施。

3. 施工工期紧、强度高、干扰大

基坑开挖工期往往较短，一般只有几个月，工程量大，开挖强度高。如溪洛渡主体工程大坝基坑高程380.00m以下开挖工程量大、施工时段短、强度高，但还受制于下游水垫塘边坡爆破开挖，实施时将水垫塘上游段基础开挖工期提前，与大坝基坑开挖同期进行。同时对水垫塘爆破规模、单响药量及起爆方向进行严格控制，避免水垫塘开挖爆破对大坝混凝土施工造成安全影响。因此大坝基坑施工技术不仅仅是基础处理技术的提高，还应包括合理配置设备资源、科学精细地组织施工，确保开挖施工按计划安全地顺利实施。

4. 施工难度高

深厚覆盖层大坝基坑开挖高、陡、险，施工难度大，基坑排水要求高，下基坑施工道路的布置较困难，出渣运距远。多数基坑后期阶段随着工作面的逐层下降，施工区汇雨面积大，设备退场问题突出，是施工安排的又一大难点。因此，基坑施工组织设计需要综合考虑道路交通、施工顺序和安全防护等因素，提出合理、可行和可靠的施工技术方案。

6.5.2 主要技术问题

近年来，随着西南地区大中型水电水利工程的建设，河床深厚覆盖层对建坝的影响问题格外突出。深厚覆盖层若不能被利用作为坝基，则需将其开挖进而形成大坝深基坑。大坝深基坑开挖边坡与围堰填筑边坡形成了规模更为巨大的复合边坡。大坝深基坑渗流控制及抗滑稳定往往成为制约工程枢纽布置甚至工程成败的关键技术问题。

与一般土石坝相比，围堰工程尤其是深厚覆盖层、深基坑条件下的高土石围堰工程的环境条件、施工条件、运行条件要复杂得多。第一，河床深厚覆盖层地质成因复杂，均一

性差，随机性大，力学性质差异大，作为围堰地基很难进行有效处理；第二，围堰填筑材料一般来源于工程开挖料，材料力学性能和级配均较差；第三，堰体填筑分为水下抛填和水上填筑，水下抛填部分密实度难以控制；第四，围堰加载方式复杂，基坑开挖和抽水是对围堰运行条件不断改变的过程，渗流条件极为复杂，边坡稳定控制难度很大。因此，深厚覆盖层、深基坑条件下的高土石围堰工程的渗流及抗滑稳定问题极为突出，应引起高度重视。

深厚覆盖层上的高土石围堰及大坝深基坑面临的主要技术问题有两个：一是渗流控制及渗透稳定安全问题；二是深基坑边坡抗滑稳定安全问题。两者之间相互关联，最终归结为防渗体系的布置、防渗深度和基坑边坡坡比的选择问题，需要通过渗流分析计算来确定浸润线、渗透水力比降、边坡坡比的稳定性。

大型水电水利工程的基坑深度一般 20～50m，覆盖层均一性差，多由物理力学性质差异较大的亚层组成。对基坑渗流控制及渗透稳定安全问题而言，需要分析计算基坑开挖过程中、对应上游高水位时深基坑覆盖层中各亚层颗粒的渗透稳定，包括基础内和出逸点处的水力比降是否满足允许水力比降要求，否则需要加深基础垂直防渗或加长水平防渗长度，或对出逸点处采取专门的反滤措施等。

基坑边坡渗透稳定及边坡抗滑稳定安全要求决定了基础垂直防渗深度或水平防渗长度的最小值，而渗流量大小与地层渗透性、防渗深度或长度、两岸地下水位和补给有关，可以接受的渗流量大小更主要考虑施工、排水费用及如减渗所需增加的工程措施投资等因素，进行综合技术经济比较确定。

一般而言，在大型水电水利工程的基坑基本采用全封闭的垂直防渗为主，主要由于基坑多数大于 20m，仅布置水平铺盖或未封闭垂直防渗的地层渗透稳定和边坡稳定不容易满足需求，而透水性较强的地层渗流量与防渗深度之间为非线性关系，随着防渗深度的增加减渗量却有限；特别是建基面施工要求较高、工期紧，需要良好的干地施工条件，往往实际排水费用较高，故大型深基坑宜采用全封闭的垂直防渗体系布置。

全封闭的垂直防渗深度一般到达基岩 10～30Lu，或至覆盖层中相对隔水层（渗透系数接近 1×10^{-4}cm/s），受制于一个枯水期防渗墙施工深度的限制（一般不超过 70m），多采用防渗墙＋墙下防渗帷幕布置方式。

少数覆盖层较深，但大坝基坑开挖深度较浅，往往在一个枯水期完成开挖并可填筑超过枯期水位高程，可研究“悬挂防渗墙＋水平铺盖”方案，并采用适当加长上下游渗径的布置方式以节约投资，如水平铺盖分别往上下游延伸形成内外铺盖，需要注意渗流出逸点的反滤保护。

总之，深基坑的边坡稳定都需要通过渗流分析和抗滑稳定分析来确定最小防渗深度或长度，再结合渗流量、施工、投资等因素综合确定防渗体系的布置和要求。

6.5.2.1 渗流分析

渗流分析既是渗流控制及稳定分析的基础，也是深基坑安全评价的重要方面。考虑到边界条件复杂，渗流分析计算一般多采用数值计算方法，多采用二维有限差分或有限单元法进行渗流分析，其中有限单元法容易适应于复杂几何形状的边界，各向异性的渗透性，以及分层问题的处理，应用较广。

（1）在进行渗流分析前，需进行必要的勘探和试验，查清覆盖层的深度、结构、详细分层、架空情况、各分层岩土的级配、密度、物理力学特性及渗透特性等，提出渗透系数、允许渗透比降、承载力、变形模量、抗剪强度等物理力学参数。

（2）计算时应将上下游围堰、基础、基坑整体进行计算，一般采用二维渗流计算分析即可满足设计精度要求；当基坑左右两侧也存在覆盖层或基岩渗透性较强时，宜补充进行三维渗流计算分析。

（3）渗流计算分析需结合围堰体的防渗布置方案（防渗结构和材料、深度和厚度、防渗范围、灌浆排数），进行多方案比较计算和敏感性分析，提出满足渗流安全和稳定安全的防渗布置方案。

围堰（大坝深基坑）防渗布置可分为堰体防渗和堰基防渗两部分。堰体防渗材料主要有防渗土料和复合土工膜两种，近年来复合土工膜应用日益广泛。值得注意的是土工膜厚度仅1mm左右，为保证计算精度要求，建模时需要按渗透水量相等原则等效为一种均质土体处理。

$$k_t=\frac{D}{\dfrac{d_1}{k_1}} \tag{6.5-1}$$

式中：k_t为等效均质土体渗透系数；D为均质土体厚度；d_1为土工膜厚度；k_1为土工膜渗透系数。

堰基防渗布置方案有悬挂式和全封闭两种型式。堰基防渗结构和材料主要有混凝土防渗墙和帷幕灌浆、高喷灌浆、控制灌浆形成的防渗层等。在西南地区，河床覆盖层深厚且结构复杂，帷幕灌浆、高喷灌浆、控制灌浆工艺要求较高，适用性不够理想，故堰基防渗结构以混凝土防渗墙或防渗墙＋帷幕灌浆为主要型式。

（4）深基坑渗流分析需考虑基坑开挖进度、覆盖层出露情况、基坑抽排水情况、不同时期对应的围堰挡水水位等，分析计算各种不利工况，以最不利工况的计算结果作为选取防渗设计方案的依据。

（5）高山峡谷地区岩体卸荷裂隙发育，即使是全封闭防渗墙，为控制基坑渗流量，渗流计算宜对河床及岸坡透水基岩帷幕灌浆深度和排数进行敏感性分析，以确定经济合理的防渗范围。

6.5.2.2　边坡稳定分析及相应措施

在深基坑边坡稳定分析中，寻找最危险滑动面采用极限平衡法，其中以条分法应用广泛和成熟。深基坑基本均采用圆弧滑动条分法，其中以采用Bishop法为主。

部分工程基坑地层差异较大，部分亚层砂砾石透水较强，无黏性土特征明显，可采用滑裂面可以是不规则折线的Janbu法，安全系数偏高，结果应与Bishop法对比分析后结合实际地质条件采用。近年来，也有工程采用有限元分析，即把有限单元法引入到极限平衡分析法中，先通过有限元方法计算出可能滑面上各点的应力，然后再利用极限平衡原理计算滑面上的点安全系数及沿整个滑面破坏的安全系数。该方法简易直观，易于与三维应力-应变有限元计算结合，考虑了土体变形的影响和整体抗滑作用，但由于应用案例不多，还在探索中。

土体的抗剪强度参数的合理选取是影响土坡稳定计算分析成果可靠性的最主要因素，特别是选取抗剪强度参数时应关注所采用的试验条件是否与实际运行条件基本一致，包括土体性质、受力条件和排水条件；如土体黏粒含量高不易排水或基坑快速下挖复核，一般宜选用快剪或不排水剪指标，采用总应力法；需要注意的是如果土体以饱和黏性土为主，建议选用现场十字板剪切不排水试验指标较为合理，若仅有实验室的固结不排水剪指标，抗滑块的自重宜采用浮容重；基坑已形成并进行主体建筑物施工时，可根据土体性质和排水情况，研究选用排水剪指标及有效应力法。

由于是临时坡，一般不需考虑地震工况，具体计算工况主要包括：

(1) 基坑开始开挖期，即基坑完成防渗封闭、抽水完成时。

(2) 开挖至不同深度时或各亚层开挖完成时。

(3) 主体建筑物施工（混凝土坝）期，基坑水位抬高不同高度后的情况。

渗流控制和放缓边坡坡比是最重要的两项边坡稳定控制措施。除此之外，在坡脚采取堆渣压重也是提高边坡稳定性的有效措施，相关措施需要结合施工程序、时段和布置综合研究，例如在枯水期上游水位较低时开挖到底，在汛前对基坑边坡进行压坡回填等，可以有效解决地层中有软弱夹层的稳定问题。

受地形地质条件及布置空间限制，一些工程采取了特殊的边坡稳定措施，如向家坝纵向围堰基础采用沉井方案，桐子林纵向围堰采用地连墙方案，锦屏一级下游围堰深槽部位拟采用高压旋喷桩及钢管桩方案。

6.5.2.3 深基坑渗流及稳定分析案例

以猴子岩水电站大坝深基坑为例，简要介绍渗流及稳定分析需要考虑的工况和步骤。猴子岩水电站上下游围堰边坡与大坝基坑边坡形成了规模巨大、结构复杂的复合高边坡，上游边坡总高度 120m，承担总水头约 117.5m；下游边坡总高度 85m，承担总水头约 83.6m。猴子岩水电站大坝深基坑典型剖面如图 6.5-1 所示。

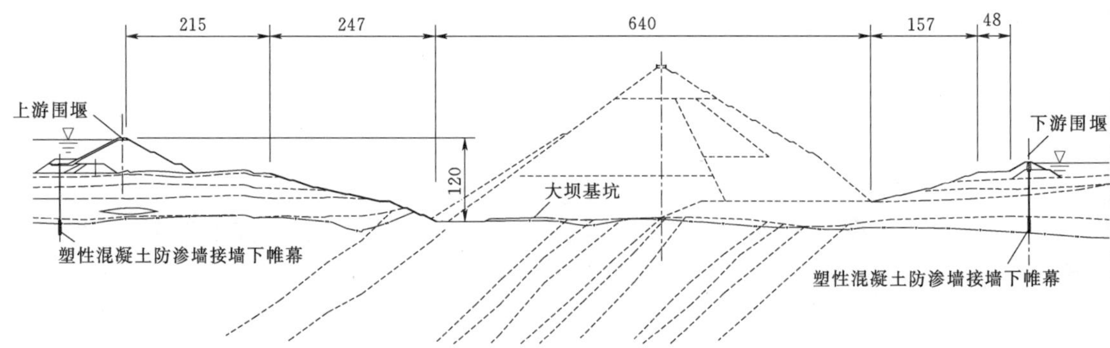

图 6.5-1 猴子岩水电站大坝深基坑典型剖面图（单位：m）

1. 河床覆盖层基本情况

坝址处河床覆盖层深厚，一般厚度在 41.20～67.77m，最大厚度 77.40m。根据河床覆盖层结构特征和工程地质特性，自下而上（由老至新）可分为四大层。第①层：含漂（块）卵（碎）砂砾石层（$fglQ_3^2$），钻孔揭示厚度 11.44～39.44m，具强—中等透水性，其结构较密实；第②层：黏质粉土（lQ_3^3），系河道堰塞静水环境沉积物，其厚度一般为13～20m，颗粒组成以粉粒为主，黏粒次之，工程地质性状差；第③层：含泥漂（块）卵（碎）砂砾石层（$pl+alQ_4^1$），分布于河床中上部，河床钻孔揭示厚度为5.80～26.00m，具较强的承载能力和强透水性，结构稍密实，局部有架空现象；第④层：含孤漂（块）卵（碎）砂砾石层（alQ_4^2），钻孔揭示厚度3.0～14.92m，该层以粗颗粒卵（碎）、砾石为主，具较强的承载能力和强透水性，结构较松散，局部有架空结构。

2. 上下游围堰结构布置

上游围堰设计水位1742.50m，堰顶高程为1745.00m，堰顶长218.2m，堰顶宽12m，最大底宽约255m，最大堰高约55m。堰体迎水面坡比为1∶2.0，背水面坡比为1∶1.8。堰体高程1708.00m以上采用复合土工膜斜墙防渗，最大防渗高度37m；堰体高程1708.00m以下及堰基河床覆盖层采用全封闭混凝土防渗墙防渗。墙下及两岸堰肩的强透水岩体采用帷幕灌浆防渗。

下游围堰设计水位1708.60m，堰顶高程为1710.00m，堰顶长112.2m，堰顶宽10m，最大底宽约106m，最大堰高约25m。堰体迎水面坡比为1∶2.0，背水面坡比为1∶1.8。堰体高程1699.00m以上采用复合土工膜心墙防渗，最大防渗高度11m；堰体高程1699.00m以下及堰基河床覆盖层采用全封闭混凝土防渗墙防渗。墙下及两岸堰肩的强透水岩体采用帷幕灌浆防渗。

3. 渗流计算分析

围堰及大坝基坑边坡的渗流计算模型网格划分和渗流计算成果的处理采用有限元软件。上游围堰及大坝基坑边坡计算模型如图6.5-2所示，下游围堰及大坝基坑边坡计算模型如图6.5-3所示。

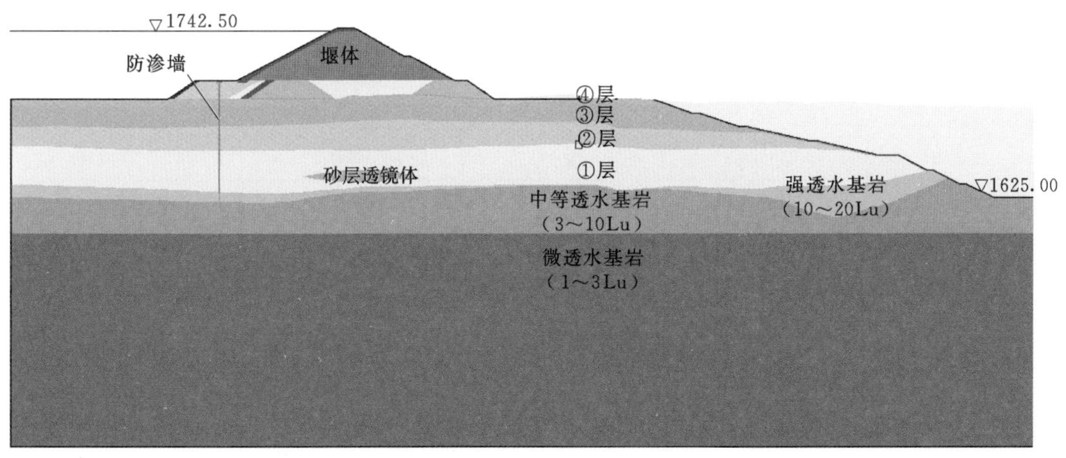

图6.5-2　上游围堰及大坝基坑边坡计算模型（单位：m）

渗流计算的主要工况：包括上游围堰施工完成工况以及大坝基坑各级开挖完的过程工况，即开挖完每一个不同地层时均需进行渗流计算。上游水位根据施工进度所对应的度汛标准洪水位，基坑内考虑暴雨条件下的基坑排水位。

上游围堰及大坝基坑边坡渗流计算成果见表6.5-2。计算成果表明，大坝基坑各级

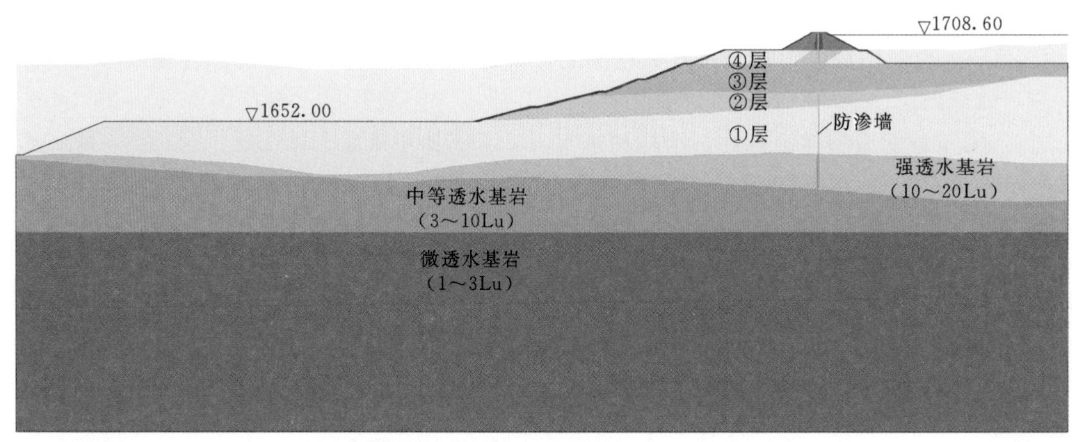

图 6.5-3　下游围堰及大坝基坑边坡计算模型图（单位：m）

开挖过程中，单宽渗流量均较小，墙体的最大渗流梯度小于混凝土允许比降，基坑出溢段渗流梯度也较小，渗流及渗透稳定满足设计控制要求。

表 6.5-2　　　　上游围堰及大坝基坑边坡渗流计算成果表

计算工况	墙前墙后水位差 ΔH/m	墙体最大渗流梯度 i_{max}	基坑出逸段最大渗流梯度 i_{max}	单宽渗流量 $q/(m^3/d)$
工况 1	46.98	44.55	第④层 0.0001	3.00
工况 2	53.84	50.91	第③层 0.04	3.55
工况 3	57.88	54.78	第③层 0.08	3.99
工况 4	60.30	56.88	第②层 0.12	4.60
工况 5	65.36	61.80	第①层 0.10	5.94
工况 6	86.44	62.07	第①层 0.05	6.29
工况 7	86.55	62.04	基岩段 0.57	6.31
工况 8	90.86	62.31	基岩段 0.51	6.61

注　工况 1 指大坝开始基坑开挖时工况；工况 8 指整个基坑开挖结束时工况；工况 2～7 指每一个不同地层开挖结束时的过程工况。

下游围堰施工完成后以及大坝基坑各级开挖过程的渗流计算工况类同上游。

4. 抗滑稳定计算

围堰及大坝基坑边坡的稳定性计算方法采用基于条分理论的极限平衡法，主要采用规范建议的 Bishop 法，同时采用 Morgenstern - Price 法对比计算。

计算成果表明，各工况围堰及大坝基坑边坡最小抗滑稳定安全系数满足不小于 1.3 的要求。不同工况下游围堰及大坝基坑下游边坡抗滑稳定计算方法同上游围堰。

6.5.3　主要工程措施

深厚覆盖层已建工程深基坑最大高度超过 60m 的有溪洛渡、长河坝、锦屏一级、猴子岩、官地、二滩和三峡工程等。国内部分已建工程深基坑概况见表 6.5-3。

表 6.5-3　　国内部分已建工程深基坑概况表

工程基坑名称	基坑底至围堰顶最大高度/m	基础防渗措施
溪洛渡大坝	113	混凝土防渗墙+墙下防渗帷幕
两河口大坝	90	混凝土防渗墙+防渗帷幕
二滩大坝	97	高压旋喷灌浆 54m
小湾大坝	87	高喷+混凝土防渗墙+墙下防渗帷幕
三峡二期	82.5	混凝土防渗墙+墙下防渗帷幕
锦屏一级	106	塑性混凝土防渗墙 53m
桐子林三期	21	控制灌浆
官地大坝	81	塑性混凝土防渗墙+帷幕灌浆防渗
深溪沟大坝	104	混凝土防渗墙

在深厚覆盖层河道确保深基坑渗透稳定的关键问题是上下游围堰防渗措施的选择和应用。世界各国水利水电工程的深基坑围堰基础及两岸防渗措施种类很多，尤其是采用混凝土防渗墙作为深基坑围堰堰基防渗措施的技术发展很快，防渗墙深度越来越深。大渡河长河坝上游围堰防渗墙深度高达 75m，一个枯水期完建。

高山峡谷地区岩体卸荷裂隙发育，为控制基坑渗流量，保证深基坑边坡渗流稳定，常需对河床及岸坡强透水基岩进行帷幕灌浆。

因此部分工程同时在防渗墙下还布置有墙下防渗帷幕，渗控措施要求灌浆后压水试验指标一般不大于 10Lu。

围堰和两岸衔接也多采用防渗帷幕，其中在覆盖层布置的防渗帷幕利用控制灌浆技术来达到设计要求的，压水试验指标一般不大于 10Lu。

6.5.3.1 堰基防渗型式选择

在深厚覆盖层地基上修筑土石坝基坑围堰，堰基防渗型式选择应当遵循技术可行、经济合理的原则。

目前深厚覆盖层地基上围堰工程的地基处理方法主要有普通刚性混凝土防渗墙或塑性混凝土防渗墙和框格式混凝土地下连续墙、高喷灌浆防渗墙、控制灌浆防渗等型式。根据需要，也可以选择这几种基本型式的一种或几种进行组合。混凝土防渗墙、高喷灌浆又根据防渗墙是否伸入到基岩分为悬挂式和封闭式。覆盖层下部的基岩应根据其渗透情况确定是否需要进行墙下帷幕灌浆。

1. 悬挂式和封闭式混凝土防渗墙

封闭式防渗墙具有堰基不易发生渗透破坏且基坑渗水量较小的优点，悬挂式防渗墙具有工期优势和经济优势。

采用悬挂式防渗墙或非悬挂式防渗墙，要综合考虑堰基渗透稳定、围堰能否在汛前达到度汛形象面貌、基坑排水量和防渗墙工程投资等问题。如果堰基渗透稳定没问题、围堰能在汛前达到度汛形象面貌要求，则应该优先选择基坑排水量和防渗墙工程投资之和最小的方案。

悬挂式防渗墙因不能伸入相对隔水层，堰基的渗透稳定是最重要的制约因素。如果不能满足渗透稳定，则应研究在控制稳定的围堰边坡或者基坑开挖边坡最危险滑弧底部附近采用反滤压坡措施，或者在悬挂式防渗墙下部采用控制灌浆等工程措施，如瀑布沟水电站上游围堰。另外如果堰基覆盖层的渗透较强，大于 1×10^{-3} cm/s 时，增大悬挂式防渗墙的深度减渗效果并不突出，宜在墙下采用控制灌浆形成帷幕等工程措施。

封闭式防渗墙一般不存在渗透稳定问题，但如果基岩透水率较高，可能仍然需要进行墙下帷幕灌浆以减小墙下渗漏量。

深厚覆盖层上的封闭式防渗墙面临最容易遇到的问题是汛前堰体需要达到度汛高程。采用斜墙土石围堰堰型，虽然增加了围堰工程量，也可能会增加导流洞（导流明渠）长度，但堰体填筑和防渗墙施工能平行作业，能较好地解决围堰工期问题，如官地水电站上游围堰、锦屏一级上游围堰和猴子岩水电站上游围堰。

长河坝水电站上游围堰堰基覆盖层透水率高，围堰高度 56.5m，防渗墙深度达 83m，因其右堰肩覆盖层很厚，如果采用斜墙围堰，堰体防渗体无法嵌入山体，绕渗问题无法解决，最终采用了心墙围堰。由于施工组织得当，在一个枯水期完成了防渗墙施工和堰体填筑。

2. 高喷灌浆防渗墙

高喷灌浆防渗墙（简称高喷墙）是由旋喷柱形桩、摆喷扇形断面或定喷板状墙段，其中的一种或几种彼此组合搭接形成的地下防渗墙。高喷墙适用于淤泥质土、粉质黏土、粉土、砂土、砾石、卵（碎）石等松散透水地基或填筑体内的防渗工程。加固技术适用于软弱土层，但对含有颗粒直径较大较多漂石或块石以及有大量纤维质的腐殖土层，应进行现场试验确定其适用性。

高喷墙的渗透系数、抗压强度与多种因素有关，渗透破坏比降更不容易准确确定。因此，对重要的、地层复杂的或深度较大的高喷墙工程，应选择有代表性的地层进行高喷灌浆现场试验，确定有效桩径（或喷射范围）、施工参数、浆液性能要求、适宜的孔距排距和墙体防渗性能等。对重要工程的高喷墙应进行渗透稳定和结构安全计算。

高喷墙和其他类型的防渗墙比，在工期方面具有明显的优势，因此在工程实践中得到了大量的应用。二滩水电站上游围堰设三道、下游围堰设两道高喷墙，深度达 44m。锦屏二级进水口围堰上部塑性混凝土防渗墙，下部用高喷墙。

3. 控制灌浆

对覆盖层进行控制灌浆也是堰基防渗的一种手段，为了控制灌浆成本，一般采用控制单位灌浆长度的吃浆量的方式。

一般来说，直接采用控制灌浆进行防渗处理的工程不多，主要在于覆盖层往往架空明显，从而成本较高。如果既有的堰基防渗体漏水严重，或者存在堰基渗透稳定问题，采用控制灌浆进行补救是一种不错的选择。根据实际情况选择封闭式或者悬挂式控制灌浆，在现有防渗墙的下游设一排，或者上下游各设一排。控制灌浆一般直接采用浓浆水泥砂浆或者膏状浓浆，当单位长度的吃浆量达到设计限定的数量时，立即停止待凝。

4. 框格式混凝土地下连续墙

框格式混凝土地下连续墙主要用于围堰、导流明渠和下游河岸的基础处理。虽然框格式地连墙也可以提高地基的防渗能力，由于其造价很高，主要用于提高地基的承载能力和防冲能力，选择应尤为慎重。框格式地连墙一般选用两排地连墙，并用隔墙连成整体。具体可参见4.3节。

5. 堰基防渗型式选择

高喷防渗墙具有施工进度快，投资低的优点，当工期紧张、地层颗粒级配较好，大孤石和漂石含量较低、架空不明显时，宜首先考虑高喷防渗墙。当防渗深度小于30m时，也可研究控制灌浆方案。

如果覆盖层不具备采用高喷防渗墙的条件，应当考虑采用混凝土防渗墙。混凝土防渗墙几乎可适应于各种地质条件，从松软的淤泥到密实的砂卵石，甚至漂石和岩层中。墙体的结构尺寸（厚度、深度）、墙体材料的渗透性能和力学性能可根据工程要求和地层条件进行设计和控制。特别是深厚覆盖层下部没有相对隔水层，且围堰挡水水头高（含基坑开挖深度），宜优先考虑采用封闭式防渗墙。如果防渗墙难以在一个枯水期完成，采用悬挂式防渗墙必须保证围堰堰体及基坑开挖边坡的渗透稳定，而且基坑排水能力足够。

对于地基承载能力低、水流淘刷力强的围堰基础，宜比较选择框格式混凝土地下连续墙，具有防冲墙的作用，同时可以解决地基承载力不足的难题，但施工相对复杂，成本较高。

6. 堰基防渗材料选择

堰基防渗材料按墙体材料分：主要有普通混凝土防渗墙、钢筋混凝土防渗墙、黏土混凝土防渗墙、塑性混凝土防渗墙和灰浆防渗墙。

深厚覆盖层上围堰基础防渗用得较多的有普通混凝土防渗墙和塑性混凝土防渗墙。

防渗深度40m以内的，适宜采用普通刚性混凝土防渗墙，厚度一般0.8～1.2m，防渗墙结构设计和防渗墙上部的接头设计与大坝坝基混凝土防渗墙设计相同。由于围堰施工普遍存在工期紧张的问题，且使用时间较短，一般不采用钢筋混凝土，而采用普通素混凝土。

防渗深度大于40m的，适宜采用塑性混凝土防渗墙，厚度一般0.8～1.2m。作为防渗墙材料的塑性混凝土在拌和时掺黏土或膨润土，以减少水泥用量，其抗压强度为2～10MPa，变形模量200～1000MPa。

围堰基础一般没有进行开挖，而其基岩承载力普遍不高。当围堰高度较大时，基底应力超过堰基承载能力，或堰基变形超过允许范围，应选用塑性混凝土防渗墙。如果采用高弹性模量的普通刚性混凝土防渗墙，在上部荷载的作用下围堰土层的沉降量比防渗墙大很多，刚性墙体承受巨大的上部压力和侧面拖曳力，引起墙体接头处承受应力集中以及墙体内部承受较大的压应力而导致墙体破坏。

塑性混凝土防渗墙因其弹模低，适应变形能力强，墙的变形能与周围土体变形协调，岩体重量基本由墙与周围土体均匀分担，防渗墙的应力状态、抗震性能较好，在深厚覆盖层上的围堰堰基防渗设计中得到了广泛的应用。溪洛渡、锦屏一级等水电站大坝施工围堰基础防渗墙均采用塑性混凝土。

6.5.3.2 堰体防渗型式选择

土石围堰堰体防渗型式主要有心墙、斜心墙和斜墙三种结构型式。堰体防渗材料可采用混凝土（如龙羊峡上游围堰等）、冲击钻混凝土（如葛洲坝二期上游围堰等）、木板（如龚嘴、铜街子上游围堰等）、碎石土或黏土（溪洛渡上游围堰、隔河岩厂房围堰等）、土工膜（如锦屏一级、官地等）等。

深厚覆盖层土石围堰由于覆盖层深厚，工程施工进度要求，结构型式一般主要采用土工膜心墙、土工膜斜墙、碎石土（黏土）心墙、碎石土斜心墙等。随着环保和生态要求，防渗材料应优先选用土工膜防渗。结构型式应综合考虑工程地形地质条件、施工进度要求以及水文气象等因素合理选择。国内外已建部分深厚覆盖层土石围堰堰体防渗结构型式概况见表 6.5-4。

表 6.5-4　　国内外已建部分深厚覆盖层土石围堰堰体防渗结构型式概况表

工　程　名　称	堰体防渗结构型式	最大高度/m
溪洛渡上游围堰	碎石土斜心墙	78
溪洛渡下游围堰	土工膜心墙	52
漫湾上游围堰	黏土心墙	64.3
伊泰普上游围堰	黏土心墙	90
伊泰普下游围堰	黏土心墙	75
二滩上游围堰	黏土斜墙	56
小湾上游围堰	黏土心墙	60
小浪底上游围堰	均质土	59
三峡二期上游围堰	土工膜	82.5
三峡二期下游围堰	土工膜	57

6.5.3.3　深基坑处理工程案例

锦屏水电站河床冲积层一般厚 25.00～35.00m，按物质组成、颗粒大小及结构特征由下至上大致可分为三层。第①层：含块卵（碎）砂砾石层，厚度变化较大，一般厚4.00～8.00m；块石块径 0.25～0.30m；第②层：含卵（碎）砾石粉土层，颗粒较细，颜色呈深灰色，厚度变化较大，一般厚 10.00～14.00m；粉土及中细砂混杂呈黄褐—灰褐色，粉土含量约 35%，中细砂含量约 15%；第③层：含块碎（卵）砂砾石层，粒径不均匀，混杂分布，厚度变化大，一般厚 8.00～13.00m；砂为中细砂含少量粉土，含量 10%～15%。

1. 基础渗控工程方案选择

由于大坝基坑需开挖至基岩，最大开挖深度 46m，上游围堰顶至基坑最低高程高差约 106m，上游围堰与大坝基坑组成一个超过 100m 的复合型深基坑，形成高度 106m 的复合边坡。由于深厚覆盖层透水性较强，为确保渗透稳定和减小渗流量，基础防渗选取全封闭混凝土防渗墙与帷幕灌浆防渗相结合的渗控方案；考虑地层不均匀性，材料采用塑性混凝土以适应变形。

上游围堰位于大坝上游约 250m 处，两岸地形陡峻、基岩裸露，岩性为中上三叠统杂谷脑组第二段大理岩，围堰堰体采用复合土工膜斜墙堰型结构，防渗墙前置，便于防渗墙施工和堰体填筑同时施工，同时防渗墙施工平台填料易于控制。上游围堰堰顶高程为 1691.50m，顶宽 10.00m，长约 193.8m，最大底宽约 312m，最大堰高 64.50m。堰体迎水面坡度为 1∶2.00，背水面结合下基坑道路布置综合坡度为 1∶1.75；采用 350g/

0.8mm HDPE/350g 的复合土工膜斜墙防渗，最大防渗高度 43.00m，表面采用喷 20cm 厚混凝土与 1.0m 厚的袋装石渣进行保护，并在河床段设置 5.0m 厚的碎石土作为堰体的辅助防渗材料。锦屏一级上游围堰典型剖面如图 6.5-4 所示。

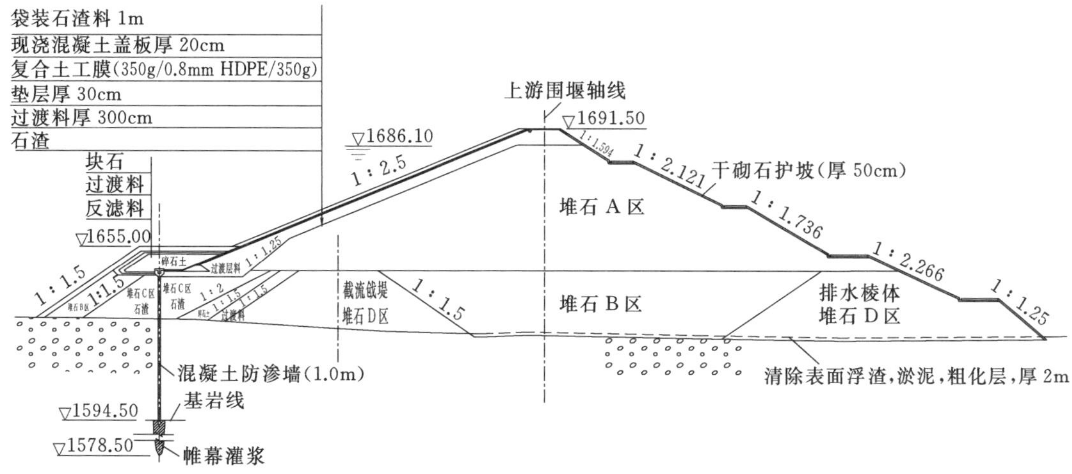

图 6.5-4　锦屏一级上游围堰典型剖面图（单位：m）

防渗墙施工平台高程为 1648.50m，混凝土防渗墙厚度 1.0m、最大深度约 56.0m，嵌入基岩内 0.5～1.0m，墙下帷幕灌浆最大深度 15.5m。除对两岸混凝土底座下的基岩设置固结灌浆外，还对基岩内中等透水带（$q \geqslant 10$Lu）进行帷幕灌浆处理。混凝土底座基础固结灌浆深度为 5.0m，灌浆孔间距为 3.0m、排距为 2.0m，灌浆压力为 0.3～0.5MPa，以不抬动基础基岩和混凝土连接板为原则，通过灌浆试验最终确定。墙下帷幕灌浆孔间距为 1.5m，岸坡段帷幕灌浆孔间距为 2.0m，灌浆压力为 1～2MPa。

经过渗流对比分析防渗墙下有无帷幕情况，两者的流量相差幅度达到 31%，更重要是由于基坑边坡较陡，无帷幕情况开挖基坑底部附近时渗透比降均超出各覆盖层边坡的允许出逸比降，因此需设置防渗帷幕和对边坡出逸范围设反滤保护，帷幕灌浆截到小于 10Lu 岩层，最大造孔深度为 60.00m。锦屏一级上游围堰防渗示意如图 6.5-5 所示。

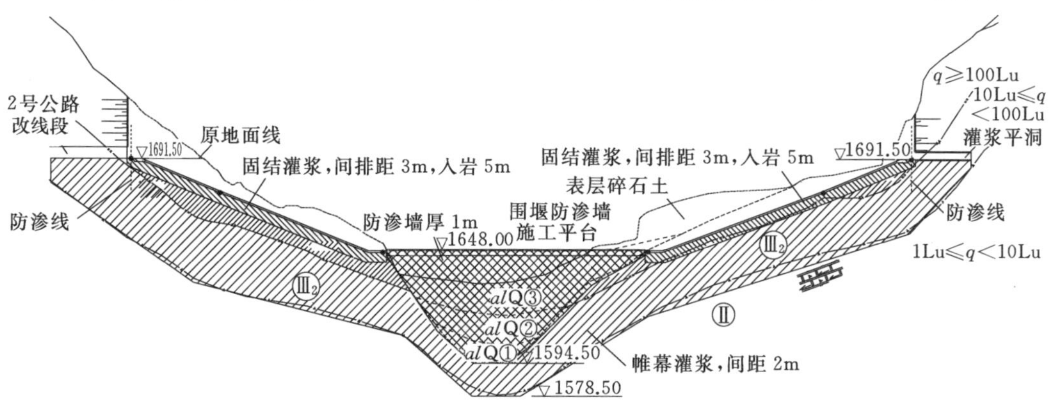

图 6.5-5　锦屏一级上游围堰防渗示意图（单位：m）

2. 基坑开挖边坡稳定措施

基坑地层中第②层为含卵（碎）砾石粉土层，颗粒较细，摩擦角约为22°，该层渗透系数约1×10^{-4}cm/s，造成浸润线较高，经计算分析原设计坡比1：1.5边坡，开挖至该层区域时安全系数无法满足要求，因此应采取有效渗控措施，包括增加基坑边坡的排水性能和边坡锚固措施，或放缓边坡，来保证施工期围堰渗流安全。

工程实施时基坑上游边坡采取了放缓边坡，增加反滤和压坡；由于水垫塘二道坝位置的影响，基坑下游边坡无法放缓，拟采取布置井点降水排水，枯期加快水垫塘二道坝施工进度，汛前回填部分基坑的综合施工技术措施。

综合而言，深基坑渗控工程措施一般不采取简单增加防渗或排水措施，而是采取包括工程措施和对施工计划、布置进行调整的综合统筹技术，才能达到低成本，安全高效的目标。

第 7 章

地基安全监测

7.1 概述

地基安全监测是大坝安全监测的一部分，大坝安全监测是伴随水利水电工程建设发展起来的一门涉及水工结构、电子仪表、光学物理、统计数学等多学科的新兴边缘技术学科。随着科学技术的发展，我国安全监测技术在近几十年中得到了空前的发展，在监测系统的设计、仪器制造、安装埋设技术以及观测成果的应用等方面都有了长足的进步。我国安全监测技术发展可分为三个阶段，即原型观测阶段（1891—1964 年）、原型观测向安全监测过渡阶段（1965—1985 年）和安全监测阶段（1985 年至今）。

目前，建于覆盖层上的水电工程中，对覆盖层沉降、基础防渗墙变形、坝基廊道变形、基础防渗墙与防渗帷幕渗透压力、坝基渗流量、基础防渗墙应力、基础防渗墙与覆盖层间接触压力、坝基廊道应力等均进行了不同程度的监测。但一方面受限于覆盖层基础自身及地基处理技术的复杂性，如坝基覆盖层沉降变形大，造成了监测方案、仪器设备选择、安装埋设工艺及其保护的困难；另一方面由于混凝土防渗墙运行不确定性较多，受力相对较为复杂，较深部位的应变计组和无应力计安装定位困难、施工难度极大、仪器保护困难。

随着我国水利水电工程建设的加快发展，深厚覆盖层上筑坝高度已达 250m 级，坝高的急剧增加使许多技术难题凸现，高荷载下深厚覆盖层地基及防渗体系的应力及变形特性、高水头下深厚覆盖层地基防渗体系的防渗效果等均有待进一步的监测验证。目前，深厚覆盖层地基处理安全监测技术仍处于探索阶段，相关的规程、规范及标准亟待完善。

根据覆盖层基础自身及地基处理结构的受力特点以及工程实践经验，其安全监测的内容应满足地基处理范围内的地基稳定、防渗效果、地基应力与变形实时监控的需要。

按安全监测的目的来分，监测的主要项目包括变形、渗流、应力应变等。其中，变形监测以覆盖层基础沉降、防渗墙变形和基础廊道变形为重点，渗流监测以基础及防渗体渗透压力、渗流量为重点，应力应变监测以防渗墙应力应变、防渗墙与覆盖层基础间接触压力、基础廊道应力为重点。

7.2 常规安全监测技术及其问题

7.2.1 常规安全监测技术

7.2.1.1 变形监测

1. *覆盖层基础沉降监测*

覆盖层基础沉降监测采用电磁沉降仪、弦式沉降仪、杆式位移计等。选择典型监测断面，在防渗墙上、下游建基面上钻孔（深入基岩）布置。

（1）电磁沉降仪。电磁沉降仪主要技术指标包括：①测量深度为50～200m（可按需定制）；②分辨力为1～2mm；③耐水压为不大于3MPa（可按需定制）。

电磁沉降仪探头尺寸在ϕ16～43mm，电缆主要为激光刻电缆和钢尺电缆，沉降环主要为不锈钢环和磁环，常采用测斜管作为沉降管。

常用测量深度在150m左右，更大测量深度需定制，设备需要人工操作，劳动强度较大，无法实现自动化监测。

（2）弦式沉降仪。弦式沉降仪主要技术指标包括：①量程为5～33m；②分辨力为不大于0.05%F·S；③耐水压为不大于22MPa；④工作温度为－20～80℃。

由于受仪器本身工作原理影响，加之施工保护困难，弦式沉降仪在已建工程中应用大都未能获取到有效数据。

（3）杆式位移计。常用杆式位移计为振弦式和差阻式两种，主要技术指标包括：①量程为25～500mm（振弦式）、50～300mm（差阻式）；②分辨力为不大于0.04%F·S（振弦式）、不大于0.013%F·S（差阻式）；③耐水压为不大于3MPa（可按需定制）；④工作温度为－20～80℃。

目前振弦式和差阻式传感器量程多在500mm范围以内，难以满足深厚覆盖层大变形的需要。

2. 防渗墙变形监测

防渗墙水平位移监测普遍采用活动式测斜仪或固定式测斜仪。选择防渗墙最深部位、地形突变或受力复杂部位布置测斜孔，对沿防渗墙轴线方向及垂直于防渗墙轴线方向的水平位移进行监测。测斜导管可结合后期防渗墙检查孔进行安装。采用活动式测斜仪人工观测时，测点间距为0.5m；采用在管内安装双向固定式测斜仪时，测点间距不宜大于3m。

防渗墙顶部沉降监测采用水准测量、静力水准系统等。在防渗墙顶部的基础廊道底板，沿（或平行于）防渗墙轴线，每隔20～30m布置1个沉降测点。采用水准测量方法，须在左、右岸灌浆平洞稳定基岩部位布置2～3个工作基点或校核基点；采用静力水准方法，系统两端须伸入到该高程左右岸灌浆平洞稳定基岩部位，并在起始端各布置1套双金属标系统作为校核基准。

（1）活动式测斜仪。常用活动式测斜仪为伺服加速度式和MEMS式两种，主要技术指标包括：①测量深度为30～300m；②量程在±15°～±53°；③分辨力不大于±0.05mm/m或14″；④系统综合误差为不大于±6mm/25m；⑤耐水压为不大于3MPa（可按需定制）；⑥工作温度为－25～65℃。

常用测量深度在150m左右，活动式测斜仪因自身电缆过长，增加了观测难度，观测系统误差较大，无法实现自动化监测。

（2）测斜管。测斜管按材料可分为ABS管、铝合金管、玻璃纤维管，主要技术指标包括：①常用管径为ϕ70mm和ϕ85mm；②扭转程度为不大于≤0.33°/3m；③使用温度为－20～80℃。

管接头有固定式和伸缩式两种，伸缩式管接头伸缩变形量最大可达到150mm。

（3）固定式测斜仪。常用固定式测斜仪为伺服加速度式和MEMS式两种，主要技术指标包括：①量程为±10°～±30°；②分辨力为不大于±0.05mm/m或9″；③耐水压为不大于 2.5MPa（可按需定制）；④工作温度为－25～65℃。

固定式测斜仪数量较多时，需分段串联安装，分段时须采用承载法兰对传感器及延长杆自重进行分担，深厚覆盖层内深防渗墙无法实现分段承载法兰的安装。

3. 基础廊道变形监测

结构缝变形采用测缝计。在两岸灌浆平洞和基础廊道交接处的结构缝处的上游边墙、顶拱及下游边墙布置监测其开合度、顺水流方向及竖向错动位移 3 个方向的表面测缝计。监测顺水流方向错动位移和竖向错动位移的测缝计，固定端位于两岸灌浆平洞侧。

基础廊道倾斜采用倾角计。在两岸灌浆平洞和基础廊道交接处、河床中央部位布置监测断面，分别在各断面的上游边墙、顶拱、下游边墙和底板各布置 1 个倾斜测点。

常用测缝计为振弦式和差阻式两种，主要技术指标包括：①量程为 25～500mm（振弦式）、5～300mm（差阻式）；②分辨力为不大于 0.03%F·S（振弦式）、不大于 0.013% F·S（差阻式）；③耐水压为不大于 3MPa（可按需定制）；④工作温度为－20～80℃。

7.2.1.2 渗流监测

1. 基础及防渗体渗透压力

基础及防渗体渗透压力普遍采用渗压计及测压管进行监测。

在防渗墙后建基面高程布置一排渗压计，间隔 20～25m 布置 1 支，形成 1 个渗流监测纵剖面，通过每支渗压计测得的水头值，可以检验防渗墙施工质量，及时发现缺陷段。

另选取重要部位布设监测横剖面，监测下游堆石体建基面水力比降。同时应在选定监测剖面的防渗墙后布置深孔渗压计，孔深达到防渗墙与防渗帷幕接头部位，对坝基覆盖层不同深度分层渗流情况进行监测。当采用两道防渗墙时，应对每道防渗墙均进行监测，以便于分析每道防渗墙的防渗效果。

在两岸不同高程灌浆廊道内，布置测压管或渗压计，监测防渗帷幕后的渗水压力，用以监测评价帷幕的防渗运行效果。

渗压计多为振弦式仪器，少数为差阻式。主要技术指标包括：①量程为 0.2～10MPa（振弦式）、0.20～3MPa（差阻式）；②分辨力为不大于 0.025%F·S（振弦式）、不大于 0.01%F·S（差阻式）；③工作温度为－20～80℃。

2. 渗流量

渗流量多采用量水堰进行监测，少数采用测压管进行监测。

当覆盖层深较浅、河床较窄时，修建截水沟或截水墙对渗漏水进行汇集，布置量水堰进行监测。当覆盖层深厚、河床较宽时，多采用在下游河床覆盖层设置测压管，通过监测地下水比降计算出渗流量。

量水堰的类型主要包括：直角三角形量水堰、梯形量水堰及矩形量水堰。

7.2.1.3 应力应变监测

1. 防渗墙应力应变监测

应力应变监测普遍采用应变计组、无应力计。选择典型断面，在防渗墙不同高程布置应变计组，并在应变组附近配套布置无应力计。

常用应变计为振弦式和差阻式两种，主要技术指标包括：①测量范围为 500～－2000$\mu\varepsilon$（差阻式）、3000～－3000$\mu\varepsilon$（振弦式）；②分辨力为不大于 0.05%F·S（振弦式)、不大于0.3%F·S(差阻式);③工作温度为-20~80℃。

2. 基础廊道应力监测布置

基础廊道应力采用钢筋计。基础廊道运行情况及应力分布情况比较复杂,尤其是在可能受拉开裂区。在两岸灌浆廊道与基础廊道交接部位、河床中央部位布置监测断面,钢筋计布置在受拉区的纵向钢筋和环向钢筋上,对其应力状态进行监测。

常用钢筋计为振弦式和差阻式两种,主要技术指标包括:①测量范围为400~-100MPa(差阻式、振弦式);②分辨力为不大于0.05%F·S(振弦式)、不大于0.3%F·S(差阻式);③工作温度为-20~80℃。

7.2.2 常规监测技术存在的问题

1. 深厚覆盖层沉降监测

目前用于坝基深厚覆盖层沉降监测的仪器主要有杆式位移计(多点位移计)、电磁式沉降环、弦式沉降仪等。杆式位移计由于量程普遍偏小,在500mm以内,难以满足深厚覆盖层沉降监测需求;电磁式沉降环安装在测斜管外,为保证能正常观测,测斜管需从坝体穿过坝基覆盖层,在坝基覆盖层内需钻孔将测斜管埋入,在坝体内需预埋测斜管,虽然该仪器在已建工程应用较多,但其成活率普遍不高,难以获取完整的沉降数据;弦式沉降仪埋设时,要求在覆盖层内钻孔,且不能跟管,施工难度大,另外,储液罐难以维护,仪器埋设可靠性无法保障,在已建工程中较少应用。综上所述,受钻孔施工困难及仪器量程等因素的影响,国内外鲜见有深厚覆盖层沉降监测的成功实例。

2. 地基渗漏量监测

当坝基覆盖层较薄时,国内大多数工程都挖除覆盖层并在坝下游坡脚设置了截水墙,在墙顶布置量水堰。当坝基覆盖层较厚时,一些工程在坝脚设置悬挂式量水堰,但这样分流了潜流流量;还有的工程在坝脚设置悬挂井式量水堰,监测到的渗漏量误差更大;另有一些工程干脆不设量水堰。因此,目前国内外对深厚覆盖层地基渗漏量进行监测的工程甚少。

3. 防渗墙变形监测

目前用于防渗墙变形监测的仪器主要有活动式测斜仪和固定式测斜仪。活动式测斜仪受施工干扰大,由于坝基廊道内施工活动频繁,很难获取有效的成果;深厚覆盖层内防渗墙深度越来越深,固定式测斜仪安装长度大,需采用多个串联的方式进行安装,传感器及延长杆自重较大,容易压弯延长杆甚至导致标距杆连接螺栓脱落,从而导致数据严重失真。因此,已建工程中,少有工程能够获取到深防渗墙的真实水平变形成果。

4. 防渗墙应力监测

防渗墙应力应变监测手段较少,目前主要采用应变计进行监测。应变计在槽段中下沉安装,由于混凝土防渗墙槽断深而狭小且不可见,使得应变计安装定位困难,特别是低高程的应变计。另外,由于混凝土防渗墙深而单薄,受混凝土浇筑施工的影响,应变计及其电缆的保护困难。因此,已建工程中防渗墙应变计成活率非常低。

7.3 安全监测新技术及应用

深厚覆盖层地基安全监测对监测仪器的量程、适用性、施工工艺、仪器保护等方面提出了更高的要求，常规监测仪器及监测手段已无法胜任。但随着监测技术的进一步发展，一些监测新技术及新工艺逐渐在地基安全监测中应用，弥补了传统监测技术中存在的不足。

7.3.1 深厚覆盖层沉降监测

7.3.1.1 仪器选择

1. 大量程电位器式杆式位移计

（1）用途。大量程电位器式杆式位移计通过钻孔安装在深厚覆盖层基础内，用于深厚覆盖层基础沉降监测，避免了常规监测仪器存在的仪器性能受限、施工困难等问题，具有量程大、安装简易等特点。

（2）仪器构造。大量程电位器式杆式位移计主要由1200mm电位器式位移计、基点板、锚固板、万向节、测杆、保护罩和电缆组成；仪器通过锚固板感知坝体内部沉降变化，锚固板随坝体沉降变化，带动电位器式位移计变化，电位器式位移计采用滑动式电阻式传感器，将该传感器的机械位移量转换成与其保持一定函数关系电压输出，并通过二次仪表进行转换，输出直观的位移量变化。仪器可根据需要串联多支位移计实现观测。大量程电位器式杆式位移计构造示意如图7.4-1所示。

（3）工作原理。大量程电位器式杆式位移计的工作原理是将在电位器内可自由伸缩的钢杆的一端固定在位移计的一个端点上，电位器固定在位移计的另一个端点上，两端产生相对位移时，伸缩杆在电位器内滑动，不同的位移量产生不同电位器移动臂的分压，用二次仪表测其位移变化。大量程电位器式杆式位移计工作原理如图7.4-2所示。

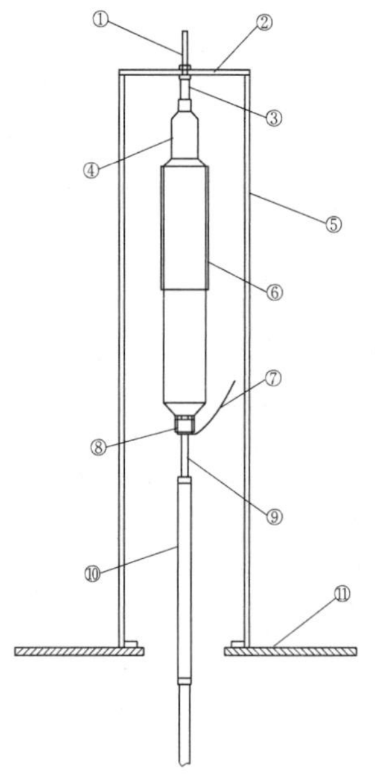

图7.3-1 大量程电位器式杆式位移计构造示意图

①—调节螺杆；②—保护罩端盖；③—调节螺套；④—调节万向球头；⑤—保护罩；⑥—电位器式传感器；⑦—电缆；⑧—下调节万向螺头；⑨—下调变径接头；⑩—测杆；⑪—锚固板

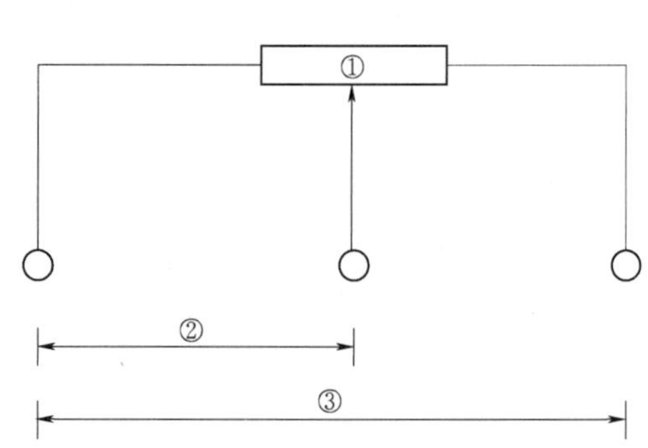

图7.3-2 大量程电位器式杆式位移计工作原理

①—电阻本体；②—输出电阻；③—总电阻

(4) 主要技术参数。大量程电位器式杆式位移计主要技术参数详见表 7.3-1。

表 7.3-1　大量程电位器式杆式位移计主要技术参数表

仪器量程/mm	1200	重复性/%F·S	≤0.1
分辨力/%F·S	≤0.05	绝缘性能/MΩ	≥50
测读精度/%F·S	≤0.05	耐水压力/MPa	≤4
直线性/%F·S	≤0.1	工作环境/℃	-20～+60

2. 智能电磁式沉降仪

(1) 用途。智能电磁式沉降仪通过钻孔安装在深厚覆盖层基础内，用于深厚覆盖层基础沉降监测，可替代常规的电磁沉降仪使用，解决了传统电磁沉降仪完全需要人工操作，不能自动测量或远程遥测的问题。

(2) 仪器构造。智能电磁式沉降仪是利用普通磁环与沉降管（或测斜管），配合用于检测磁环的位置的沉降环定位传感器组成的“智能型磁性分层沉降监测系统”，可自动化测量土体沉降。仪器主要由沉降管、磁性沉降环、沉降环定位传感器、传递钢管、隔离环和信号电缆等组成。

智能电磁式沉降仪采用了分体结构，仪器可在土体填筑时或施工期安装，沉降监测与施工同步进行，由于无须设置观测房，无须繁杂的操作及维护，从完成安装传感器起，就可立即获取整个区域的沉降变化过程数据。此外，智能电磁式沉降仪还可对已有的人工电磁沉降管进行改造，实现分层沉降的自动化监测。智能电磁式沉降仪结构示意如图 7.3-3 所示。

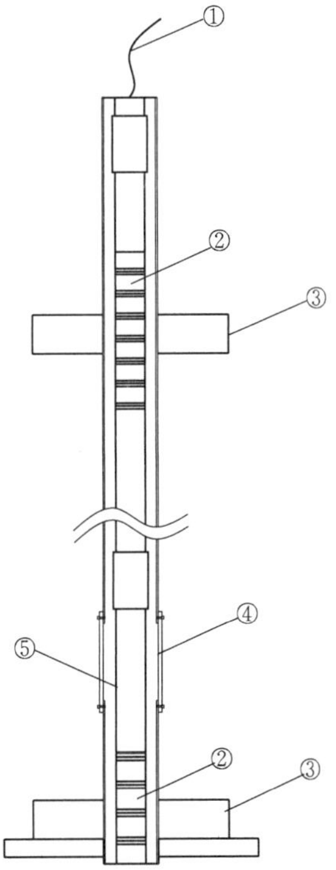

图 7.3-3　智能电磁式沉降仪结构示意图
①—信号电缆；②—沉降环定位传感器；③—磁性沉降环；④—伸缩接头；⑤—传递钢管

(3) 工作原理。传感器是一圆柱形结构，在两端配合专用管接头可与标准钢管连接。当恒定磁场的永久磁体（磁环）沿着传感器轴线运动时，传感器可感应该磁体的位置。由于传感器感应的是磁场，传感器与磁体之间完全处于非接触状态。在传感器两端各设有 1 根电缆，用于信号采集时的信号传输与供电。

配合传统电磁沉降管，将磁环定位传感器通过底部固定的钢管固定在有磁环的待测位置，钢管既作为高程传递装置同时兼作电缆保护管，在不同高程对应安装相应数量的磁环及定位传感器，从而组成自动磁性分沉降监测系统。沉降环定位传感器工作原理示意如图 7.3-4 所示。

(4) 主要技术参数。智能电磁式沉降仪主要技术指标详见表 7.3-2。

表 7.3-2　智能电磁式沉降仪主要技术参数表

信号类型	数字式	灵敏度/mm	0.1
标准量程/mm	1000	温度范围/℃	-20～80
测量精度/mm	2	耐水压/MPa	3

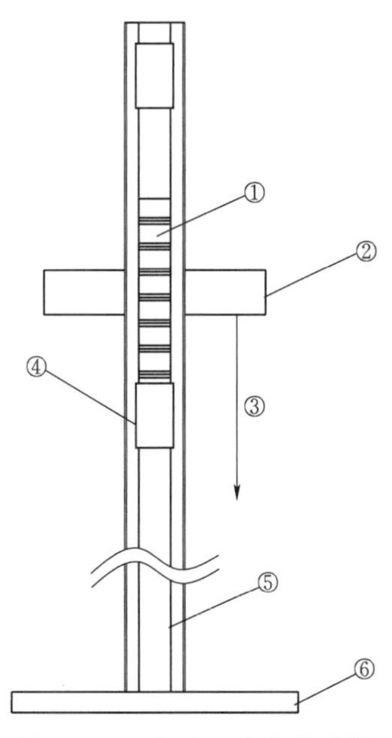

图 7.3-4 沉降环定位传感器工作原理示意图
①—磁环定位棒；②—磁环（测点）；③—移动方向；④—管接头；⑤—钢管；⑥—基准点

7.3.1.2 监测布置

受坝体填筑后坝料自重影响，坝基覆盖层会产生较大的沉降变形。坝基深厚的砂砾石或软土覆盖层，会加大坝体的沉降变形和不均匀变形，产生坝体裂缝，恶化大坝防渗结构与地基防渗结构及其两者连接结构的受力条件。因此覆盖层基础的沉降监测是监测重点之一。

覆盖层基础沉降监测采用大量程电位器式杆式位移计或智能电磁式沉降仪，在各监测断面的防渗结构上、下游侧覆盖层基础，自建基面钻孔布置 2～5 个沉降测点，并深入基岩 1m。

基础为单一土层，可布置单测点沉降监测仪器，对地基沉降进行监测。

基础为多土层，应布置多测点沉降仪器，最深测点深入基岩 1m，其余各测点分别布置在土层界面处，对地基分层沉降进行监测。

7.3.1.3 仪器安装

1. 大量程电位器式杆式位移计

大量程电位器式杆式位移计采用钻孔安装，跟管钻进，孔径不小于 ϕ110mm，钻孔深度深入基岩 5～15m，钻孔结束后应冲洗干净，检查钻孔通畅情况，测量钻孔深度、方位、倾角。

由于大量程电位器式杆式位移计在坝基覆盖层内安装只能采用钻孔方式，因此，孔内测量基点板应改换成锚头形式。

由于仪器在深孔内安装，传力杆应采用直径 18～27mm 的钢管，尽量避免传力杆在孔内产生弯曲。

2. 智能电磁式沉降仪

智能电磁式沉降仪在沉降导管内进行安装。

安装前使用便携式电磁沉降仪确认磁环的高程，精密计算传递钢管的接续长度，钢管与传感器的连接点应根据磁环定位传感器实测位置确定。对于孔深 50m 以下的，可使用 1 寸热镀锌钢管作为传递管。孔深超过 50m 的，则需要使用直径 34mm，壁厚 4.5mm 以上的镀锌无缝钢管作为传递管。

沉降导管无变形损坏，有效孔径宜不小于 45mm，对于不安装支撑环的，有效孔径可不小于 40mm。

沉降管底部必须稳固、结实，如有过多泥沙沉积，应冲洗直至合格为止，或在必要时使用高标号砂浆做在底部做局部回填。

7.3.1.4 工程应用

为监测坝基覆盖层沉降，长河坝水电站从左岸到右岸共布置 4 个监测断面，桩号分别为纵 0+213m、纵 0+253m、纵 0+303m、纵 0+330m。从建基面钻孔并深入基岩 1m，共布置13套大量程电位器式杆式位移计，分布于心墙区和堆石区底部覆盖层内。坝基覆盖层沉降典型监测断面如图7.3-5所示。

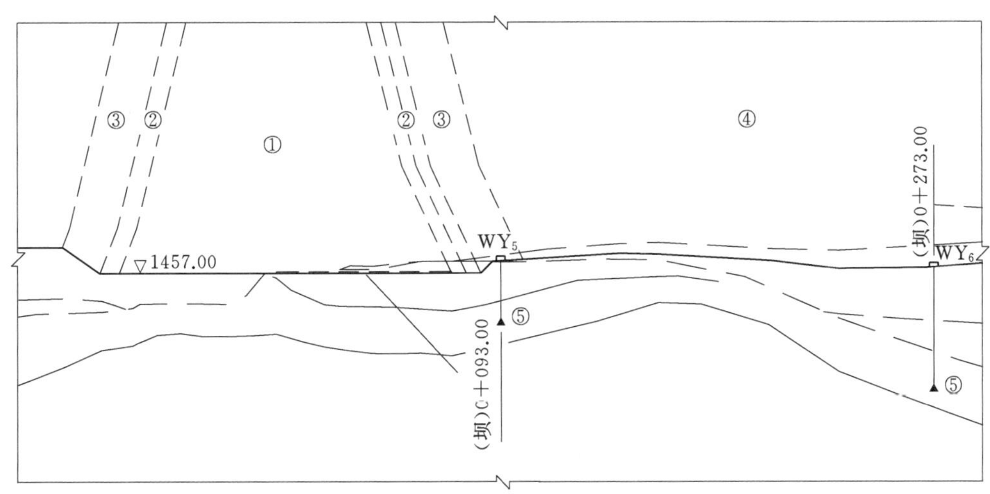

图7.3-5　坝基覆盖层沉降典型监测断面（单位：m）

①—心墙；②—反滤料；③—过渡层；④—堆石；⑤—大量程电位器式杆式位移计

7.3.2　地基渗漏量监测

7.3.2.1　监测布置

建于覆盖层上的大坝坝基渗流量是监测重点之一。坝型、防渗结构、特别是覆盖层深度的不同，其监测布置和监测手段差别较大。

深厚覆盖层上土石坝的坝基渗流量监测，一般需对坝脚下游覆盖层地基采用垂直防渗封闭措施。

坝下游无水或水位较低、覆盖层深度不大的土石坝，可将下游覆盖层清除，在基岩上设置截水沟（墙），布置量水堰进行监测。

当覆盖层深厚，则需设置全封闭防渗墙等截渗结构。将量水堰截渗结构与下游围堰防渗墙结合设计，待大坝填筑结束后，将下游围堰防渗墙局部拆除至量水堰底板高程，在其下游侧布置量水堰，对坝基渗漏量进行监测。

7.3.2.2　工程应用

为监测坝体及地基渗漏量，猴子岩水电站在大坝下游压重体部位设置集水沟，并布置量水堰。量水堰防渗墙采用全封闭防渗墙方案，防渗墙采用C20混凝土，墙体厚1.0m，顶高程为1701.50m，防渗墙嵌入基岩的深度不小于0.8m，最大深度约77m。为方便量水堰防渗墙施工，其上下游两侧2m范围内采用砂砾石料填筑。在量水堰前截水沟底设两层反滤层，防止渗水时形成管涌，第一层反滤层为细石，第二层反滤层为粗砂。量水堰监测布置简图如图7.3-6所示。

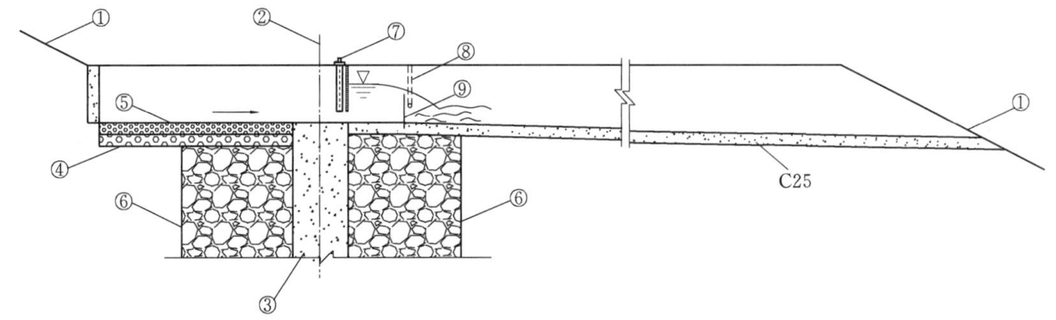

图 7.3-6　量水堰监测布置简图

①—下游坝坡；②—混凝土防渗墙轴线；③—量水堰防渗墙；④—第一层反滤层；⑤—第二层反滤层；⑥—砂砾石料填筑；⑦—量水堰流量计；⑧—补气孔；⑨—矩形堰板

7.3.3　防渗墙变形监测

柔性测斜仪作为一种新的监测手段，已逐步在水电工程边坡、沥青心墙中用于深部水平位移监测，应用效果良好。从其工作原理、仪器性能来看，柔性测斜仪完全可以满足深厚覆盖层基础防渗墙深部水平位移监测的需要，但其应用效果尚有待工程实践的检验。

7.3.3.1　仪器选择

（1）用途。柔性测斜仪安装在深厚覆盖层基础防渗墙内，用于防渗墙深层水平位移监测，适用深度可达 150m，可替代固定式测斜仪使用，同时避免了固定式测斜仪存在的最大串联数量限制的问题，具有安装简易，适用性强等特点。

（2）仪器构造。柔性测斜仪是一款阵列式位移和空间形态测量系统。它是一种可以被放置在一个钻孔或嵌入结构内的变形监测传感器。它由多段连续节（segment）串接而成，内部由三向微电子机械系统（MEMS）加速度计组成。柔性测斜仪构造示意如图 7.3-7 所示。

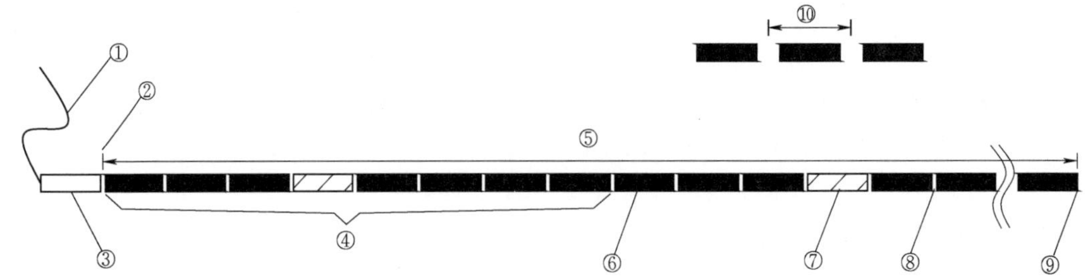

图 7.3-7　柔性测斜仪构造示意图

①—电缆；②—近端；③—近端固定节；④—分列阵；⑤—传感长度；⑥—节；⑦—特殊节；⑧—关节；⑨—远端；⑩—节长度（从关节中心到关节中心的长度）

（3）工作原理。通过角度变化的感知，可以计算出各段轴之间的弯曲角度 θ，利用计算得到的弯曲角度和已知各段轴长度 L，每段的变形 ΔX 便可以完全确定出来，即 $\Delta X=\theta \cdot L$，再对各段算术求和$\sum \Delta X$，可得到距固定端点任意长度的变形量 X。柔性测斜仪工作原理示意如图 7.3-8 所示。

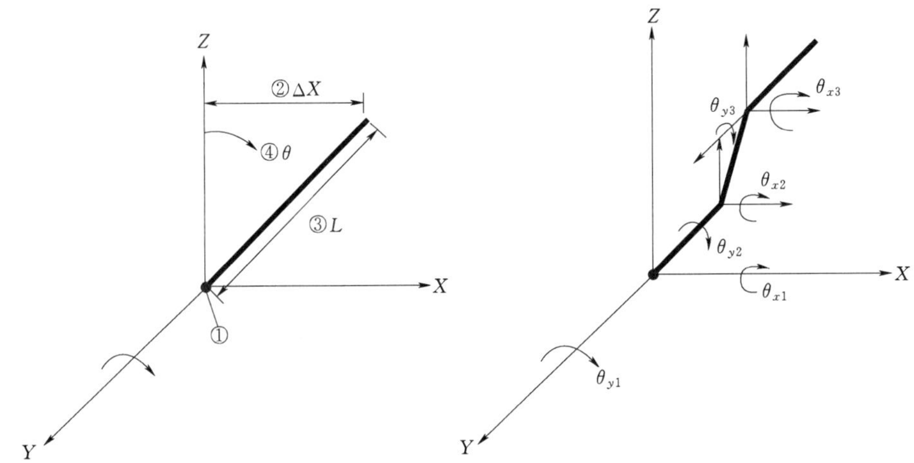

图 7.3-8　柔性测斜仪工作原理示意图

①—端点；②—每段变形量 ΔX；③—每段长度 L；④—弯曲角度 θ

（4）主要技术参数。柔性测斜仪主要技术特点包括：

1）高精度：32m 的测量精度优于±0.5mm。

2）高稳定性：连续进行 3 年的稳定性试验，累积误差小于 1.5mm。

3）高重复性：可以重复利用。

4）大量程：最大可达 3.8m 以上，适用于大变形监测。

5）抗干扰能力强：不受振动、温湿度、施工等干扰。

6）免维护：在量程范围内无外力破坏情况下，可长期免维护。

7）使用性广：可水平、垂直或任意角度安装，并可量测振动。

柔性测斜仪主要技术参数见表 7.3-3。

表 7.3-3　柔性测斜仪主要技术参数表

工作原理	MEMS 加速度传感器	轴向最大抗拉力/N	3138
直径/mm	25	耐水压/MPa	1
节点长度/m	0.3/0.5	工作温度/℃	−35～60
角位移量程/(°)	±60	适用最大长度/m	150
角度分辨力/(°)	0.005	信号输出方式	RS485
位移分辨力	0.5mm/32m		

7.3.3.2　监测布置

基础防渗墙变形情况复杂，尤其在工程蓄水后，受水载荷影响，水平位移变形较大。墙体受自身重力及上覆压重影响，其沉降也较为明显。因此宜选择典型监测断面对防渗墙的水平位移和沉降变形进行监测。

选择防渗墙最深部位、地形突变或受力复杂部位布置测斜孔，宜布置 1～3 孔，对沿防渗墙轴线方向及垂直于防渗墙轴线方向的水平位移进行监测。测斜导管可结合后期防渗墙检查孔进行安装。采用在管内安装柔性测斜仪，测点间距可根据需要进行选择。

7.3.3.3 仪器安装

柔性测斜仪在测斜管内进行安装，安装前，对钻孔进行孔内摄像检查，查看测斜孔内壁状况，并详细记录孔内异常部位及对应高程。

在安装孔部位搭设安装台架，以方便安置柔性测斜仪绕盘。安装时低速转动绕盘，缓慢稳妥地将柔性测斜仪放入安装孔。安装孔口装置，以确保安装过程中对柔性测斜仪的即时锁定，确保安装安全。

柔性测斜仪放置到孔底之后，从柔性测斜仪与管壁之间的间隙放入适量细砂，然后上下提拉（5～8cm）柔性测斜仪，让细砂完全落至孔底，保证阵列尾端放置在沙层表面，然后将安装用沙完全填充在柔性测斜仪与管壁之间，再做好孔口保护设施。

7.3.4 防渗墙应力监测

7.3.4.1 监测布置

根据对已建工程调研发现，混凝土防渗墙运行不确定性较多。在混凝土防渗墙较深部位安装定位应变计组和无应力计施工难度极大，仪器保护也十分困难，因此，应变计组主要布置在混凝土防渗墙中上部位，基本能有效监控防渗墙应力变化情况，施工可靠性也较能得到保证。同时，在混凝土防渗墙下部适当布置少量应变计组，监测其混凝土防渗墙下部的应力及其变化情况。

应力应变监测采用应变计组、无应力计及钢筋计等。

结合防渗墙受力特点，每一应变计组考虑按 3 个方向布置，即分别在平行和垂直坝轴线方向、铅垂方向各布置 1 支单向应变计。同时在每 1 个监测断面防渗墙顶配套布置 1 套无应力计，用于计算防渗墙混凝土自身应力变化。

由于应变计组和无应力计成活率偏低，且通过应变计组的监测资料计算实际应力又较为复杂，故可考虑在防渗墙应力典型监测断面同时埋设钢筋计，按深度每间隔 10～15m 布置 1 支，通过对接形成钢筋计串对防渗墙内不同高程处垂直应力进行监测。

7.3.4.2 仪器安装

应变计组的安装埋设一般需预制牢固的安装支架，预先将各向应变计及其观测电缆等固定在支架上，固定方式和力度以保证应变计组在随安装支架吊入防渗墙槽段和混凝土浇筑过程中不改变位置和方向，但不至于影响应变计受力为宜。也可采用“沉重块”法安装埋设。“沉重块”埋设法是在槽孔混凝土浇筑前，将沉重块放入槽底，作为下部定位，上部由孔口架固定定位，两者之间拴上尼龙绳，仪器绑扎在尼龙绳上，依次下放到设计高程。

钢筋计采用“悬吊法”进行埋设，仪器上的加长钢筋应与受力钢筋直径一致，焊接时保证在同一轴线上，且焊接温度要控制在 70℃以下，焊接强度不能低于钢筋本身强度。

钢筋计测出应力可以近似分析防渗墙混凝土应力变化趋势，后期可以通过与应变计的成果对比分析，找出两者间的联系，对钢筋计成果进行修正，从而得到较为准确的防渗墙应力。

7.3.4.3　工程应用

为了解防渗墙混凝土应力应变情况，长河坝水电站在主副防渗墙内高程1450.00m各布设2组三向应变计组，另在每个监测剖面防渗墙应变计附近各布设1套无应力计，结合无应力计及后期混凝土徐变试验便于计算混凝土应力。同时，在主、副防渗墙内高程1447.00m、1437.00m、1427.00m、1417.00m并排布置钢筋计，共计布置16支钢筋计。防渗墙应力监测布置如图7.3-9所示。

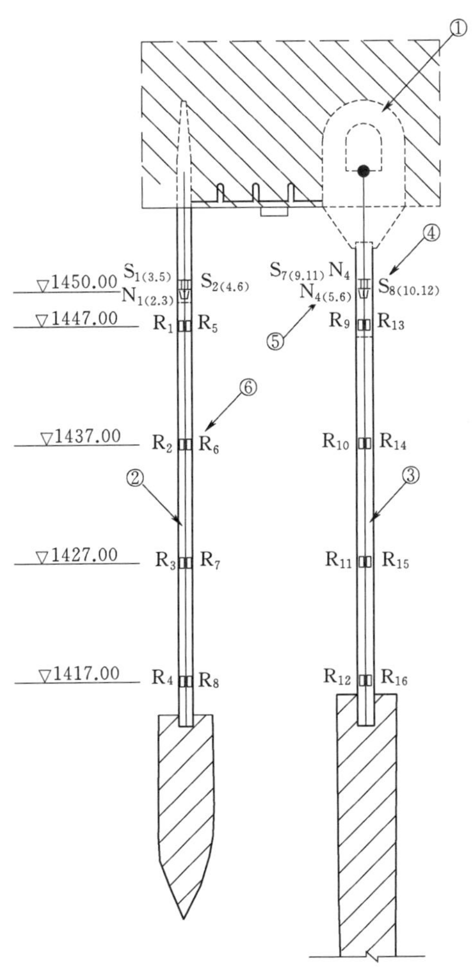

图7.3-9　防渗墙应力监测布置简图（单位：m）

①—廊道；②—副防渗墙；③—主防渗墙；

④—应变计；⑤—无应力计；⑥—钢筋计

7.4　成果分析与评价

在勘测、设计、施工和运行过程中，人们获得了大量关于深厚覆盖层地基工作性态的资料。为获得对深厚覆盖层地基真实工作性态的认识，达到监控安全、指导运行维护的目标，必须在充分掌握有关基础性资料的基础上，采用适当的工具和方法进行“去伪存真、去粗取精、由表及里、由此及彼”的综合分析。

7.4.1 分析与评价内容

监测资料分析与评价就是对监测仪器采集到的数据和人工巡视观察到的情况资料进行整理、计算和分析，提取深厚覆盖层地基所受环境荷载影响的结构效应信息，揭示深厚覆盖层地基的真实性态并对其进行客观评价。主要包括以下内容。

1. 监测效应量的变化规律

（1）分析深厚覆盖层地基各监测效应量以及相应环境监测量随时间变化的情况，如周期性、趋势性、变化类型、发展速度、变化幅度、数值变化范围和特征值等。

（2）分析同类监测效应量在空间的分布状况，了解它们在不同位置的特点和差异，掌握其分布规律及测点的代表性情况。

（3）分析监测效应量变化与有关环境因素的定性和定量关系，特别注意分析监测效应量有无时效变化，其趋势和速率如何，是在加速变化还是趋于稳定等。

（4）通过反分析的方法反演地基材料物理力学参数，并分析其统计值及变化情况。

2. 结构性态评价

根据深厚覆盖层地基各类监测效应量的变化过程以及沿空间的分布规律，联系相应环境量的变化过程和坝基、坝体结构条件因素，分析效应量的变化过程是否符合正常规律、量值是否在正常的变化范围内、分布规律是否与坝体的结构状况相对应等。根据深厚覆盖层地基监测资料分析，对过去和现在实际结构性态是否安全正常做出客观判断。如有异常，应分析原因，找出问题。

3. 结构性态变化的预测

根据所掌握的深厚覆盖层地基效应量变化规律，预测未来时段内在一定的环境条件下效应量的变化范围；对于发现的问题，应估计其发展变化的趋势、变化速率和可能后果。

7.4.2 分析方法

监测资料分析与评价方法可分为常规分析（定性分析）、定量正分析和定量反分析等。

1. 常规分析

监测资料分析与评价的常规分析方法是通过对资料进行整理后，采用绘制过程线、分布图、相关图及测值比较等方法对其进行初步的分析与检查，从而对其变化规律以及相应的影响因素有一个定性的气认识，并对其是否异常有一个初步判断。

2. 定量正分析

目前通常采用的定量正分析方法有统计模型、确定性模型和混合模型三种，具体优缺点见监测成果分析模型统计表 7.4-1。

3. 定量反分析

对监测资料的定量反分析就是从效应量监测数据中提取有关大坝结构和地基以及荷载的信息，即对地基材料的实际物理力学参数反演以及结构几何形状和不够明确的外荷载反分析。反分析所反演的参数包括混凝土和基岩的弹性模量、泊松比、线膨胀系数、导热系数、渗透系数、流变参数等，所分析的结构形状主要有结构裂缝及软弱面等。

表 7.4-1　　监测成果分析模型统计表

模型名称	形　式	优　　点	缺　　点
统计模型	后验性分析论证模型	可以很好地解释建筑物以往的工作性态，也可以近似预测建筑物在今后较短时期的运行状态	预测不具备长期适应性，因随着时间的推移，各种参数有时效性
确定性模型	定量数学模型	模型的预测精度高，预测期长，计算参数可修正，计算结果比较客观、稳定	模型建立工作比较繁琐，必须有一定的勘测试验研究资料为基础
混合模型	实测资料不断修正确定模型		

7.5　典型工程地基安全监测成果

7.5.1　坝基覆盖层

1. 沉降

长河坝水电站共布置 4 个坝基覆盖层沉降监测断面，共布设 13 套电位器式位移计。截至 2016 年 11 月，大量程电位器式杆式位移计实测覆盖层最大沉降量为 676.24mm。

坝基覆盖层实测沉降量与坝体填筑相关性良好，测点上方填筑量越大，下方覆盖层越厚，沉降量则越大。在坝体填筑过程中，坝基覆盖层发生明显沉降，坝体填筑停止时，沉降随即趋于平缓，实测累计沉降量占覆盖层厚度的 0.36%～1.72%。大量程电位器式杆式位移计沉降-时间过程线如图 7.5-1 所示；坝基沉降分布图如图 7.5-2 所示。

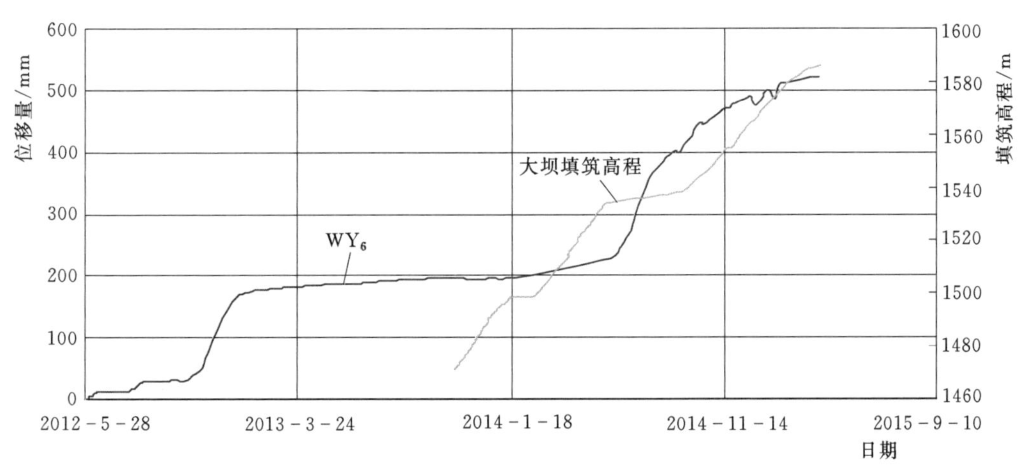

图 7.5-1　大量程电位器式杆式位移计沉降-时间过程线

2. 渗流渗压

坝基布置 3 个渗流渗压监测断面。在每个监测断面副防渗墙前各布置 1 支渗压计；在

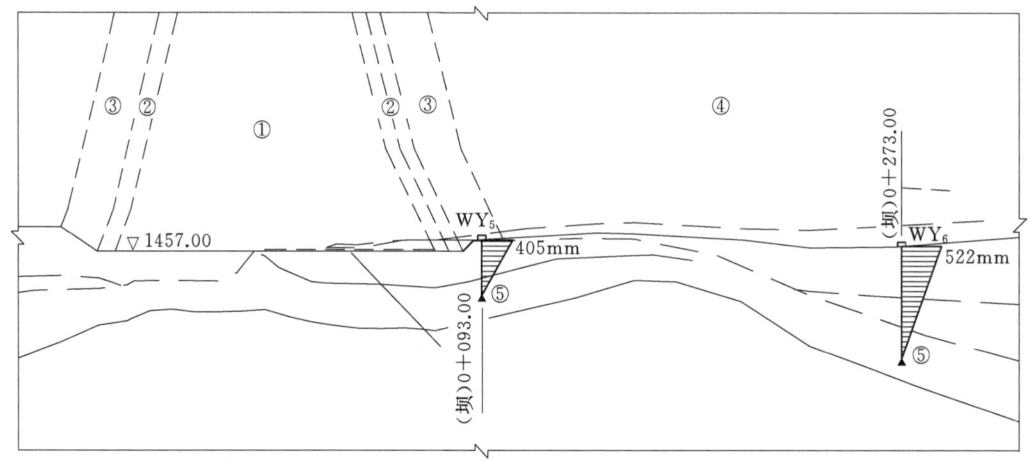

图 7.5-2 坝基沉降分布图（单位：m）

①—心墙；②—反滤料；③—过渡层；④—堆石；⑤—大量程电位器式杆式位移计

主防渗墙后及主副防渗墙之间各钻孔布设一个深孔，深孔分 3 个高程布设渗压计，用来分层监测坝基覆盖层渗透压力；在主防渗墙下游心墙区域内各布置 2 支渗压计；在下游过渡层及坝壳建基面布设 5～6 支渗压计，间距 60～90m，用以监测整个坝基顺河向水位变化。

截至 2016 年 11 月，上游水位 1574.00m。坝基实测水位显示，水头由副防渗墙折减 27.44～29.25m 后，又经主防渗墙再次折减 66.97～68.89m，总折减水头 96.15～96.32m。主防渗墙下游侧渗压计所测水位受上游库水位影响较小，坝基水位顺河向从上游至下游呈现递减规律。坝基渗压处于设计允许范围内，表明坝基防渗系统的防渗效果较好。典型断面坝基实测水位分布图如图 7.5-3 所示。

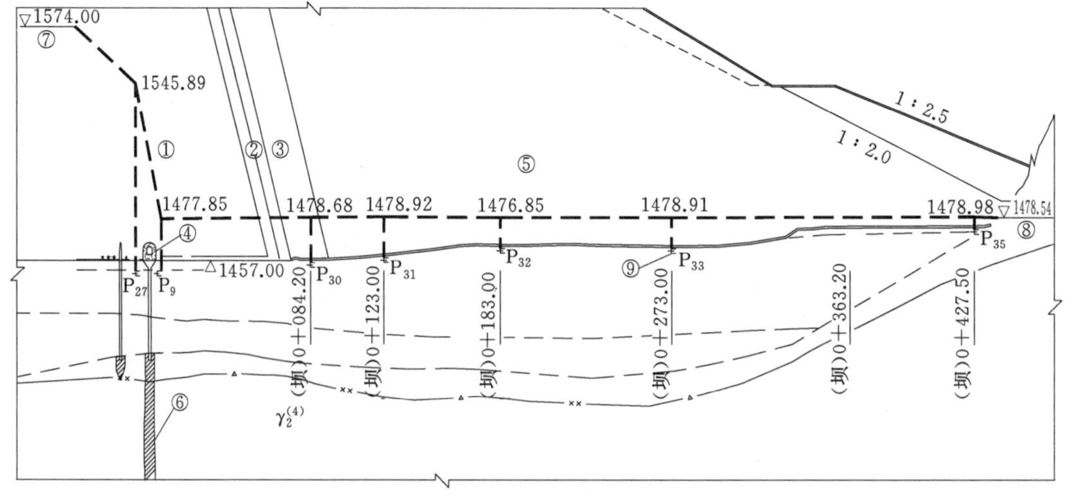

图 7.5-3 典型断面坝基实测水位分布图（单位：m）

①—心墙；②—反滤料；③—过渡层；④—廊道；⑤—堆石；⑥—防渗帷幕；⑦—上游水位；⑧—下游水位；⑨—渗压计

典型工程监测成果表明，深厚覆盖层基础设置一道防渗墙的渗压折减在86.10%～94.06%；设置两道防渗墙的渗压折减在97.91%～98.90%，其中副墙折减水头25.98%～28.75%，主墙折减水头70.15%～71.93%。两道防渗墙的防渗效果优于一道防渗墙。典型工程防渗墙渗压折减对比如图7.5-4所示。

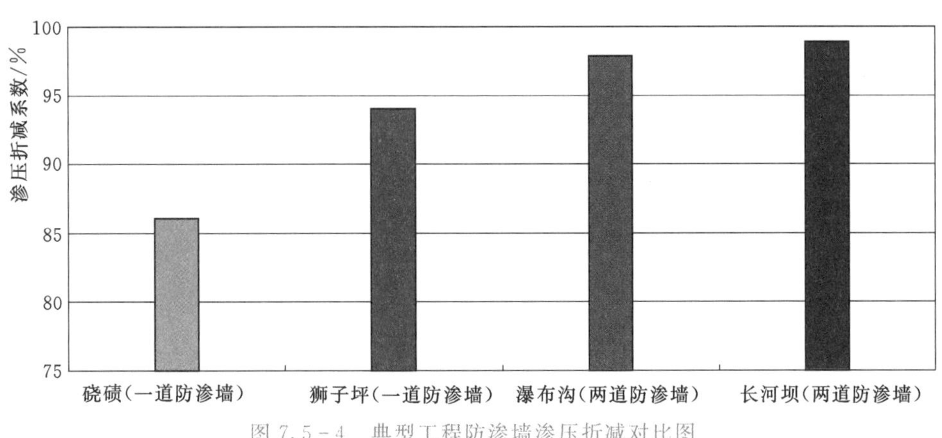

图7.5-4　典型工程防渗墙渗压折减对比图

7.5.2　防渗墙

1. 水平位移

利用防渗墙检查孔，自左岸至右岸共布置3个测斜孔，采用活动式测斜仪对主防渗墙水平变形进行监测。

主防渗墙顺河向向下游水平位移实测最大值为73.65mm，顺河向水平位移表现为向下游方向，实测值小于设计计算值。

2. 顶部沉降

利用大坝基础廊道，在防渗墙顶部共布置14个水准点，同时左、右岸灌浆平洞稳定基岩部位布置2个工作基点和1个校核基点。实测最大累计沉降量为118.00mm，防渗墙顶部沉降以河谷段为中心向两岸逐渐减小并呈对称分布，岸坡墙段沉降相对较小，河床墙段沉降量相对较大，与坝基覆盖层沿河床的厚度分布规律一致，防渗墙顶部沉降-时间过程线如图7.5-5所示。

3. 应力

在大坝基础主、副防渗墙各布置1个监测断面，在每个监测断面的防渗墙上、下游侧的不同高程布置钢筋计，共布置16支钢筋计。

实测监测成果显示，主防渗墙钢筋应力表现为受压状态，随心墙填筑高程增加压应力增大，空间分布总体表现为：同高程上游侧钢筋计应力大于下游侧钢筋计应力，符合一般规律。主防渗墙钢筋计应力—时间过程线如图7.5-6所示。

7.5.3　基础廊道

1. 结构缝开合度

在左、右岸结构缝处各布置1个监测断面，每个断面的顶拱、左右边墙、底板各布置

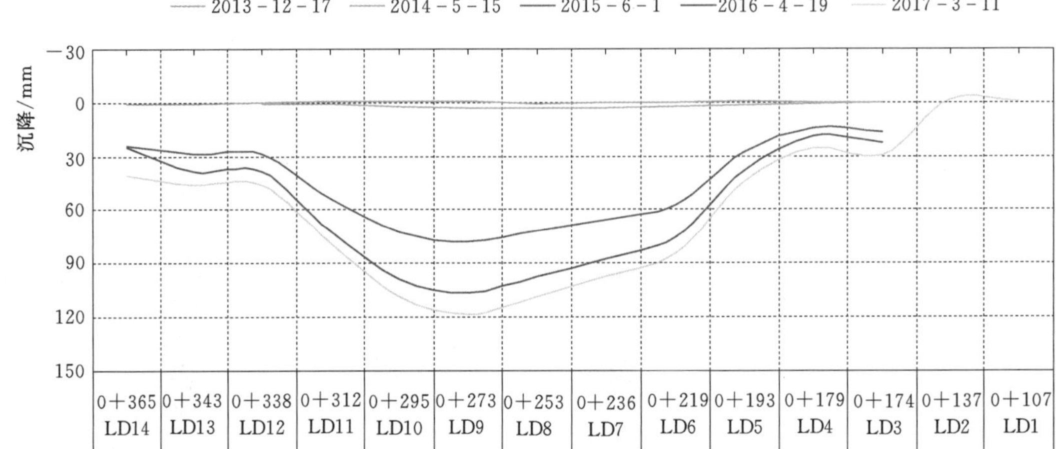

图 7.5-5 渗墙顶部沉降-时间过程线

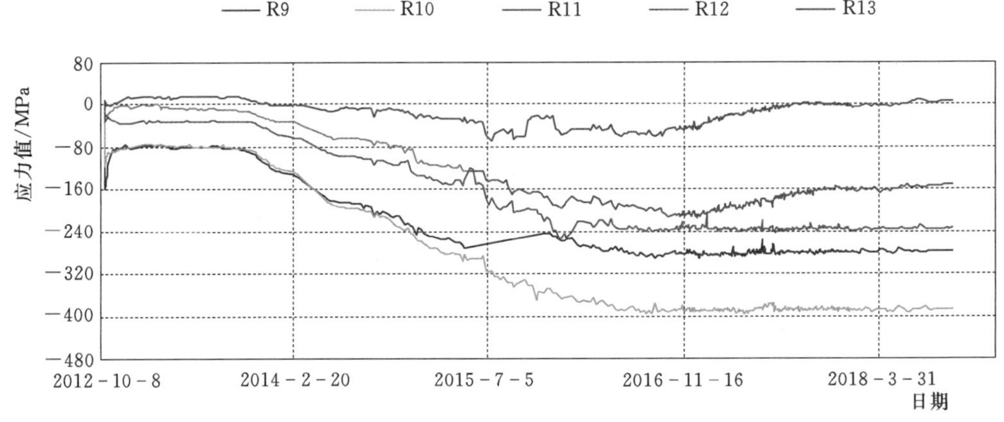

图 7.5-6 主防渗墙钢筋计应力-时间过程线

1 支测缝计，对大坝基础廊道与两岸平洞结合处结构缝开合度进行监测。

基础廊道与灌浆平洞连接部位结构缝受坝基不均匀沉降影响呈张开趋势，左岸开度在 25.22～36.73mm，右岸开度在 17.73～31.01mm，左岸开度整体大于右岸，最大张开部位为顶拱，边墙次之，底板张开最小。基础廊道变形特征符合一般规律。基础廊道结构缝开合度—时间过程线如图 7.5-7 所示。

2. 廊道倾斜

在基础廊道内布置 3 个倾斜监测断面，分别在上游边墙、顶拱、下游边墙和底板布置倾角仪基座，采用倾角计定期对基础廊道进行倾斜观测，共布置 10 个倾斜仪基座。

基础廊道上下游方向倾斜角在－0.969°～0.068°，最大倾角位于左岸下游边墙靠山体侧，表现为向上游倾斜。左右岸方向倾斜角为－0.261°～0.346°，最大倾角位于右岸上游边墙靠山体侧，表现为向左倾斜。

3. 钢筋应力

在基础廊道内布置 5 个监测断面，在每个断面廊道上下游边墙、顶拱、底板内外侧及

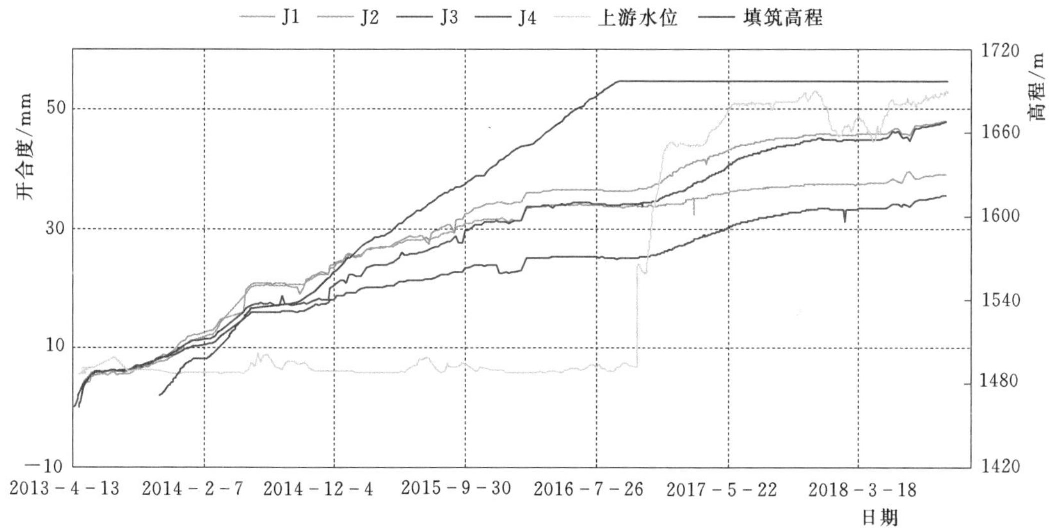

图 7.5-7　基础廊道结构缝开合度-时间过程线

上游拱肩处布置环向钢筋计及纵向钢筋计，监测廊道钢筋应力情况，共计布置89支。

监测成果显示，基础廊道上游边墙外层钢筋与下游边墙内层钢筋受力方向基本一致，表现为受拉；上游边墙内层钢筋与下游边墙外层钢筋受力方向基本一致，表现为受压。

第 8 章

工程实例

8.1 砾石土心墙堆石坝

8.1.1 硗碛工程

硗碛大坝工程在建时为国内深厚覆盖层上最高的砾石土直心墙堆石坝。开展了大坝心墙坝基强风化岩体利用研究，突破了现行土石坝规范要求，解决了心墙基础大开挖和大坝沉降变形问题，缩短了工期、节约了投资。防渗墙首次采用廊道型式与心墙连接，较好地解决了廊道结构应力复杂，廊道与两岸、心墙、防渗墙变形协调等难题，缩短了大坝施工工期，为大坝填筑同时进行帷幕灌浆、后期观测、补强等提供了便利条件。

8.1.1.1 工程概况

硗碛水电站位于四川省雅安市宝兴县境内的青衣江主源宝兴河上游，为流域梯级规划"一库八级"的第八级龙头水库电站，工程主要任务以单一发电为主，无航运、漂木、防洪、灌溉等综合利用要求。坝址位于宝兴河主源东河的硗碛乡下游约 1km 处，坝址以上流域面积 734.7km^2，多年平均流量 24.4m^3/s，坝前正常蓄水位 2140.00m，死水位 2060.00m，水库总库容为 2.12 亿 m^3，调节库容为 1.87 亿 m^3，具有年调节性能。电站总装机容量 240MW，年发电量 9.11 亿 kW·h，保证出力 87.9MW，枯水年枯水期平均出力 87.9MW。

枢纽工程为二等大（2）型工程，由于挡水建筑物为 125.5m 高的砾石土心墙堆石坝，坝基为深厚覆盖层，拦河大坝的级别宜提高一级，按 1 级建筑物进行结构设计。

2007 年 4 月大坝填筑至高程 2141.00m，2007 年 7 月大坝完建（至高程 2143.00m），2007 年 10 月泄洪洞完建，首部枢纽具备正常运行条件。

8.1.1.2 工程布置与大坝结构

该工程采用混合式开发，枢纽工程由首部枢纽、引水系统和地下厂房三大部分组成。坝址位于宝兴河主源东河的硗碛乡下游约 1km 处，厂址位于硗碛乡下游约 22km 的石门坎，尾水与下游梯级民治水电站衔接。

首部枢纽由砾石土心墙堆石坝、右岸泄洪洞、左岸放空洞和左岸导流洞等组成。

根据坝区地形地质条件，确定坝轴线方向角为 NE65°，拦河大坝轴线长 433.8m，坝顶高程为 2143.00m，最大坝高 125.5m，坝顶宽 10m。上游坝坡为 1∶2.0，在高程 2090.00m 处设 5m 宽马道，高程 2044.00m 以下与上游围堰相结合。下游坝坡为 1∶1.8，在高程 2085.00m 处设 5m 宽的马道，坝脚与下游围堰相结合，在下游坝脚左岸采用弃渣回填至高程 2035.00m，坝脚右岸预留缺口与河道相连，作为排放坝体渗流的通道。

心墙顶高程 2142.00m，顶宽 4.0m，心墙上、下游坡度均为 1∶0.25，底高程 2020.00m，底宽 65.0m。心墙上、下游侧各设一层反滤层，厚度分别为 3.0m 和 4.0m。

上、下游反滤层与坝壳堆石间设过渡层，与堆石交界面的坡度为 1∶0.6。大坝下游 2065m 以下坝坡采用干砌石护坡，厚度为 1.5m，2065m 以上坝坡采用大块石护坡，厚度为 1.0m，并在大块石表面采用植草护坡；大坝上游 2057.00m 以上坝坡采用干砌石护坡，厚度为 1.5m。为了增强大坝顶部结构在地震动力情况下的稳定性，在大坝顶部高程 2115.00～2139.00m 范围过渡料和堆石料区域设置土工格栅，垂直间距 2.0m，水平最大宽度 30m。为了减小心墙在岸坡接触部位的冲刷，在心墙岸坡部位采用钢筋混凝土板保护，混凝土板厚 0.6～1.0m，并在心墙与混凝土板之间铺填一层高塑性黏土，高程 2100.00m 以上高塑性黏土水平厚度为 1.5m，高程 2100.00m 以下高塑性黏土水平厚度为 2.0m。同时，心墙与两岸连接部位适当加宽心墙的厚度，上、下游各加宽 1m。

硗碛工程首部枢纽布置平面图如图 8.1-1 所示，硗碛工程大坝典型纵剖面图见图 8.1-2 所示。

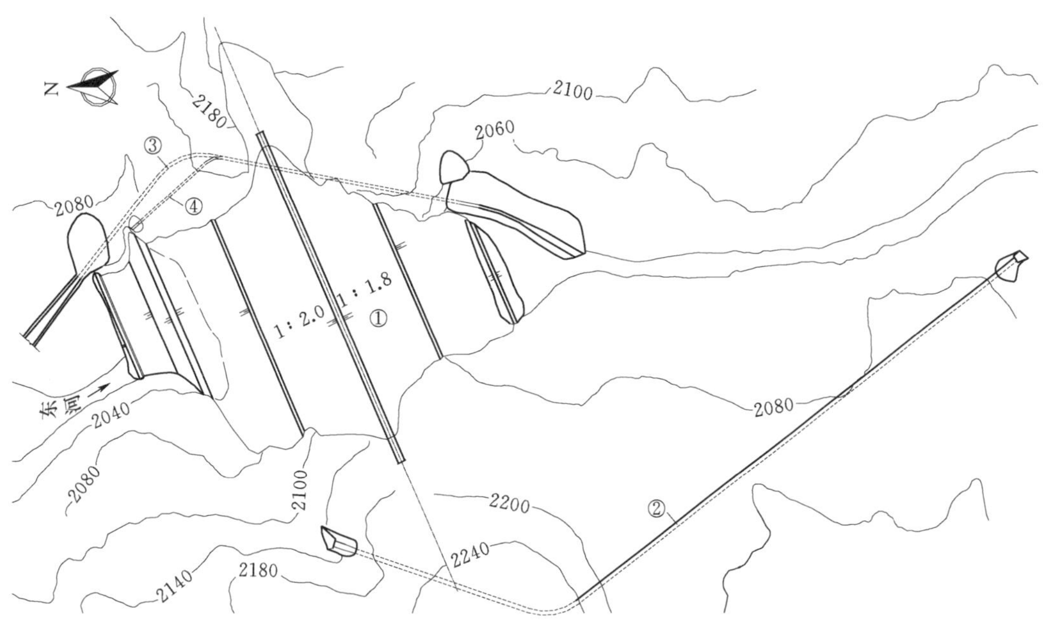

图 8.1-1　硗碛工程首部枢纽布置平面图

①—砾石土心墙堆石坝；②—泄洪洞；③—导流洞；④—放空洞

8.1.1.3　地基处理

1. 地质条件

硗碛水电站坝址河段地处高山区，河谷断面呈 U 形，据钻探揭示，河床覆盖层一般厚度 57～65m，最大厚度达 72.40m，按其结构层次自下而上（由老到新）可划分为 4 层：

第①层含漂卵（碎）砾石层（$fglQ_3^{3-1}$）：系冰水堆积物，分布于河谷底部，顶板埋深 43～53m，残留厚度 8～24m 不等。层内局部夹薄层碎砾石土及砂层透镜体，分布范围小，结构较为密实。

第②层卵砾石土（$al+plQ_4^{1-1}$）：系冲洪积物，分布于河谷下部，顶板埋深一般 37～47m，残留厚度 4～10.5m，该层分布不甚稳定，局部缺失，结构密实，透水性较弱。

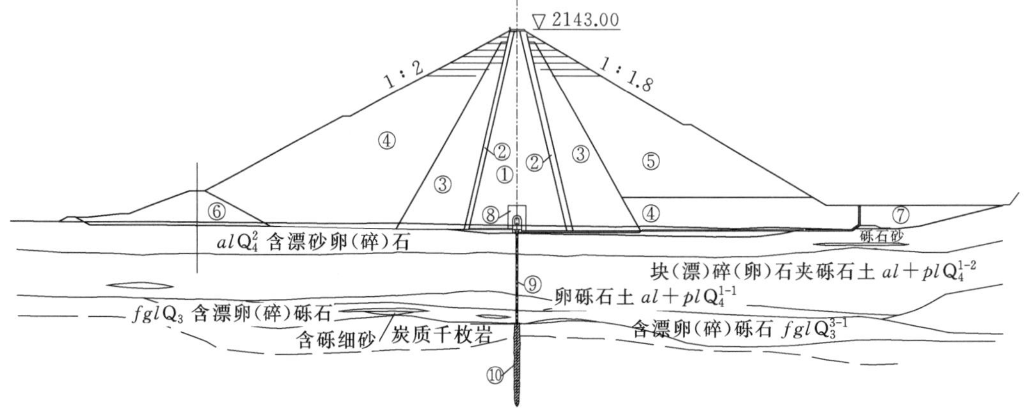

图 8.1-2 硗碛工程大坝典型纵剖面图（单位：m）

①—砾石土心墙；②—反滤层；③—过渡层；④—堆石料Ⅰ区；⑤—堆石料Ⅱ区；⑥—上游围堰；⑦—下游围堰；⑧—高塑性黏土；⑨—混凝土防渗墙；⑩—防渗帷幕

第③层块（漂）碎（卵）石层（$al+plQ_4^{1-2}$）：系冲洪积物，分布于河谷中部，顶板埋深 16～21m，一般厚 17～28m。结构较紧密，力学强度较高，透水性强。

第④层含漂卵砾石层（alQ_4^2）：系河流冲积物，分布于现代河床及漫滩，厚 17～21m。由上、下两小层组成：上部为卵砾石土，一般厚度 5～6m，结构松散，力学强度较低；下部为含漂卵砾石层，厚 11～13m，结构较松散，力学强度高，透水性强。

坝基河床覆盖层较深厚，各层次结构及厚度分布空间变化较大。第④层上部卵砾石土结构松散，力学强度低，下伏为结构较密实的③、②及①层土体。坝基主要持力层④层下部和③层土体其承载力和变形模量均能满足堆石坝要求。但由于覆盖层地基各层次成因类型不同，结构不均一，颗粒大小悬殊，且各层分布位置和厚度也不尽相同，其物理力学性质存在一定差异；加之基岩面起伏较大，并有一宽约 30m 深槽靠左岸展布。因此，建坝后存在坝基沉降及不均一变形问题，须进行沉降变形验算并采取相应的工程措施。

坝基河床覆盖层中第①、③、④层皆由粗粒—巨粒土组成，细粒充填少，透水性强；河谷下部的第②层卵砾石土，虽细粒含量较多，透水性相对较弱，具局部隔水性，但埋藏较深，厚度较薄，且厚度和分布不甚稳定，局部地方缺失，不能形成坝基可靠的相对隔水层，故建坝蓄水后河床覆盖层将构成坝基渗漏的主要途径。坝基覆盖层中第①、③、④层土体，抗渗强度低，破坏型式为管涌，第②层颗粒较小，抗渗透性相对较好，破坏型式为流土。坝基覆盖各层结构不均一，不均匀系数、渗透系数和渗流比降差异较大，且易于沿①和②、②和③接触界面产生集中渗流，对坝基渗透稳定不利。

河床坝基以粗粒土为主，砂层透镜体仅分布在埋深大于 54m 的①层中，其粒径大于 0.25mm 含量占 83.45%，该砂层透镜体形成时代较早（Q_3），埋深较大，厚度较薄，分布不连续，周围排水条件较好，上覆有效压重大，所以砂层透镜体液化的可能性较小。

2. 基础处理措施

由于坝基覆盖层结构不均一，颗粒大小悬殊，细料充填较少，渗透性强，其第④层土体不均匀系数 C_u =20～100，临界比降 0.16～0.32，破坏比降 0.52～0.9，抗渗强度低，破坏型式为管涌，故考虑在心墙底部河床第④层采用固结灌浆处理，以提高地基模量和承载力，改善地基不均一性。固结灌浆采用孔口封闭、孔内循环、自上而下的方法，分排分序分段进行施工。灌浆上覆覆盖层压重厚度应不小于3m，最大灌浆压力为0.8MPa。防渗墙上游侧从高程2020.00m起灌，深度10m，下游侧从高程2018.00m起灌，深度8m。根据现场生产试验成果，确定灌浆孔间、排距为3m，梅花形布置。

坝址区河床覆盖层一般具中等—强透水性，渗透系数 $K=6.3\times10^{-2}\sim5.29\times10^{-3}$cm/s，局部架空部位渗透系数 $K=3.2\times10^{-1}\sim5.9\times10^{-1}$cm/s。采用一道厚1.2m的混凝土防渗墙全封闭方案进行防渗，防渗墙底嵌入强风化基岩内2.0m，嵌入弱风化基岩内1.0m。墙顶采用灌浆廊道与心墙连接，廊道净尺寸为3m×4m（宽×高），廊道上、下游两侧及顶部设高塑性黏土区，黏土区宽11.0m，高12.5m。廊道两侧设有复合土工膜，上游至心墙底部上游边线，下游至高塑性黏土下游边线。在防渗墙下游心墙、过渡层、堆石区底部与河床接触部位设置1.0m厚度的水平反滤层。在大坝上、下游堆石区高程2085.00m以下覆盖层区域先填筑1.0m厚的反滤料保护，再填筑堆石料。防渗墙下部采用2排灌浆帷幕进行防渗，灌浆帷幕底高程为1910.00m。

8.1.1.4 坝肩基础处理

硗碛工程左右两岸心墙下部坝基的强风化、强卸荷炭质千枚岩较深，左岸强风化水平深度一般18～47m，右岸强风化水平深度一般32～65m。若要全部挖除，边坡较高，开挖和支护工程量均较大。为此，通过大量试验和技术分析论证，对坝肩心墙基础进行了全挖浅固结方案和浅挖深固结方案的比较研究：全挖方案将心墙及反滤基础全—强风化岩层全部挖除，使砾石土心墙与弱风化岩层相连接，对弱风化岩层进行浅层固结灌浆；浅挖方案仅将全风化岩层表层挖除，保留了较深的强风化基岩；为了增加心墙下部基岩的完整性、提高其变形模量及抗渗能力，也为了提高帷幕灌浆的效果，对两岸心墙底部强风化基岩进行深固结灌浆处理，固结灌浆深度基本达到了强风化下段，灌浆后的强风化岩石指标与弱风化层岩石基本相当。通过比较，浅挖方案虽增加了固结灌浆工程量，但可以避免高边坡、减少开挖支护及大坝填筑工程量。

通过大量针对强风化岩体的现场固结灌浆试验及岩体物理力学试验，结合相关计算，并经过深入的技术分析论证。设计最终采用浅挖深固结方案，突破了碾压式土石坝设计规范要求，确定了将大坝心墙基础置于强风化岩体下部并结合固结灌浆与帷幕灌浆进行基础处理的方案，同时对开挖建基面强风化岩体中的裂隙密集带、泥化夹层、断层破碎带等进行一定深度的混凝土换填处理。采用浅挖深固结方案后，节约投资1.89亿元，缩短工期约10个月，优势明显。运行10余年，大坝坝体及坝基监测数据显示，大坝的沉降变形在设计允许范围内，表明设计优化措施运用得当。

8.1.1.5 观测与运行情况

硗碛水电站于2006年12月5日首次下闸蓄水，2007年11月15日填筑到坝顶设计高程2143.00m，大坝已挡水运行10余年，总体情况良好。

1. 变形与应力

大坝坝顶及下游坝坡沿坝轴线方向的变形均为两岸向河床中心变形；蓄水后，沿顺河向坝顶主要向上游变形，下游坝坡主要向下游变形，应为受水库水位周期性波动影响所致；沿竖向变形呈逐年小量增加趋势，坝体中上部较大，坝顶次之、下部较小。坝基覆盖层中部沉降最大，向左右岸呈递减的变形分布。大坝心墙、防渗墙测斜及位错变形较小。

大坝外观实测最大沉降为805mm左右，心墙向下移最大位移约169mm，岸坡位错最大值约8mm，防渗墙向下游最大位移300mm，防渗墙最大压应力为17.63MPa；坝基廊道沉降量实测累计最大值约为47.85mm，坝基灌浆廊道和两岸灌浆平洞结构缝有错动，左岸结构缝错开约5cm，坝基廊道最大钢筋拉应力为204.72MPa。

2. 大坝渗流

各部位量水堰实测渗流量随库水位的升降而增减，与库水位呈正相关，近几年渗流量变化趋势平稳。2016年最高库水位（10月22日，库水位为2139.20m）时，实测总渗流量为16.129L/s，坝体总体防渗效果较好。防渗系统后测压管水位呈现两岸部位高于河床部位的规律，两岸防渗帷幕后部分测压管水位则与库水位相关，部分灌浆平洞洞壁有渗水，说明防渗墙的防渗效果要优于防渗帷幕。

8.1.2 瀑布沟工程

瀑布沟工程大坝是建在高地震烈度区深厚覆盖层上的高心墙堆石坝。首次将当地黏粒含量平均仅5%的宽级配砾石土成功用于大坝心墙填筑，拓宽了砾石土作为心墙防渗土料的适用范围。研究提出了两道大间距高强低弹模混凝土防渗墙新型结构并成功应用于深厚覆盖层基础防渗，研发了“单墙廊道式+单墙插入式”大坝心墙与坝基混凝土防渗墙的连接型式。

8.1.2.1 工程概况

瀑布沟水电站位于四川省汉源县和甘洛县境内，是大渡河中游控制性水库工程。坝址位于大渡河与其支流尼日河汇口处上游觉托村附近，下游距乌斯河镇7km，上游距汉源县城28km。坝址处控制大渡河全流域面积的88.5%。

工程具有发电、梯级补偿、防洪、拦沙等综合效益。电站总装机容量360万kW，保证出力92.6万kW，多年平均年发电量147.9亿kW·h。水库正常蓄水位850.00m，汛期运行限制水位841.00m，死水位790.00m，消落深度60m，总库容53.37亿m^3，其中调洪库容10.53亿m^3、调节库容38.94亿m^3，为年调节水库。坝前最大壅水高度173m，水库面积84.14km^2。

枢纽工程为一等大（1）型工程。大坝、溢洪道、泄洪洞、电站进水口及引水管道、主副厂房、放空洞等主要建筑物按1级建筑物设计。

工程于2001年11月开始筹建，2004年3月正式开工建设，2005年11月工程截流，2009年12月首台机组发电，2010年12月全部6台机组投入发电。

8.1.2.2 工程布置与大坝结构

工程枢纽由拦河大坝、泄水、引水发电、尼日河引水等主要永久建筑物组成。工程总布置为：河床中建砾石土心墙堆石坝，引水发电建筑物及一条岸边开敞式溢洪道、一条深孔无压泄洪洞均布置于左岸，右岸设置一条放空洞。

砾石土心墙堆石坝坝轴线走向为N29°E，坝顶高程856.00m，最大坝高186m，坝顶长540.50m，上游坝坡1∶2和1∶2.25，下游坝坡1∶1.8，坝顶宽度14m。

坝体结构分为防渗体、反滤层、过渡层、坝壳、排水体、护坡和弃渣压重体等。心墙顶高程854.00m，顶宽4m，心墙上、下游坡度均为1∶0.25，底高程670.00m，底宽96.00m。心墙上、下游侧均设反滤层，上游设两层各为4.0m厚的反滤层，下游设两层各为6.0m厚的反滤层。心墙底部在坝基防渗墙下游亦设厚度各1m的两层反滤料与心墙下游反滤层连接，心墙下游坝基反滤厚为2m。反滤层与坝壳堆石间设过渡层，与坝壳堆石接触面坡度为1∶0.4。

心墙坝肩部位，开挖面形成后，浇筑50cm厚的垫层混凝土，并进行固结灌浆，避免心墙与基岩接触面上产生接触冲蚀。

为防止地震破坏，增加安全措施，在坝体上部增设土工格栅。土工格栅设置范围为高程810.00～834.00m、垂直间距2.0m，高程835.00～855.00m、垂直间距1.0m，水平最大宽度30m。

坝基覆盖层防渗采用两道各厚1.2m的混凝土防渗墙，墙中心间距14m，墙底嵌入基岩1.5m，防渗墙分为主、副防渗墙，主防渗墙位于坝轴线剖面，防渗墙顶与廊道连接，廊道置于心墙底高程670.00m，主防渗墙与心墙及基岩防渗帷幕共同构成主防渗平面；副墙位于主墙上游侧，墙顶插入心墙内部10m。

为了防止坝体开裂，在心墙与两岸基岩接触面上铺设水平厚3m的高塑性黏土；在防渗墙和廊道周围铺设厚度不少于3m的高塑性黏土。为延长渗径，在上游防渗墙上游侧心墙底面铺设30cm厚水泥黏土，水泥黏土上铺一层聚乙烯（PE）复合土工膜，土工膜上填筑70cm厚高塑性黏土；混凝土廊道下游侧10m范围内反滤之上铺设一层聚乙烯（PE）复合土工膜，廊道下游侧8m范围内土工膜之上铺设60cm高塑性黏土。

上游坝坡高程722.50m以上采用干砌石护坡，垂直坝坡厚度为1m；下游坝坡采用干砌石护坡，垂直坝坡厚度为1m。

上游围堰包含在上游坝壳之中，作为坝体堆石的一部分。在下游坝脚处增设两级压重体（下游围堰也作为下游压重的一部分），顶高程为730.00m和692.00m。

瀑布沟工程枢纽布置平面图如图8.1-3所示，瀑布沟工程大坝典型纵剖面图如图8.1-4所示。

8.1.2.3 地基处理

1. 地质条件

瀑布沟水电站坝址区河床覆盖层深厚，一般厚度40～60m，最厚达77.9m。结构层次较复杂，各层厚度不一，且有多层砂层透镜体分布。根据坝区钻孔岩芯样资料、岩性差异组合、沉积规律、含水透水层特征，由下向上分别是：

(1) 第①层。漂卵石层（Q_3^2）：左岸Ⅱ级阶地堆积，一般厚40～50m，最大勘探厚度70.72m。下部为含泥砂漂卵石层，中部为砂卵石层，上部为含泥砂漂卵石夹砂卵石层。该层结构较密实，但局部具架空结构，近岸部位夹少量砂层透镜体。

(2) 第②层。卵砾石层（Q_4^{1-1}）：埋藏于Q_4^{1-2}之下，残留厚度22～32m，为杂色卵石夹少量漂石组成，底层局部有厚8～12m的含砂泥卵碎石。该层磨圆度较好，粒径较均一，结构密实，局部具架空结构。

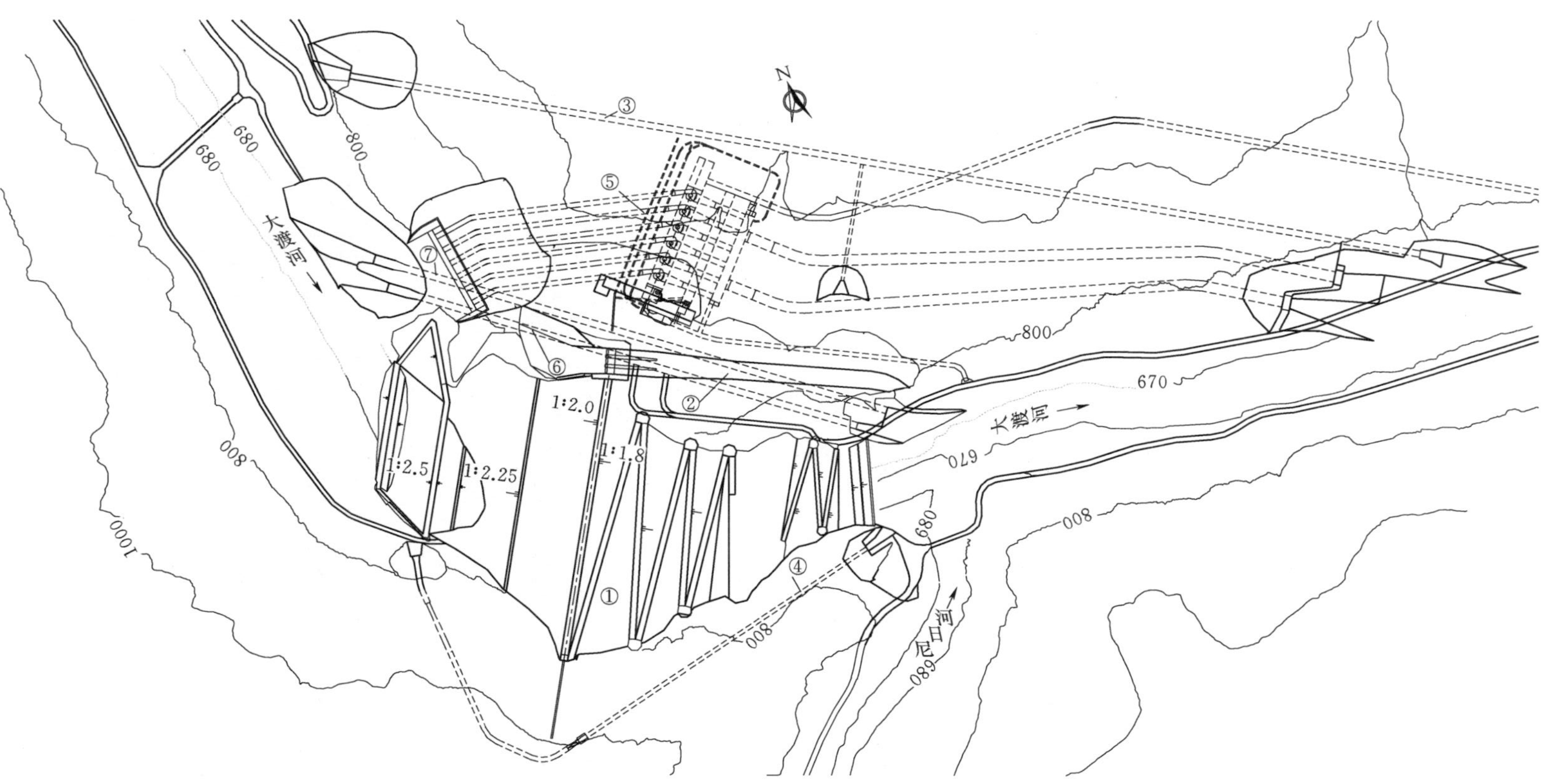

图 8.1－3　瀑布沟工程枢纽布置平面图

①—砾石土心墙堆石坝；②—溢洪道；③—泄洪洞；④—放空洞；⑤—引水发电系统；⑥—1 号导流洞；⑦—2 号导流洞

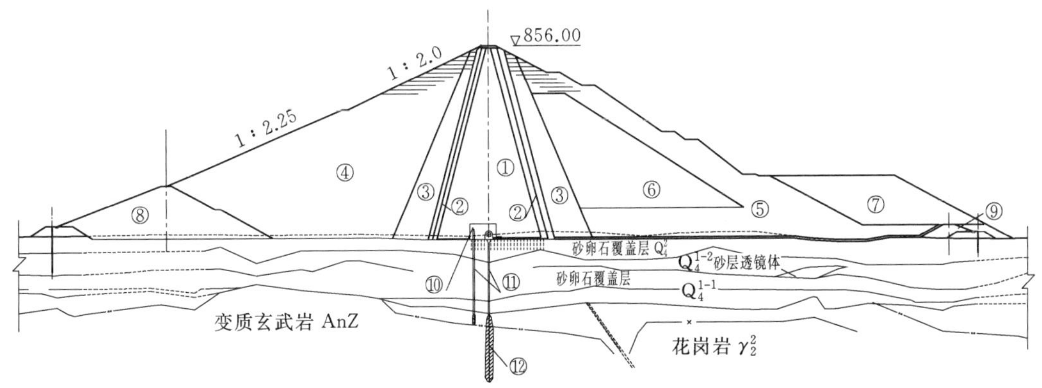

图 8.1-4 瀑布沟工程大坝典型纵剖面图（单位：m）

①—砾石土心墙；②—反滤层；③—过渡料；④—上游堆石料；⑤—下游主堆石料；⑥—下游次堆石料；⑦—弃渣压重区；⑧—上游围堰；⑨—下游围堰；⑩—高塑性黏土；⑪—混凝土防渗墙；⑫—防渗帷幕

(3) 第③层。含漂卵石层夹砂层透镜体（Q_4^{1-2}）：谷底Ⅰ级阶地堆积，上叠于①漂卵石层（Q_3^2）和②卵砾石层（Q_4^{1-1}）之上。最大堆积厚度为 42.5～54m，河床下残留厚度一般 5～18m，该层下部近岸部位夹砂层透镜体，物质组成为中细砂和细砂。

(4) 第④层。漂（块）卵石层（Q_4^2）：现代河床及漫滩堆积，厚 10～25m，粒径大小悬殊，分选性差，局部架空。表层有透镜状砂层靠岸断续分布。

河床坝基由①层漂卵石层、③层含漂卵石层、④层漂（块）卵石层和少量花岗岩组成。第①层漂卵石层，结构较密实，但局部具架空结构。第③层含漂卵石层仅少量分布于心墙区上游，由漂卵石层组成，结构较密实，局部具架空结构。第④层漂（块）卵石层分布于原河床、漫滩和Ⅰ级阶地部分区段，结构较密实，但局部架空。

“5·12”汶川地震后，通过地震动参数复核及大坝抗震计算，需要通过加长和加宽下游压重体来增加下游坝坡的深层抗滑稳定性。

坝基河床覆盖层深厚，且在纵、横剖面上厚度变化大，总体具有颗粒粗，孤石多，架空明显，渗透性强，结构复杂，变化无规律等急流堆积特点，且抗渗透破坏能力低，渗流量大时，易发生集中渗流、接触冲刷和管涌破坏，又无相对隔水层，是坝基渗漏的主要途径和发生渗透变形的主要部位。

河床覆盖层所夹砂层透镜体，多顺河分布于近岸部位，厚度一般小于 2m，最厚可达 13m 左右。砂层透镜体主要分布于第③层（Q_4^{1-2}）底部，根据不同技术路线进行的三维动力分析结果表明：上、下砂层透镜体遭遇地震时，在不考虑下游坝脚压重的条件下，所产生的孔隙水压力和动剪应力是较小的，不会引起液化。

2. 基础处理措施

坝基河床覆盖层深厚，且夹有砂层透镜体，层次结构复杂，纵、横厚度变化大，颗粒大小悬殊，局部架空明显，透水性强且均一性差，存在不均匀变形、渗漏及渗透稳定等工程地质问题。

地基处理过程中，对浅表部砂层透镜体进行了开挖及开挖置换，对心墙地基进行了浅层固结灌浆，为了增加下游坝基中砂层抗液化能力和提高大坝的抗震能力，在下游坝脚处设置两级弃渣压重体。采用两道各厚 1.2m 的混凝土防墙墙及墙下帷幕进行基础防渗，上游墙采用插入式，插入心墙深度为 10m，下游墙采用墙顶灌浆廊道及墙下帷幕的形式。心墙与坝基混凝土防渗墙的连接为“单墙廊道式＋单墙插入式”连接方案，即下游墙轴线移至坝轴线、墙顶直接同廊道相接，上游墙采用插入式与心墙连接。在廊道内通过 2 排预埋钢管对墙下基岩进行水泥帷幕灌浆，同时在上游墙内预埋钢管，对墙底沉渣及基岩 20m 的浅层部位进行灌浆。

8.1.2.4 观测与运行情况

1. 变形

监测成果显示，坝体蓄水后向上游最大位移为 148.24mm，向下游最大累积位移为 615.5mm。心墙部位电磁式沉降环观测到最大沉降为 1921mm，其中蓄水后沉降增加了 405.00mm。坝顶最大沉降 1270mm。下游堆石区电磁式沉降环观测到最大沉降为 2447.50mm。坝基廊道水平位移 42mm，防渗墙蓄水后向下游最大变形 83.90mm。坝基廊道结构缝向下游最大位错为 30.225mm，张开最大值为 29.46mm。

由监测成果可知：水库运行后，大坝整体呈向下游变形的趋势，符合一般规律。其中，坝体变形、坝基廊道和防渗墙变形、廊道结构缝的变形等监测值均在经验值范围内。

2. 应力

布置于心墙内的土压力计监测成果显示，在蓄水期受上游库水位的影响，心墙中轴线的土压力随水位变化，心墙上游侧变化幅度较小，下游侧整体呈增加的趋势。在运行期，土压力变化总体趋于平稳，土压力值调整与蓄水引起的渗流的作用、固结作用、拱效应等因素有关，其变化符合一般规律。

现阶段防渗墙最大压应力 33.31MPa。防渗墙无应力计和应变计在运行过程中变化平缓且测值较小，表明防渗墙受力较小，远小于混凝土的极限抗拉、抗压强度。

3. 渗流

对两岸山体中布置的 22 个绕渗观测孔各时期渗压监测资料进行拟合分析，认为渗流与库水位以及时间关系不甚明显。两岸测压管的测值在整个监测过程中变化平缓、规律性强、测值较小。位于主防渗墙后的渗压计显示，渗压系数最大为 0.09，水头折减 90%以上，表明主防渗墙达到了设计预期的防渗要求。水库于 2010 年 10 月 12 日左右首次蓄水至最高水位 849.75m 时，总渗流量为 107.7L/s；2016 年 10 月 27 日库水位 849.42m，实测总渗流量最大值为 62.19L/s。可见，防渗体系总渗流量不大，且逐年减小，符合一般规律。

心墙区的渗压主要受上游库水位的影响，相同高程渗压从上游至下游，渗透水位逐步下降；上游反滤料中的渗压计测值基本与上游库水位一致，下游反滤料中渗压计测值在整个监测过程中均为零。通过浸润线分析，水位下降约为上下游水位差的 50%，防渗效果良好。下游反滤料区的渗压水头极低，说明其保护砾石土、排渗功能良好，为大坝心墙渗透稳定起到了关键作用。通过下游防渗墙后渗压监测资料分析，目前大坝下游防渗墙运行正常，防渗效果较好。

8.1.3 长河坝工程

长河坝水电站是当前唯一修建在深厚覆盖层上的超过200m坝高的超高坝。

8.1.3.1 工程概况

长河坝水电站系大渡河干流水电规划“三库22级”的第10级电站，上接猴子岩电站，下游为黄金坪电站。工程场址位于四川省甘孜藏族自治州康定县境内，地处大渡河上游金汤河口以下4～7km的大渡河干流河段，坝址区上距丹巴县城约85km，下距康定县城和泸定县城分别为51km和50km，距成都约360km。库坝区有省道S211公路相通，并在瓦斯河口与国道318线相接，对外交通方便。坝址控制流域面积56648km^2，占全流域面积的73.2%，多年平均流量843m^3/s。

工程以发电为主，电站总装机容量260万kW，多年平均年发电量107.9亿kW·h。水库正常蓄水位1690.00m，死水位1680.00m，总库容10.75亿m^3，其中调节库容4.15亿m^3，为季调节水库。

枢纽工程为一等大（1）型工程。大坝、泄洪洞、电站进水口及引水管道、主副厂房、放空洞等主要建筑物按1级建筑物设计。

工程于2005年5月开始筹建，2010年10月正式开工建设，2010年11月工程截流，2016年12月首台机组发电。

8.1.3.2 工程布置与大坝结构

枢纽主要建筑物由砾石土心墙堆石坝、引水发电系统、3条泄洪洞和1条放空洞等建筑物组成。引水发电系统布置在左岸，进水口布置在倒石沟下游侧附近，厂房轴线平行于坝轴线，尾水洞下穿大湾沟后、在1号泄洪洞出口上游归河。泄洪、放空和施工导流建筑物均布置在右岸，自河道往山里依次布置2条初期导流洞、1条中期导流洞，3条泄洪洞和1条放空洞；所有泄水建筑物进口均在象鼻沟上游侧，除初期导流洞出口布置在花瓶沟上游侧外，其余泄水建筑物出口均布置在花瓶沟下游。

砾石土心墙堆石坝坝轴线走向为N82°W，坝顶高程1697.00m，最大坝高240m，坝顶长502.85m，上下游坝坡均为1∶2，坝顶宽度16m。心墙顶高程1696.40m，顶宽6m，心墙上、下游坡度均为1∶0.25，底高程1457.00m，底宽125.70m，约为水头的1/2。为减少坝肩绕渗，在最大横剖面的基础上，心墙左右坝肩从高程1457.00～1696.40m顺河流向上下游各加宽10～0m，各高程在垂直河流向以1∶5的坡度向河床中心方向收缩。心墙坝肩部位，开挖面形成后，浇筑50cm厚的垫层混凝土，并进行固结灌浆，避免心墙与基岩接触面上产生接触冲蚀。

心墙上、下游侧均设反滤层，上游为反滤层3，厚度8.0m，下游设2层反滤，分别为反滤层1和反滤层2，厚度均为6.0m。心墙底部在坝基防渗墙下游亦设厚度各1m的2层水平反滤层，与心墙下游反滤层相接。心墙下游过渡层及堆石与河床覆盖层之间设置反滤层4，厚度为1m。上、下游反滤层与坝壳堆石间均设置过渡层，水平厚度均为20m。堆石与两岸岩坡之间设置3m厚的水平过渡层。

坝基覆盖层防渗采用两道全封闭混凝土防渗墙，形成一主一副布置格局，墙厚分别为1.4m和1.2m，两墙之间净距14m，最大墙深约50m。主防渗墙布置于坝轴线平面内，通过顶部设置的灌浆廊道与防渗心墙连接，防渗墙与廊道之间采用刚性连接；副防渗墙布置于坝轴线上游，与心墙间采用插入式连接，插入心墙内高度 9m。

为了防止坝体开裂，在心墙与两岸基岩接触面上铺设高塑性黏土，左岸高程 1597.00m、右岸高程 1610.00m 以上水平厚度为 3m，以下水平厚度为 4m；在防渗墙和廊道周围铺设厚度不少于 3m 的高塑性黏土。为延长渗径，在副防渗墙上游侧心墙底面 30m 范围内铺设聚乙烯（PE）复合土工膜，副防渗墙与混凝土廊道上游侧心墙底部铺设一层聚乙烯（PE）复合土工膜。

上游围堰包含在上游压重之中，上游压重顶高程为 1530.50m。在下游坝脚处填筑压重，顶高程为 1545.00m，顶宽 30m。上游坝坡高程 1530.50m 以上采用大块石护坡，其中高程 1530.50～1640.00m 护坡厚度 0.8m，高程 1640.00m 以上护坡厚度为 1m。下游坝坡（含压重区）采用干砌石护坡，护坡厚度为 0.8m。

由于本工程拦河坝按Ⅸ度地震设防，为防止大坝上部坝坡的地震破坏，在坝体上部高程 1645.00m 以上，坝坡表面最大 50m 深度范围内设置了土工格栅。

长河坝工程枢纽布置平面图如图 8.1－5 所示，长河坝工程大坝典型纵剖面图如图 8.1－6 所示。

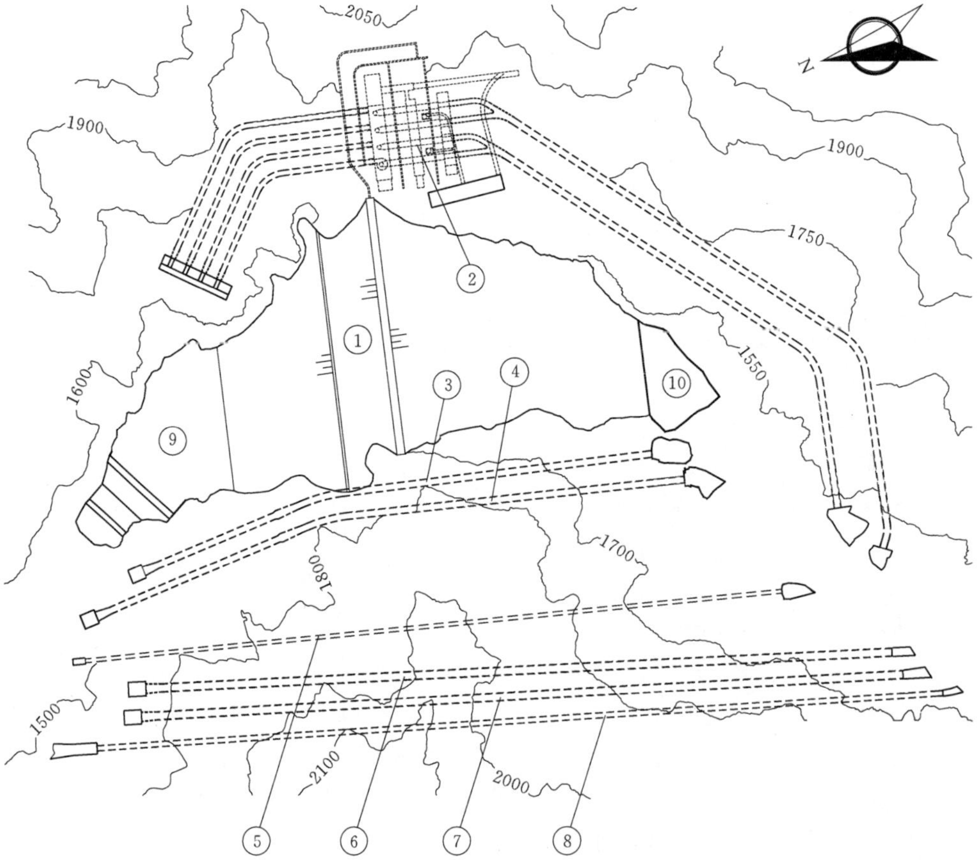

图 8.1－5　长河坝工程枢纽布置平面图

①—砾石土心墙堆石坝；②—引水发电系统；③—1 号初期导流洞；④—2 号初期导流洞；⑤—1 号泄洪洞；⑥—2 号泄洪洞；⑦—3 号泄洪洞；⑧—放空洞；⑨—上游压重；⑩—下游围堰平台

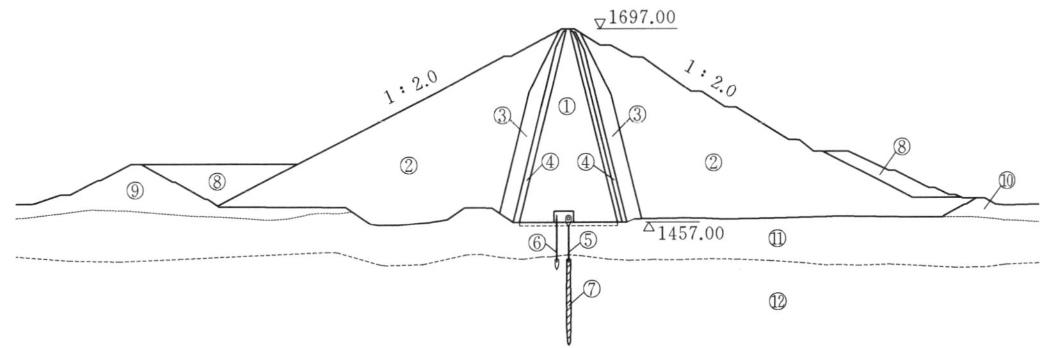

图 8.1-6　长河坝工程大坝典型纵剖面图（单位：m）

①—砾石土心墙；②—堆石料；③—过渡料；④—反滤料；⑤—主防渗墙；⑥—副防渗墙；⑦—灌浆帷幕；⑧—压重；⑨—上游围堰；⑩—下游围堰；⑪—覆盖层；⑫—基岩

8.1.3.3　地基处理

1. 地质条件

坝址区河床覆盖层厚度一般 60～70m，局部可达 79.3m。根据河床覆盖层成层结构特征和工程地质特性，自下而上（由老至新）可分为 3 层：

(1) 第①层漂（块）卵（碎）砾石层（$fglQ_3$）：分布于河床底部，厚度和埋深变化较大，钻孔揭示厚度为 3.32～28.50m。充填灰—灰黄色中细砂或中粗砂。粗颗粒基本构成骨架，局部具架空结构。

(2) 第②层含泥漂（块）卵（碎）砂砾石层（alQ_4^1）：钻孔揭示厚度 5.84～54.49m，充填含泥灰—灰黄色中—细砂。钻孔揭示，在该层有②c、②a、②b 砂层分布。②c 砂层分布在②层中上部，钻孔揭示砂层厚度 0.75～12.5m，顶板埋深 3.30～25.7m，为含泥（砾）中—粉细砂。②a、②b 透镜状砂层，均在②c 砂层之上。

(3) 第③层为漂（块）卵（碎）砾石层（alQ_4^2）：钻孔揭示厚度 4.0～25.8m，充填灰—灰黄色中细砂或中粗砂。该层粗颗粒基本构成骨架。

坝体范围河床覆盖层具多层结构，总体粗颗粒基本构成骨架，结构稍密—密实，其承载和抗变形能力均较高，可满足地基承载及变形要求。但由于覆盖层内分布有②a、②b、②c 砂层，为含泥（砾）中—粉细砂，承载力和变形模量均较低，对覆盖层地基的强度和变形特性影响较大，存在不均匀变形问题，不能满足地基承载力及变形要求。

坝基河床覆盖层深厚，具有物质组成粒径悬殊、结构复杂不均、局部架空、分布范围及厚度变化大等急流堆积特点。由于其透水性强，抗渗稳定性差，存在渗漏和渗透变形稳定问题，易发生集中渗流、管涌破坏等问题。因砂层透镜体与其余河床覆盖层的渗透性差异，有产生接触冲刷的可能。

河床覆盖层地基由粗颗粒构成骨架，充填含泥（砾）中—粉细砂，总体较密实，现场大剪试验表明其强度较高，能够满足堆石坝坝基抗滑稳定要求。分布在②层中上部的透镜状②a、②b 和②c 砂层，抗剪强度较低，当外围强震波及影响时，砂土强度将进一步降低从而可能引起地基剪切变形，对坝基抗滑稳定不利。经采用年代法、粒径法、地下水位法、剪切波速法等进行了初判，采用标准贯入锤击数法、相对密度法、相对含水量法等复判，并进行了振动液化试验，判定②c 砂层在Ⅶ度、Ⅷ度、Ⅺ度地震烈度下为可能液化砂。

2. 基础处理措施

针对坝基砂层带来的液化、不均匀沉降等问题，对其进行了全部挖除、振冲、半挖除半振冲、振冲与旋喷灌浆联合、全部旋喷、砂井与旋喷灌浆联合、静压注浆处理等多方案比较后，选择了全部挖除处理方案。砂层挖除后，大坝建基于低压缩的砂卵石覆盖层地基上。为减小心墙地基沉降，消除施工松动层影响，也增加心墙与地基接触部位的防渗抗渗能力，对心墙底覆盖层地基进行了深度为 5m 的浅层固结灌浆。

深厚覆盖层防渗采用了两道分开独立布置的防渗墙，主防渗墙布置于大坝轴线上，厚 1.4m，与大坝心墙之间采用廊道式连接，在廊道内通过 2 排预埋钢管对墙下透水基岩进行水泥帷幕灌浆防渗处理。副防渗墙布置于坝轴线上游，与主防渗墙之间净距为 14m，副防渗墙与心墙之间采用插入式连接。为使副防渗墙能在不增加工期的情况下尽量为主防渗墙分担水头，对副防渗墙下一定深度的强透水基岩进行了帷幕灌浆，并在主防渗墙和副防渗墙之间设置了连接帷幕。为降低覆盖层渗漏破坏的风险，在防渗墙下游侧心墙与覆盖层之间设置关键反滤层 2 层，在下游坝壳和覆盖层之间设置了坝基反滤层。

8.1.3.4 观测与运行情况

长河坝砾石土心墙堆石坝于 2016 年 9 月填筑到顶，2016 年 10 月开始初期蓄水，至 2017 年 10 月蓄水最高水位为 1682.40m，距正常蓄水位 1690.00m 差 7.6m。根据监测成果，大坝至填筑以来坝基覆盖层最大沉降量为 690.98mm，心墙最大沉降（含覆盖层）为 2301mm，堆石内部最大沉降（含覆盖层）为 2786.40mm，坝顶最大沉降量 297.2mm。坝基廊道沉降为锅底形，中间大、两端小，最大沉降量为 117.2mm，主防渗墙顺河向向下游水平位移最值为 73.65mm。坝体坝基变形在前期预测范围内，现场巡视检查未见异常。蓄水后大坝下游量水堰暂未出水，蓄水前大坝及厂区总渗漏量 5.06L/s，蓄水后大坝总渗漏量为 38.69L/s，其中左岸渗漏量 8.99L/s，右岸及基础廊道渗漏量 24.17L/s。两岸绕渗孔监测成果显示，没有发生明显的绕渗导致绕渗孔水位升高。测压管和渗压计监测成果显示，蓄水后大坝防渗墙及帷幕后的渗压增加整体较小，防渗系统防渗效果良好。

8.1.4 小浪底工程

8.1.4.1 工程概况

小浪底枢纽工程位于河南省境内黄河中游最后一个峡谷出口处。工程任务是“以防洪（包括防凌）、减淤为主，兼顾供水、灌溉和发电，蓄清排浑，除害兴利，综合利用”。水库正常蓄水位和校核洪水位同为 275.00m，总库容 126.5 亿 m^3，水电站装机容量 1800MW，是一座大（1）型综合利用的水利枢纽工程。

8.1.4.2 工程布置与大坝结构

枢纽工程由拦河主坝、副坝、泄洪排沙系统及引水发电系统组成，其中泄水系统和引水发电系统均布置在左岸单薄层状山体之中，集中引水，集中消能，地下厂房及其他洞室在左岸山体内纵横交错，构成复杂地下洞群。

拦河主坝为坐落在深厚覆盖层（最大厚度为70m）的壤土斜心墙堆石坝，最大坝高为160m。副坝为壤土心墙堆石坝，最大坝高为45m。泄水建筑物由9条泄洪洞和一座3孔陡槽式溢洪道组成，其中3条为由导流洞改建的洞径14.5m多级孔板消能泄洪洞、3条洞径为6.5m的预应力混凝土排沙洞、3条城门洞式［(10.0～10.5)m×(11.5～13.0)m］明流洞。9条泄洪洞和溢洪道采用出口集中消能方式，消能水垫塘宽356m、长185～205m、水深28m。引水发电建筑物采用以地下厂房为核心的三洞室布置，地下厂房长251.50m、宽26.20m、高61.44m。泄洪、引水发电、灌溉洞进口集中布置，形成高度113.0m，宽276.4m的进水塔群，地下洞室群布置复杂。

大坝结构布置结合深厚覆盖层地基处理，采用围堰与主坝坝体结合、带上爬式内铺盖的斜心墙堆石坝坝型。坝型的最大特点是：由斜心墙和坝基混凝土防渗墙组成主要防渗体系，与斜心墙相接的上爬式内铺盖、围堰斜墙、坝前淤积组成坝基辅助防渗体系。

坝顶宽度为15m，上游坡比1∶2.6，下游坝面坡度1∶1.75，考虑观测及坝坡稳定在下游坝坡上设两级马道，高程分别为250.00m和220.00m。心墙顶宽7.5m，上部设计成正心墙型式，下部为斜心墙型式，上游坡度高程245.00m以上为1∶0.5，以下为1∶1.2，下游坡度高程250.00m以上为1∶0.4，以下坡度为1∶0.5（倾向上游）。为连接上游围堰斜墙与主坝斜心墙，在两者之间设置上爬式内铺盖，厚6m。斜心墙下游设两层反滤，厚度分别为6m和4m，心墙上游及上爬式铺盖上设置两层反滤，厚度均为4m。混凝土防渗墙下游侧斜心墙底部设两层水平反滤，厚度分别为2m和1m。为防止防渗墙后坝基砂砾石发生渗透破坏，在斜心墙后70m范围设置了1m厚的反滤料。河床段斜心墙下游侧过渡料采用从顶部向下部逐渐加厚的形式，上部采用与反滤相同的坡度，自高程250.00m向下坡度布置为1∶0.2（倾向上游），协调斜心墙与堆石坝壳之间的不均匀变形，以及起到反滤料与堆石间的粒径过渡作用。

坝基混凝土防渗墙与心墙采用插入式连接，插入心墙土体内12m，结合渗流计算成果，防渗墙位置按墙顶至斜心墙上游坡的最小距离不小于40m的要求确定，最终布置在坝轴线上游80m的位置。防渗墙顶设置高塑性黏土，宽4m，高5m。

小浪底工程大坝典型纵剖面图如图8.1－7所示。

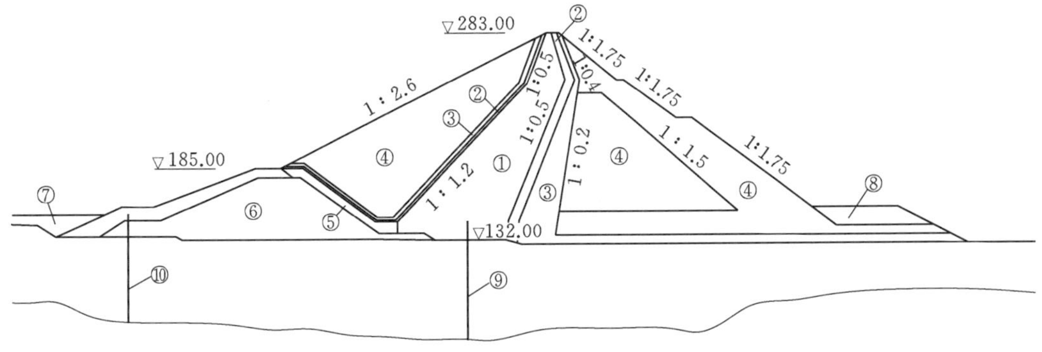

图8.1－7 小浪底工程大坝典型纵剖面图（单位：m）

①—黏土；②—反滤料；③—过渡料；④—堆石；⑤—掺和料；⑥—上游围堰堆石；⑦—上游铺盖；⑧—下游压重；⑨—主坝防渗墙；⑩—上游围堰防渗墙

8.1.4.3 地基处理

1. 坝址区地质条件

坝址区出露的基岩为一套红色碎屑岩系，其主要岩性为砂岩、黏土岩及砂岩与黏土岩互层，属二叠系上统（P2）和三叠系下统（T1）地层。

河床段第四系覆盖层厚度一般20～30m，深槽部位厚60～70m，主要由上更新统含漂石的砂卵砾石层夹砂层组成，呈多层结构分布，自上而下分为上部砂卵砾石层、夹砂层、底砂层和底部含漂石的砂卵砾石层。

（1）上部砂卵砾石层分布于河床中部，顶面高程125.00～138.00m，厚度30～45m。含砂率一般为20%～30%，以极细砂为主，约占砂粒的80%以上，含泥量一般3%～8%，夹少量孤石。

（2）夹砂层分布于上部砂卵砾石层中间，在坝基范围主要分布在高程120.00m附近，呈透镜体状，厚度一般1.0～4.0m，粒度成分以极细砂为主，细砂与中细砂次之，含有小砾石。

（3）底砂层分布于河床深槽内，在上部砂卵砾石层以下，顶面高程80.00～110.00m，在坝轴线上游砂层接近槽底，厚4～24m；坝轴线下游砂层位于深槽中上部，厚度4～18m；在上游围堰至坝轴线下游200m左右连续分布，在下游坝脚附近有断续现象。粒度成分以细砂为主，约占50%～60%，主要分布在上部；粉砂占10%～20%，主要分布在层顶；下部夹少量中细砂、中粗砂。

（4）底部含漂石砂卵砾石层分布于深槽底部，厚度一般5～10m，坝轴线下游侧最厚处达30m以上。粒径一般5～10cm，接近基岩处分布有大孤石，一般块径0.5～1.5m，最大约3m。坝轴线附近及其以下深槽右侧孤石成层分布，最大厚度约9m。

枢纽主坝河床坝基地质条件复杂，坝高为160m的黏土斜心墙堆石坝建基在深厚覆盖层上，覆盖层虽较密实，但厚度变化大，在160m宽的深槽内覆盖层厚60～70m，而深槽两侧仅20～30m，上部砂卵石中存在压缩性较低的夹砂层，深槽下部分布有面积大且厚度变化大的底砂层。

2. 河床覆盖层防渗处理

坝基约有400余m长位于砂砾石覆盖层上，覆盖层一般深30～40m，最深达70m。在覆盖层中夹有连续的、厚度大于20m粉细砂层及粉细砂透镜体。

为封闭坝基覆盖层，在斜墙下设厚1.2m的混凝土防渗墙，防渗墙向下截断深厚覆盖层并嵌入基岩1～2m，向上插入心墙12m，形成主防渗线。考虑黄河含沙量高的特点，充分利用坝前淤积可形成水平向辅助防渗，因此在上游围堰斜墙与主坝斜心墙之间设置上爬式内铺盖，厚6m。

防渗墙厚度的设计主要依据承受的水头以及防渗墙混凝土的渗透比降，以及当时的施工技术水平来确定。当不考虑天然淤积的辅助防渗作用时，主防渗墙承受的最大水头约140m；当考虑天然淤积、内铺盖和上游围堰防渗墙联合防渗时，防渗墙承担水头约110m。根据小浪底水库的运行方式，水库运用初期为拦沙运用阶段，坝前淤积将很快形成，并起到一定的防渗作用，因此墙体按承担110m水头设计。小浪底建设时期国内外防渗墙厚度通常在0.6～0.8m，厚度大于1.0m的防渗墙数量很少，国内仅碧口墙厚1.3m，宝珠寺墙厚1.4m，当时国际上有1.2m抓斗的成套设备，该设备的应用可加快防渗墙的建造速度，减少工程造价。综合以上两个方面的因素，确定墙厚采用1.2m，相应的抗渗比降为92。

8.1.4.4 观测与运行情况

小浪底工程于1991年9月1日开工，1999年10月25日下闸蓄水，2001年1月9日首台机组发电，2001年12月31日主体工程完工。

1. 变形

大坝变形趋于稳定。2016年8月大坝坝顶垂直位移累计最大值为1509.2mm，约为坝高的0.94%，年变化量由2001年的359.0mm逐年减小到2015年的22.7mm。2016年8月底顺坝轴线方向位移最大值向右岸方向为390.0mm，向左岸方向为154.6mm，测值最大点年变化量由2001年的81.8mm减小到2015年的7.9mm；2016年8月，下游侧顺水流方向累计最大位移1174.9mm，上游侧为645.0mm，两者差值529.9mm，差值的年增长量由2002年的116.0mm减小到2015年的4.4mm。以上所有监测数据逐年收敛，趋于稳定。

2. 渗流

大坝防渗效果良好。根据大坝坝体及基础埋设的渗压计测值计算分析，大坝坝体防渗效果良好，下游覆盖层渗透比降稳定，实测最大比降为0.019，远小于设计允许值0.1。

8.2 沥青混凝土心墙堆石坝

8.2.1 冶勒工程

冶勒工程大坝采用沥青混凝土心墙堆石坝，最大填筑高度124.5m，为深厚覆盖层上国内外已建同类工程第一高坝。工程坝址区具有高海拔、高地震烈度（设计基本烈度为Ⅷ度）、400m级超深覆盖层，且左右岸基础严重不对称（左岸基岩埋藏较浅，河床及右岸地表覆盖层深厚）等特点，其设计和施工难度国内外罕见。设计中创造性地提出了右坝肩垂直分段联合防渗的结构，其中140多米深的防渗墙分上、下两层施工，中间通过钢筋混凝土廊道连接，本工程基础防渗结构及接头型式均属国内外首创。

8.2.1.1 工程概况

冶勒水电站工程位于四川省西部南桠河上游、凉山州冕宁县和雅安市石棉县境内，为南桠河流域梯级规划“一库六级”的第六级龙头水库电站。

工程主要任务以单一发电为主，无航运、漂木、防洪、灌溉等综合利用要求。坝址以上流域面积323km^2，多年平均流量14.5m^3/s；坝前正常蓄水位2650.00m，死水位2600.00m，相应水库总库容2.98亿m^3、调节库容2.76亿m^3，具有多年调节能力；电站总装机容量24万kW，电站枯水年枯水期平均出力108.2MW，多年平均年发电电量6.47亿kW·h。

枢纽工程为二等大（2）型工程，由于河床及右岸坝基覆盖层深厚，工程坝址区地震基本烈度高，坝高超过100m，故将枢纽大坝的级别提高为1级建筑物设计。

工程于2000年12月正式开工建设，2002年9月28日顺利实现首部枢纽河道截流，2003年8月完成河床防渗墙施工、11月开始大坝填筑，2004年12月底通过初期下闸蓄水阶段验收，2005年5月引水系统土建及机电安装作业基本结束，2005年9月中旬完成引水系统充水，2005年11月18日大坝主体结构到顶，2005年11月19日、12月16日第一、第二台机组相继并网发电。

8.2.1.2 工程布置与大坝结构

电站采用高坝、中长引水隧洞、地下厂房的混合引水式开发，整个工程由首部枢纽、引水系统和地下厂房三大部分组成。坝轴线位于7～8号沟之间，左岸与基岩走向近于直交，方向角为NE0°，拦河大坝轴线长约411m，右岸台地挖槽填筑副坝长约300m；大坝与基础渗流控制除坝体填筑区域外，左坝肩基岩段还延伸了150m，大坝防渗轴线总长860m。

沥青混凝土心墙堆石坝坝体填料分区由沥青混凝土心墙、上下游过渡层、坝壳主副堆石料等部分组成，上游坝坡1∶2.0（中间设一级4m宽马道），下游坝坡设三级4m宽马道，第一级马道高程2624.50m以上坡度为1∶1.8，其下均为1∶2.2。心墙为直线形，顶宽0.6m，向下逐渐加厚，心墙厚度t变化公式为：$t=0.6+0.005\times H$（H为心墙高度），最大坝剖面心墙底部厚度为1.2m。在心墙上下游各设两道碎石过渡层，分别为上（下）游过渡层Ⅰ、上（下）游过渡层Ⅱ，其水平宽度分别为1m和2～4m；在上游过渡层外只设堆石Ⅰ区，在下游过渡层外则设有堆石Ⅰ和堆石Ⅱ两个区。

冶勒工程枢纽布置平面图如图8.2-1所示，冶勒工程大坝典型横、纵剖面图如图8.2-2、图8.2-3所示。

8.2.1.3 地基处理

1. 坝址区地质条件

冶勒水电站大坝位于冶勒断陷盆地边缘，第四系覆盖层勘探揭示最大厚度超过420m，河床下部残留厚度160m，根据沉积环境、岩性组合及工程地质特性，自下而上可将坝基覆盖层分为五大工程地质岩组。

（1）第一岩组。弱胶结卵砾石层（Q_2^2）：以厚层卵砾石层为主，泥钙质弱胶结。该岩组深埋于坝基下部，最大厚度大于100m，最小厚度15～35m。

（2）第二岩组。块碎石土夹硬质黏性土层（Q_3^1）：该层呈超固结压密状态，层中夹数层褐黄色硬质黏性土。该岩组在坝址河床部位埋深18～24m，厚度31～46m。该岩组透水性微弱，是深部承压水的相对隔水层。

（3）第三岩组。卵砾石与粉质壤土互层（Q_3^{2-1}）：分布于河床谷底上部及右岸谷坡下部，厚45～154m，在河床部位残留厚度20～35m，层间夹数层炭化植物碎屑层，局部分布有粉质壤土透镜体，粉质壤土呈超固结微胶结状态，透水性极弱，具相对隔水性能，构成坝基河床浅层承压水的隔水层。

（4）第四岩组。弱胶结卵砾石层（Q_3^{2-2}）：厚65～85m，层间夹数层透镜状粉砂层或粉质砂壤土，单层厚2～10m。卵砾石粒径以5～15cm居多，空隙式泥钙质弱胶结为主，局部基底式钙质胶结，卵砾石层多呈层状或透镜状分布，存在溶蚀现象，为右岸坝基上部防渗处理的主要地层。

（5）第五岩组。粉质壤土夹炭化植物碎屑层（Q_3^{2-3}）：分布于右岸正常蓄水位以上谷

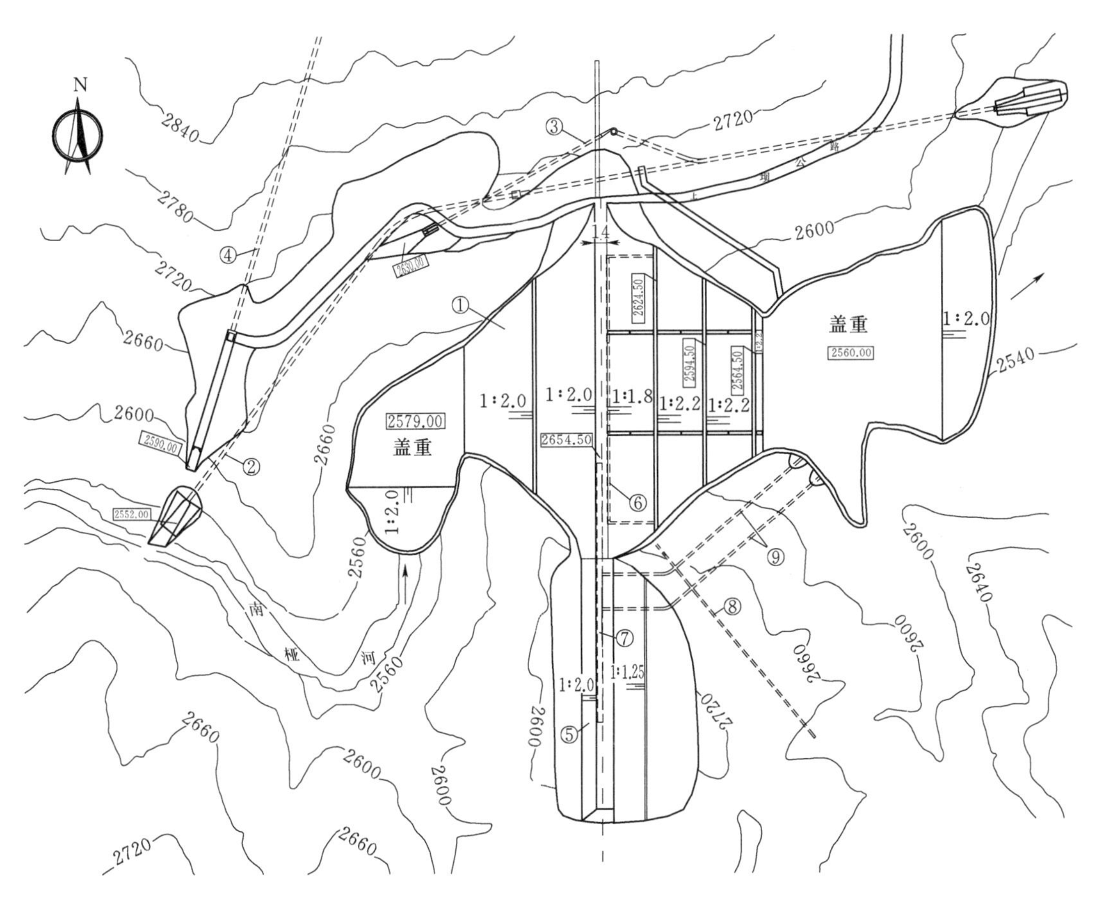

图 8.2-1 冶勒工程枢纽布置平面图（单位：m）

①—沥青混凝土心墙堆石坝；②—放空兼导流洞；③—泄洪洞；④—引水隧洞；⑤—右岸钢筋混凝土心墙堆石坝；⑥—监测廊道；⑦—右岸防渗墙施工廊道；⑧—排水廊道；⑨—交通廊道

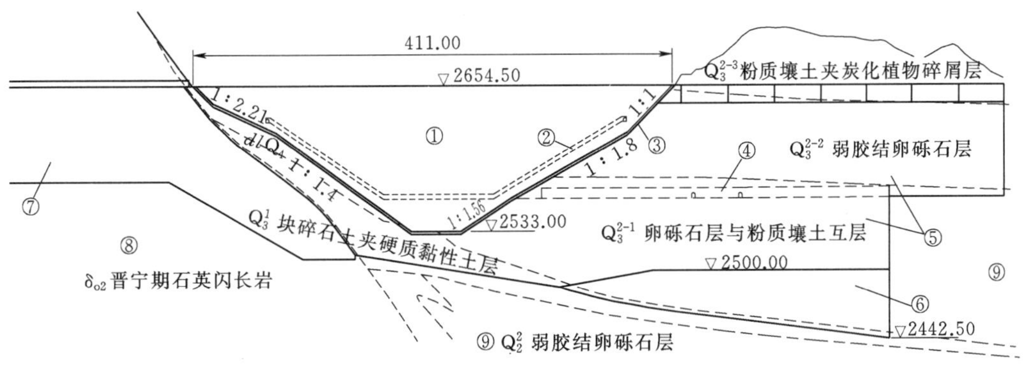

图 8.2-2 冶勒工程大坝典型横剖面布置图（单位：m）

①—沥青混凝土心墙；②—监测廊道；③—混凝土基座；④—防渗墙施工廊道；⑤—混凝土防渗墙；⑥—覆盖层灌浆帷幕；⑦—基岩灌浆帷幕；⑧—基岩；⑨—覆盖层

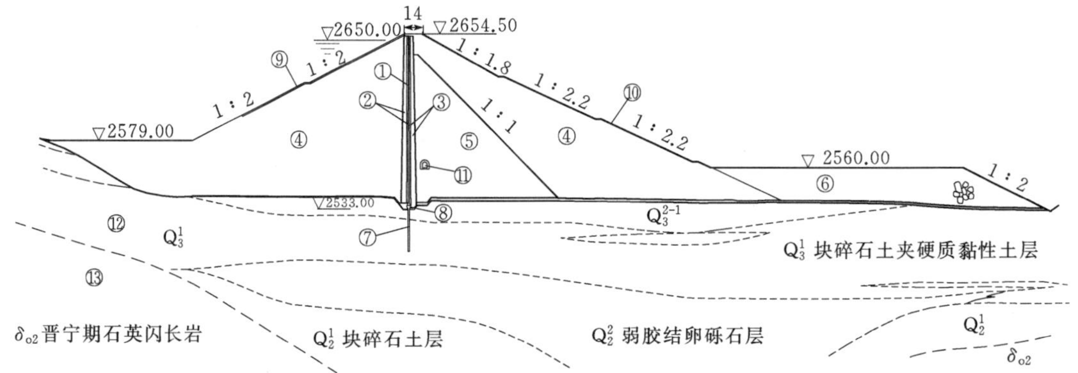

图 8.2-3　冶勒工程大坝典型纵剖面布置图（单位：m）

①—沥青混凝土心墙；②—上游过渡层；③—下游过渡层；④—堆石；⑤—主堆石；⑥—压重堆石；⑦—混凝土防渗墙；⑧—混凝土基座；⑨—上游护坡；⑩—下游护坡；⑪—监测廊道；⑫—覆盖层；⑬—基岩

坡地带，厚 90～107m，与下伏巨厚卵砾石层呈整合接触，粉质壤土单层厚度一般 15～20m，最厚达 30m，其间夹数层厚 5～15cm 的炭化植物碎屑层和厚 0.8～5m 的砾石层，胶结程度相对较差。

坝基覆盖层分布总体趋势是自上游向下游、从左岸往右岸及盆地中心倾斜，形成左岸覆盖层薄、河床覆盖层厚、右岸覆盖层深厚，加之坝基各岩组物理力学性能存在差异，导致坝基沉降变形不均一。河床坝基浅表分布的粉质壤土透镜体，自上游往下游逐渐增厚，埋深浅，对坝基不均一沉降变形产生不利影响。此外，由于粉质壤土层的抗变形能力低于卵砾石层，且岩性岩相和厚度变化较大，对坝基变形及稳定不利。

坝基覆盖层由卵砾石层、粉质壤土及块碎石土等多层结构土体组成，坝基下部的粉质壤土以及粉质壤土与下伏卵砾石层或块碎石土夹硬质土层的接触面可视为向上游缓倾的潜在滑移面，存在抗滑稳定问题。河床坝基分布的砂层透镜体，顺河长 100m，横河宽 20m，埋深浅，含有较高的承压水，大坝挡水后坝基承压水位将进一步升高，对坝基抗滑稳定不利，需采取工程处理措施。

坝基主要渗漏途径有两条，一是通过坝基下部第一岩组向下游渗漏；二是沿河床坝基和右岸坝肩分布的第三、第四岩组卵砾石层向下游渗漏。坝基第一岩组埋藏较深（49～70m），上覆第二岩组隔水层封闭性好，承压水渗漏缓慢，排泄不畅，蓄水后通过第一岩组卵砾石层产生的渗漏量很小，库水主要通过坝基第三、第四岩组向下游产生渗漏。右坝肩高程 2650.00m 以下至河床坝基下部深 18～24m 一带为第三、第四岩组，垂直厚度 128～137m，卵砾石层透水性不均一，岸坡地下水位低，蓄水后第三、第四岩组将是河床坝基及右岸坝肩主要渗漏途径。河床及右岸坝基分布的泥钙质胶结卵砾石层、超固结粉质壤土层和块碎石土层，天然状态下具有较高的抗渗强度，沿第二、第三、第四岩组内及其接触界面产生管涌的可能性小。

坝基粉质壤土层及粉质壤土、粉细砂层透镜体分布较多，且厚度较大，在地质历史时期曾受到高达 4.5～6.0MPa 的先期固结压密作用，结构密实，动静强度指标较高。通过经验判别法和 H. B. Seed 剪应力对比法分析判断，在最大水平地震加速度 0.32g、0.27g 的工况下，坝基不同深度分布的粉质壤土及透镜体在饱和状态下均不会发生液化破坏。

2. 地基处理

（1）处理原则。根据坝区具体的地质条件，确定如下防渗设计布置原则：

1）第一岩组埋深太大，防渗处理无法实施，其上分布有一层厚度较厚、渗透系数较小、分布广泛而连续的第二岩组。经渗流场模拟分析，建库后通过第一岩组的渗流量增加值并不大，因此不对第一岩组进行防渗处理。

2）第二岩组为渗透系数极弱（$K=1\times10^{-5}\sim1\times10^{-6}$cm/s）的块碎石土夹硬质黏土，厚 10～53m，埋藏于河床下部 18～65m，在库区范围内连续分布。分析该层可作为坝基中的相对隔水、抗水层。

3）对第三、第四岩组的防渗采用混凝土防渗墙和帷幕灌浆，右岸相对隔水、抗水层第二岩组埋深超过 250m，按当时灌浆技术水平不可能完全封至第二岩组。因此采用防渗墙与帷幕结合方式。

4）左坝肩石英闪长岩的水平卸荷裂隙发育，透水性强，帷幕灌浆以透水率不大于 5Lu 为标准，帷幕水平深入左岸山体内约 150m，深度 80m。

5）右岸防渗以防渗墙和帷幕向右岸延伸适当长度来控制绕坝渗漏量和右岸浸润线及渗透比降，同时为减小右岸出逸比降和进一步降低山体浸润线而提高下游边坡稳定性，在防渗墙下游山体设置系统排水设施。

6）为保护防渗墙下游地基土层蓄水后的渗透稳定及降低渗透水压力，在坝体下游建基面铺设了反滤、排水垫层。

（2）渗流控制方案。由于坝基左右岸基础严重不对称，以及右岸覆盖层最大深度超过 400m、坝基相对隔水抗水层下伏深度约 200m，决定了坝基不可能采用全封闭覆盖层的防渗方案，应充分利用下伏的第二岩组作为坝基的隔水抗水层。根据坝址区的地形、地质条件和国内防渗墙施工水平，右岸防渗采用了“140m 深防渗墙＋70m 深帷幕灌浆”方案，其中 140m 的防渗墙分两段施工、中间通过防渗墙施工廊道连接；下墙与廊道整体连接，上墙与廊道的连接型式按彼此的施工先后顺序分为两种，即接近右坝肩渗漏短渗径区采用先墙后廊道的嵌入式或接触式连接，远离右坝肩较长渗径区采用先廊道后墙的帷幕连接。左岸采用全封闭防渗墙接墙下基岩帷幕灌浆；河床部位采用悬挂式防渗墙，墙底深入相对不透水层第二岩组覆盖层 5m。

根据坝基工程、水文地质条件，左坝肩基岩埋深较浅，坝基采用全封闭防渗墙；河床及右岸因为覆盖层深厚，第二岩组（Q_3^1Ⅱ）结构密实，呈超固结压密状态，透水性微弱，厚度一般 31～46m，可作为坝基防渗相对隔水层，防渗墙及帷幕灌浆可采用悬挂式防渗处理。整个坝基防渗系统布置由左至右分别为：

1）（坝）0－150.00～（坝）0＋007.275m 段：左坝肩基岩绕渗区，采用“帷幕灌浆”处理，帷幕灌浆设 2 排，排距 1.2m，孔距 2.5m，帷幕深入弱风化岩体内一定深度，其底高程为 2574.50m，最大深度 80m。

2）左坝肩（坝）0＋007.275～（坝）0＋031.70m 段：基础防渗墙改为帷幕灌浆，覆盖层内帷幕灌浆采用 3 排孔，孔距为 1.2m、排距为 1m，最大帷幕深度约 20m；基岩内采用 2 排帷幕灌浆，排距 1.2m、孔距 2m，最大帷幕深度约 80m。基岩、覆盖层帷幕体之间搭接 5m。

3)（坝）0+031.70～（坝）0+150.00m 段：左坝肩基岩浅埋区，采用“防渗墙+帷幕灌浆”处理，防渗墙嵌入基岩 1～2m，帷幕深入弱风化岩体内一定深度。设 1 道 1m 厚的混凝土防渗墙，最大墙深 53m；帷幕灌浆设 2 排，排距为墙内两排预埋管间距，约 0.7m，孔距为 2.0m，帷幕深度 3.5～80m。

4)（坝）0+150.00～（坝）0+308.00m 段：河床基岩深埋区，采用“悬挂式防渗墙”处理，墙底插入基础相对隔水第Ⅱ岩组内 5m 以上。墙厚为 1.2m，墙深 25～74m。

5)（坝）0+308.00～（坝）0+343.50m 段：右坝肩深厚覆盖层基础，采用“悬挂式防渗墙”处理，墙底插入基础相对隔水第Ⅱ岩组内 5m 以上。墙厚 1m，最大墙深约 100m，墙体分廊道上、下两段，上层墙采用坡内人工掏槽明浇，下层墙为廊道内劈槽成墙。

6)（坝）0+343.50～（坝）0+414.00m 段：右坝肩深厚覆盖层基础，采用“防渗墙+帷幕灌浆”处理，防渗墙最大深度约 140m，帷幕深入基础相对隔水第Ⅱ岩组内 5m 以上。防渗墙厚度 1.0m，墙体分廊道上、下两段，上层墙从坝肩分台阶施工，下层墙为廊道内劈槽成墙；墙下为 3 排帷幕灌浆，上游两排间距为墙内两排预埋管间距，约 0.7m，下游排距中间排 1.5m，孔距为 2.0m，最大帷幕深度 30 余 m。

7)（坝）0+414.00～（坝）0+610.00m 段：右坝肩深厚覆盖层绕渗区，采用“防渗墙+帷幕灌浆”处理，防渗墙最大深度约 140m，帷幕深入基础相对隔水第Ⅱ岩组内 5m 以上。防渗墙厚度 1.0m，墙体分廊道上、下两段，上层墙在右岸台地施工，下层墙为廊道内劈槽成墙，墙底高程为 2500.00m；墙下为 3 排帷幕灌浆，上游两排间距为墙内两排预埋管间距，约 0.7m，下游排离中间排距离为 1.5m，孔距 2.0m，最大帷幕深度约 120m。

8)（坝）0+610.00～（坝）0+710.00m 段：右坝肩深厚覆盖层绕渗区，采用“悬挂式防渗墙”处理，墙体深入第Ⅲ岩组一定高程下的粉质壤土内，为台地上劈槽成墙，墙厚 1.0m，墙底高程约为 2561.00m，墙深 78.5m。

(3) 排水设计。冶勒水库大坝基础采用悬挂式防渗墙防渗，右岸覆盖层因地形、地质条件限制，不可能采用全封闭防渗，右岸山体存在一定数量的绕坝渗漏，因此右岸防渗体下游坝基需要做好排水反滤保护；下游坝体基础下卧含有承压水的砂层透镜体，需要采取压重和排水减压处理；根据建坝蓄水后坝址区地下渗流场分析，右岸 8 号沟上游山坡的浸润面偏高，右岸山坡的抗滑稳定不能满足要求，必须采取降低地下水位的排水处理。为此，采取了以下措施：

1) 在坝基防渗体的下游坝体所有基础面，分别设置了一层 0.6m 厚的基础反滤层和一层 0.6m 厚的排水层，排水层在坝体下游末端出口处增厚至 3～5m，以保护坝基土体不产生渗透变形，同时又能通畅地排走渗漏水流。

2) 河床坝体下游末段基础内砂层透镜体埋深约 30m，顺河纵向长约 100m、横河宽 20 余 m，砂层透镜体内含有较高承压水，为了增加下游坝坡的稳定安全性，该段除在覆盖层上部设置盖重（平均厚约 22m）外，沿透镜体纵向还布设了两排减压排水孔。

3）为降低水库蓄水后右岸8号沟上游山坡浸润面，在右岸山体下游高程2561.00m布置了一条长约300余米的排水廊道，沿廊道全线布置垂直向排水孔，上部排水孔孔深30m，下部排水孔孔深20m。同时，结合右坝肩廊道内防渗墙施工需要，右岸还布置了两条交通廊道，在两条交通廊道内布置水平排水孔，孔深10～20m。

（4）细部构造。

1）沥青混凝土心墙与防渗墙的连接。坝体沥青混凝土心墙与坝基防渗墙采用混凝土基座连接，基座宽约6m、厚3m。根据坝体三维应力应变分析研究成果，基座横河向不设缝、为整浇式钢筋混凝土梁；基座下为混凝土防渗墙，防渗墙厚度1～1.2m，单段最大深度约80m。沥青混凝土心墙，钢筋混凝土基座，混凝土防渗墙之间均为刚性连接，心墙与基座之间的水平缝设止水设施，基座与防渗墙采取整体浇筑方式。心墙与防渗墙连接结构如图8.2-4所示。

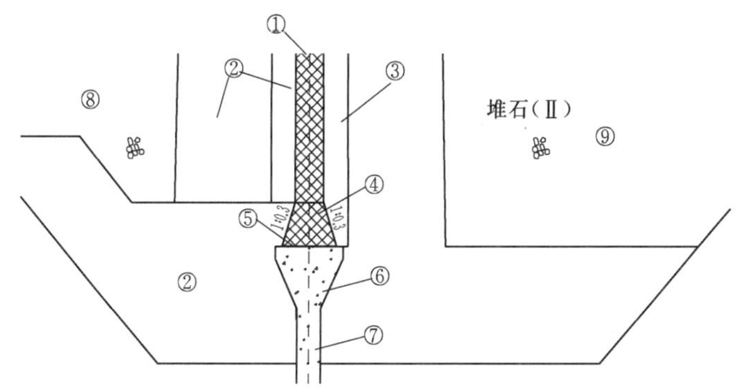

图8.2-4　心墙与防渗墙连接结构

①—沥青混凝土心墙；②—上游过渡层；③—下游过渡层；④—心墙放大脚；⑤—沥青玛蹄脂；⑥—混凝土基座；⑦—混凝土防渗墙；⑧—上游堆石；⑨—下游堆石

2）右岸山体防渗系统。右坝肩基础相对隔水层埋藏深度在坝顶以下约有200m，地面施工防渗墙较为困难，因此确定基础防渗处理为：挖槽构筑防渗墙施工平台，在平台上建造140m深防渗墙（分上、下两墙和施工廊道），再在墙下接60余m深的帷幕灌浆。右岸防渗结构布置图如图8.2-5所示。

8.2.1.4　观测与运行情况

冶勒工程自2005年1月首次下闸蓄水，至今已运行近14年，各项监测资料（2013年）表明大坝运行性态正常。

1. 坝体及基础变形

坝顶和下游马道实测水平位移呈河床部位大于两岸的分布规律。位移方向与库水位有关：当库水位下降时，位移有整体向上游回复的趋势，而当库水位上升时则趋向下游。目前测值已基本稳定，规律合理。坝顶和各级马道向下游最大位移93.13mm，最大年变幅为3.03mm。

大坝心墙顶部视准线测值反映，河床部位沉降量大于两岸，随时间推移沉降量缓慢增大，后期增幅很小，规律合理，与计算成果预测的规律相符。2013年12月1日累计沉降

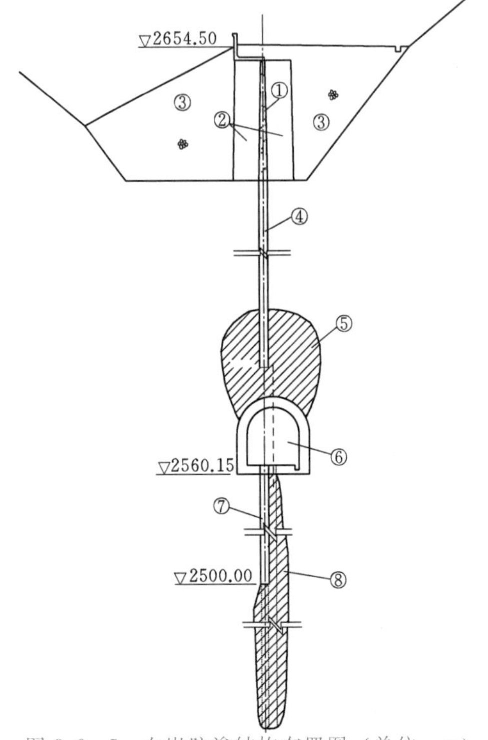

图 8.2-5　右岸防渗结构布置图（单位：m）
①—右岸钢筋混凝土心墙；②—过渡层；③—堆石；④—右岸台地防渗墙；⑤—帷幕灌浆接头；⑥—右岸防渗墙施工廊道；⑦—廊道防渗墙；⑧—帷幕灌浆

量最大为为 265.10mm，最大年变幅为 19.30mm，量值不大，情况正常。

根据水管沉降仪监测成果，心墙、过渡料和堆石料内部垂直位移总体以沉降为主，最大沉降量发生在中部河床，扣除基础沉降量 479mm，总沉降量为 1611mm，此处坝高 121.5m，沉降率为 1.33%。沿坝轴线方向看，坝体右岸沉降大于左岸，随时间推移沉降量缓慢增大，后期增幅已经很小，符合一般坝体变形规律和计算成果。

2. 沥青混凝土心墙与基座间的位错变形

在沥青混凝土心墙与基座结合处埋设耐高温位错计，对监测成果分析后认为：沥青混凝土心墙河床段有向下游水平错动，左右岸有向上游错动，与运行期库水位变化相关性不明显，错动值在 1mm 以内。

3. 混凝土基座

心墙与防渗墙间的混凝土基座自左岸至右岸为整体结构，未设置结构缝。为监测基座开裂情况，在大坝基座沿坝轴线方向布设了 4 条分布式光纤传感光路（L_1～L_4，图 8.2-6）。最新监测结果显示，基座内波形稳定，无裂缝引起的局部高损耗，表明心墙基座中未出现裂缝。

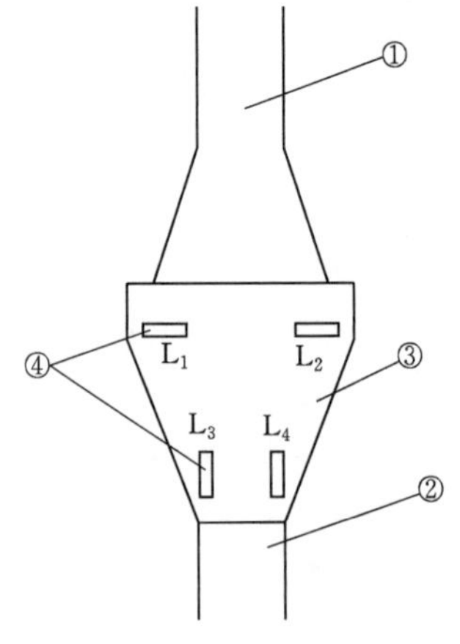

图 8.2-6　心墙基座裂缝监测传感光纤布置图
①—沥青混凝土心墙；②—混凝土防渗墙；③—混凝土基座；④—光纤传感光路

4. 大坝渗压

大坝下游河床防渗墙下游侧基础面埋设了 6 个渗压计，自蓄水以来变化很小，与库水位无明显关系。下游侧基础面上扬压力系数较小，为 0.0062～0.1190。可见，坝体坝基防渗结构防渗能力强，防渗体变形正常。

8.2.2　黄金坪工程

黄金坪水电站拦河大坝是建造在强震区深厚覆盖层上的高沥青混凝土心墙堆石坝。为解决坝址下游约 3km 河段减流问题，工程采取“一站两厂”布置格局。坝址区域河道两岸沟谷发育，岩体物理地质作用较为强烈，工程建设区内高边坡滚石、局部崩塌、沟谷泥石流等地质灾害时有发生，施工安全隐患较大。

8.2.2.1 工程概况

黄金坪水电站位于大渡河上游河段，系大渡河干流水电规划“三库22级”的第11级电站，上接长河坝水电站，下游为泸定水电站。水库正常蓄水位为1476.00m、相应正常蓄水位库容为1.28亿m^3，校核洪水位为1478.90m，相应水库总库容约1.4亿m^3，死水位1472.00m，汛期运行水位1472.00m，水库具有日调节能力；电站总装机容量850MW（大厂房800MW、小厂房50MW），多年平均年发电量36.58亿kW·h。

工程于2011年2月正式核准、开工建设，2011年12月6日顺利实现大江截流；2012年5月底，上、下游围堰施工完成，具备挡水度汛条件；2014年1月大坝填筑工程正式开始，4月30日大坝心墙沥青混凝土工程开始启动，2015年4月30日大坝主体结构填筑到顶；2015年5月1日导流洞下闸蓄水；2015年8月左岸大厂房首台机组发电，2015年12月左岸4台机组全部投产发电，2016年8月底右岸小厂房2台机组全部投产发电。

8.2.2.2 工程布置与大坝结构

黄金坪水电站采用“一站两厂”混合式开发，枢纽建筑物主要由沥青混凝土心墙堆石坝、1条岸边溢洪道、1条泄洪（放空）洞、左岸大厂房和右岸小厂房引水发电建筑物组成。

坝轴线位于横Ⅰ勘探线，坝轴线方位N64°10′30″W。大厂房引水发电系统布置在左岸，进水口布置在叫吉沟下游侧附近，左岸大厂房轴线为N70°W，尾水出口在姑咱镇上游吊桥上游350m处，远离泄水建筑物出口。右岸小厂房引水发电系统及初期导流洞均布置在右岸，小厂房尾水（与导流洞尾部部分结合）紧靠坝趾下游出流。泄水建筑物布置于河道左岸（凸岸），溢洪道紧靠左坝肩布置，泄洪（放空）洞布置在溢洪道与大厂房引水隧洞之间。

拦河大坝采用沥青混凝土心墙堆石坝，坝顶高程1481.50m，最大坝高85.5m，坝顶宽度为12m，坝顶长度398.06m，大坝上、下游坝坡均为1∶1.8，大坝上游坝坡在高程1450.00m设置宽4m的马道，下游坝面设置“之”字形上坝道路，上坝道路最小宽度8m、坡度为8%。

沥青混凝土心墙顶高程1480.70m，底高程1405.50m，顶部厚0.6m，至1407.50m高程处逐渐加厚至1.1m，从高程1407.50m以下至高程1405.50m为心墙放大脚，心墙底部逐渐变厚至2.3m。心墙底部置于两岸混凝土基座、左岸溢洪道右边墙和坝基廊道顶部，河床部位设置观测、检查、灌浆廊道，廊道为城门洞形，净尺寸为3.0m×3.5m（宽×高）。在心墙上、下游侧各设置两层过渡层，过渡层Ⅰ、Ⅱ厚度分别为1.5m、3.0m，过渡层外侧为坝壳堆石区，坝壳堆石区根据设计要求和料源不同进行分区。上游过渡层Ⅱ外侧由下至上分为次堆石Ⅲ区和次堆石Ⅰ区，下游过渡层Ⅱ下游侧为主堆石区、再向外侧则分为次堆石料Ⅱ区。上、下游堆石区外侧设弃渣压重区，上游压重顶高程1446.50m，下游压重顶高程1422.00m。

黄金坪工程枢纽布置平面图如图8.2-7所示，黄金坪工程大坝典型横、纵剖面图如图8.2-8、图8.2-9所示。

8.2.2.3 地基处理

1. 基本地质条件

河床坝基覆盖层一般厚56～130m，最厚达133.92m，层次结构复杂，自下而上总体

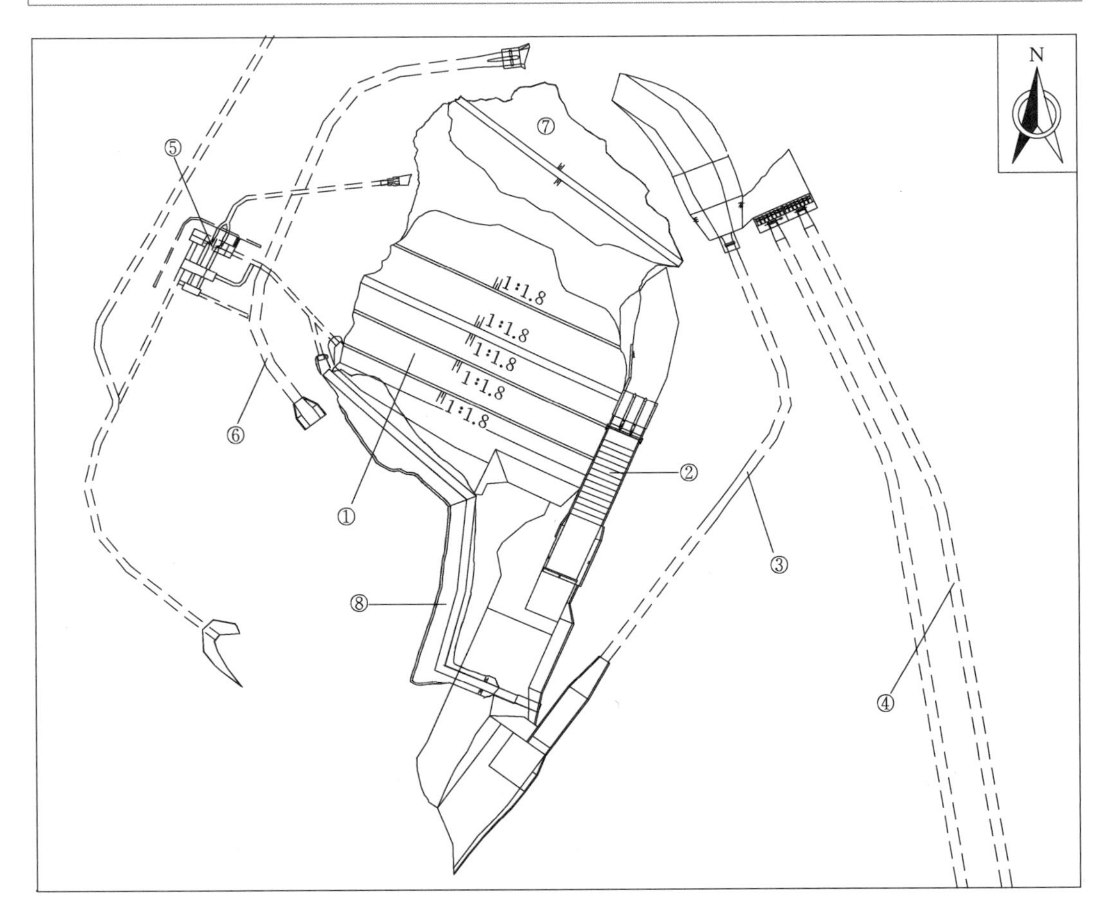

图 8.2-7　黄金坪工程枢纽平面布置图

①—沥青心墙堆石坝；②—溢洪道；③—泄洪放空洞；④—左岸引水隧洞；⑤—右岸小厂房；⑥—导流洞；⑦—上游围堰；⑧—下游围堰

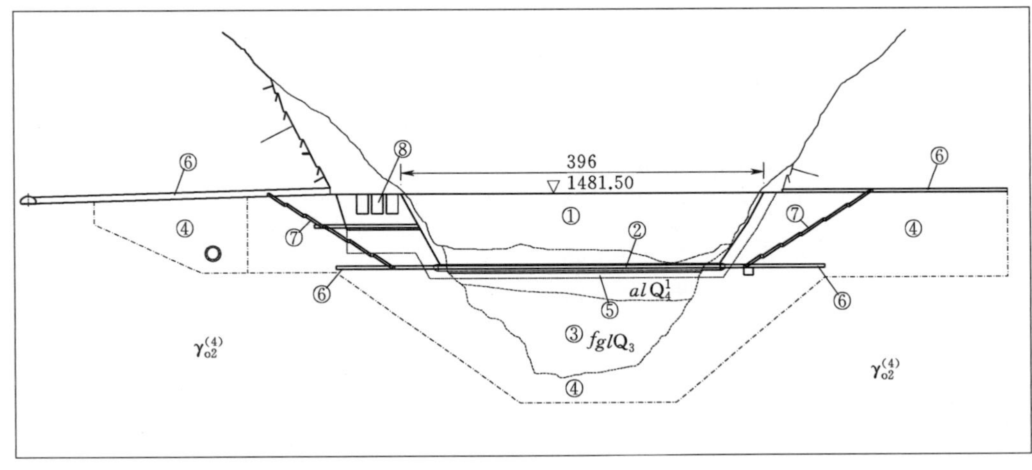

图 8.2-8　黄金坪工程大坝典型横剖面图（单位：m）

①—沥青混凝土心墙；②—坝基廊道；③—防渗墙；④—防渗帷幕；⑤—固结灌浆；⑥—灌浆平洞；⑦—交通廊道；⑧—溢洪道

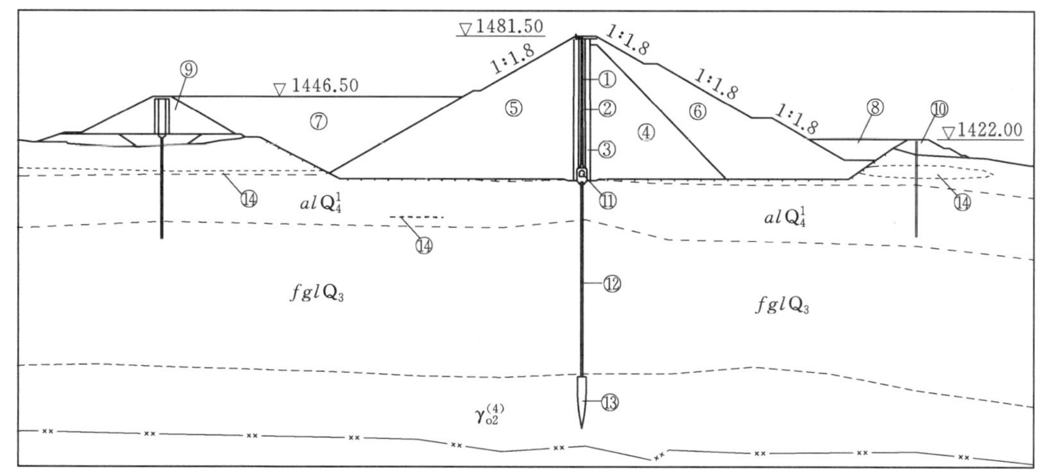

图 8.2-9　黄金坪工程大坝典型纵剖面图（单位：m）

①—沥青混凝土心墙；②—过渡层Ⅰ；③—过渡层Ⅱ；④—主堆石；⑤—上游次堆石；⑥—下游次堆石；⑦—上游压重；⑧—下游压重；⑨—上游围堰；⑩—下游围堰；⑪—坝基廊道；⑫—防渗墙；⑬—防渗帷幕；⑭—砂层

分为 3 层：

（1）第①层漂（块）卵（碎）砾石夹砂土：分布于河床底部，厚 29.44～81.57m，顶面埋深 46.00～57.80m。

（2）第②层漂（块）砂卵（碎）砾石层：分布于河床覆盖层中部和左岸河漫滩，厚 20.30～46.00m，顶面埋深 0～25.12m。②层中有②a、②b、②c、②d 砂层分布，为含泥（砾）中—粉细砂。

（3）第③层漂（块）砂卵砾石（alQ_4^2）：厚度 13～25.12m，钻孔揭示，在该层中部及顶部有两层砂层③a、③b 分布。

其中，持力层主要为第②层，部分为第③层，总体为漂（块）卵砾石层，粗颗粒基本构成骨架，结构较密实，其承载和抗变形能力均较高；但由于覆盖层结构不均一，砂层③a、②a 分布较广，厚度较大，埋藏较浅，为中—粉细砂，其承载力和变形模量均较低，对覆盖层地基的强度和变形性能影响较大，存在不均匀变形问题。

坝基覆盖层总体呈成层结构且具强透水性，其中③a、②a 等砂层透镜体具中等透水性，由于渗透性的差异，有产生接触冲刷的可能性。此外，漂（块）卵砾石颗粒大小悬殊，结构不均一，渗透比降较低，抗渗稳定性差，易产生管涌破坏。因此，坝基覆盖层存在渗漏和渗透变形问题，应作好地基防渗处理。

坝基河床覆盖层中分布较广的有③a、②a 砂层，局部③b、②b、②c、②d 等砂层，结构较松散且埋藏较浅，地震作用下，砂土动强度降低可能发生地基剪切变形，对坝基抗滑稳定不利，强震时甚至可能发生液化，需进行加固处理。

2. 坝基砂层振冲处理

在可行性研究阶段，根据砂层平面和埋深分布及液化特性，确定坝基最低开挖高程为 1386.00m，砂层较低的位置加深开挖，以完全挖除坝基内的砂层③a、③b、②b、②c、

②d。坝基开挖后还有 4 处②a 砂层没有挖除，该部分残留砂层采用固结灌浆方式进行处理，固结灌浆总工程量为 0.83 万 m^3。

在施工阶段，由于坝体建基面高程抬高 10m，砂层埋深相应加深，坝基开挖时②a 层完全保留、②b 层少部分被挖除，同时随勘探深度的加深，砂层范围也较可研阶段增大，参考近年来类似工程实施效果，在开展现场试验的基础上，确定对坝基砂层透镜体②a、②b 改用振冲碎石桩进行处理。

根据坝基砂层分布情况，结合现场生产性试验成果，坝基砂层振冲碎石桩处理共分为 9 个区，其中坝轴线上游侧 3 个区（①、②、⑨区）、下游侧 6 个区（③、④、⑤、⑥、⑦、⑧区）；振冲碎石桩设计成桩直径为 1.0m，采用等边三角形布置，其中①、⑨区间排距为 2.5m、⑥、⑦区为 1.8m、其余各区均为 2.0m，孔深按进入砂层底板线以下不小于 1.0m 进行控制，深度为 6.4～24.14m，振冲碎石桩总根数为 2913 根（含试验区40 根），引孔总工程量为 6.01 万 m。黄金坪大坝基础砂层处理布置示意如图 8.2-10 所示。

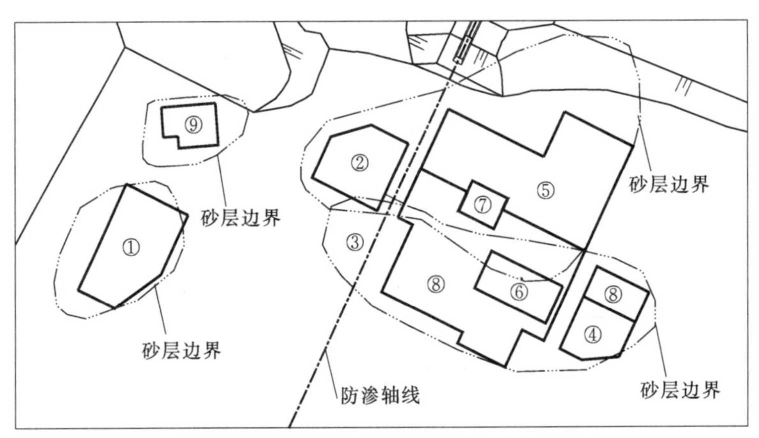

图 8.2-10　黄金坪大坝基础砂层处理布置示意图

①～⑨—振冲处理分区

3. *坝基防渗处理*

坝基防渗采用一道厚 1.2m 的全封闭式防渗墙，防渗墙底部嵌入基岩内 1.0m。防渗墙位于心墙底部，防渗墙顶高程 1397.50m，轴线长 277.27m，最大深度 113.8m，因遇断层，局部墙底最低高程为 1271.50m，该部位防渗墙深 126.00m（未计入凿除段）。

4. *覆盖层固结灌浆*

为改善沥青混凝土心墙的应力变形条件，对河床部位灌浆廊道下覆盖层进行固结灌浆，防渗墙上、下游各布置两排固结灌浆，其深度为 8m；孔、排距 2.0m，梅花形布置；固结灌浆总工程量为 0.4 万 m^3。

8.2.2.4　观测与运行情况

黄金坪沥青混凝土心墙堆石坝于 2015 年 4 月底填筑至坝顶高程，2015 年 5 月初导流洞下闸蓄水，大坝挡水至今已运行超过 4 年，监测数据表明大坝运行情况正常。

1. *坝体变形*

受上游侧向水压力影响，坝体上下游表面基本向下游变形，分布特征为河床中部大、两岸岸坡小。沿坝轴线方向，坝体基本向右岸变形。垂直位移随时间推移逐渐增大，整体呈现由河床中部向两岸递减趋势，初期沉降速率相对较大，后期渐缓。截至目前，大坝累计最大沉降量为 230.48mm，向下游最大累计变形量 175.48mm，向右岸最大变形量为 163.60mm。

2. 防渗墙与廊道

防渗墙向下游方向变形与库水位变化有一定相关性，向下游方向累计变化量为 162.19mm。

河床基础廊道主要表现为沉降变形，呈河床向两岸逐渐减小且基本对称分布。沉降主要发生在坝体填筑期，蓄水后变化较小，最大沉降量为 45.35mm，下闸蓄水后变化量仅为 0.50mm。廊道与灌浆平洞连接部位结构缝呈张开趋势，结构缝张开度左岸最大为 21.53mm，右岸最大为 30.20mm。廊道钢筋应力随坝体填筑高程增加绝对值变大，应力主要发生在施工期，下闸蓄水后钢筋应力呈减小趋缓，目前纵向钢筋最大拉应力 144.33MPa、最大压应力－110.57MPa，环向钢筋最大拉应力 236.62MPa、最大压应力－116.5MPa。

3. 渗流

沥青心墙下游侧过渡料Ⅰ区渗压计所测水头最大约 5.8m，渗压计水位与下游水位基本一致，显示坝体沥青心墙目前防渗效果良好。坝基防渗墙前渗压水位接近库水位，防渗墙后渗压水位与下游水位基本一致，水头折减 54.50m，表明防渗墙防渗效果明显。左右岸最大绕渗水位为 1455.65m，相应水头约 34m，水位随库水位的变化较明显，但均低于库水位，目前走势平缓。左右岸山体及基础廊道渗漏量为 1.70L/s，目前大坝渗流量变化均不大，未出现突变等情况。

8.2.3 旁多工程

8.2.3.1 工程概况

旁多水利枢纽是拉萨河流域骨干性控制工程，是拉萨河干流水电梯级开发的龙头水库。工程地处拉萨河中游，距拉萨市直线距离 63km，位于拉萨河干流热振藏布和两条支流乌鲁龙曲、扒曲的汇合口。工程任务以灌溉、发电为主，兼顾防洪和城市供水。水库正常蓄水位 4095m，总库容 12.3 亿 m^3，控制灌溉面积 65.28 万亩，电站安装 4 台机组，总装机容量 160MW，多年平均发电量 5.99 亿 kW·h。

旁多水利枢纽工程于 2009 年 9 月开工，2011 年 10 月实现截流，2013 年 10 月下闸蓄水，同年 12 月首台（4 号）机组投产发电，2014 年 7 月末台（1 号）机组投产发电。至 2015 年 5 月底，电站机组安全运行 530 天，累计上网电量 4.76 亿 kW·h，改善了藏中电网电源结构，缓解了当地电力供需矛盾，发挥了显著的经济效益和社会效益，对保障藏中电网安全稳定运行、促进西藏经济社会持续发展发挥重要作用。

8.2.3.2 工程布置与大坝结构

旁多水利枢纽地处拉萨河流域中游，为一等大（1）型工程，主要由碾压式沥青混凝土心墙砂砾石坝、泄洪洞、泄洪兼导流洞、发电引水系统、发电厂房和灌溉输水洞等组成。

大坝坝顶高程 4100.00m，最大坝高 72.30m，为增加抗震性能，坝顶宽度选用 12m，坝顶长 1052.00m。坝体上下游面均采用二级坡，坝面上游坡比为 1∶2.8、1∶2.5，下游坡比均为 1∶2.1。上游坝脚处设有弃渣压重，压重顶高程 4050.00m，坡度为 1∶3.5。上游坝脚部分与施工围堰相结合。

沥青混凝土心墙中心线位于坝轴线上游 3.0m 处，心墙顶高程 4098.70m，采用阶梯式变厚度设计，高程 4078.00m 以上墙厚 0.7m，高程 4053.00～4078.00m 墙厚 0.85m，高程 4078.00m 以下墙厚 1.00m。沥青混凝土心墙通过混凝土基座与基础混凝土防渗墙连接，底部 3m 高的扩大段沥青混凝土心墙坐落在基座上，其厚度由 1.00m 扩大到 2.2m。混凝土基座顶面做成圆弧形凹槽，在槽面上铺筑一层砂质沥青玛瑀脂，并设置一道铜片止水。钢筋混凝土基座每 15～20m 设一道结构缝，缝内设两道铜片止水。右岸岸坡心墙混凝土基座建于基岩上，沥青心墙亦采用逐渐扩大方式与混凝土基座连接。心墙两侧设置 4m 宽的砂砾石过渡料。沥青混凝土心墙下游侧设置灌浆廊道。

坝基防渗采用混凝土防渗墙＋帷幕灌浆的防渗处理措施，防渗墙轴线长 1073m，设计成墙面积 12.5 万 m^2 左右。

旁多工程大坝典型纵剖面如图 8.2－11 所示。

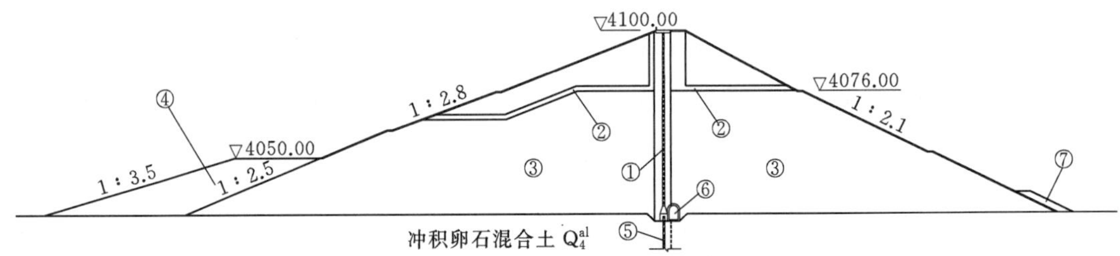

图 8.2－11　旁多工程大坝典型纵剖面图（单位：m）

①—沥青混凝土心墙；②—过渡层；③—砂砾石坝壳；④—上游压重；⑤—混凝土防渗墙；⑥—坝基廊道；⑦—下游压重

8.2.3.3　地基处理

1. *覆盖层工程地质条件*

旁多工程坝址区属高山地形，河谷呈不对称 U 形。河谷底宽约 700m，现代河床靠近右岸，右岸漫滩、阶地发育不完整，左岸漫滩发育，宽约 550m，三级阶地明显。坝址区河谷部位覆盖层深厚，最大深度达 424m（左岸部位），由新至老分为：

(1) 岸坡表部的混合土碎（块）石：碎（块）石含量占 60%～70%，粒径以 60～250mm 为主，成分主要为闪长玢岩和花岗岩，黏土含量占 30%～40%，该层左岸厚度2～40m，右岸厚度为 1～20m。

(2) 碎（块）石：碎（块）石含量约占 95%，块径以 60～300mm 为主，成分主要为闪长玢岩、熔结凝灰岩等，结构松散，主要分布于左岸坝下山坡，厚度一般为 5～10m。

(3) 冲积卵石混合土（alQ_{3-4}）：厚度 20～50m 不等，卵石含量约占 40%，粒径以 20～100mm 为主，偶见大于 200mm 的漂石。主要成分为闪长玢岩、花岗岩、砂岩及熔结凝灰岩等，蚀圆度好。

(4) 下部为冰水积卵石混合土（$fglQ_2$）：卵石含量约占 40%，粒径以 60～150mm

为主，主要成分为闪长玢岩、花岗岩、砂岩及熔结凝灰岩等，蚀圆度较差，多呈次棱角状；砾石与砂含量约占40%，局部泥含量达10%～20%，主要分布于河谷底部，厚度较大。

坝基土体中，上部冲积土体渗透系数为10^{-1}cm/s级，具强透水性，下部冰水积卵石混合土层渗透系数为10^{-4}～10^{-2}cm/s级，为中等透水层，具典型二元结构。其土体渗透破坏形式以管涌为主。

通过对坝基中卵石混合土进行液化判别，经计算其相对密度D_r为0.81，属于密实状态，据此判别不具备地震液化条件；卵石混合土粒径小于5mm颗粒含量的质量百分率为0.3%，小于30%，据此判别卵石混合土不液化。根据标准贯入试验判别，可以得出坝基砂砾石亦无地震液化。综合判别，坝基卵石混合土为非液化土体。

2. 坝基防渗处理

初步设计阶段，两岸基岩进行帷幕灌浆处理，坝基深厚覆盖层选择120m深混凝土防渗墙下接3排灌浆帷幕方案。

施工过程中，发现河床左岸阶地覆盖层深度有较大变化。经过补充勘察，揭露坝基覆盖层最深达420m。结合地层情况与防渗墙施工试验论证，设计单位对坝基防渗处理方案进行变更：防渗墙最大深度为150m；覆盖层深度小于150m时，防渗墙插入基岩采用全封闭的防渗型式；覆盖层深度大于150m时，采用150m深悬挂式混凝土防渗墙防渗，墙下不做帷幕防渗。对于左岸阶地覆盖层深度较大部位，通过开挖降低施工平台高程，减小防渗墙深度。

实施后，坝基防渗墙轴线桩号为0＋120.00～0＋953.00m，全长1073m，防渗墙厚度1m。其中桩号0+159.00～0＋669.00m（轴线长510m）范围内，采用悬挂式混凝土防渗墙防渗，最大设计孔深158m；其余部位均采用混凝土防渗墙全封闭防渗处理，入岩深度不小于1m，河床段最小施工孔深80.72m。

8.3 混凝土面板堆石坝

8.3.1 多诺工程

8.3.1.1 工程概况

多诺水电站位于四川省九寨沟县境内的白水江次源黑河上，是白水江流域水电梯级开发的龙头水库。电站坝址位于黑河上游，距河口约50km，距九寨沟县城约74km。

多诺水电站是白水江河干流水电规划“一库七级”开发方案的龙头水库梯级电站。本电站的工程任务是发电，电站采用混合式开发，电站装机容量100MW，多年平均发电量3.947亿kW·h。电站水库正常蓄水位2370.00m，相应库容5622万m^3，调节库容4915万m^3，具有年调节性能。

枢纽为三等中型工程，由于挡水建筑物为112.5m高的堆石坝，坝基为深厚覆盖层，拦河大坝提高一级按2级建筑物设计。

2013年3月24日，多诺大坝正式下闸蓄水；2013年4月、5月，多诺电站两台机组先后发电；2014 年底，项目主体工程完建，同年，水库水位第一次蓄水至正常水位 2370.00m。多诺电站已投运 3 年，大坝在运行过程中没有发现影响坝体稳定及安全运行的管涌、流土等缺陷，坝体的变形已逐步趋于收敛。

8.3.1.2 工程布置与大坝结构

工程枢纽由拦河大坝、泄水、引水发电等主要永久建筑物组成，坝顶高程左右两岸均布置有灌浆平洞，右岸布置有导流放空洞、泄洪洞、取水口等建筑物。拦河大坝为混凝土面板堆石坝，坝顶高程 2374.50m，坝顶长 220m，坝顶宽 10m，最大坝高 112.5m，坝顶设防浪墙，墙总高度 5.0m，墙顶高程 2375.70m，高出坝顶 1.2m，上游防浪墙外侧设 0.6m 宽检修平台。上、下游坝坡坡度均为 1∶1.4，下游坝坡在高程 2343.50m、2313.50m 和 2283.50m 分别设有三级马道，马道宽度 3.0m。面板顶部法向厚度为 0.3m，并向底部逐渐增加，在相应高度的厚度按 $t=0.3+0.003H$（H 计算断面至面板顶部的高度）公式计算确定，底部最大厚度 0.63m。面板表面设计坡度为 1∶1.405，底面坡度为 1∶1.4。

根据该工程拦河大坝各区的作用，主要分为上游盖重区、上游辅助防渗区、垫层料区、特殊垫层区、过渡层区、主堆石区、次堆石区、下游堆石区、块石护坡等 9 个区域。

多诺工程枢纽平面布置图如图 8.3-1 所示；多诺工程大坝典型纵剖面图如图 8.3-2 所示。

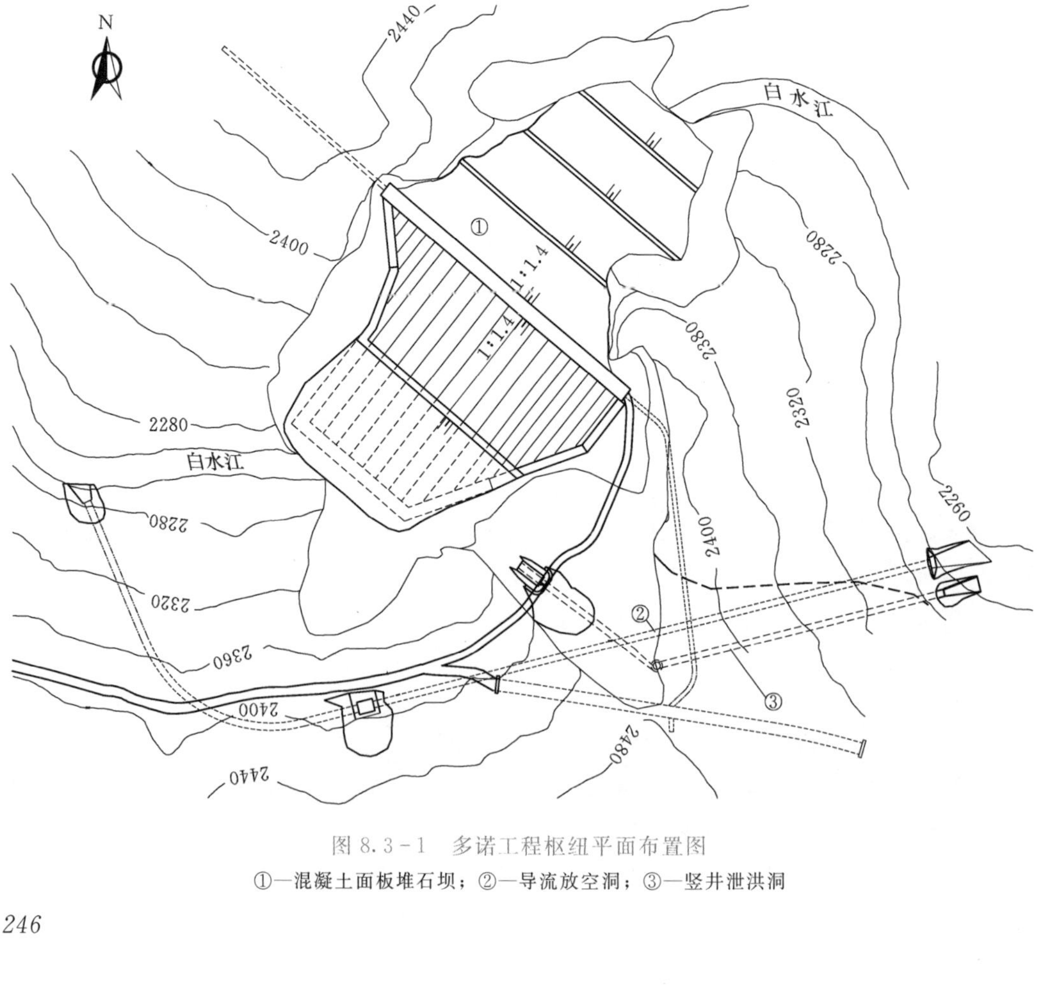

图 8.3-1 多诺工程枢纽平面布置图

①—混凝土面板堆石坝；②—导流放空洞；③—竖井泄洪洞

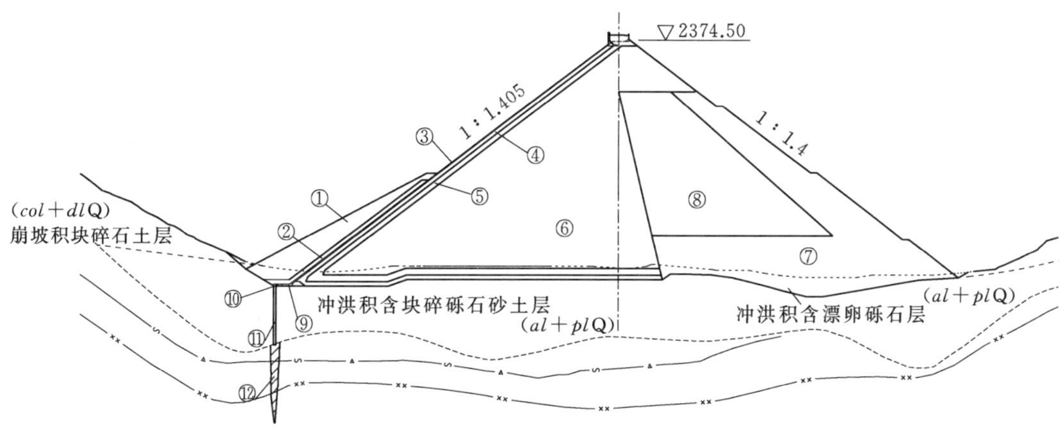

图 8.3-2　多诺工程大坝典型纵剖面图（单位：m）

①—任意料铺盖；②—粉质黏土；③—混凝土面板；④—垫层料；⑤—过渡料；⑥—主堆石区；⑦—下游堆石区；⑧—次堆石区；⑨—混凝土趾板；⑩—混凝土连接板；⑪—混凝土防渗墙；⑫—防渗帷幕

8.3.1.3　地基处理

1. 地质条件

多诺水电站坝址区河道在较短距离内呈 M 形弯曲，岸坡陡峻，河谷狭窄，谷底一般宽约 50～60m，坝址区河床覆盖层厚度一般 20～30m，局部厚达 41.7m。其成因和层次结构较为单一，根据覆盖层物质组成的宏观总体差异，结合生成时代的不同综合分析，从工程岩组的角度，大体划分为 3 层：

（1）第①层为以洪积为主体的含漂（块）碎砾石土层（$al+plQ_4$），揭示厚度 8.52～41.7m，分布于河床及Ⅰ级阶地的中、下部，阶地上部则为含漂砂卵砾石层。

（2）第②层为现代河床冲积堆积的含漂砂卵砾石层（alQ_4），揭示厚度 1.5～9.8m。

（3）第③层坝址区崩坡积堆积的块碎石土层（$col+dlQ_4$），相对集中分布于左岸谷坡中下部和右岸Ⅲ线下游。其中左岸中下部崩坡积倒石堆顺河长约 160m，厚度较大，最大铅直厚度约 22m，结构较松散，局部架空。

多诺水电站采用面板堆石坝，趾板置于覆盖层上，建基土层均为第①层冲洪积含块碎砾石砂土，结构不均一，属中密—密实土层，力学条件总体较好。土体透水性变化较大，总体上属中等—强透水，土体渗透变形模式为管涌。

2. 基础处理措施

河床部位覆盖层采用挖除含漂卵砂砾石层（第②层）及块碎石土层（第③层），大坝建基面置于含漂块碎砾石土层（第①层）上。为了改善坝体基础覆盖层的物理力学性能，提高地基覆盖层的干密度、压缩模量，减少大坝不均匀沉降，改善面板垂直缝、趾板周边缝的止水适应性，对开挖后的大坝覆盖层基础进行振动碾压处理，采用 25t 以上振动碾碾压 10 遍。

为保护主堆石区下卧覆盖层土体，避免渗流冲蚀覆盖层内的细颗粒，导致覆盖层大的变形，趾板和防渗墙失去可靠支撑而断裂破坏及主堆石区的不均匀沉陷，在主堆石区下部设厚 2.0m 的反滤层与厚 3.0m 的过渡层。

河床部位覆盖层采用混凝土防渗墙进行防渗，防渗墙厚1.2m，底部深入基岩1m，最大深度约26m，其顶部和连接板相连。连接板长3.0m、厚0.8m，其下游与河床趾板相连。趾板采用C25钢筋混凝土，宽度5.0m，厚度0.8m，和面板通过周边缝连接。在趾板上设置两排帷幕灌浆，排距1.5m，孔距2m。透水率控制在$q\leqslant 5$Lu，以此按地质提供的趾板渗透剖面建议防渗线为帷幕下界。上游排为深帷幕，最大孔深149m，下游排为浅帷幕，浅帷幕深度为深帷幕深度0.7倍左右。左岸坝肩帷幕与左岸坝肩直线相接，设置有灌浆廊道进行帷幕灌浆，长150m；右岸灌浆轴线与坝轴线交角约44°，灌浆长度247m。

大坝混凝土面板、趾板、防渗墙及帷幕灌浆共同组成大坝完整封闭的防渗体系。

8.3.2 察汗乌苏工程

察汗乌苏工程大坝为趾板建在覆盖层上的混凝土面板砂砾石坝，坝基覆盖层厚达47.6m，覆盖层以上最大坝高110m。

8.3.2.1 工程概况

察汗乌苏水电站位于新疆维吾尔自治区巴音郭楞蒙古自治州境内，左岸为和静县，右岸为焉耆县，是开都河中游河段9个梯级中的第7个水电站。该水电站距库尔勒市152km，厂址距下游在建的柳树沟水电站河道距离约10km，距下游已建的大山口水电站河道距离约28km。

枢纽工程为二等大（2）型工程，工程开发任务以发电为主，兼顾下游防洪要求。多年平均年径流量31.1亿m^3，年平均发电量11.01亿kW·h，并将下游防洪标准由10～20年一遇提高到50年一遇。正常蓄水位为1649.00m，汛限水位1840.00m，死水位1820.00m，总库容1.25亿m^3，调节库容7240万m^3，为不完全年调节水库。

2005年11月22日，实现河道截流并举行了开工典礼，主体工程正式开工；2007年10月31日下闸蓄水，2007年12月22日首台机组提前并网发电；2008年4月15日第二台机组提前并网发电；2008年7月10日第三台机组提前并网发电。

8.3.2.2 工程布置与大坝结构

察汗乌苏水电站工程枢纽主要由趾板建在覆盖层上的混凝土面板砂砾石坝、右岸表孔溢洪洞、右岸深孔泄洪洞、右岸发电引水系统（包括引水渠、进水塔、引水隧洞、调压井和压力钢管道）、电站厂房及开关站等建筑物组成。

拦河大坝布置在主河床，河床趾板及大坝建在覆盖层上（覆盖层基础最深46m）。坝轴线方位NW331°49′39″，坝顶高程1654.00m，河床覆盖层基础高程约1544.00m，最大坝高110m，坝顶长337.6m，坝顶宽10m，坝顶上游侧设高度4.97m的L形钢筋混凝土防浪墙，墙底高程1650.23m，高于正常蓄水位1.23m。混凝土面板坝上游坝坡1∶1.5，上游面板外侧在高程1580.00m以下设置顶宽各3m的壤土铺盖和石渣盖重，壤土铺盖外坡1∶1.75，底部将河床趾板全部覆盖，且河床趾板顶部壤土铺盖厚度至少约4m，石渣盖重外坡1∶2.2；下游坝坡为干砌石护坡，并设六层10m宽的之字形上坝公路，公路间局部坡度1∶1.25，综合坡1∶1.85。右岸通过高趾墙与溢洪洞闸室段衔接。河床覆盖层截渗采用混凝土防渗墙，基础混凝土防渗墙与混凝土面板之间采用柔性趾板连接。

察汗乌苏大坝典型纵剖面如图 8.3-3 所示。

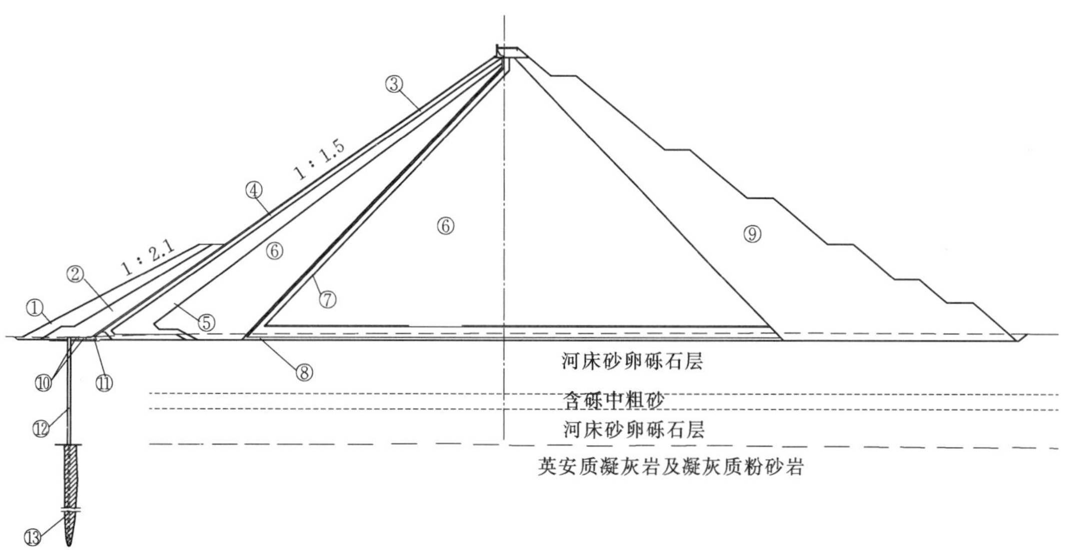

图 8.3-3 察汗乌苏大坝典型纵剖面图

①—上游石碴压坡；②—上游土体铺盖；③—混凝土面板；④—垫层料；⑤—过渡料；⑥—主砂砾石区；⑦—排水堆石区；⑧—反滤层；⑨—下游堆石区；⑩—混凝土连接板；⑪—混凝土趾板；⑫—混凝土防渗墙；⑬—防渗帷幕

8.3.2.3 地基处理

1. 地质条件

开都河在坝址区呈近 EW 向，河道较顺直，两岸山势高陡，河谷呈基本对称的 V 形。平水期河水位高程 1543.00～1555.00m，河水面宽 40～60m，水深 2～4m，水流湍急。正常蓄水位 1649.00m 时，坝线处谷宽 306m 左右。

河床及左岸河流冲积含漂石砂卵砾石层分布宽度一般 70～90m，厚度一般 34～46m，最厚达 54.7m。按颗粒组成和结构的不同，以及物理力学性质和工程特性的差异，划分为上部、下部含漂石砂卵砾石层和中部含砾中粗砂层三个大层两个岩组。

含漂石砂卵砾石层的渗透系数 6.68×10^{-2}cm/s，允许渗透比降 $i_c=0.10\sim0.15$，可能的渗透变形破坏形式为管涌型；含砾中粗砂层颗粒也较粗，渗透系数 4.27×10^{-2}cm/s，允许渗透比降 $i_c=0.20\sim0.25$，可能的渗透变形破坏形式应以流土型—过渡型为主。因此，水库蓄水后，在水头差作用下，两层均存在渗漏和渗透稳定性较差的问题，需采取防渗措施，做好防渗处理。

2. 基础处理措施

河床覆盖层基础采用混凝土防渗墙防渗，墙轴线平行于坝轴线布置，墙顶长 112m，墙厚 1.2m，墙底嵌入基岩 1.0m，最大墙高 41.8m，混凝土强度等级 C35，抗渗等级

W10，最大作用水头105m，承受最大水力梯度87.5。河床部位趾板建在覆盖层上，连接混凝土防渗墙和面板。该工程采用趾板和两块连接板连接的方案，在趾板和连接板的水平段设两道伸缩缝，增加其柔性，以便吸收上、下游的沉降差。周边缝缝宽12mm，趾板缝及趾板与防渗墙接缝缝宽20mm，缝内填充沥青浸渍木板并设三道止水，即缝顶设柔性填料止水，中间设厚壁橡胶管止水，缝底设铜止水。

坝基河床混凝土防渗墙下接单排帷幕灌浆，孔距2.0m。帷幕线长112.4m，墙下孔深47.0～90.0m，墙下最大灌浆压力4.0MPa。

8.3.2.4 观测与运行情况

察汗乌苏面板坝从2007年底蓄水至今，大坝运行状态良好，竣工后大坝实测最大沉降50cm，覆盖层最大沉降28.6cm，蓄水后大坝最大沉降53.8cm，覆盖层最大沉降37.6mm，大坝沉降占大坝坝高（含覆盖层厚度）的0.34%。蓄水后实测混凝土面板挠度53.7cm，挠曲率0.28%，防渗墙向下游变形11.7cm，周边缝三向变位极值沉降40.2mm、剪切26.5mm和张拉20.7mm，防渗墙与连接板之间沉降变形10.9mm，各接缝变形均小于止水结构变形控制标准值。

8.4 闸坝

8.4.1 小天都工程

8.4.1.1 工程概况

小天都水电站位于四川省甘孜藏族自治州康定县境内，系瓦斯河干流梯级开发的第二级。闸首上距康定9km，下距泸定40km。工程开发任务为发电，无其他综合利用要求。

小天都水电站为低闸引水式电站，正常蓄水位2157.00m，相应库容62.09万m^3，调节库容56.16万m^3，具备日调节能力，最大闸高39.00m。通过右岸长6.03km的引水隧洞引水至日地建厂发电，电站装机容量240MW，尾水直接与冷竹关库尾相连。

小天都水电站主体工程于2003年5月开工，首部枢纽一期基坑工程2003年7月成功截流，2004年7月基本完工，二期基坑工程2004年8月成功截流，2005年7月首部枢纽左右岸混凝土挡水坝、两孔泄洪闸、一孔冲沙闸、一孔排污闸、右岸进水口、库岸边坡及下游消能防冲等工程已基本完成。

8.4.1.2 工程布置与闸坝结构布置

小天都主要建筑物由首部枢纽、引水系统和厂区枢纽组成。

首部枢纽位于瓦斯河龙洞沟电站厂房下游约700m处，该处主河床平均河底高程约为2124.50m，平枯期河水面宽度20～50m，为保持原河床走势和泄流、冲沙顺畅，主要泄水建筑物泄洪闸、冲沙闸布置于河床主流上，闸孔底高程与河床平均底高程2124.50m一致。根据库区泥沙冲淤计算、水工建筑物布置要求和水库调节计算，确定水库汛期运行水位为2136.00～2142.00m，枯期运行水位为2136.00～2157.00m。

根据汛期泄洪流量、冲沙要求和闸址地形地质条件采用两孔泄洪闸、一孔冲沙闸。冲沙闸闸室净宽度2.5m，顺水流向长度53.0m，闸室底板高程2124.50m，孔口尺寸2.5m×

6.0m（宽×高），孔顶设2.5m厚胸墙至闸顶，胸墙前后设置平板检修闸门和弧形工作闸门，闸室为整体式结构，边墩厚度为3.5m，根据模型试验，闸室下护坦上不设隔墙，以改善护坦及其下游水流流态。泄洪闸紧邻冲沙闸左侧布置，闸室底板高程2124.50m，孔口尺寸6.0m×8.0m（宽×高），孔顶设2.5m厚胸墙至闸顶，胸墙前后设置平板检修闸门和弧形工作闸门，闸室为整体式结构，边墩厚度为3.5m。排污闸紧邻冲沙闸右侧布置于右岸7号挡水坝，为开敞式、溢流坝型式，其堰顶高程为2155.00m，闸宽2.5m，边墙厚度1.5m，溢流坝面末端与护坦相接。泄洪闸、冲沙闸检修闸门和排污闸工作闸门共用一台门式启闭机，各闸室的弧形工作闸门均设一台固定式启闭机。

为了解决闸基渗漏（透）问题，采用以垂直混凝土防渗墙为主、水平铺盖防渗为辅的防渗方案。位于铺盖下的悬挂式防渗墙最大深度63.5m，墙厚1.0m，基底深入③层冰水堆积的漂（块）卵（碎）石夹砂土中。闸室上游设置钢筋混凝土铺盖，铺盖厚度2.5m，冲沙闸上游铺盖长度50.0m，泄洪闸上游铺盖长度25.0～50.0m，铺盖顶面30cm厚为C40铁钢砂混凝土，铺盖前缘设3.5m深齿槽，以防止水流的淘蚀破坏。闸室及溢流面后为长49.0m的护坦，厚度为2.5m，护坦总宽51.0m，边墙内侧宽度38.0m，纵坡6.122%，护坦顶面30cm厚为C40铁钢砂混凝土，护坦末端下部布置深7.0m的齿槽，其底高程2114.50m，齿槽后布置柔性连接的钢筋混凝土板海漫保护河床底，海漫长度20.0m，厚度1.0m，顶高程2121.50m，末端抛填块石以利于消除泄流剩余能量和防冲淘刷。

紧邻泄洪闸左侧为左岸混凝土挡水坝，覆盖层开挖深度2.0～15.0m，左岸挡水坝为3个坝段，共长57.0m，最大坝高37.7m，坝底顺水流向最大宽度49.7m，坝顶宽12.0m。泄洪闸和冲沙闸检修门储门槽设在左岸3号挡水坝段内。坝前库区左岸是深厚的倒石堆体，坝踵位置为倒石堆体边缘，相对较薄。倒石堆架空严重，透水性强。鉴于坝前倒石堆深厚，为保证其基础不被淘刷，对坝前倒石堆用混凝土挡墙和浆砌石进行护坡处理，并辅以良好的排水系统。

紧邻冲沙闸右侧为右岸混凝土挡水坝，覆盖层开挖深度2.0～16.0m，右岸挡水坝为4个坝段，共长59.5m，最大坝高36.0m，坝底顺水流向最大宽度48.0m，坝顶宽12.0～17.0m。排污闸布置于右岸7号挡水坝，以排放库区特别是取水口前表层漂浮污物。

取水口紧邻冲沙闸布置于右岸岸边，与闸轴线交角为10°，以形成“正向泄洪、冲沙，侧向取水”的布置型式，电站引用流量77.7m^3/s。为了将污物拦在取水口前，减小拦污栅压力，在取水口前沿设一钢筋混凝土导漂墙，墙底高程2138.00m，墙高20.5m。根据水力计算，在最低运行水位时满足过栅流速小于1.2m/s的要求，取水口需约14.0m宽，考虑结构布置的要求，设置为两孔取水口，底板高程2129.00m，单孔孔口尺寸7.0m×9.0m（宽×高），取水口中墩厚2.5m，边墩厚3.0m，每孔均设一道拦污栅，拦污栅采用清污抓斗进行清污。拦污栅闸后设置18.8m长的渐变段，渐变段底坡21.2766%，其后与隧洞进水闸（一孔）相接。进水闸孔口尺寸5.4m×6.0m（宽×高），闸室底板高程2125.00m，设一道平板检修闸门和一道平板工作闸门，进水闸边墩厚3.0m。

为了减少绕坝渗漏，根据地质勘探资料，左、右岸坝肩分别设置帷幕灌浆平洞，长度均为60.0m，洞内沿防渗线方向布置一排灌浆孔，断面为城门洞形，净断面尺寸3.0m×3.5m（宽×高），混凝土衬护厚度为50cm。

小天都工程枢纽平面布置图如图 8.4-1 所示。

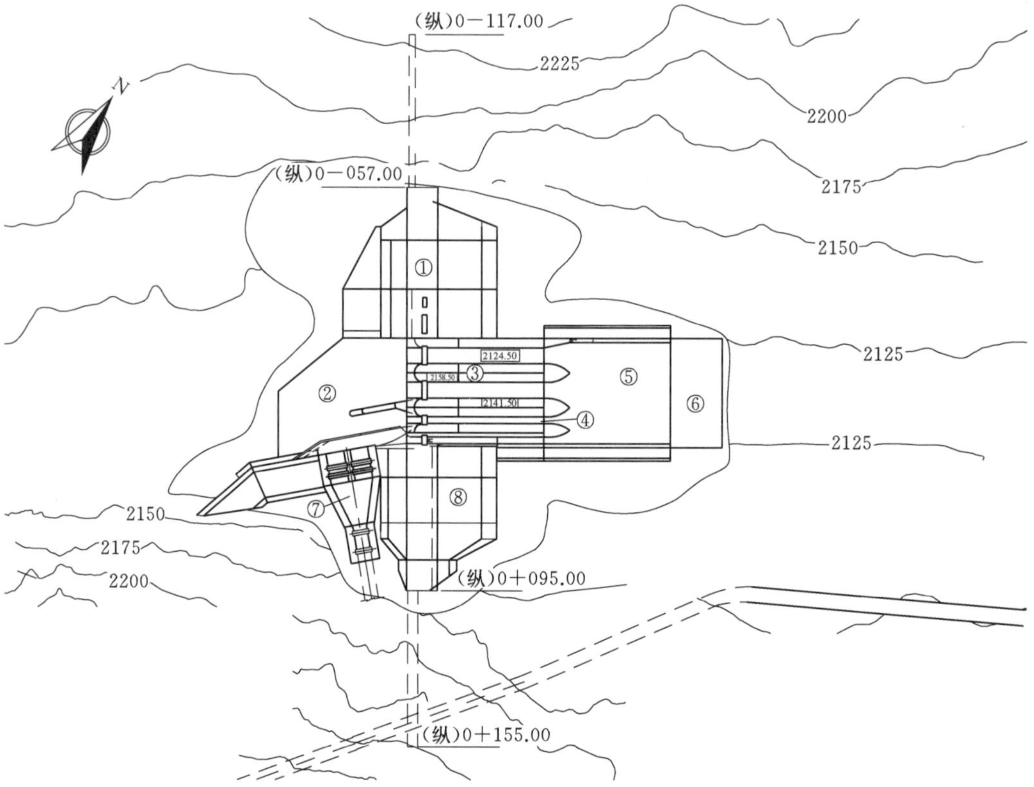

图 8.4-1　小天都工程枢纽平面布置图（单位：m）

①—左岸挡水坝；②—铺盖；③—泄洪闸；④—冲沙闸；⑤—护坦；⑥—海漫；⑦—进水口；⑧—右岸挡水坝

8.4.1.3　地基处理

1. 地质条件

根据枢纽布置，除岸边坝段外，闸、坝基础均置于河床覆盖层上。闸址主河槽覆盖层深约 96.0m，自下而上分别为第③层冰水堆积层（$fglQ_3$）、第④层湖相堆积层（lQ_3）、第⑤层冰水堆积层（$fglQ_3$）、第⑥层冲积堆积层（alQ_4）。

闸坝基础置于第⑥层冲积堆积层上。由于覆盖层第⑤、第⑥层的透水性较强，存在渗漏和渗透稳定问题，因此对闸坝基础必须采取有效的防渗措施。河床中部下伏湖相堆积（lQ_3）的粉（黏）土质沙渗透系数 $K=1.12\times10^{-6}\sim3.85\times10^{-4}$cm/s，可视为相对隔水层，该层厚度 6.83～31.0m。由于闸室最大高度达到 39.0m，地震烈度为Ⅸ度，软基上的闸、坝基础防渗采用了以混凝土防渗墙的垂直防渗方式为主，水平短铺盖防渗为辅的防渗措施。

河床第⑥层内叠于第⑤层之上，厚度为 5.68～35.0m，该层中漂石含量占总土重的 55%～65%，层内分布有不均匀的含砾粉粒土砂层透镜体，其局部细颗粒相对集中，卵砾石含量占 15%～25%，砂以中粗砂为主，厚度为 1～5m，河床两岸侧的砂层透镜体往河床中部逐渐尖灭，该透镜体埋深 11～33m 不等，基础开挖后其埋深将减薄一些。对于此层透镜体，根据地质资料和现行规范对其液化的可能性进行判断，并根据埋深相对较浅的特点，判定第⑥层的砂层透镜体有在Ⅸ度地震下产生液化的可能性。鉴于该层透镜体的埋深相对较浅，且又在闸、坝基础下，需对砂层透镜体进行抗液化处理。

2. 基础处理措施

根据闸、坝的应力计算结果，在正常蓄水组合地震工况下，基底出现最大应力值。挡水坝段基础应力最大为0.64MPa，平均基底应力最大为0.48MPa，在地基允许承载力0.45～0.54MPa范围内，泄洪闸和冲沙闸基础应力最大为0.59MPa和0.75MPa，平均基底应力最大分别为0.46MPa和0.52MPa，在地基允许承载力0.45～0.54MPa范围内。

水工枢纽布置上充分考虑保证砂层透镜体的埋藏深度，利用原地形尽量少开挖，增加砂层顶部的压重等措施。据地质所提供的物性资料，该砂层透镜体厚度不大，分布有限，上、下层透水性较强，利于孔隙水消散和降低孔隙水压力。鉴于本工程闸址区属Ⅸ度地震区，闸、坝最大高度达39.0m和37.7m，为保证基础安全，在可研阶段决定采用旋喷灌浆进行局部处理，旋喷灌浆孔的间、排距为2m，处理范围与砂层透镜体分布范围相适应。现场实际高压旋喷施工中遇到较大困难，而工期又紧迫；经研究通过用高压风水冲切砂层透镜体，使孔间产生串通，再通过主、副孔的切换，可最大限度地将砂冲洗出孔外，之后灌入水泥浆液而形成的水泥结石在一定范围内有较好的连续性，基本上可消除砂层透镜体地震液化的可能性。因而改高压旋喷为置换灌浆，将工序调整为先固灌后置换灌浆，并根据固灌造孔返砂及固灌情况确定置换灌浆位置。

为减小坝基沉降，特别是不均匀沉降，主要考虑提高基础承载力。通过减小总体沉降量，进而减小不均匀沉降。根据基础开挖揭示的地质条件，适时对固结灌浆参数进行调整加强。以达到与周边基础承载能力的协调一致。同时对岸边坝段、取水口、闸坝与铺盖相接处、闸坝与护坦相接处，相应进行加固处理。对取水口、闸轴线上游5m范围、挡水坝坝踵上游3～5m范围基础进行固结灌浆处理，以减小闸坝与其相邻建筑物之间的沉降差。实施后通过N_{120}超重型动力触探试验测得灌后承载力绝大多数不小于0.7MPa。

由于两岸部分挡水坝段基础为基岩，因此对基覆分界线附近的基础均进行了单独处理。根据基岩出露情况，左岸1号坝段基础为花岗岩，2号坝段基础部分为漂卵石夹砂层，3号坝段基础为漂卵石夹砂层，基础不均匀沉降问题突出，针对具体的地质条件，沿2号、3号坝段分缝桩号，建基面高程有基岩出露的部位进行预裂爆破，预裂深度3～4m，并对2号坝段基础出露的基岩进行松动爆破，使基础刚度趋于均匀，减小了不均匀沉降变形。

小天都工程闸轴线上游立视图如图8.4-2所示；小天都工程泄洪闸剖面图如图8.4-3所示。

8.4.1.4　观测与运行情况

电站自2005年蓄水发电正常运行至今，安全监测成果表明左岸挡水坝段沉降量小于右岸挡水坝段，左岸挡水坝最大沉降量为22.59mm，出现在左岸3号挡水坝段，右岸挡水坝段最大沉降量为29.68mm，出现在7号坝段。河床坝段沉降量比较均匀，沉降量最大为29.68mm。坝段之间最大沉降量差为15.11mm，出现于左岸1号与2号挡水坝段之间。由于两个坝段基础分别为基岩和覆盖层，基础沉降量差较大，但差值在允许范围之内。

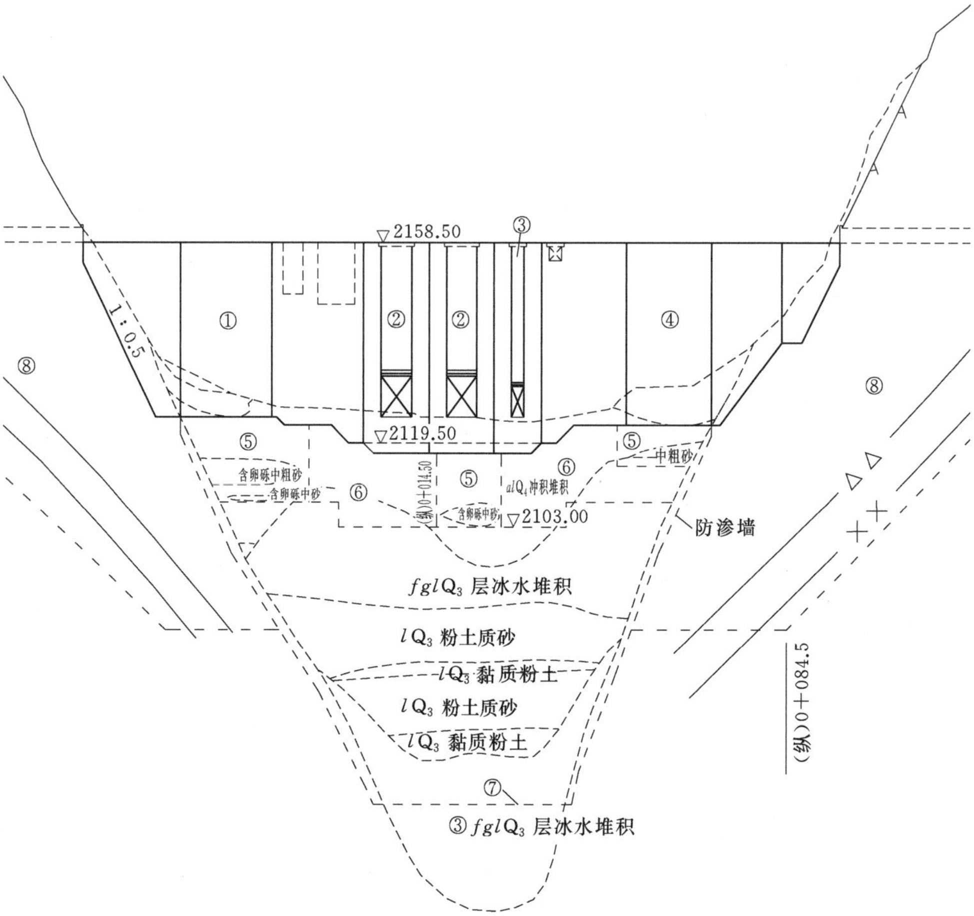

图 8.4-2 小天都工程闸轴线上游立视图（单位：m）

①—左岸挡水坝；②—泄洪闸；③—冲砂闸；④—右岸挡水坝；⑤—高压旋喷；
⑥—固结灌浆；⑦—防渗墙；⑧—帷幕灌浆

8.4.2 太平驿工程

8.4.2.1 工程概况

太平驿水电站是岷江干流上游梯级规划开发的径流引水式电站，位于四川省阿坝藏族羌族自治州汶川县境内比较顺直的河段（福堂坝至中滩铺之间），系岷江上游河段（灌县—汶川）规划中的第二个梯级电站，距成都市约 97km。厂房尾水与下游映秀湾电站水库衔接。电站装机 4 台，单机容量 65MW，总装机容量 260MW。水库总库容 95.57 万 m^3，最大引用流量 $250m^3/s$，设计水头 108m。多年平均发电量 16.87 亿 kW·h。

电站主体工程于 1991 年 7 月 1 日开工，1992 年 11 月 8 日提前完成河床截流，1994 年 11 月 7 日第一台机组提前 5 个月正式并网发电，至 1996 年 2 月 10 日第 4 台机组并网发电，电站 4 台机组全部投产。

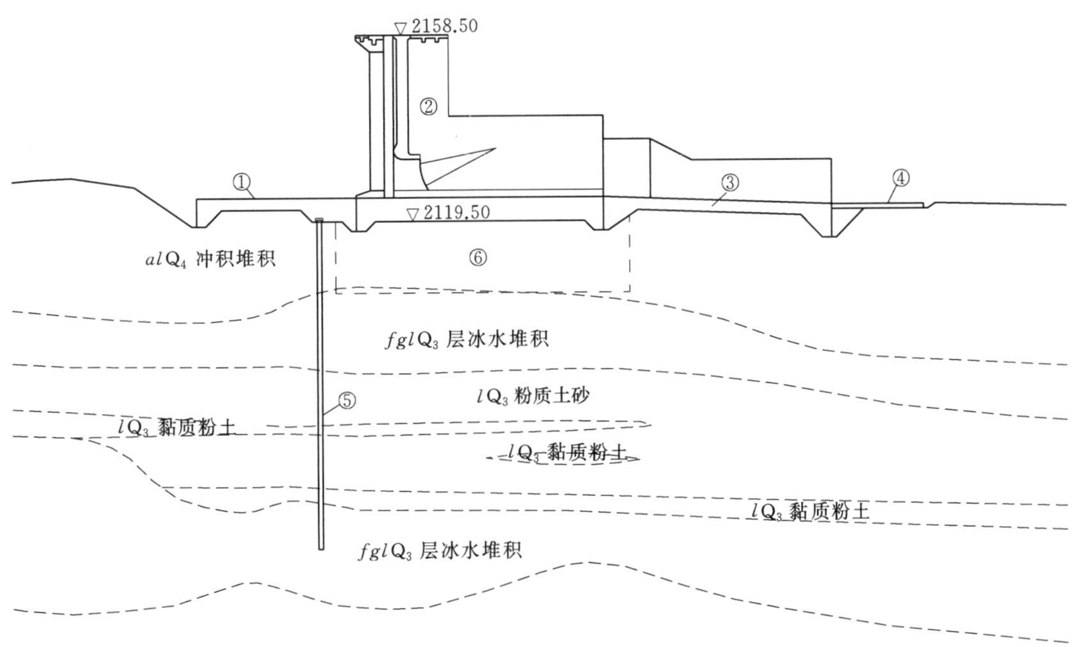

图 8.4-3 小天都工程泄洪闸剖面图（单位：m）

①—铺盖；②—泄洪闸；③—护坦；④—海漫；⑤—防渗墙；⑥—固结灌浆

8.4.2.2 工程布置与闸坝结构布置

电站主要建筑物由首部枢纽、引水系统和厂区枢纽三大部分组成。首部枢纽除取水、泄洪外，兼有冲沙、漂木任务，水工建筑物包括拦河闸坝和取水口建筑。

闸轴线全长 210.53m，沿轴线从左到右依次布置左岸挡水坝、引渠闸、漂木闸、冲沙闸、4 孔泄洪闸和右岸挡水坝段。闸坝顶高程 1083.10m，最大闸高 29.1m。左岸布置有上坝公路至坝顶。

冲沙闸、泄洪闸均为平底板钢筋混凝土开敞式结构，闸室长 35.0m，底板厚分别为 8.0m 和 4.0m，闸墩下部 1.2m 高范围和底板顶面用钢板镶护，闸室底板高程分别为 1069.00m 和 1065.00m，闸孔净宽 12.0m，闸墩分缝，墩厚 3.0m。每孔设弧形工作门和平板检修门。

引渠闸为平底板钢筋混凝土胸墙底孔式结构，闸孔净宽 14.0m，孔高 10.0m，闸室长 35.0m，底板高程 1065.00m，底板厚 4.0m，顶面铺设 30.0cm 厚抗磨硅粉混凝土，闸墩分缝。左墩厚 3.0m，右墩厚 6.0m。设有弧形工作门和平板检修门。

漂木闸闸室长 35.0m，前半部为平底，底板高程 1072.00m，后半部为一弧段接一斜坡直段，闸墩分缝，墩厚 3.0m。设下沉式弧门和平板检修门，在下沉式弧门底槛及底槛后约 9.0m 范围内底板用钢板镶护。

左、右岸挡水坝段均为重力式结构，左岸挡水坝与进水口喇叭口段右导墙相连接，右岸的 4 号、5 号挡水坝段设有储门槽。

闸前防渗铺盖水平防渗长 75.5～122.83m，左岸与上游导墙相接，右岸与钢筋混凝土护坡相连。铺盖为厚2.0～2.5m的钢筋混凝土结构。

闸下游护坦均为钢筋混凝土结构，除引渠闸后排沙道长95.0m外，其余护坦长80.0m，板厚2.0～4.0m。

8.4.2.3　地基处理

1. 地质条件

闸基河床覆盖层最大厚度86.0m，按成因、岩性和渗透性的不同，自下而上分为五大层。

(1) Ⅰ层。漂卵石夹块碎石层，层厚小于37.50m，由成分复杂的漂卵石夹块碎石组成骨架，含大孤石。孔隙充填密实程度不均一，具架空结构，闸址部位渗透性以强透水为主。

(2) Ⅱ层。块碎石层，块碎石成分单一，层厚小于22.0m。为近源花岗岩，孔隙充填密实度差，架空结构较发育，渗透性强—极强。

(3) Ⅲ层。块碎石土、砂层及漂卵石夹砂互层，厚18.0～45.0m。为Ⅱ级阶地堆积物（Q_3）黄色或灰黄色，粗细粒土相互叠置成层，具层状土特征，层内小层有相互过渡，递变及尖灭现象，铺满整个河谷。在闸区勘探范围内，高程1040.00～1060.00m之间有$Ⅲ_{-2}$、$Ⅲ_a$、$Ⅲ_b$、$Ⅲ_c$、$Ⅲ_d$、$Ⅲ_e$等粗、中、细砂层分布，单层厚度1.0～8.0m不等。层内粗砾土包含宽级配的块碎石土、漂卵石夹砂或泥卵石，并含有0.5～5.0m直径的大孤石，土粒极不均一。孔隙充填中细砂及含泥质的角砾质土，除局部存在架空结构外，Ⅲ层孔隙一般充填较密实。渗透性以弱透水性为主，且具有各向异性。

(4) Ⅳ层。含巨漂的漂卵石夹碎石层，厚18.0m。为Ⅰ级阶地冲洪积物，由成分复杂的漂卵石及花岗岩巨漂组成骨架，孔隙充填含少量泥质的砾质中粗砂，充填中等密实，局部架空填料少。渗透性一般较弱，局部架空部位渗透性较强。

(5) Ⅴ层。漂卵石夹块碎石层，层厚小于6.5m。为近代河床及漫滩堆积层，由漂卵石夹块碎石组成骨架，孔隙充填中粗砂，透水性强。

2. 基础处理措施

闸基覆盖层具有双层水文地质结构，下部Ⅰ、Ⅱ层结构松散，为强透水地基，上部Ⅲ、Ⅳ层土体较密实，为弱透水性地基，上部中的Ⅲ层相对于Ⅳ层更为密实，充填较好，是闸基相对稳定的抗渗层。

Ⅲ层渗透性具有明显的各向异性，在饱和条件下，水平方向的渗透性以弱透水性为主，垂直方向则以弱—微弱透水性为主。闸基防渗处理采用以水平铺盖为主，结合浅齿槽共同防渗。为了弥补施工过程中机械开挖对土体表面的扰动和地基局部架空，在闸前（拦）0＋066.00m桩号处平行于坝轴线方向设置一道水泥黏土灌浆帷幕，帷幕深12.0m，孔间排距1.5m×1.2m，两岸与基岩连接。在闸室底板上游侧齿槽内设置了3.0m×3.5m（宽×高）的预留灌浆廊道，作为将来如果水平防渗方案需采取补救措施的施工通道和场地，同时兼作电站运行期渗流监测廊道。

现场原位试验结果得到闸基Ⅲ、Ⅳ层的渗透变形破坏型式分别为流土型和管涌型。在闸基防渗处理方案中，对流土型Ⅲ层土采用压重方式，尽量不扰动和破坏土体结构，以保持其稳定的抗渗层；对Ⅳ层管涌型土，在出溢处进行反滤层保护，以提高其抗渗透变形的能力。

闸基下普遍存在的砂层（Q_4），较为松散，抗渗能力及抗液化能力均较差，采用固结灌浆和反滤保护，以提高抗渗透变形的能力和抗液化能力。

护坦末端设置六组防冲沉井，1号、2号及6号沉井深15.0m，3～5号深12.0m，1号平面尺寸20.0m×10.0m，2～6号平面尺寸25.0m×10.0m（宽×高）。沉井井壁厚2.0m，井内填筑低等级混凝土和砂卵石，井间用回填混凝土连接。

太平驿工程泄洪闸剖面图如图8.4-4所示。

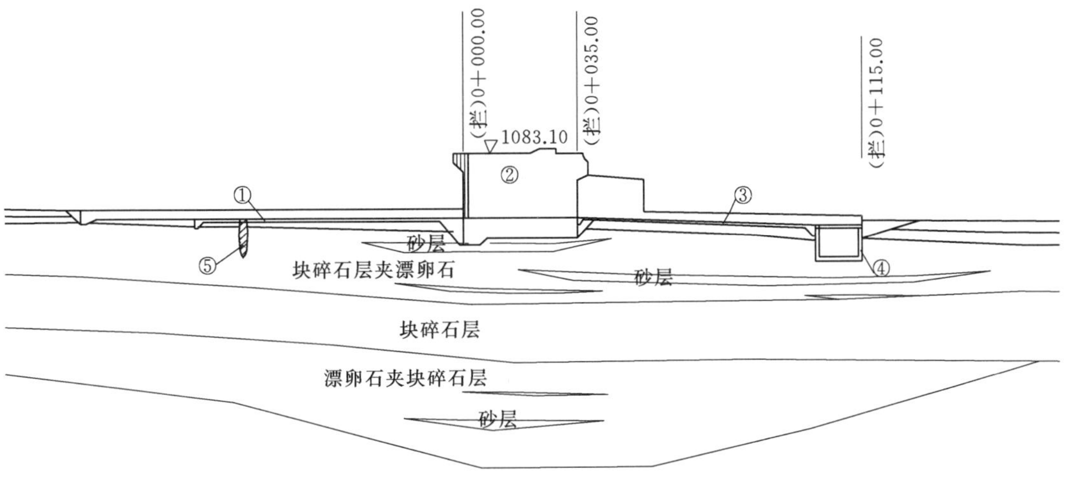

图8.4-4　太平驿工程泄洪闸剖面图（单位：m）

①—铺盖；②—泄洪闸；③—护坦；④—沉井；⑤—水泥黏土灌浆帷幕

8.4.2.4　运行情况

建闸蓄水后，闸坝基础沉降量及沉降差均在设计允许范围之内；实测闸基扬压力的结果充分证实，在浅齿槽、水平铺盖及帷幕灌浆的作用下，库水入渗水头在闸前基本损失，闸基土体处于渗透稳定状态。

“5·12”地震后，现场调查表明坝顶未发现裂缝，各分缝未发现张开和错动现象，坝顶未发现位移迹象，各闸墩、闸室结构均完好。

参 考 文 献

[1] 许强，陈伟，张倬元. 对我国西南地区河谷深厚覆盖层成因机理的新认识 [J]. 地球科学进展，2008，23 (5)：448-456.

[2] 陈海军，任光明，聂德新，等. 河谷深厚覆盖层工程地质特性及其评价方法 [J]. 地质灾害与环境保护，1996，7 (4)：53-59.

[3] 李树武，张国明，聂德新. 西南地区河床覆盖层物理力学特性相关性研究 [J]. 水资源与水工程学报，2011，22 (3)：119-123.

[4] 中国水力发电工程学会水工及水电站建筑物专业委员会. 利用覆盖层建坝的实践与发展 [M]. 北京：中国水利水电出版社，2009.

[5] 曹振中，袁晓铭. 砾性土液化原理与判别技术——以汶川8.0级地震为背景 [M]. 北京：科学出版社，2015.

[6] 沈振中，邱莉婷，周华雷. 深厚覆盖层上土石坝防渗技术研究进展 [J]. 水利水电科技进展，2015，35 (5)：27-35.

[7] 吴曾谋. 从黄河公伯峡水电站枢纽布置浅谈高土石坝的枢纽布置 [J]. 西北水电，1990 (4)：52-55.

[8] 张宗亮，张天明，杨再宏，等. 牛栏江红石岩堰塞湖整治工程 [J]. 水力发电，2016，42 (9)：83-86.

[9] 石旭武. 自流可控灌浆材料性能与施工技术的应用研究 [D]. 沈阳：沈阳工业大学，2016.

[10] 殷宗泽，等. 土工原理 [M]. 北京：中国水利水电出版社，2007.

[11] 汪闻韶. 土体液化与极限平衡和破坏的区别和关系 [J]. 岩土工程学报，2005，27 (1)：5-14.

[12] 顾淦臣，束一鸣，沈长松，等. 土石坝工程经验与创新 [M]. 北京：中国电力出版社，2013.

[13] 肖白云，等. 高土石坝关键技术问题研究之混凝土防渗墙墙体材料及接头型式研究 [R]. 电力工业部成都勘测设计研究院，1995 (9).

[14] 李治明. 小浪底水利枢纽主坝坝体设计 [J]. 人民黄河，1995 (6)：31-34.

[15] 汪闻韶. 土体液化与极限平衡和破坏的区别和关系 [J]. 岩土工程学报，2005，27 (1)：5-14.

[16] 李为，苗喆. 察汗乌苏面板坝监测资料分析 [J]. 水利水运工程学报，2012 (5)：30-35.

[17] 甘磊，沈振中，苗喆. 混凝土面板坝坝区防渗系统优化 [J]. 水电能源科学，2011，29 (6)：89-92.

[18] 王伟，张发中. 开都河察汗乌苏水电站覆盖层上趾板结构设计 [J]. 西北水电，2004，(4)：11-14.

[19] 张文捷，魏迎奇，蔡红. 深厚覆盖层垂直防渗措施效果分析 [J]. 水利水电技术，2009，40 (7)：90-93.

[20] 侯瑜京，徐泽平，梁建辉. 深厚覆盖层中混凝土面板堆石坝防渗墙的变形研究 [C] //水力发电国际研讨会论文集. 北京：中国水利水电出版社，2004.

[21] 姜树立，刘清利. 旁多水利枢纽工程拦河坝设计 [J]. 东北水利水电，2012，(11)：1-3.

[22] 韩伟，石峰，等. 旁多水利枢纽158m深防渗墙施工技术 [C] //水利水电地基基础工程技术创新与发展. 北京：中国水利水电出版社，2011.

[23] 全国水利水电施工技术信息网组. 水利水电工程施工手册　第1卷：地基与基础工程 [M]. 北京：中国电力出版社，2004.

[24] 王寿根，等. 强震区深厚覆盖层上 250m 级高土心墙堆石坝防渗系统设计关键技术研究报告 [R]. 中国电建集团成都勘测设计研究院有限公司，2012.

[25] 代巧枝，田华祥，等. 深厚覆盖层上修建土石坝筑坝材料和基础处理研究 [M]. 北京：中国水利水电出版社，2015.

[26] 张东升，陈洪伟，李占省，等. 小浪底水利枢纽水工建筑物运行管理与评价 [J]. 人民黄河，2016，38 (10)：145-147.

[27] 李立刚. 小浪底水利枢纽大坝变形特性及成因分析 [J]. 水利水电科技进展，2009，29 (4)：39-43.

[28] 姜树立，刘清利. 旁多水利枢纽工程拦河坝设计 [J]. 东北水利水电，2012，30 (11)：1-2.

[29] 从蔼森. 地下连续墙的设计施工与应用 [M]. 北京：中国水利水电出版社，2001.

[30] 刘国彬，王卫东. 基坑工程手册 [M]. 北京：中国建筑工业出版社，2009.

[31] 雷运华，黄勇. 桐子林水电站框格式地下连续墙设计研究 [J]. 黑龙江水利科技，2013，41 (3)：1-4.

[32] 孔科，王小波，徐远杰，等. 接头形式对框格式地下连续墙应力变形影响的有限元分析 [J]. 长江科学院院报，2014，31 (9)：69-73.

[33] 时爱祥，李学荣. 新型格构地下连续墙在城市水利工程中的应用 [J]. 中国水利，2014 (12)：41-43.

[34] 姜媛媛，金伟，王党在. 泸定水电站坝基防渗设计 [C] //2013 水利水电地基与基础工程技术——中国水利学会地基与基础工程专业委员会第 12 次全国学术会议论文集. 北京：中国水利水电出版社，2013：51-55.

[35] 詹美礼，等. 长河坝水电站砾石土心墙堆石坝三维有限元渗流控制及应力与渗流耦合分析 [R]. 河海大学，2014.

[36] 何蕴龙，等. 长河坝大坝静动力分析及防渗系统子模型静动力分析报告 [R]. 武汉大学，2010.

[37] 肖白云，李金玉，等. “八五”国家科技攻关　高土石坝关键技术问题研究——混凝土防渗墙墙体材料及接头型式研究成果报告 [R]. 电力工业部成都勘测设计研究院，1995.

[38] 吴梦喜，等. 四川省大渡河长河坝水电站厂坝区渗流分析报告 [R]. 中国科学院力学研究所，2012.

[39] 朱俊高，等. 四川华能宝兴河流域硗碛水电站砾石土质心墙堆石坝坝体及坝基三维静、动力应力变形施工复核分析报告 [R]. 河海大学，2006.

[40] 李治明. 小浪底水利枢纽主坝坝体设计 [J]. 人民黄河，1995，6 (6)：31-34.

[41] 章为民，王年香，等. 长河坝大坝及防渗墙应力变形离心模型试验研究 [R]. 南京水利科学研究院，2013.

[42] 樊曙光，杨西林. 新疆下板地水利枢纽工程坝轴线下游河床覆盖层处理设计与施工 [J]. 新疆水利，2012 (5)：28-32.

[43] 余挺，陈卫东，等. 深厚覆盖层工程勘察研究与实践 [M]. 北京：中国电力出版社，2019.

[44] 余挺，谢北成，陈卫东，等. 覆盖层工程勘察钻探技术与实践 [M]. 北京：中国电力出版社，2019.

索 引

《中国水电关键技术丛书》
编辑出版人员名单

总 责 任 编 辑：营幼峰

副总责任编辑：黄会明　王志媛　王照瑜

项 目 负 责 人：刘向杰　吴　娟

项 目 执 行 人：李忠良　冯红春　宋　晓

项 目 组 成 员：王海琴　刘　巍　任书杰　张　晓　邹　静
李丽辉　夏　爽　郝　英　范冬阳

《深厚覆盖层筑坝地基处理关键技术》

责任编辑：王照瑜　刘向杰

文字编辑：王照瑜

审稿编辑：吴　娟　方　平　刘向杰

索引制作：邵　磊

封面设计：芦　博

版式设计：芦　博

责任校对：梁晓静　张伟娜

责任印制：崔志强　焦　岩　冯　强

排　　版：吴建军　孙　静　郭会东　丁英玲　聂彦环

Contents

of China.

As same as most developing countries in the world, China is faced with the challenges of the population growth and the unbalanced and inadequate economic and social development on the way of pursuing a better life. The influence of global climate change and extreme weather will further aggravate water shortage, natural disasters and the demand & supply gap. Under such circumstances, the dam and reservoir construction and hydropower development are necessary for both China and the world. It is an indispensable step for economic and social sustainable development.

The hydropower engineering technology is a treasure to both China and the world. I believe the publication of the *Series* will open a door to the experts and professionals of both China and the world to navigate deeper into the hydropower engineering technology of China. With the technology and management achievements shared in the *Series*, emerging countries can learn from the experience, avoid mistakes, and therefore accelerate hydropower development process with fewer risks and realize strategic advancement. The *Series*, hence, provides valuable reference not only to the current and future hydropower development in China but also world developing countries in their exploration of rivers.

As one of the participants in the cause of hydropower development in China, I have witnessed the vigorous development of hydropower industry and the remarkable progress of hydropower technology, and therefore I am truly delighted to see the publication of the *Series*. I hope that the *Series* will play an active role in the international exchanges and cooperation of hydropower engineering technology and contribute to the infrastructure construction of B&R countries. I hope the *Series* will further promote the progress of hydropower engineering and management technology. I would also like to express my sincere gratitude to the professionals dedicated to the development of Chinese hydropower technological development and the writers, reviewers and editors of the *Series*.

Ma Hongqi

Academician of Chinese Academy of Engineering

October, 2019

river cascades and water resources and hydropower potential. 3) To develop complete hydropower investment and construction management system with the aim of speeding up project development. 4) To persist in achieving technological breakthroughs and resolutions to construction challenges and project risks. 5) To involve and listen to the voices of different parties and balance their benefits by adequate resettlement and ecological protection.

With the support of H. E. Mr. Wang Shucheng and H. E. Mr. Zhang Jiyao, the former leaders of the Ministry of Water Resources, China Society for Hydropower Engineering, Chinese National Committee on Large Dams, China Renewable Energy Engineering Institute, and China Water & Power Press in 2016 jointly initiated preparation and publication of *China Hydropower Engineering Technology Series* (hereinafter referred to as "the *Series*"). This work was warmly supported by hundreds of experienced hydropower practitioners, discipline leaders, and directors in charge of technologies, dedicated their precious research and practice experience and completed the mission with great passion and unrelenting efforts. With meticulous topic selection, elaborate compilation, and careful reviews, the volumes of the *Series* was finally published one after another.

Entering 21st century, China continues to lead in world hydropower development. The hydropower engineering technology with Chinese characteristics will hold an outstanding position in the world. This is the reason for the preparation of the *Series*. The *Series* illustrates the achievements of hydropower development in China in the past 30 years and a large number of R&D results and projects practices, covering the latest technological progress. The *Series* has following characteristics. 1) It makes a complete and systematic summary of the technologies, providing not only historical comparisons but also international analysis. 2) It is concrete and practical, incorporating diverse disciplines and rich content from the theories, methods, and technical roadmaps and engineering measures. 3) It focuses on innovations, elaborating the key technological difficulties in an in-depth manner based on the specific project conditions and background and distinguishing the optimal technical options. 4) It lists out a number of hydropower project cases in China and relevant technical parameters, providing a remarkable reference. 5) It has distinctive Chinese characteristics, implementing scientific development outlook and offering most recent up-to-date development concepts and practices of hydropower technology

General Preface

China has witnessed remarkable development and world-known achievements in hydropower development over the past 70 years, especially the 4 decades after Reform and Opening-up. There were a number of high dams and large reservoirs put into operation, showcasing the new breakthroughs and progress of hydropower engineering technology. Many nations worldwide played important roles in the development of hydropower engineering technology, while China, emerging after Europe, America, and other developed western countries, has risen to become the leader of world hydropower engineering technology in the 21st century.

By the end of 2018, there were about 98,000 reservoirs in China, with a total storage volume of 900 billion m^3 and a total installed hydropower capacity of 350GW. China has the largest number of dams and also of high dams in the world. There are nearly 1000 dams with the height above 60m, 223 high dams above 100m, and 23 ultra high dams above 200m. There are also 4 mega-scale hydropower stations with an individual installed capacity above 10GW, such as Three Gorges Hydropower Station, which has an installed capacity of 22.5 GW, the largest in the world. Hydropower development in China has been endeavoring to support national economic development and social demand. It is guided by strategic planning and technological innovation and aims to promote project construction with the application of R&D achievements. A number of tough challenges have been conquered in project construction and management, realizing safe and green development. Hydropower projects in China have played an irreplaceable role in the governance of major rivers and flood control. They have brought tremendous social benefits and played an important role in energy security and eco-environmental protection.

Referring to the successful hydropower development experience of China, I think the following aspects are particularly worth mentioning 1) To constantly coordinate the demand and the market with the view to serve the national and regional economic and social development. 2) To make sound planning of the

Informative Abstract

As one of *China Hydro power Engineering Technology Series*, this book is supported by the national press foundation. This book systematically summarizes the investigation, design and construction technology research and application results of dam foundation treatment on deep overburden, and discusses the solution measures and development level of key technical problems. The main contents include engineering investigation, foundation seepage prevention, foundation reinforcement, sand liquefaction evaluation and treatment, foundation treatment construction and deep foundation pit treatment, foundation safety monitoring, engineering examples, etc.

This book can be used for reference by technicians engaged in investigation, design, construction and scientific research of water conservancy and hydropower projects, as well as by teachers and students of relevant colleges and universities.

China Hydropower Engineering Technology Series 

The Key Technology of Foundation Treatment for Building Dam on Deep Overburden

Yu Ting Ye Faming Chen Weidong et al.

中国水利水电出版社
China Water & Power Press
· BeiJing ·